＼初心者から／

ちゃんとしたプロになる

Premiere Pro 基礎入門

Premiere Pro 2024 対応!

NEW STANDARD FOR PREMIERE PRO

市井義彦 著

books.MdN.co.jp

MdN

エムディエヌコーポレーション

本書は 2023 年 10 月現在の情報（Premiere Pro ver.24.0）を元に執筆されたものです。これ以降の仕様等の変更によっては、記載された内容と事実が異なる場合があります。著者、株式会社エムディエヌコーポレーションは、本書に掲載した内容によって生じたいかなる損害に一切の責任を負いかねます。あらかじめご了承ください。

はじめに

この本は、Premiere Pro初級者の方が「プロになるためのスタートを切る」のに必要な情報がぎっしり詰まった一冊です。映像編集業界シェア率No.1と呼ばれるPremiere Proは、あらゆるジャンルに対応した編集アプリケーションですが、それだけに搭載されている機能も多種に渡り「どこから手をつけて良いのかわからない」という声があるのも事実です。

「入門書」というものは、どうしてもアプリケーションについて目に入るツールすべての説明を網羅しようとしてしまいがちですが、本書では、ピンポイントに使う頻度の高いものに特化し、初心者にもできるだけ編集しやすいフローになる形でスタートしています。

最初に「最低限覚えておきたい技術的な基本知識」の習得。次に「映像編集する上で一番シンプルな操作方法」で作品を完成させるまでの流れを確認。そして「一番スタンダードな作品の映像編集の形」を学びます。ひと通り映像を作りきってその達成感を得たあとに、各部門を深掘りするLessonに入っていきます。

各Lessonでは編集ツールの基本的な操作はもちろん、Premiere Proバージョン24.0の最新情報も満載です。とてつもないスピードで進化するAIの力を使った最新機能もしっかりとご確認ください。

さらに、Premiere Proで遭遇しやすい問題に対する「トラブルシューティング」と、より効率的に編集するための「おすすめショートカットキー」もご紹介しています。

本書で順を追って勉強を進めていただければ、映像編集者として最高のスタートを切っていただけると確信しております。ぜひ本書とPremiere Proで、映像編集を仕事にする楽しさを体感していただけますと幸いです。

2023年10月

市井義彦

Contents 目次

本書の使い方

全体の構成

この本は、Adobe Premiere Proを使いこなすことで本格的な映像制作を行えるようになりたいという方のための解説書です。「ちゃんとしたプロ」を目指せるよう、本書は次のような構成になっています。紙面で扱っているサンプルデータはダウンロードできますので、データを用いながら学習を進めることができます。

基本

Lesson 1	映像制作の概要
Lesson 2	映像編集、はじめの一歩

Premiere Proを使った映像制作をはじめる前に知っておきたい一般的な基礎知識や、Premiere Proそのものの基本概要を紹介しています。

実践

Lesson 3	スタンダードなインタビュー映像の編集
Lesson 4	デザイン性のあるテロップの作成
Lesson 5	自動文字起こし機能の活用
Lesson 6	キーフレームを使ったアニメーション
Lesson 7	カラーの調整
Lesson 8	オーディオの編集
Lesson 9	トランジションとエフェクト
Lesson 10	速度変更
Lesson 11	重要な各種設定の詳細

まずはLesson 3でスタンダードな編集工程を学びます。そしてテロップや話題の自動文字起こし、アニメーション、カラー、オーディオ、トランジションとエフェクト、速度といった個別の編集の詳細を解説していきます。Lesson 11では、特に重要な各種設定を振り返りながら詳説します。

資料編

Appendix 1	トラブルシューティング
Appendix 2	効率アップ！　おすすめショートカットキー

映像編集はコンピューターのリソースの多くを使うため、実際の作業においてはトラブルはつきものです。ここではありがちなトラブルの解決策を列挙しています。また、作業効率がぐんと上がる、現場に即したショートカットキーの上手な使い方も紹介しています。

MacとWindowsの違いについて

本書の内容はmacOSとWindowsの両OSに対応しています。

本文の表記はMacでの操作を前提にしていますが、Windowsでも問題なく操作できます。

Windowsをご使用の場合は、以下の表に従ってキーを読み替えて操作してください。

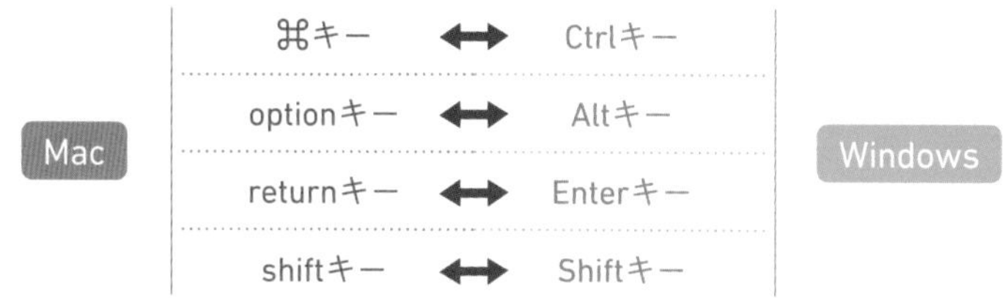

※本文ではoption〔Alt〕のように、Windowsのキーは〔 〕内に表示しています。

サンプルデータについて

本書の解説に用いているサンプルデータと、そして本書だけのプレゼントデータは、

下記のURLからダウンロードしていただけます。

https://books.mdn.co.jp/down/3222303058/
（3222303058：数字）

≫ ダウンロードできないときは

- ご利用のブラウザーの環境などによりうまくアクセスできないことがあります。
その場合は再読み込みしてみたり、別のブラウザーでアクセスしてみてください。
- 本書のサンプルデータは検索では見つかりません。アドレスバーに上記のURLを正しく入力してアクセスしてください。

≫ 注意事項

- 解凍したフォルダー内には「お読みください.html」が同梱されていますので、ご使用の前に必ずお読みください。
- 弊社Webサイトからダウンロードできるサンプルデータは、本書の解説内容をご理解いただくために、ご自身で試される場合にのみ使用できる参照用データです。その他の用途での使用や配布などは一切できませんので、あらかじめご了承ください。
- プレゼントデータは商用利用可能です。ただしこのデータ自体の配布・販売は禁止となります。
- 弊社Webサイトからダウンロードできるデータを実行した結果については、著者および株式会社エムディエヌコーポレーションは一切の責任を負いかねます。お客様の責任においてご利用ください。

プレゼントデータの解凍パスワード　**2554**

Lesson 1

映像制作の概要

これからPremiere Proの勉強を始めるあなたは「映像のプロを目指している」あるいは「プロ並みのスキルを身につけたい」と考えていることと思います。そのためには、はじめに映像そのものの基礎知識や、Premiere Proというアプリケーションの基本設定を知っておく必要があります。最初のLessonでは、そういった基本となる知識を習得していきましょう。

基本　実践　資料編

「映像編集」とは？

テクノロジーの急激な進化と、それに伴って普及するSNS動画の現状。より映像編集の世界が身近になってきました。まずはじめに、現代における「映像編集」と「動画編集」の意味を確認しましょう。

「映像編集」と「動画編集」

テレビや映画など、ひと昔前まで完全な専門職だった**映像編集**が、近年急激に身近な存在になってきました。「2023年に挑戦したい習い事ランキング（ストアカ調べ）」では男性1位・女性5位に**動画編集**がランクイン、ホームビデオなど趣味として編集する人が増えただけでなく、副業・転職の対象としても注目を集めているようです。

その背景には、YouTube、Vimeo、Instagram、TikTok、X（旧Twitter）など、ありとあらゆるプラットフォームで、映像コンテンツが常態化してきていることがあげられます。YouTubeは縦型動画shortsを収益化可能にしたり、Xはサブスクライバーに向け動画の制限時間を大幅に拡張したりと日々進化を続けています。

また、プラットフォームだけでなく、一般電化製品の技術向上もその一端を担っています。スマートフォンの高性能化・高画質化が進むだけでなく、業務用カメラなどのプロが使うような撮影機材までもが、一般人にも手に取りやすいリーズナブルな価格になってきました。

インターネットという大きな世界の中で時代の流れそのものが、映像コンテンツへの追い風を受け、人々の生活に必要不可欠なインフラになっているといっても過言ではありません。

ここでは「映像編集」と「動画編集」という言葉を、あえて使い分けています。これはあくまで筆者の感覚なのですが、「映像編集」とはテレビや映画などインターネット以外の場所をメインにした編集のイメージがあり、「動画編集」とはYouTubeやその他SNSなど、近年のインフルエンサーたちが発信しているネット動画の編集のイメージがあります。

しかし、2020年代に入って以来、「映像編集」と「動画編集」の境目がどんどんなくなってきたように感じます。映像編集を生業にしてきたバリバリのプロフェッショナルたちもインターネット動画への進出し、ネット動画のクリエイターたちもテレビ顔負けの細部までこだわったクオリティの高い編集を手掛けています。誰もが映像・動画を身近なものに感じ、思いのままに作品を作る、そんな時代が来ていると思います。本書を手にとっていただいたあなたもその中のひとりではないでしょうか。手探りの独学では見落としがちなTIPSなどもたくさんお伝えできたらと思い、書き示していますのでぜひ編集を楽しみながら読み進めていただけますと幸いです。

Premiere Proのインストール

Premiere Proを使用するにために、まずはAdobe Creative Cloudアプリをインストールしましょう。

Adobe Creative Cloudのインストール

Adobe Creative Cloudはクリエイティブツールのサブスクリプションサービスです。グラフィックデザイン・Webデザイン・動画編集などのさまざまなソフトウェアが含まれており、プロジェクトに必要なツールを選択して自由に使用することができます。Premiere Proもこの中に含まれるソフトウェアです。同期機能や共有機能も提供されているので、チームでの作業も簡単に行うことが可能です。

Adobeのホームページにアクセスし、プランを選び、アカウントを登録してAdobe Creative Cloudアプリをダウンロード（インストール）しましょう。用意されているプランはいくつかありますが、個人的には単体のプランよりもコンプリートプラン 図1 をお勧めします。

Premiere Proを使用して編集を進める中で、どうしても他のソフトとの連携がより良いクリエイティブにつながることが多々あります。結果として、単体プランを複数契約するよりも、コンプリートプランですべてのソフトを使える状態にした方が安心かと思います。1つのライセンスにつき、2台までアクティベートが可能です。

memo
導入を悩まれている方は、体験版として無料で使用できる（2023年2月時点では10日間無料）ので、お試しください。

図1 コンプリートプランがお勧め

Premiere Proのインストール

Adobe Creative Cloudアプリ 図2 を立ち上げると、各ソフトウェアのインストールやアップグレード・ダウングレードなどの管理を行うことができます。

Premiere Proをインストールするには、左上の[アプリ]タブをクリックし、左列にある[すべてのアプリ]を選択して、各ソフトを表示します。その中のPremiere Proの［インストール］ボタンをクリックして実行しましょう 図3。

図2 Creative Cloudアプリ

図3 Premiere Proをインストール

このとき、Premiere Proとの連携頻度が高いMedia Encoderも自動的にインストールされます。また、最新バージョン以外にも、1つ前のメジャーバージョン（最新が2024.xの場合、2023.x）まで遡ってインストールすることが可能です。インストールボタンの隣にある[･･･]（他の操作）から他のバージョンのインストールができます。

パソコンからPremiere Proを削除（アンインストール）するには、同じく[すべてのアプリ]を表示させ、Premiere Proの項目の右端にある[･･･]（他の操作）から[アンインストール]を選択して実行します 図4。

図4 他のバージョンインストールやアンインストールも可能

映像制作のワークフロー

THEME テーマ　編集作業において、作品の意味や方向性、映像制作全体の流れを把握することが大切です。通常どのような流れで映像制作が進められているのか確認しましょう。

制作の大まかな流れ

通常「映像」は、「企画・構成」、「撮影」、「編集」、「放送・配信」の流れで制作します 図1。編集は「ポストプロダクション」と表現されることが多く、映像制作のワークフローの中ではだいぶ終盤の行程になります。

図1 映像制作のワークフロー

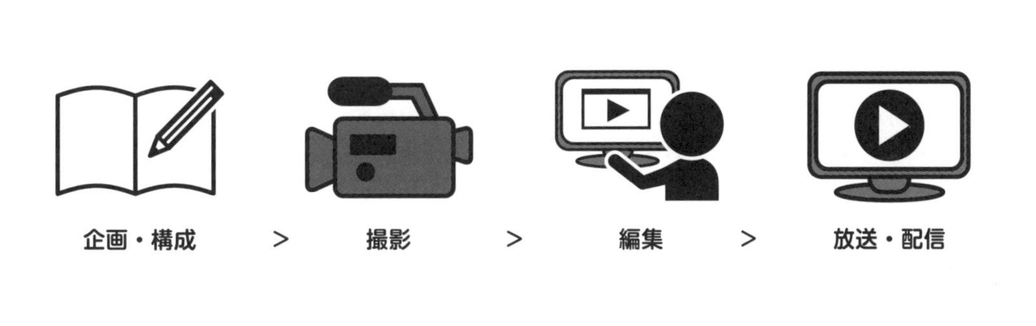

企画・構成

映像コンテンツ制作の一番最初の行程が**企画・構成**です。作品のテーマやメッセージ、ターゲットの視聴者層などを明確にし、コンセプトを確立しましょう。

構成の流れを台本に起こすことで、周りのスタッフと方向性・具体的な内容の共有ができます。さらに、絵コンテ（ストーリーボード）などを作成し、作品の概要や場面の構成、編集の方針などを図示すると、イメージの共有がしやすくなるだけでなく、自分自身の中でより明確にビジョンを確立しやすくなります。撮影に必要な出演者・撮影場所の選定を行い、撮影・編集・放送(配信)などのスケジュールを確定・確認します。

この行程での決定事項は、後の行程にも大きな影響を及ぼすので、適切な企画・構成が行うことがとても重要です。

◎ 撮影

作成した構成に基づいて**撮影**します。作品の方向性や演出、予算に合わせた機材選びが必要です。

最近ではテレビや映画で使用するような大がかりな機材以外にも、ビデオグラファーやインフルエンサーなども使用できるコンパクトな機材でも高性能なものが増えてきています。ひと昔前まで写真撮影用だったミラーレス一眼カメラや、ジンバル機能つきのカメラ、スマートフォンなど、比較的リーズナブルな価格で高品質な映像を撮影することも可能になってきました。

撮影機材によって生成されるデータにも微妙な違いがあるので、そのあたりも把握できると編集がよりスムーズになります。

◎ 編集

撮影してきた映像データを、構成に合わせて**編集**していきます。作品によっては、事前にイメージしていた構成だけでなく、ある程度変更を加えながら試行錯誤していくのもアリだと思います。

本書ではPremiere Proでの編集方法をご紹介しますが、映像業界にはほかにもたくさんの編集ソフトが存在します。それぞれ基本的な編集方法は一緒ですが、機能・操作面で細かな違いがあり、ソフトによって得意分野が異なっています。放送尺に合わせて1フレーム単位で細かく調整することが得意なソフトや、カラーグレーディングに最適化されているソフト、直感的に編集がしやすいソフトなど、さまざまです。

その中でPremiere Proは、オールジャンル対応のハイブリッドな編集ソフトに位置付けられると思います。ハリウッド映画のような本格的な編集から、初めて作るファミリー動画まであらゆるジャンルに対応して柔軟な使い方が可能です。機能が豊富なので作品によって必要な機能を選択して使っていきましょう。

◎ 放送・配信

編集後、完全パッケージ（完パケ）にしたものを、放送用にメディアにプリントしたり、配信用にアップロードしたりします。最終アウトプットに合わせたエンコード（書き出し）を行い、各フォーマットに合わせた状態でファイル化する必要があるので、どのような形で納品するのか、あらかじめ確認しておくのを忘れないようにしましょう。

編集のワークフロー

映像制作全体のおおまかな流れがわかったところで「編集作業のパート」についてさらに深掘りしていきましょう。

編集作業にはざっくり 図2 のような行程があります。

図2 編集のワークフロー

読み込み ＞ 仮編集 ＞ テロップ挿入 ＞ 色調整 ＞ 音調整 ＞ 書き出し

◎ 読み込み

撮影した映像データはもちろんですが、写真やイラストなどの画像データ、BGM・効果音・ナレーションなどの音声データなど、編集に必要な素材をPremiere Proのプロジェクトファイルに読み込みます。

正確には、プロジェクトファイル内に素材を格納するのではなく、素材とプロジェクトをリンクとして紐づけ、紐づけた素材を表示する仕組みになっています。ですので、Premiere Pro内でどのような変更を行っても、リンク先にある元素材に変更が加えられることはありません(これを非破壊編集といいます)。

◎ 仮編集

映像や音声を収録した元素材（ソース）を整理し、どのようなシーンを使用するかを決定します。また、各シーンを順番に並べて一連のストーリーに仕上げます。テレビ放送など、最終尺（時間の長さ）があらかじめ決められている場合は、尺を厳密に調整する必要があります。

最終的な編集作業の前提となる重要な作業なのでできるだけ丁寧に行うよう心がけましょう。

◎ テロップ挿入

テロップとは、主に映像に挿入するテキスト情報のことです（**スーパー**や**タイトル**と呼ばれたりもします）。

重要な情報を伝えたり、内容を補完したりする目的で使用します。オープニングやエンディング、時間軸の移り変わりなど、重要なシーンに挿入したり、映像だけでは伝え切れない情報をテロップで伝えたりします。

そのため、テロップの表示位置・フォント・色・背景などのデザインを適切に行い、視認性を確保することが重要です。

また、テロップの内容も明確でわかりやすく、視認できるだけの時間表示し、映像内容と一致するように編集することが大切です。映像の見た目や内容を補完することにより、作品のクオリティを向上させることができる重要なポイントなのでしっかりとマスターしましょう。

◎ 色調整

色調整は映像の色味やトーンを調整する作業で、**カラーグレーディング**や**カレーコレクション**と呼ばれたりもします。映像の見た目を改善し、目的のイメージにより近づける大切な作業です。作品の演出にもよりますが、基本的には映像全体の色味・トーンを統一させることが重要です。

また、色調整を過度に行うと映像の自然さが失われる可能性があるため、適切なバランスを保ちながら行いましょう。Premiere Proは色調整するためのツールが充実しているので、ひとつひとつ学んで自分のイメージするビジュアルにより近づけられるように学んでいきましょう。

◎ 音調整

映像編集において、どうしても映像そのものに目がいってしまいがちですが、その裏側でとても重要な要素として欠かせないのが**音**です。**音調整**は、映像に合わせて背景音楽(BGM)、効果音、ナレーションを追加・調整し、作品をよりブラッシュアップする作業です。

映像の世界観を大きく左右するBGM、タイミングに合わせてインパクトを与える効果音、現場の音だけで伝え切れなかった情報を入れるナレーション、これらがバランスよく構築されてより良い作品が生まれます。気をつけたいポイントとして、映像と音のバランスや、音の音量やトーンの調整も重要です。

Premiere Proには独自のAIを利用したパワフルなオーディオツールもありますので、本書で合わせて紹介していきます。

◎ 書き出し

編集がすべて終了し、映像を最終的な形式に変換して1つのファイルとして保存する作業を**書き出し(エクスポート)**と言います。

書き出し時にはさまざまな設定を選択する必要があります。Premiere Proでは、品質の劣化を防ぐために高品質な書き出し設定をすることもできますが、その場合の多くは容量の大きなファイルとして生成されてしまいます。

最終のアウトプットに合わせてどのような形式で書き出すのが最適解なのかを事前に理解し、作品に合わせて形式や解像度などの設定を適切に行うことが重要です。

編集前に知っておくべき技術的な基礎知識

THEME テーマ

実際の編集作業に入る前に技術的な基礎知識を確認しておきましょう。編集の実作業をする前に、難しい技術知識を学ぶのはちょっと腰が引けてしまうかもしれませんが、ここでは映像編集に最低限必要なことをご紹介します。

フレームレート

映像コンテンツはパラパラ漫画のように、静止画像を連続して表示することによって「動き」を作り出しています。これらの静止画像を**フレーム**と呼び、映像コンテンツを構成する基本的な単位です。

各フレームは、次のフレームと比べて微妙な違いを持つことが多く、これによって、視聴者は「動き」を楽しむことができます。また、1秒間に表示される映像フレーム数を**フレームレート**（フレーム数/秒、単位はfps（frames per second））といいます。

フレームレートが高いほど、動きはよりスムーズに見えますが、必然的にデータサイズも大きくなります。逆に、フレームレートが低いほど、データサイズは小さくなり、動きがカクついて見えます 図1。

映画などでは24（23.976）fps、テレビ放送などでは30（29.97）fpsが一般的ですが、スポーツやゲームなど動きが速い映像には60fps以上が必要な場合もあります。再生するハードウェアの要件に合わせる必要があるので、最終的なアウトプットを確認して撮影・編集におけるフレームレートを設定するようにしましょう。

図1 フレームレート

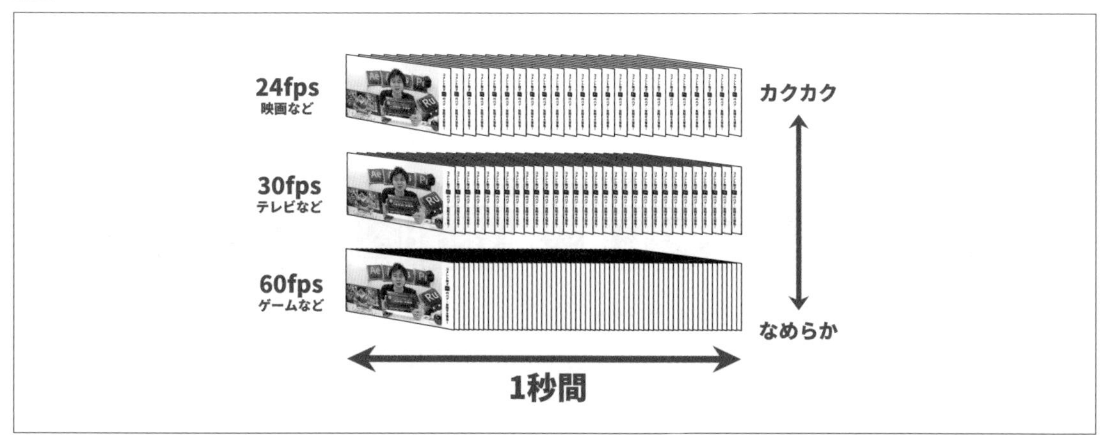

タイムコード

映像データには**タイムコード**という時間軸に沿った数値があり、映像や音声のデジタル信号に同期しています。タイムカウンターのような数値で表示され、すべてのフレームにタイムが割り振られています 図2。

無数にあるフレームに対して、タイムコードを指定することで、どのタイミングのフレームかが瞬時に把握でき、複数人で作業する時も管理・共有しやすいシステムになっています。

映像編集においてとても重要な要素です。特にテレビ番組の編集においては、1フレームのずれも許されない厳密な尺管理が必要なので、とても重要な役割を果たしています。

図2 タイムコード

タイムコードの特性

タイムコードの特性として「ドロップフレーム」と「ノンドロップフレーム」という2種類があります。

ドロップフレームは、およそ毎分ごとに2フレームずつスキップ（削って）してカウントされていきます。タイムをカウントしている数字がスキップしてしまうのに違和感を感じられると思います。実は現実世界では、タイムコードをスキップせずにカウントしてしまうと1時間あたりに約3.6秒の誤差が生じます。それを微調整するためにドロップフレームが必要とされているのです。

特に厳密な時間管理が必要なテレビ放送では、ドロップフレームで管理することが必須とされています。逆に、厳密に時間管理が必要ではない場合（テレビ放送以外）はノンドロップフレームを使用することが多いです。

1フレーム進むと

01;23;59;29 → 01;24;00;02

ドロップフレームはおよそ毎分ごとに2フレームスキップする

フレームサイズ

映像や画像は、ものすごく小さい色のついた「点」、**ピクセル**(pixel)の集合体で表されています。画面の幅と高さにどれだけピクセルを配置しているかを表したものを**フレームサイズ**といいます。

プラットフォームや設備によってさまざまなフレームサイズが存在します 図3。一般にはフルHD（1920×1080ピクセル）や4K（3840×2160ピクセル）などが主流になっています。さらに最近では8Kもちらほら出てき始めています。

フレームサイズが大きくなればなるほど、映像はクリアで美しい表現ができるわけですが、アウトプットする環境によって適応できるかどうかも変わってくるので、よく確認するようにしましょう。映像編集の業界では、このフレームサイズを**解像度**と呼ぶこともあります。

なお、4Kには「4K UHDTV（3840×2160ピクセル）」と「DCI4K（4096×2160ピクセル）」の2種類があります。4K UHDTVはテレビ業界でよく使われる仕様で、DCI4Kは映画業界の仕様です。DCI4Kの方が横幅が長くなっていますので、選択時に注意が必要です。

図3 フレームサイズの比較

RGBとCMYK

映像にはさまざまな「色」があります。映像では基本的に**RGB**（Red、Green、Blue）の3色を基本とする色空間を使って色が作られます。これら3色をさまざまな割合で合わせることで、人間が見ることのできるすべての色を表現することができます。RGBは、モニターやプロジェクターなどの画像表示装置に適したカラーシステムであり、色の濃淡を変えることで多彩な色を表示することができます。

またそれとは別に、印刷物を作成するために用いられる、**CMYK**（Cyan、Magenta、Yellow、Black）という4色から構成された色モデルもあります 図4。

われわれ映像制作の世界では、基本的にRGBを使用する、という認識で問題ありませんが、場合によってはCMYKで作成された画像を素材として扱わないといけない場合もあります。Premiere ProではCMYKの素材を扱うことができない（読み込めない）ので、その場合はあらかじめPhotoshopなどでRGBに変換して作業を進めましょう。

図4 RGBとCMYK

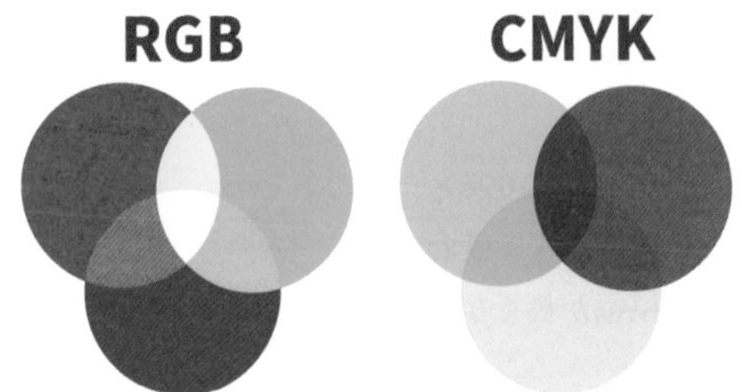

ファイル形式

映像データにはさまざまなファイル形式が存在します。あまりにもたくさんあるので、すべてを紹介することはできませんが、ここではどうしても押さえておきたいポイントをご紹介します。

映像データのファイル形式を識別する上では、**コンテナ**（形式）と**コーデック**を理解することがとても重要です。

コンテナ

コンテナ（形式）とは、ファイルをいれる器のようなものです。一般的によく知られている拡張子「.mov（Quicktime）」「.avi」「.mxf」などがそれにあたります 図5。

図5 コンテナ（形式）

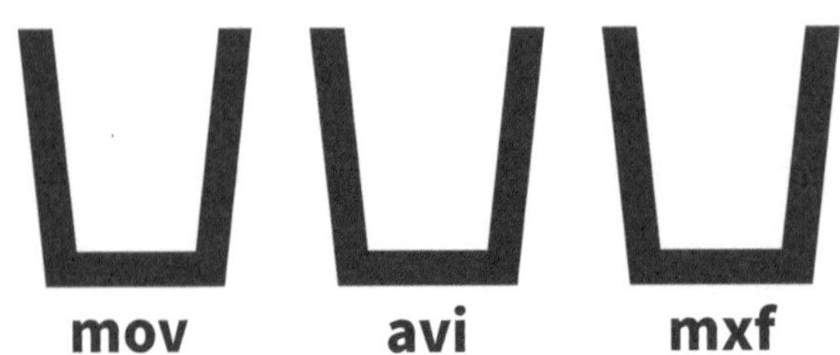

コーデック

そしてそのコンテナの中に格納されているのがコーデックです。コーデックは、ファイルの圧縮の種類のことで、「H.264」「H.265（HEVC）」「ProRes」などがこれにあたります 図6 。

たまにプロの編集現場でも「movで書き出ししてください」という指示を受けたりしますが、物理的には「.mov（Quicktime）」という形式の中に、「H.264」を入れることもできますし、「ProRes」を入れることもできます。コンテナとコーデックの関係をしっかり理解していれば「コーデックは何が良いですか？」と聞き直すことができると思います。

これは最終的なクオリティや機器との整合性にも通じる大切なことなので、しっかりと理解しておきましょう。

図6 コンテナの中にコーデック

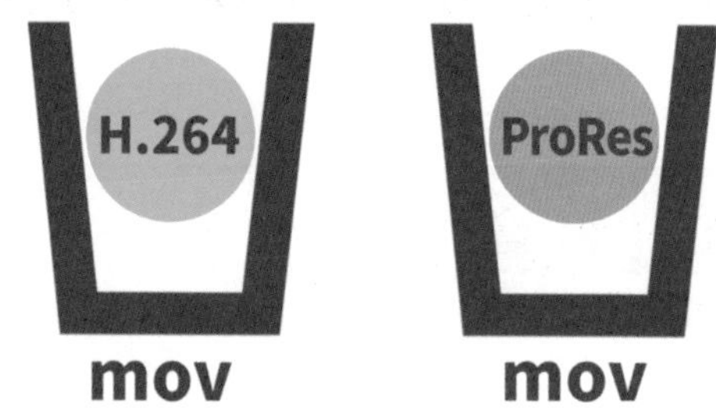

ファイル管理

Premiere Proは、プロジェクトファイルというもので編集データのすべてを管理します。

また、扱うメディアファイル（映像・画像データなど）は、直接プロジェクトファイル内に取り込んでいるわけではありません。メディアファイルを参照する形（リンク）で、プロジェクト内に表示し、編集作業を行っています 図7 。「ファイルパス」と呼ばれるファイルの住所（ディスク上のどこにファイルが置かれているか）を元に紐づけられており、それをプロジェクトファイルで管理している、という形になっています。

そのため、どんなに容量の大きなメディアファイルを扱ったとしても、プロジェクトファイルそのもののファイルサイズはそんなに大きくなりません。

図7 プロジェクトファイルはデータをリンクで管理している

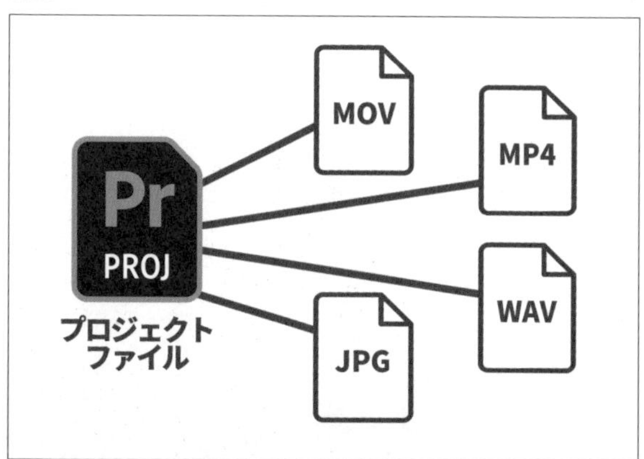

また、プロジェクトファイルで読み込んだデータを元ある場所から移動させてしまうと、Premiere Proがデータを見失い、図8のように「メディアオフライン」と表示され、データを使用できなくなることがあります。

図8 オフラインになった時の表示

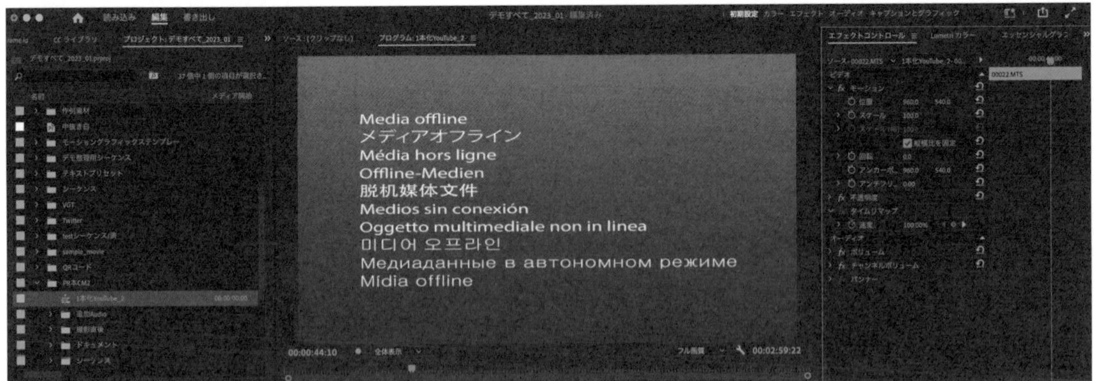

メディアオフラインとなったデータを、再び参照し直すには、再リンクを行う必要があります。オフラインになったメディアを選択し、右クリックで"メディアをリンク..."を実行します。ダイアログが表示されるので、ディスク内を検索し元データを選択して、紐づけし直します。これで元通りデータが表示され編集を再開できます図9。

図9 メディアの再リンク

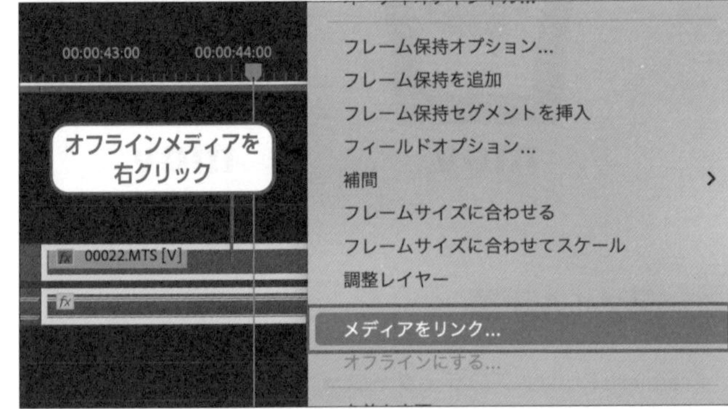

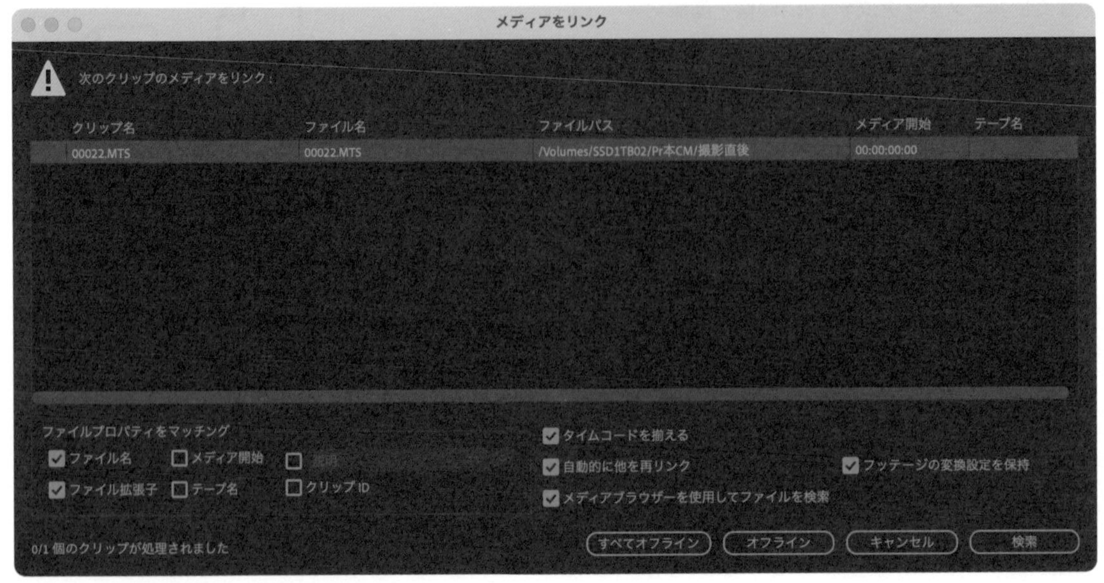

Premiere Proの画面構成

Premiere Proは、他のAdobeソフトと比べても画面の種類が多彩です。それぞれの画面に意味があり、さらに細かくパネルにも分かれています。パネルそのものの配置も変更でき、自分自身が編集・操作しやすい状態にカスタムも可能です。

Premiere Proの3つのページ

Premiere Proの画面は大きくわけて3つのページで構成されています。

画面左上に［読み込み］［編集］［書き出し］というタブがあり 図1、クリックするとそれぞれのページに切り替わります。これは、一般的な編集作業の「読み込み→編集→書き出し」というワークフローに合わせて設定されているものです。

それぞれのページをざっくりと確認していきましょう。

図1 Premiere Pro画面

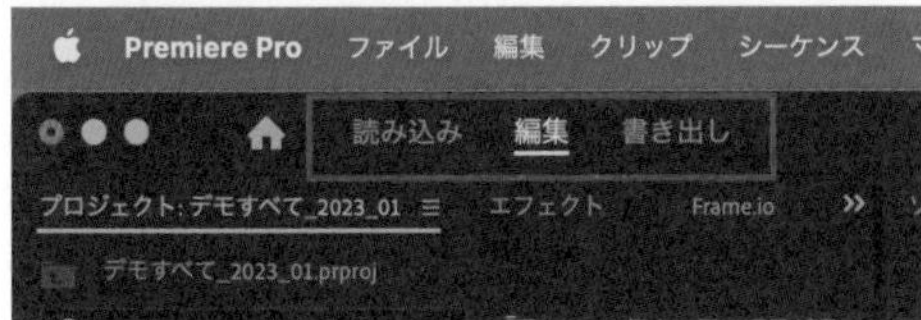

ページ切り替えタブ／読み込み・編集・書き出し

読み込みページ

このページは2022年4月のアップデート（22.3.0）で新設された比較的新しいページです。編集に必要なメディアファイル（映像・画像・音声データなど）を読み込むためのページです。ディスク内にあるメディアファイルをサムネイルとともに閲覧して確認でき 図2 、必要なものだけを選択して読み込めます。

また、編集を始める一番最初の段階では、このページで読み込みと同時に新規のプロジェクトファイルの作成も行うことになります。

詳しくはLesson 2の「01 編集作業の準備」で後述していますのでご確認ください。

図2 読み込みページ／読み込み候補をサムネイルで閲覧できる

編集ページ

このページが編集作業のメインとなるページです。読み込んださまざまなメディアファイルを、このページで切ったり貼ったり並べ替えたりして作品を構築していきます。

読み込んだファイルは総称として**クリップ**と呼びます。 図3 を見ていただくとわかるとおり、1画面に複数のパネルで構成されていますが、このほかにもたくさんの種類のパネルがあり、それらにはそれぞれの役目があります。たくさんパネルがあるので最初は面食らってしまうかもしれませんが、のちほどひとつひとつ確認していきましょう。

また、パネルの配置を任意でカスタムしプリセットとして保存することもできます。それを**ワークスペース**といい、編集作業の内容によってワンタッチで切り替えながら効率の良い編集を進めることができるので、上手に活用しましょう。

図3 編集ページ／具体的な編集をするページ

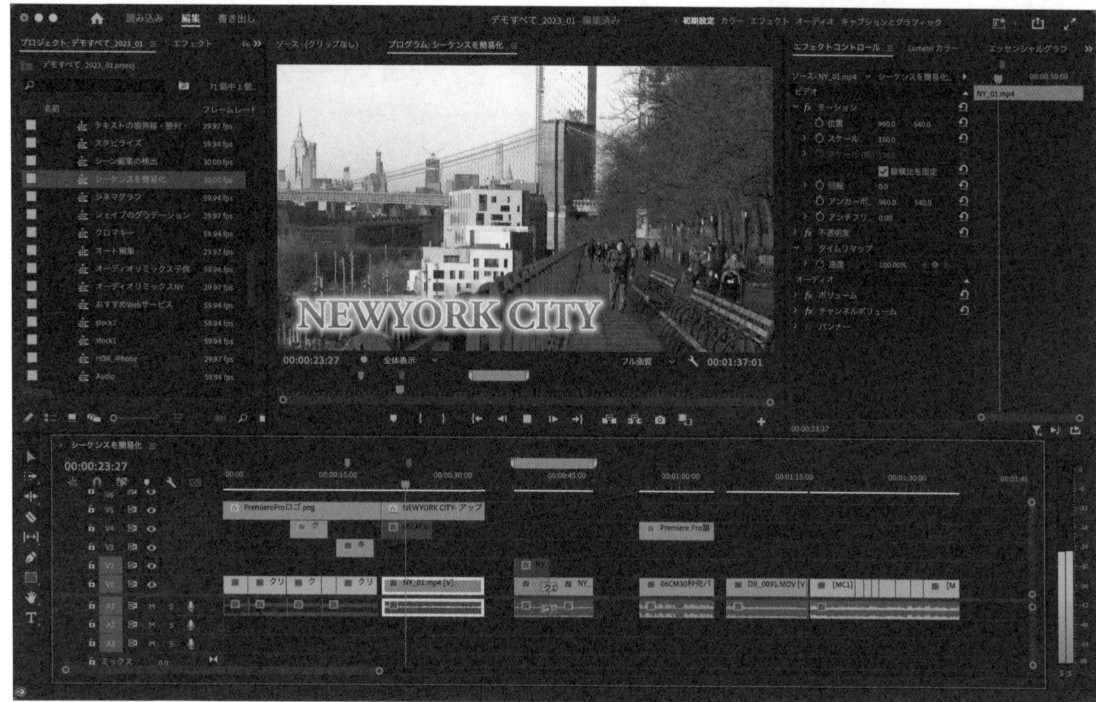

書き出しページ

前述したとおり、編集ページで編集したものは、たくさんのクリップを並べた状態であり、データ的に1つのファイルになっているわけではありません。**書き出し**（**エクスポート**）を行うことで初めて作品として1つのファイルにできます。さまざまな品質・形式のファイルとして書き出すことが可能ですし、YouTubeやSNSなどに直接投稿することもできます 図4。

技術的に詳細な知識があるに越したことはありませんが、最終的なアウトプットに合わせた書き出し方を覚えてしまえば、そんなに困ることはありません。複雑な設定を習得するのは、編集の基本をマスターしたあとでも問題ないと思います。

図4 書き出しページ／完成した作品を1つのファイルにする

編集ページで使用する主なパネル

前述したとおり、編集ページで表示されるワークスペースにはさまざまなパネルがあります図5。ここでは一般的に使用頻度の高い［編集］というワークスペースの配置で、各パネルを確認していきましょう。

図5 書き出しページ／完成した作品を1つのファイルにする

ワークスペースプリセットを1クリックで選択する方法

ワークスペースは、初期設定としていくつかのプリセットが最初から用意されています。編集ページ右上のアイコンから、プリセット項目を表示して選択することで切り替えができます 図1。

この方法でも良いのですが、お勧めとしては、プルダウンメニューの下の方にある“ワークスペースタブを表示”を選択してチェックを入れてみてください 図2。

ワークスペースアイコンの左に［|］が現れ、左にドラッグすると、プリセットの項目が引き出しのように現れます。

これで各ワークスペースプリセットを1クリックで選択できるようになるので、頻繁に切り替える方にはお勧めです。

図1 ワークスペース切り替えメニュー

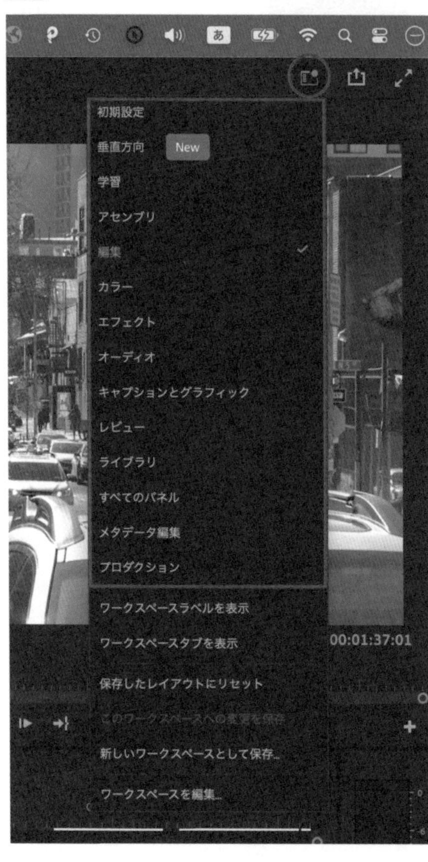

図2 ワークスペースタブを表示

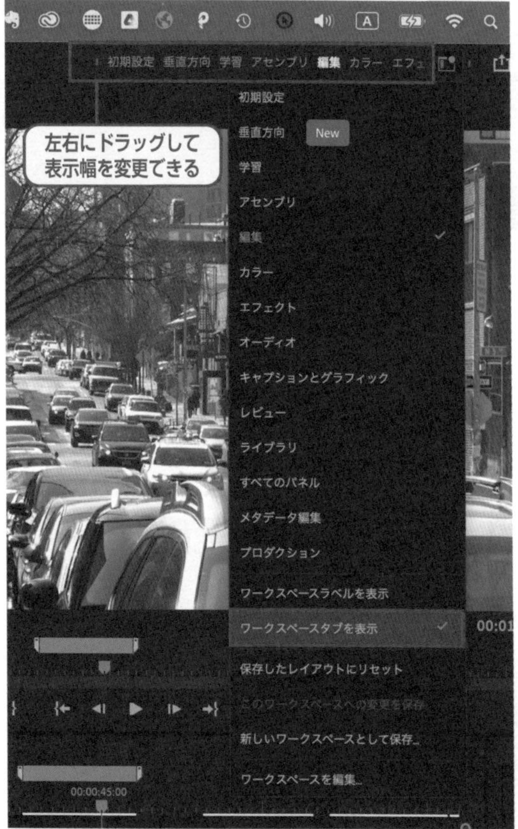

① プロジェクトパネル

読み込んだメディアファイル(クリップ)や、シーケンス(編集結果を格納しているファイル)を管理するパネルです 図6。作品に使用するファイルはすべてここに表示されコントロールできるので、とても重要なパネルです。

図6 プロジェクトパネル

② ツールパネル

編集作業に必要なツールがアイコンの形で並んでいます 図7。右下に三角マークがついているものは、長押しすると同系統の別のツールが表示されます 図8。

図7 ツールパネル

図8 長押しで別ツールを表示

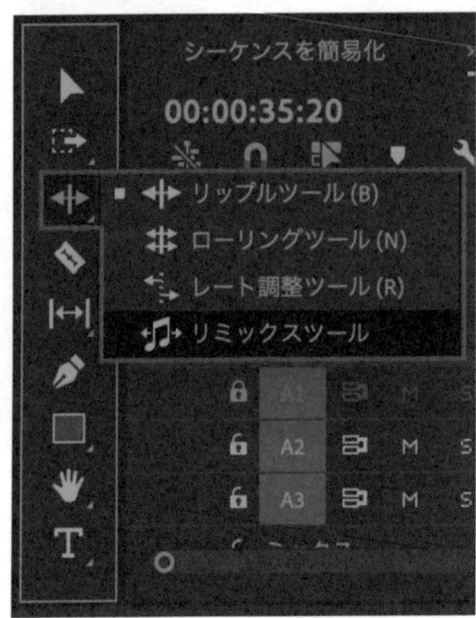

③ タイムラインパネル

シーケンスを開き、時間軸に沿ってクリップを配置・切り貼り・並べ替えなど具体的な編集作業をするパネルです 図9。映像編集をする上で、一番操作することが多いパネルになります。

図9 タイムラインパネル

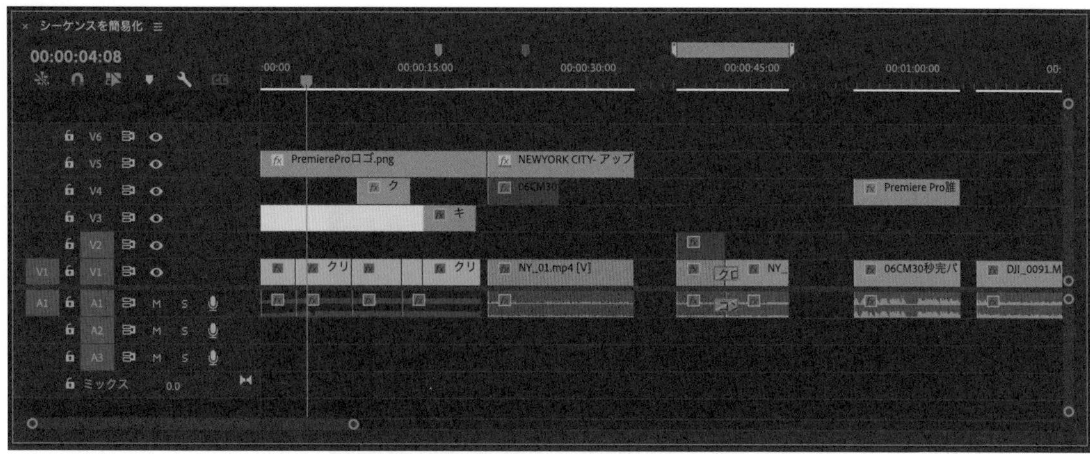

オーディオマスターメーター

再生中のクリップの音量を視覚的にメーターで表示します 図10。

図10 オーディオマスターメーター

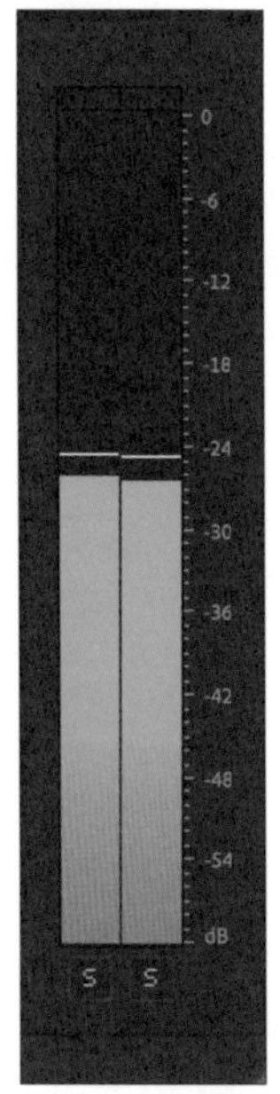

⑤ ソースモニター

読み込んだ編集素材を再生表示するパネルです 図11。プロジェクトパネルまたはタイムラインにあるクリップをダブルクリックすると、ここに表示されます。

図11 ソースモニター

⑥ プログラムモニター

編集中のタイムライン上の内容を再生表示するパネルです 図12。再生ヘッドがあるフレームの映像が表示されます。

図12 プログラムモニター

これらが一般的に編集でよく使用するパネルです。

さらにパネルの配置によっては、上部のタブ切り替えで同じスペースに別のパネルを表示させることもできます。裏に別パネルが隠れているイメージです。

また、どこにも表示されていないパネルは、メニューバー「ウィンドウ」のプルダウンメニューから呼び出すこともできます。

ワークスペースの変更

前述したように、ワークスペースは初期設定ですでにいくつかのプリセットが用意されていて、それぞれ作業内容に合わせて使いやすいレイアウトになっています。

先ほどは［編集］のワークスペースを例に挙げて説明しましたが、ここでは別のワークスペースに切り替えてみましょう。筆者のお勧めとしては［初期設定］が使いやすくて良いと思います。

ワークスペースのプルダウンメニューから“初期設定”をクリックします 図13。画面のパネルが一斉に再配置され、図14 のような状態になりました。左上に［プロジェクト］パネルが、下に長く［タイムライン］が表示されています。

図13 ワークスペースを変更

図14 ワークスペース[初期設定]のパネル配置

[編集]では、映像を表示するモニターが2つ表示されていましたが、[初期設定] ワークスペースでは中央上部に1つだけ表示されています。そのモニターの左上に[プログラム]と[ソース]のタブがあり、それらで2つのモニター 図15 図16 を切り替えながら使う仕様になりました。

図15 プログラムモニター

図16 ソースモニター

そして、右上には新たなパネルグループがあり、[エフェクトコントロール] [Lumetriカラー] [エッセンシャルグラフィックス] [エッセンシャルサウンド] [テキスト] が配置されています 図17。これらのパネルも編集作業の中で用途によって順次使っていきますので、慣れるまではこの配置が使いやすいかと思います。

図17 右上のパネルグループ

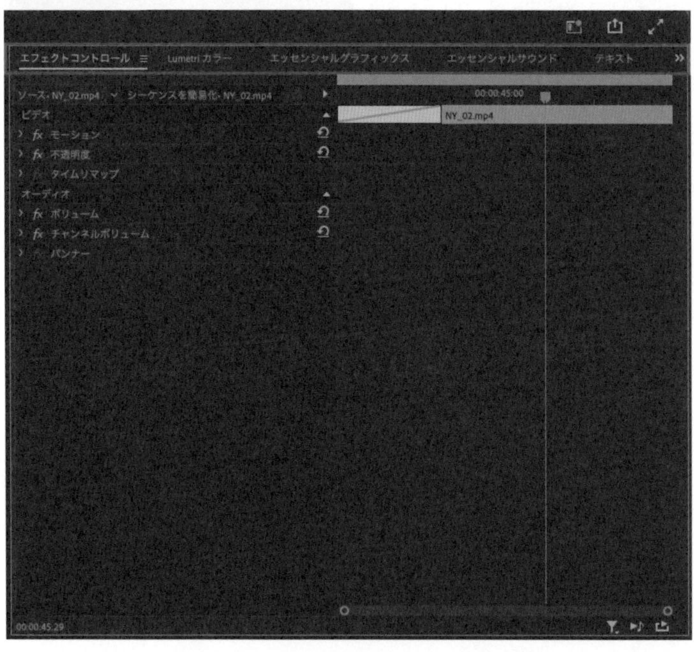

パネル配置のカスタマイズ

プリセットで用意されているワークスペース以外にも、自分自身でカスタムすることも可能です。

ウィンドウのサイズを変更するには、それぞれのパネルの端（ウィンドウ上下左右の辺）をつかんでドラッグで自由なサイズにできます。また、パネルの配置・並びを変更したい時には、左上の名称部分をつかんでドラッグして移動させてみましょう 図18。

編集しながら自分が使いやすいレイアウトにカスタムして、オリジナルのプリセットとして保存して使用することも可能なのでぜひ試してみてください。

図18 自由にカスタマイズ可能

Lesson 2

映像編集、はじめの一歩

Lesson 1では、映像に関する基本的な知識や技術的なお話をしてきました。ここからは実際に一緒に手を動かし、作例を編集しながらPremiere Proを学んでいきましょう。最初はシンプルな作例で、編集におけるフローと基本操作を確認していきます。ちょっと章全体としては長くなりますが、Premiere Proでよく使う操作なのでひとつひとつ確認しながら読み進めてください。

基本　実践　資料編

編集作業の準備

THEME
テーマ

実際にプロジェクトファイルを作成して「編集をはじめる最初の準備」を学んでいきましょう。最新バージョンのPremiere Proでは、「新規プロジェクトの作成」と「メディアファイルの読み込み」「シーケンスの作成」までを一気に実行できます。

このLessonで使用するファイル

「NY_01.mp4」〜「NY_32.mp4」	カメラで収録した映像ファイル

Premiere Proの起動

インストールしたPremiere Proのアイコンをダブルクリックして起動させましょう。図1のようなホーム画面が表示されます。今回初めての編集となるので、左上の[新規プロジェクト]をクリックします。プロジェクトファイルの作成画面として「読み込み」ページが表示されます（P.40 図3）。

図1 ホーム画面

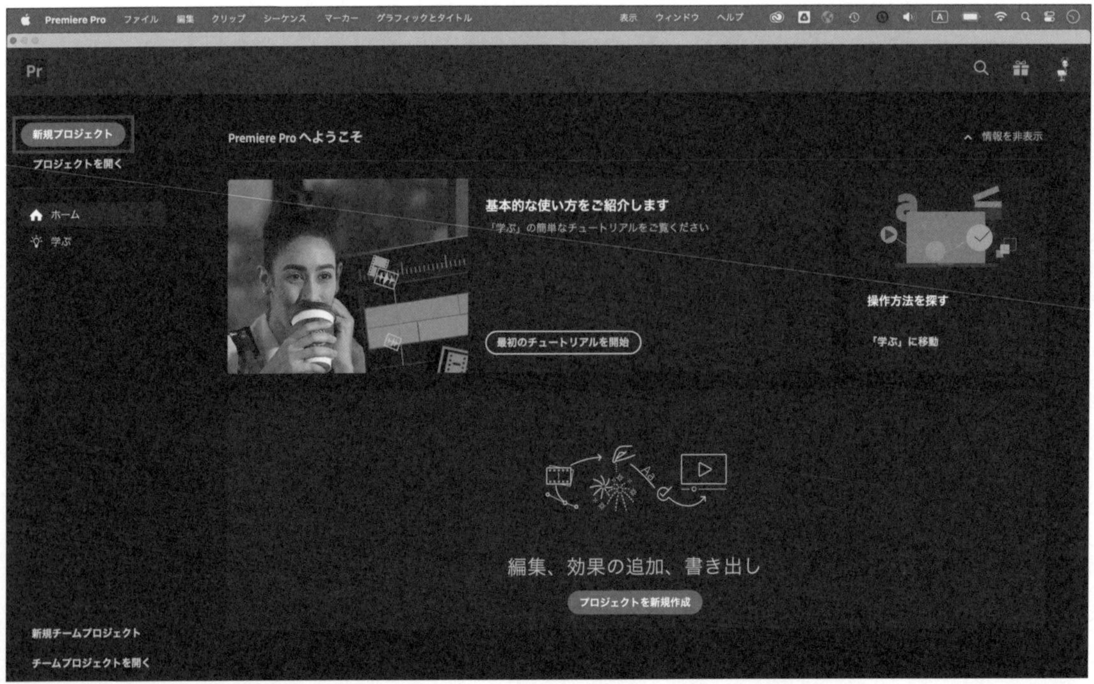

プロジェクトファイルとは

Premiere Proで映像編集を始める時、最初に行う作業は**プロジェクトファイル**の作成です 図2。

プロジェクトファイルは編集素材全体を管理する大元となるファイルです。ここに編集で使用する素材を読み込み、編集作業を管理します。編集を途中でストップし一旦終了する時も、このプロジェクトファイルを保存し終了させます。再度プロジェクトファイルを開くと、続きから編集作業を始められます。

図2 プロジェクトファイル

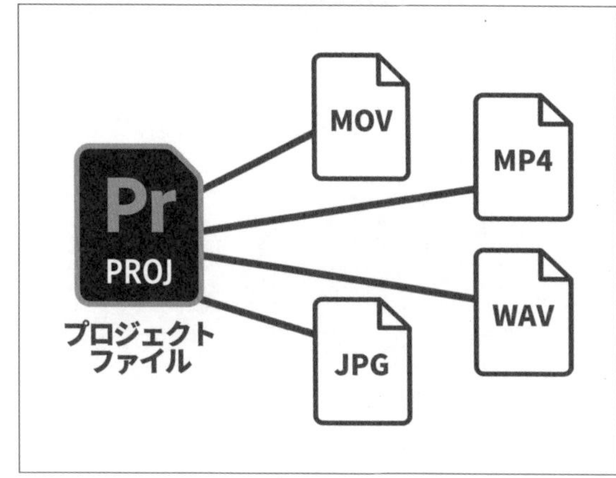

プロジェクトファイルの下位互換はNG

Premiere Proは年に一度メジャーアップデートが行われます。最近では2022年秋にver.23、2023年秋にver.24がリリースされました。プロジェクトファイルはこのメジャーバージョンの数字で大きく区分けされていて、古いバージョンで作成したプロジェクトを新しいバージョンで開くことはできますが、新しいバージョンで作成したプロジェクトを古いバージョンのPremiere Proで開くことはできません。

新規プロジェクト作成ページ（読み込みページ）

2022年4月のアップデート（Ver.22.3.0）から、プロジェクトファイルの作成と同時に［メディアファイルの読み込み］が行える仕様になりました 図3。この［プロジェクトファイルの作成］→［メディアファイルの読み込み］の流れはPremiere Proの弟分でもあるアプリPremiere Rushで採用されているフローです。作業の流れとして普遍的なものなので、Premiere Proにも採用されました。

図3 新規プロジェクト作成ページ(読み込みページ)

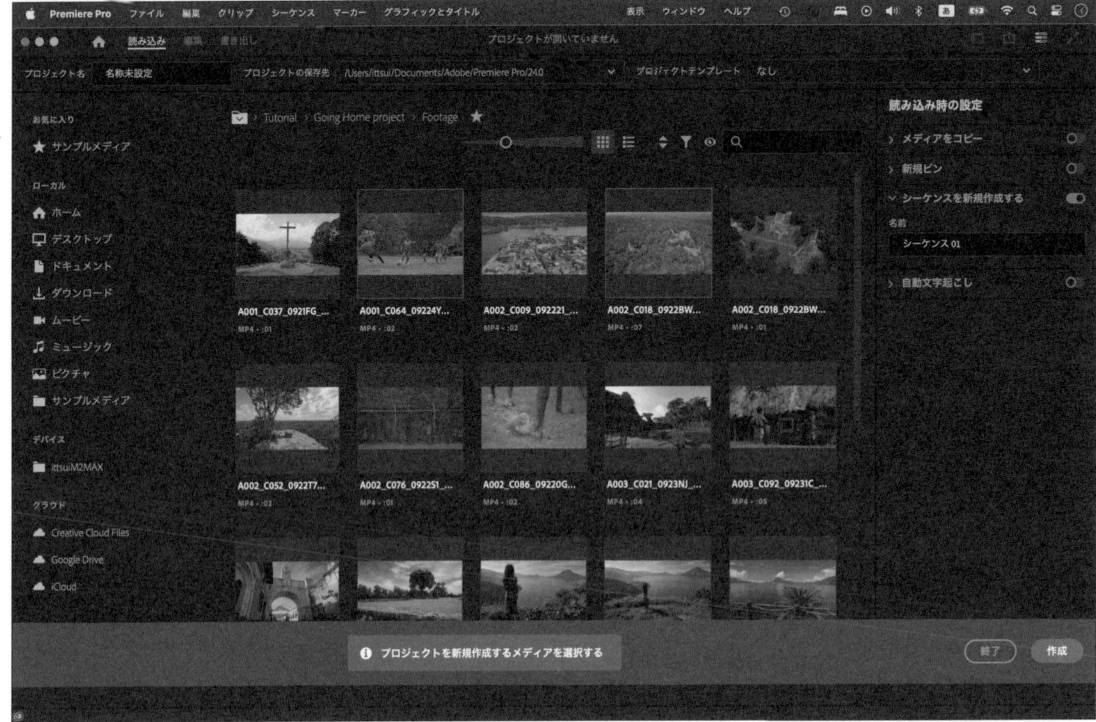

プロジェクトファイルの設定

まずはプロジェクトファイルを作成するための設定をしましょう。とはいっても、以前のバージョンと違い、名前と保存先を設定するだけのシンプルなものです。

左上の「①プロジェクト名」で任意の名前を設定します。ここでは「ニューヨーク」と入力します。隣の「②プロジェクトの保存先」でファイルの保存先を指定します 図4。プルダウンメニューから選択するか、[場所を選択...]を選んで任意の場所を設定しましょう 図5。ここでは「デスクトップ」を設定しました。

図4 プロジェクトの設定／読み込みページ

図5 プロジェクトの保存先／読み込みページ

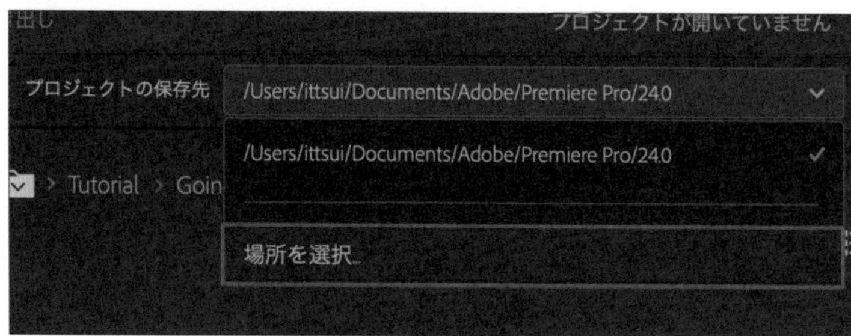

プロジェクトテンプレート

「③プロジェクトテンプレート」はver.24.0（2023年10月アップデート）で追加された新機能です。「新規プロジェクト」を作成するとき、作成するプロジェクトをテンプレートの中から選ぶことができます。プルダウンメニューの中には3種類のテンプレートが用意されています 図6。

図6 プロジェクトテンプレート

例えば「Social Media Template Project.prproj」を選択すると、プロジェクト内にソーシャルメディア用のシーケンスが用意されています 図7。「Instagram Reel vertical 9:16 (1080x1920)」シーケンスを選んだ場合、Instagram Reel用のフレームサイズに設定されていて、最終アウトプットを想定したセーフゾーンやデバイスに表示されたときのアイコン配置などがわかるように工夫されていたりします。ユーザーの目的に合わせたプロジェクト構成が簡単に実現できるのでとても便利です。

memo

Premiere Proにはプロジェクトファイルの自動保存機能が搭載されていて、編集中でも15分ごと（初期設定）にバックアップファイルが保存されます。しかし、予期せぬエラーにより突然シャットダウンしてしまうことがありえるので、自動保存機能に頼らずこまめに保存するようにしましょう。ファイルメニューから［保存］、もしくはショートカットキーの⌘（Ctrl）キー＋Sで保存できます。リスクヘッジとして、プロジェクトファイルを随時別名保存（ファイル名の語尾に日付をつけるなど）し、バックアップを取ることで、過去の作業段階へ戻れるようにするのも有効です。プロジェクトファイルそのものは、そんなに大きな容量のファイルになりにくいので、量産してしまってもストレージへの負荷は少ないでしょう。

図7 Social Media Template Project.prproj

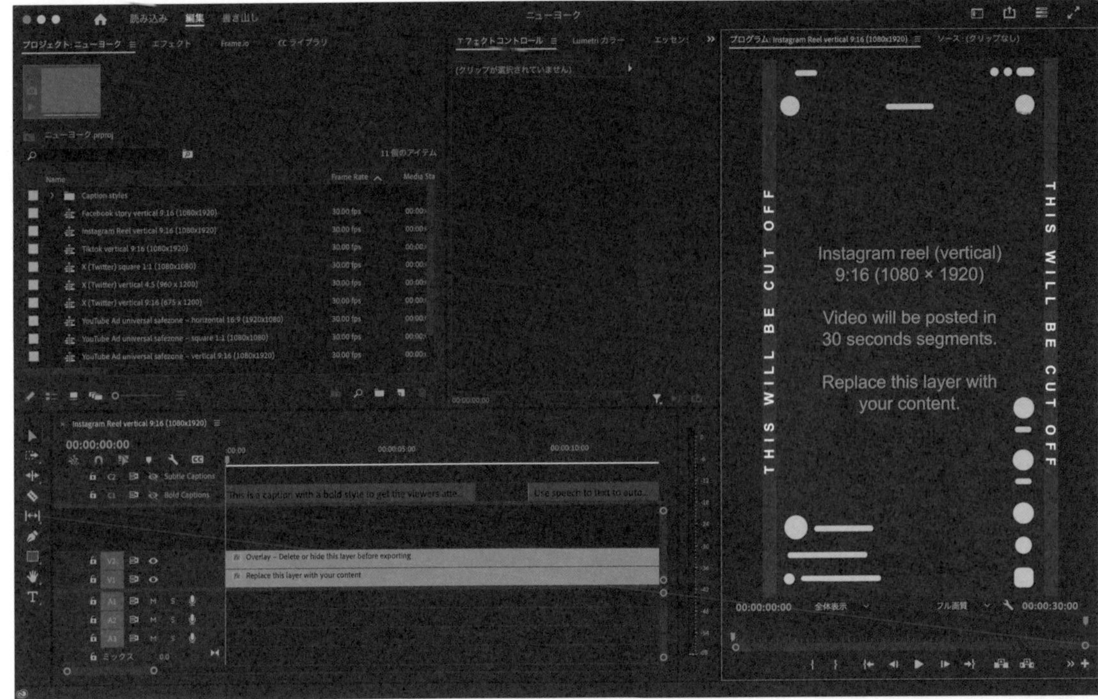

また、"テンプレートを追加..."で自分自身が作成したプロジェクトをテンプレートとして登録することも可能です。毎回使う必要なファイルを読み込んでおいたり、設定済みのシーケンスを格納したプロジェクトを登録しておけば、かなり時短になるのでぜひお試しください。

メディアファイルの選択

次に読み込むファイルを選びましょう。画面左側に[メディアファイルがある場所]を選ぶ項目があります。ダウンロードしたサンプルファイルからフォルダー「NY」を選びましょう。

選択したフォルダー内にあるメディアファイルが、ページ中央にサムネイルで表示されました。動画ファイルの場合、サムネイルの上で、マウスポインターをスライドさせるとサムネイルの画像が簡易的に動き中身を確認できます 図8。サムネイルをクリックするとチェックボックスがONになり選択状態になります 図9。読み込みたい素材を選択しましょう。

ここでは「NY」フォルダー内の以下の5つのファイルを選びます。

「NY_02.mp4」

「NY_05.mp4」

「NY_06.mp4」

「NY_18.mp4」

「NY_25.mp4」

図8 動画内容を簡易的に確認できる

図9 サムネイルクリックで選択

読み込み時のオプション

次に画面右側の[読み込み時の設定]にある3つの項目を確認します 図10。

図10 >で各項目を表示する／読み込み時の設定

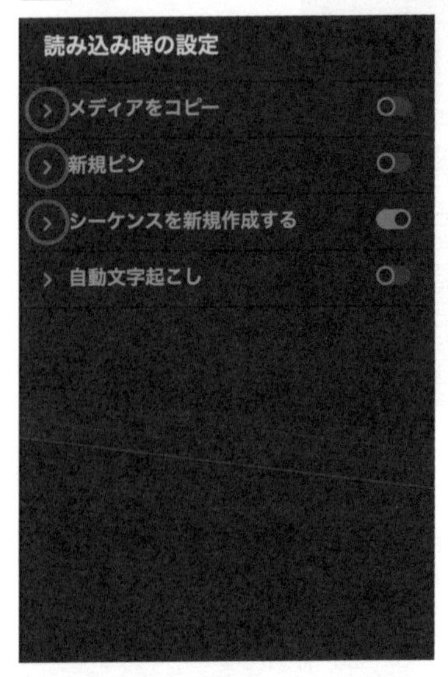

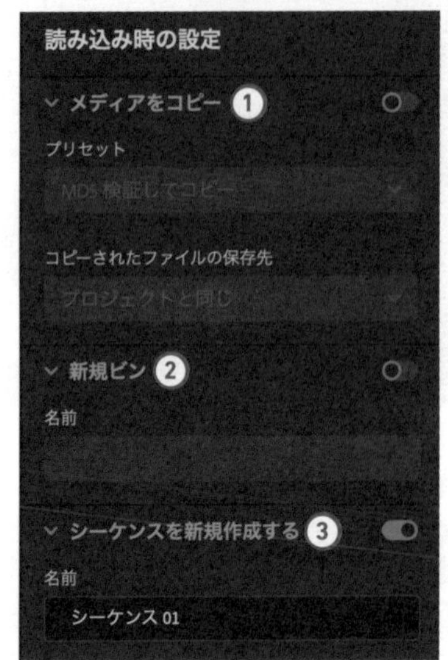

① メディアをコピー

読み込みと同時に、選択したファイルを任意の場所にコピーできます。

[プリセット]の項目 図11

MD5検証してコピー　：ファイルが正常にコピーできたかどうかを自動検証します。

検証なしでコピー　：検証をしない通常のコピーです。

[コピーされたファイルの保存先]の項目 図12

プロジェクトと同じ　：プロジェクトファイルが保存される場所と同じ場所にファイルをコピーします。

プリセットの保存先を使用：あらかじめ設定した場所にコピーします。

Creative Cloudのファイル　：Creative Cloudの専用クラウド領域にコピーします。

場所を選択...　：任意の場所にコピーします。

② 新規ビン

プロジェクト内で素材を管理する時のフォルダを**ビン**と言います。読み込んだ素材を1つのビンの中に格納して管理する場合にこのチェックをオンにします。また、ビンは後からでも作成できます。初期設定ではオフになっていると思うので、今回はオフのままにしておきます。

図11 プリセット／メディアをコピー

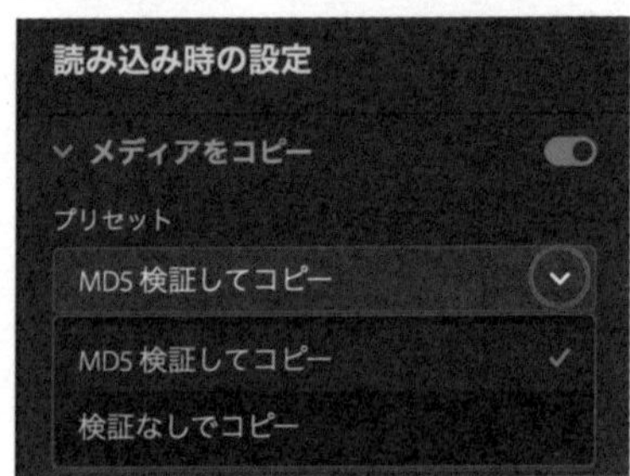

図12 コピーされたファイルの保存先／メディアをコピー

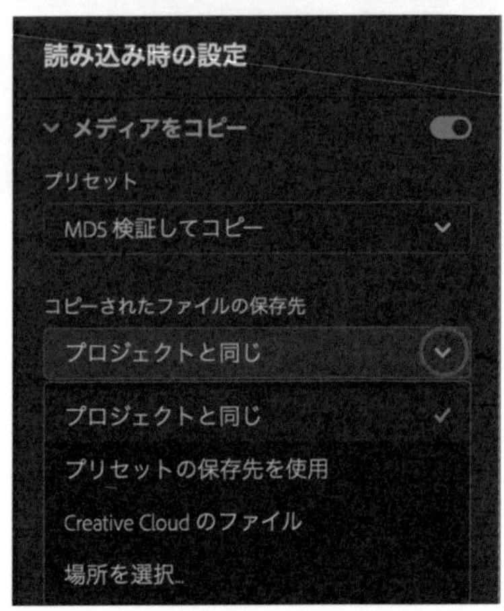

③ シーケンスを新規作成する

プロジェクト作成・読み込みと同時に、シーケンスファイルを作成します。シーケンスについてはのちほど説明しますが、この項目をオンにすると、読み込んだ素材をシーケンスに配置された状態で作成します。初期設定ではオンになっていますので、こちらはオンのままにしましょう。

図13 メディアを選択した順も記憶されている

以上の設定ができたら、右下にある［作成］ボタンを押してください 図13。自動的に［編集］ページに切り替わり、プロジェクトパネルに読み込んだメディアファイルが並んでいます。また、選択したメディアファイル以外にも、自動生成されたシーケンスのサムネイルもここに並んでいます。編集ページに切り替わると、シーケンスが自動的にタイムラインで開かれ、読み込んだクリップも配置された状態になります 図14。

図14 ［シーケンスを新規作成する］がオンの場合／編集ページ

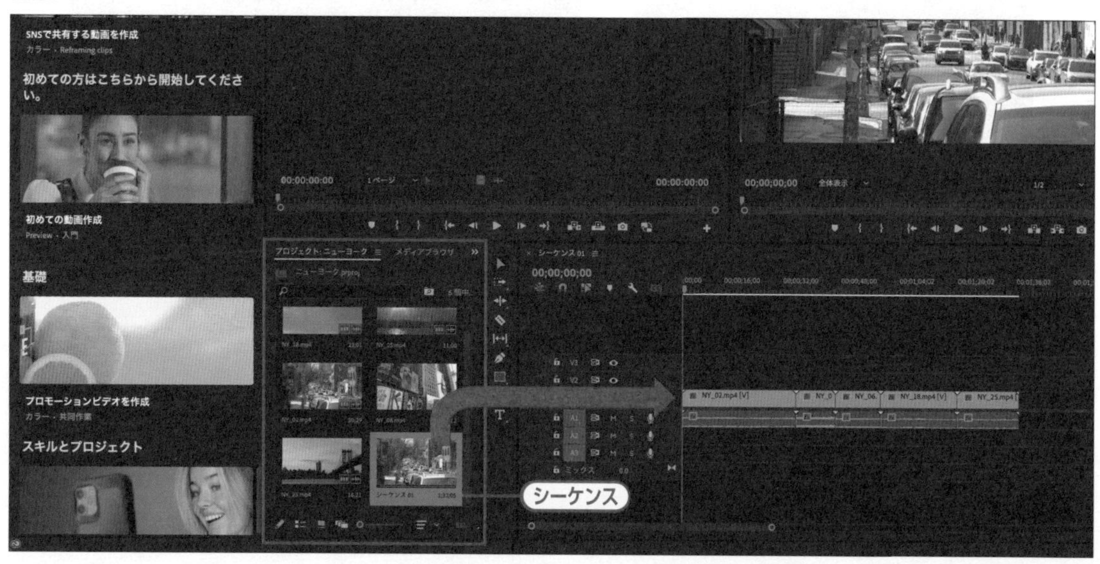

memo

［メディアをコピー］は、SDカードなどの収録メディアから直接読み込む場合などに使用できる機能ではありますが、収録メディアから直接読み込む行為は多少なりともリスクがあるので推奨できません。筆者自身は所定の場所にコピーした後に読み込みを行うので、［メディアをコピー］の項目は通常オフにして、使用しないようにします。

memo

読み込み選択したメディアファイルは、シーケンスを同時作成した時、選択したファイル順で配置されます 図13。

プロジェクトパネル内でのクリップの表示方法

プロジェクトパネル内でのクリップの表示方法は3種類あります。パネルの左下にあるアイコンでそれぞれ切り替えることができます。

リスト表示

クリップ名がメインでリスト表示され、フレームレートやビデオ情報（解像度）など詳細な情報も確認できます 図1 。クリップの数が多い時に便利です。また、クリップの左側にラベル（色／変更可能）も表示されるので自分なりの仕分け管理をするのに有効です。

アイコン表示

クリップ内の映像がサムネイルで表示されます 図2 。サムネイル下部にあるつまみを左右に動かすこと（スクラブ）で動画の内容の確認もできます。複数のクリップの内容をひと目で確認できるので便利です。

図1 リスト表示／プロジェクトパネル

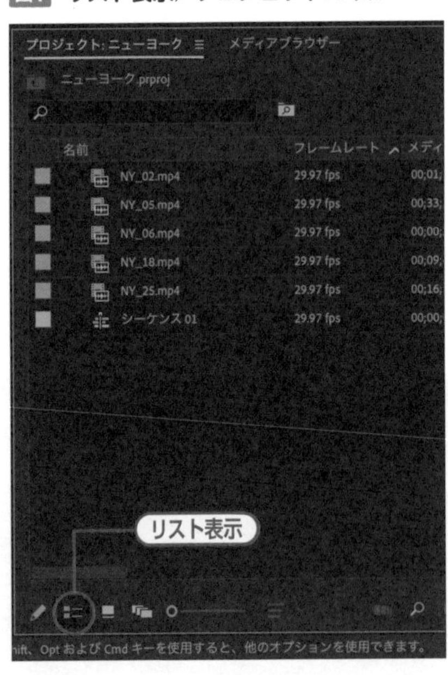

図2 アイコン表示／プロジェクトパネル

フリーフォーム表示

アイコン表示のようにサムネイルで表示され、アイコンそのものをプロジェクトパネル内で自由に移動・配置できます 図3。アイコン下にある名称部分を右クリックし［クリップサイズ］で表示サイズの変更も可能です。クリップを自在に配置できることで、ビジュアル的に整理することができます。これはハリウッドで映画製作をするユーザーからのリクエストで生まれた機能なので、気になる方はぜひ使ってみてください。

どの表示方法においても、クリップをダブルクリックすることでソースモニターに内容を表示し、再生して確認することができます 図4。

図3 フリーフォーム表示／プロジェクトパネル

図4 ダブルクリックでソースパネルで表示

その他の読み込み方法

ここまで［読み込み］ページでの読み込み方法をご紹介しましたが、前述したとおりこのページ自体新しいものであり、以前までの別の方法を使った読み込みも可能です。いくつかご紹介しましょう。

メニューの“読み込み”

ファイルメニューから読み込み専用の項目を選択して読み込む方法です。筆者はこの方法を一番よく使用します。

［編集］ページの状態で、ファイルメニューから“読み込み…（⌘+I）”を選択 図15。表示されたダイアログで読み込みたいファイルを選択して［読み込み］ボタンを押します 図16。

図15 ファイルメニューの“読み込み…”

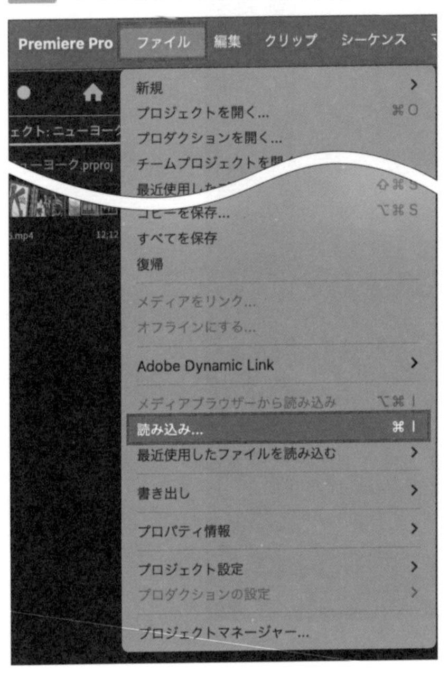

図16 読み込みダイアログ

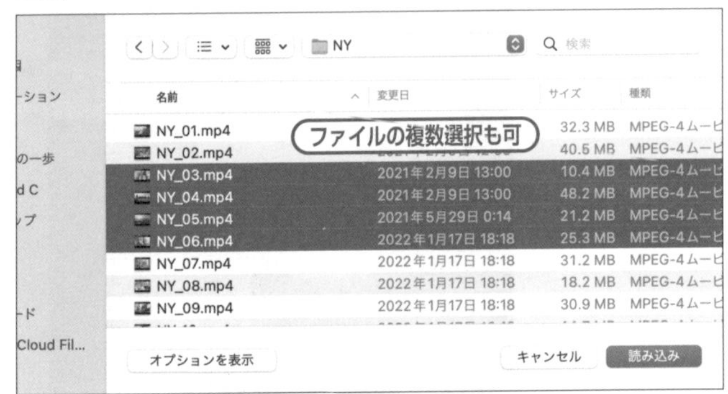

この時、複数のファイルを選択するには、Shiftキー（範囲選択）や⌘キー（個別選択）を押しながら選択してください。

また、このダイアログは、プロジェクトパネルの空きスペースをダブルクリックすることでも開きます。

ドラッグ＆ドロップ

マウス操作のみで読み込む方法です。パソコン操作に慣れている方は一番直感的な方法かもしれません。

パソコンのブラウザー（FinderやExplorerなど）で表示させたファイルをマウス操作でつかんでドラッグし、Premiere Proのプロジェクトパネルにドロップします 図17。

図17 ドラッグ＆ドロップで読み込み

メディアブラウザーパネル

パソコン内にある素材をPremiere Pro上で表示（ブラウズ）して、必要な素材を選択して読み込む方法です。[読み込み] ページをコンパクトにした感じのパネルです。

ウィンドウメニューから“メディアブラウザー”を選択してパネルを開きます。

左側にリスト表示された項目から場所を選び、右側で読み込むファイルを選択し、プロジェクトパネルにドラッグ＆ドロップで読み込みができます 図18。

memo
AVCHDデータの読み込みは[読み込み]ページか [メディアブラウザー] を必ず使用しましょう。

図18 メディアブラウザーパネル

長年Premiere Proを使っているユーザーは、元々あった他の読み込み方法を使っている人も多いようです。筆者も“ファイルメニューからの読み込み”や“メディアブラウザー”を使用する頻度の方が高いです。ご自身が使いやすい読み込み方法を選んでください。

編集の基本操作

THEME テーマ

映像編集では、読み込んだメディアファイル(クリップ)を短く切ったり、つなげたり、移動させたりしながら時間軸に合わせて構成します。ここでは、編集操作で一番基本となる「カット編集」を中心に全体の流れを確認していきましょう。

シーケンスとタイムラインパネル

映像編集をする上で、実際に一番操作するのが**タイムラインパネル**(以下タイムライン)です。この**タイムライン**と**シーケンス**は、よく混同されがちなので違いを理解しておきましょう。

シーケンスは、映像編集におけるキャンパスのようなものです。タイムラインは、そのシーケンスを展開して内容を確認・操作できるパネルです 図1。

専用ツールを使用し、タイムライン上でビデオクリップやオーディオクリップを切り取ったり、移動したりすることで、最終的に完成した映像を作り上げます。また、フレームレートや解像度などを設定することで最終的な映像の品質を調整できます。

作成したシーケンスはプロジェクトパネルにクリップと同列に配置され、管理することができます。1つのプロジェクトの中にシーケンスをいくつでも作成できるので、行程によってバージョニングして作成し、段階分けすることも可能です。

図1 シーケンスとタイムラインパネル

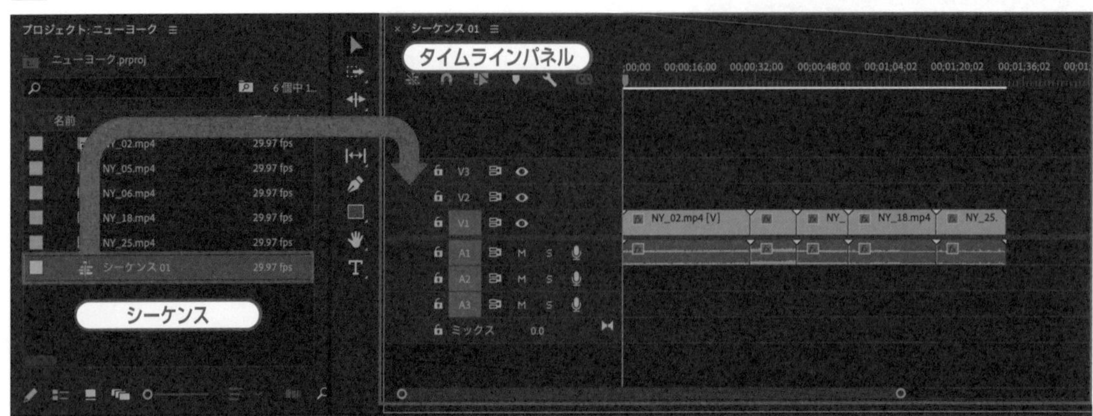

プロジェクトパネルのシーケンスをダブルクリックするとタイムラインパネルに展開される

シーケンス名の変更

シーケンスの名前を変更するには、プロジェクトパネルでシーケンスを選択し、右クリックして［名前を変更］で行います。また、シーケンスを選択した状態で、シーケンス名をクリックすることでも変更可能です。すばやくダブルクリックしてしまうと、シーケンスが開いてしまうので注意してください。

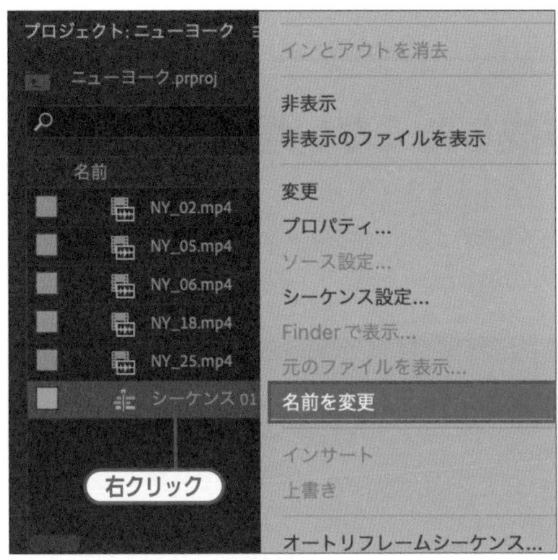

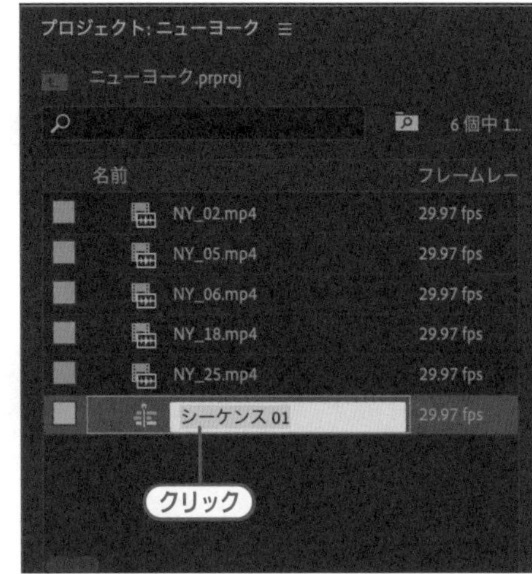

シーケンス名の変更

タイムラインでの基本操作

それでは実際にサンプルファイルをタイムライン上で編集していきましょう。さきほど読み込みをしたので、プロジェクトパネルとタイムライン（に開かれたシーケンス）に、メディアファイルが並んでいると思います 図2。

図2 読み込みと同時に配置される

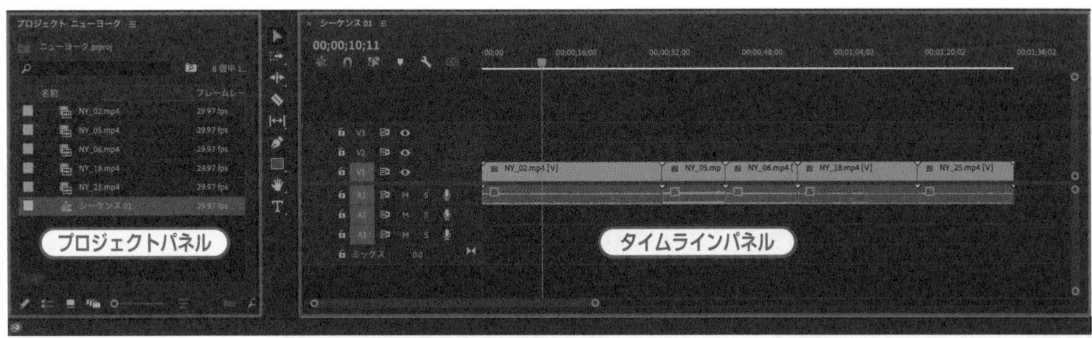

通常は、読み込みページの［読み込み時のオプション］で［③シーケンスを新規作成する］がオンになっているので、この形に配置されます。クリップの並び順は読み込み時に選択した順になっています。

学習パネルなど不必要なパネルが開いている場合は閉じてしまって問題ありません 図3。

図3 学習パネルを閉じる

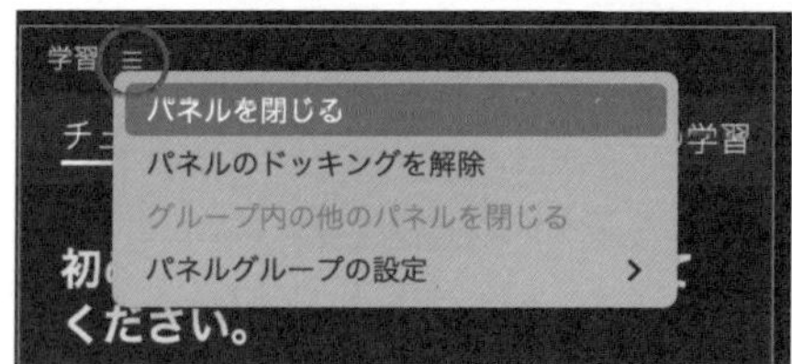

シーケンスを自動作成したくない場合

「③シーケンスを新規作成する」をオフに切り替えて読み込みを実行すると、メディアファイルはプロジェクトパネルだけに配置され、シーケンスも作成されずタイムラインは空の状態になります。

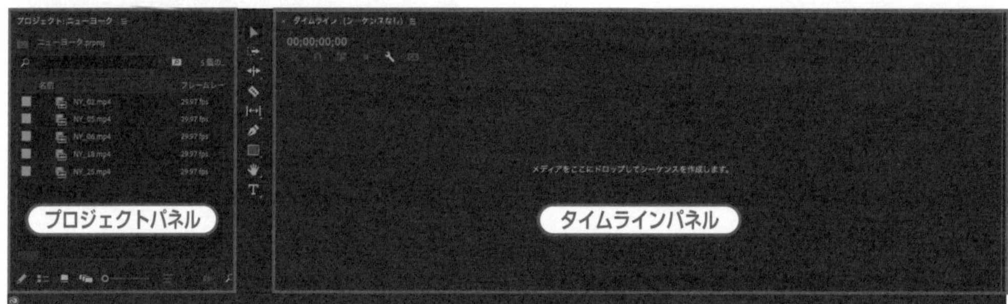

シーケンスがない場合はタイムラインは空の状態

再生確認

一度再生して確認してみましょう。タイムライン上部のルーラー（時間が表示されているところ）に小さな青いマークがついていて、そこから垂直に線が降りているのが確認できます 図4。これを**再生ヘッド**と呼びます。

図4 再生ヘッド

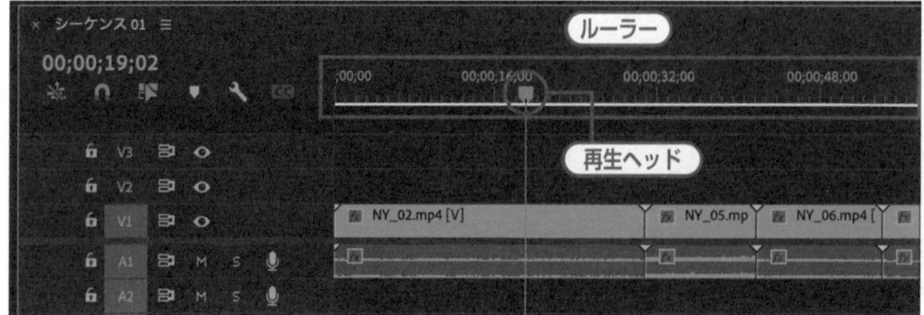

ツールパネルで選択ツールを選択しましょう。ルーラー上をクリックすると再生ヘッドを移動できるので、一番左(シーケンスの一番最初のフレーム)に移動させ、プログラムモニターの再生ボタンを押します。再生ヘッドが動き出し、プログラムモニターで映像が再生され、音も出力されます 図5。

キーボードのスペースキーを押すことでも再生／停止ができます。再生／停止は、編集していく上で、一番よく行う操作なので、スペースキーでのショートカットを使用することをおすすめします。

さらに「J」「K」「L」のショートカットキーもおすすめです。「L」は、1回押すと再生、2回、3回と押すごとに倍速再生されます。「K」は、停止。「J」は、1回押すと逆再生、2回、3回と押すごとに逆再生が倍速化していきます。

映像の編集作業では、何度も再生しながら編集結果を確認し、試行錯誤して進めていくルーティーンがとても大切です。上記のショートカットキーは、体に馴染むぐらいまで使い込んでみてください。

図5 タイムランの先頭から再生してみる

いかがでしょうか？それぞれのクリップが少し長い印象があると思います。これらのクリップは撮影した状態のままなので、最終的に不必要な部分が含まれたままの状態です。必要な部分だけを使用し、見ていてちょうど良いテンポの作品にカット編集してみましょう。

カット編集

カット編集とは、複数の映像素材を切り貼りしたり入れ替えたりする映像編集の手法の一つです。映像素材を意図するタイミングで切り取って、別の映像素材につなげることで、映像の流れを自分がイメージする構成にしていきます。各素材の長さを短くすることで緊張感を高めたり、逆に長くすることで落ち着いた雰囲気を演出したりできます。映像編集の一番基本となる手法なのでしっかり学んでいきましょう。

memo

一般的に「カット」という言葉は、何かを「削る」という意味で使われることが多いですが、映像編集の世界では「映像が途絶えることなく、ひと続きになっているもの」も「カット」と表現します。「前のカットと、後ろのカットを入れ替える」とか「このカットを長くする」などといった言い方をします。もちろん「削る」という意味でも「カット」を使用するので、混同して間違えないように使い分けましょう。

トラック

タイムラインで、横に長く伸びているスペースを「トラック」といいます 図6。上部にある「V1」「V2」「V3」…がビデオ(映像)のトラック、下部にあるA1」「A2」「A3」…がオーディオ(音声)のトラックです。トラックはPhotoshopのレイヤーのように、任意で増減させることができ、クリップを重ねて配置できます。

図6 ビデオトラックとオーディオトラック

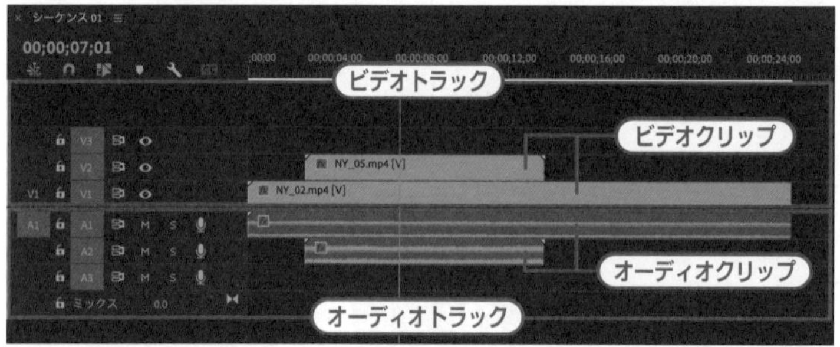

マウス操作でクリップ調整

それでは実際にタイムラインに並んでいる5つのクリップを操作してみましょう。まずはNY_02.mp4というカットを見てみます 図7。映像的には、カメラを固定した状態で撮影され、車道を奥から手前に車が走っている映像です。

図7 NY_02.mp4

しっかりとした構図の映像ですが、約30秒もあるので5秒ぐらいに縮めてテンポを出したいと思います。ツールパネルで選択ツールをクリックして選び、NY_02.mp4のクリップの左端をマウスでつかんで、右へドラッグしましょう 図8。クリップが短くなります。短くなった分だけこのクリップを削ったことになります(クリップの前の方がなくなります)。

図8 クリップの左端をつかんで右へドラッグ

同様にクリップの右端をつかんで左へドラッグしてください。すると、クリップの後ろの方が削られます 図9。

このように、マウス操作だけでもクリップの長さを簡単に変更できます。かなり直感的で視覚的にもわかりやすい編集方法だと思います。

また、クリップの長さを変更している最中、マウスカーソル近くに「デュレーション」が表示されます。これは変更後のクリップの長さを示したものです。これを見ながらだいたい5秒くらいを目安に調整してみてください。

図9 クリップの右端をつかんで左へドラッグ

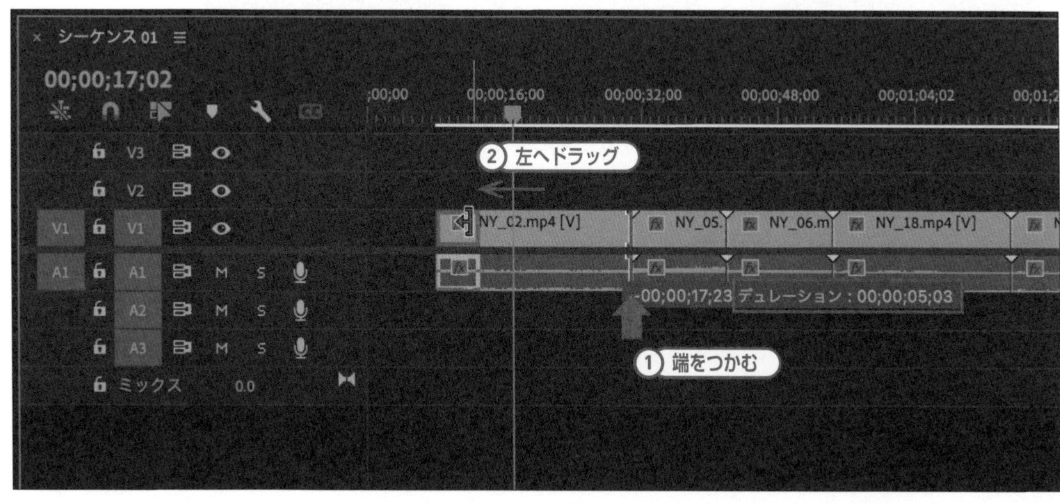

Column

クリップのリンク

クリップを操作する時、通常は同じクリップのビデオとオーディオが連動して動きます。これは、ビデオとオーディオが同じタイミングでリンクされているためです。その時、タイムラインの左上にあるアイコンは、青く表示されている(オン状態)と思います 図1。

図1 クリップ操作時、ビデオとオーディオが連動して動く/リンクがオン状態

逆に、このアイコンをクリックして白く反転させる(オフ状態)とリンクが解除された状態になり、ビデオとオーディオは別々に動かすことができます(ショートカットLでリンクの切り替えが可能) 図2。

図2 ビデオとオーディオ別々に操作できる/リンクがオフ状態

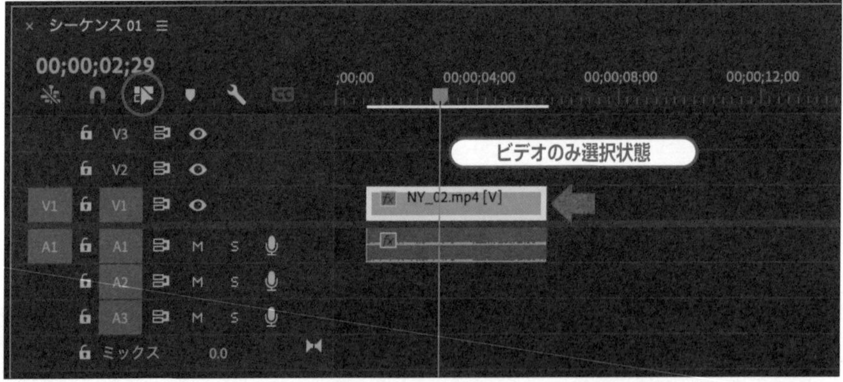

また、optionキーを押しながらクリップを選択すると、リンクがオン状態(青)ならオフの挙動、オフ状態(白)ならオンの挙動として操作することも可能です。

クリップの前後を短くすると、その分何もない部分(隙間)が生まれます、これを**ギャップ**と呼びます。そのギャップ部分をクリックし、backspaceキーを押すと、クリップとクリップの間が詰まり、クリップが連続して再生するように編集できます 図10。

memo

クリップが何もないギャップの部分は、プログラムモニターは通常「黒」で表示され、書き出し時も黒い画面となります 図11。

図10 backspaceキーでギャップを削除

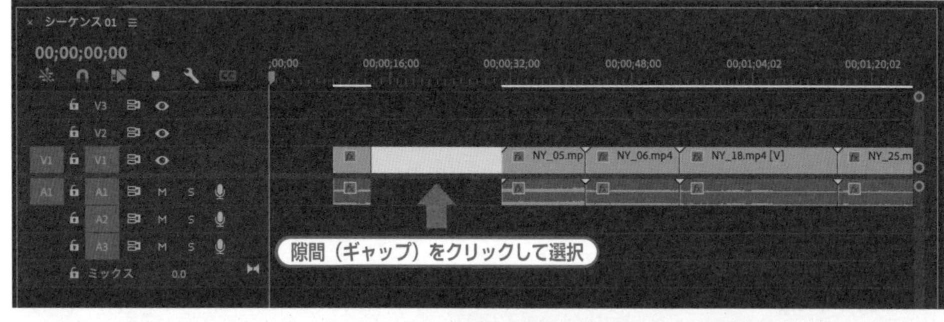

削除（backspace キーを押す）

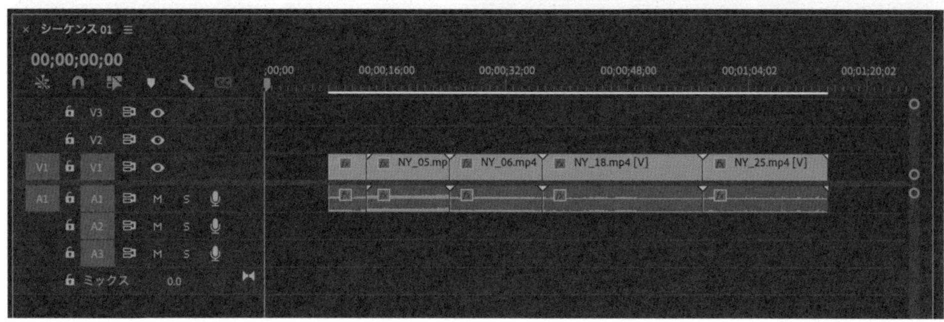

図11 ギャップは画面が黒になる

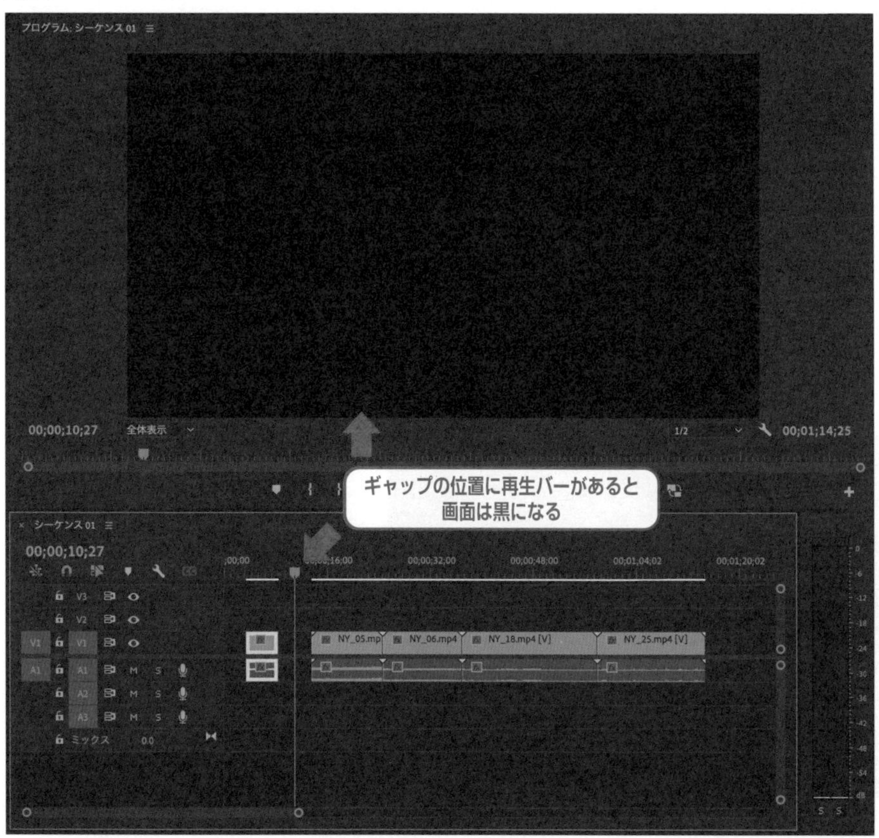

NY_02.mp4の左側にあるギャップも同様にして詰めましょう。いかがでしょうか？これでNY_02.mp4の使いたいところ（約5秒）だけを活かし、次のクリップへ接続する編集ができました。この「マウス操作での編集」がカット編集の一番直感的な操作方法になると思います 図12。

ほかにもいくつかクリップの長さやタイミングを変更する方法があるので、別のクリップで試していきましょう。

図12 ギャップを詰めてクリップが連続した状態

レーザーツールでクリップ調整

次は、ツールパネルで［レーザー］ツールを選択してみましょう。レーザーツールは、クリップを真っ二つに切断することができます。

試しに、NY_05.mp4の夕陽のクリップの真ん中あたりをクリックしてください。クリックしたポイントでクリップが分割されると思います 図13。この分割したポイントを**編集点**と呼びます。

さらに、分割された不必要な方のクリップを選択して削除してみてください。図14。

図13 レーザーツール

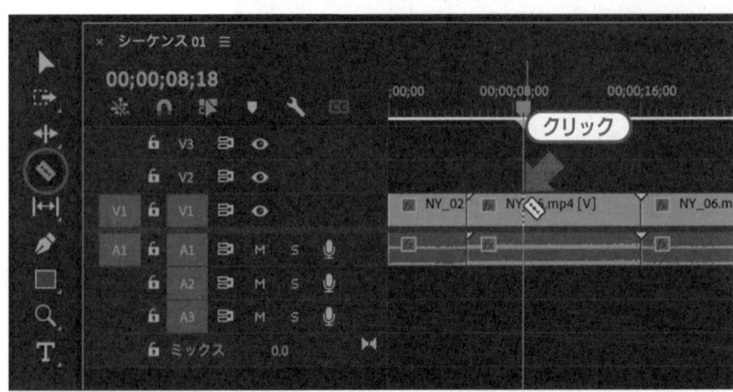

図14 分割して、不必要な方を選択削除

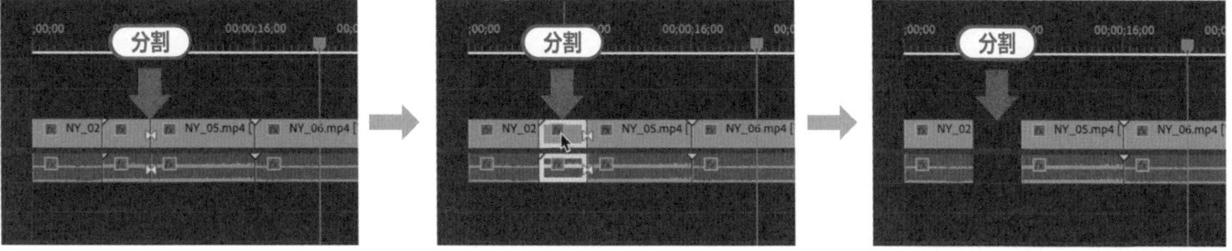

Column

レーザーツールはリンク状況によって結果が変わる

先ほど紹介したビデオとオーディオの「リンク」がオフになっている場合、レーザーツールでクリックした方のクリップだけ（ビデオならビデオのみ、オーディオならオーディオのみ）が分割されます **図1**。ビデオとオーディオ同時に分割したい場合は、リンクをオンにしましょう **図2**。

図1 リンクがオフの時のレーザーツール

図2 リンクがオンの時のレーザーツール

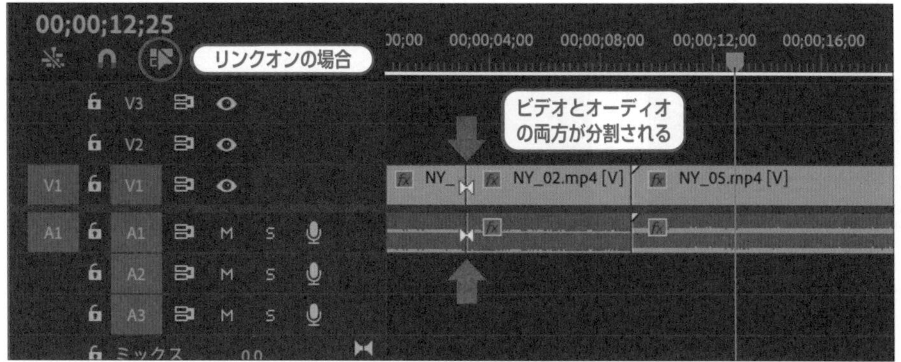

リップル削除

先ほどのように「backspaceキーで削除したのち、ギャップを削除する方法」で間を詰めても良いのですが、今度はその作業を一度にできる[リップル削除]を使ってみます。

削除したいクリップを選択し、編集メニューから「リップル削除」(shift + backspace) を選択してください。選択したクリップが削除されるだけでなく、ギャップ(隙間)も詰められ、後ろにあるクリップが前のクリップにピタッと接続されます 図15。レーザーツール→リップル削除、の流れに慣れると1アクションで編集できるのでとても効率的です。

図15 リップル削除／削除して間も詰める

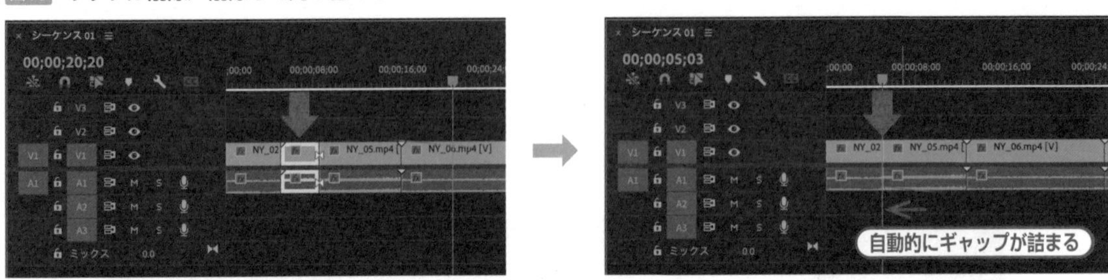

Column

消去したい部分をタイムライン上でマーク指定

リップル削除で消去したい部分 (範囲) を、タイムライン上にマークで指定することもできます。消去したい部分の先頭で、ショートカットの[インをマーク (I)]を押し、消去したい部分の最後のフレームで[アウトをマーク (O)]を押します。これでタイムラインにイン・アウトで指定した範囲が示されます。あとは「リップル削除」(shift + backspace)をすれば、範囲指定した部分だけクリップが削除され、間が詰められます。

このようにイン点・アウト点を利用したクリップの調整も可能です。

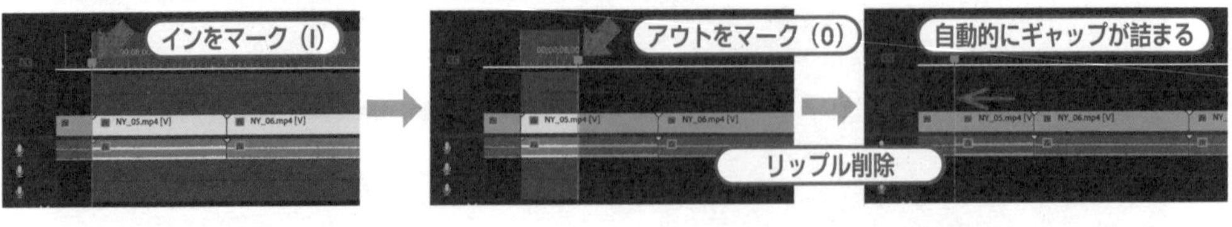

超時短ショートカットでクリップ調整

次は、リップル削除よりもさらに効率的な方法でNY_06.mp4のクリップを編集してみましょう。このクリップの映像は、初めに電子看板が映り、しばらくしてからカメラが振り下ろされ、街の様子を捉えています 図16。

図16 NY_06.mp4のカメラワーク

冒頭の電子看板の部分が少し長いので「カメラを振り下ろす少し手間でカットし、それ以前を削除する」という作業をやってみたいと思います。

まずはタイムラインを再生しながら映像を確認し、カメラが振り下ろされる少し前に再生ヘッドを持ってきます(1秒〜0.5秒くらい前) 図17。

図17 削除する部分を見極めて再生ヘッドを配置

そこでキーボードの「Q」を押してください。「Q」には初期設定で「前の編集点を再生ヘッドまでリップルトリミング」というショートカットが割り当てられています。このキーを押すだけで、再生ヘッドから手前（左側）の部分が削除され、ギャップ(隙間)も詰められます 図18。

図18 ショートカット「Q」(前の編集点を再生ヘッドまでリップルトリミング)

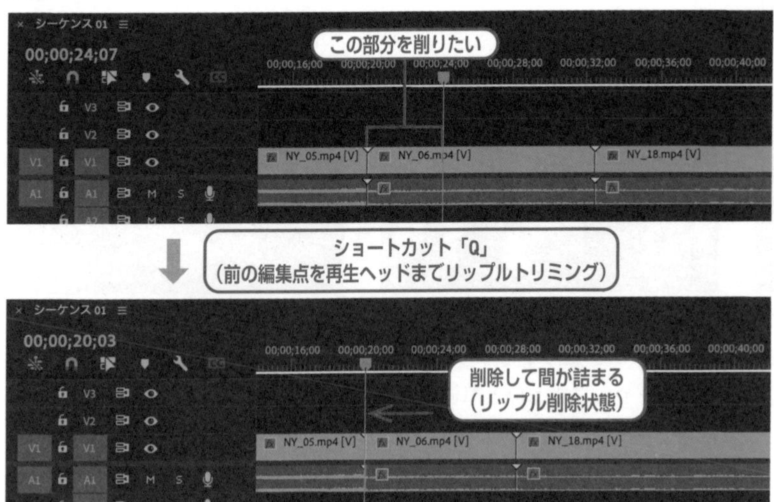

先ほど試した「レーザーツール+リップル削除」を1アクションで実行できたことになります。このショートカットはめちゃくちゃ便利で筆者も必ず使用します。

さらに「W」には「次の編集点を再生ヘッドまでリップルトリミング」というショートカットが割り当てられており、再生ヘッドより後ろ側（右側）にあたる部分を一気に削除して詰めてくれます 図19。この「Q」と「W」はぜひとも覚えていただきたいショートカットです。

図19 ショートカット「W」(次の編集点を再生ヘッドまでリップルトリミング)

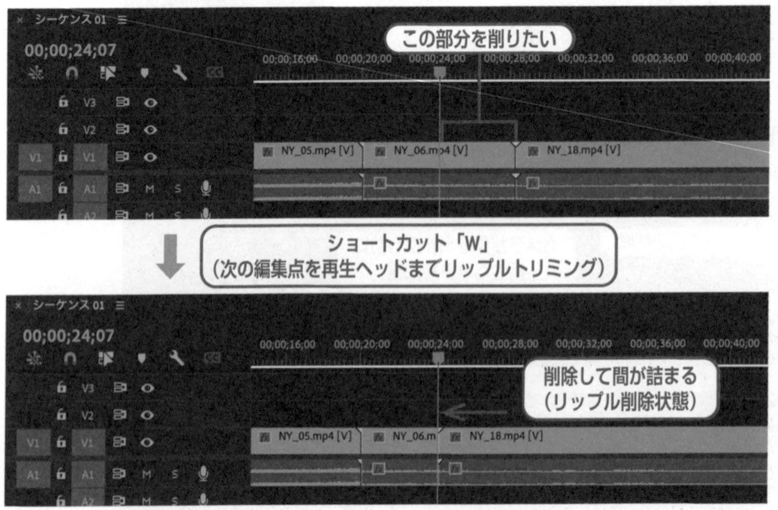

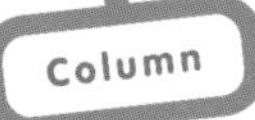

キーボードの「十字キー」で移動させる

編集していると、再生ヘッドをタイムライン上で行ったり来たりさせることが多くなります。再生ヘッドはルーラー上をクリックして移動させるわけですが、別の方法として、キーボードの「十字キー」がおすすめです。

「上」「下」キーは、クリップの編集点を基準に再生ヘッドをワンタッチで移動でき 図1 、「右」「左」キーは、1フレームずつ微調整するのに便利です 図2 。ぜひ活用してみてください。

図1 上・下キーで編集点ごとに移動

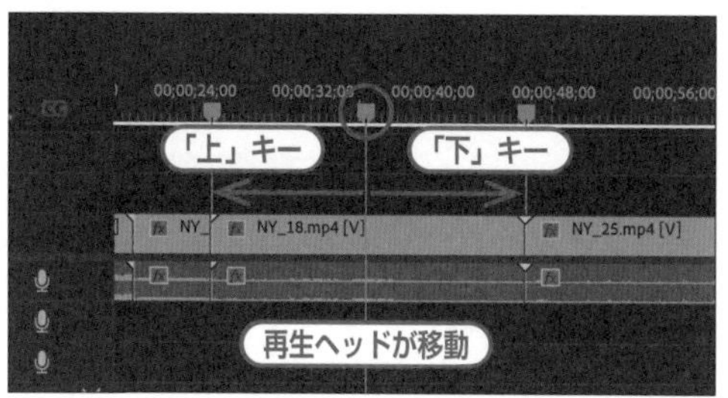

図2 左・右キーで1フレームごとに移動

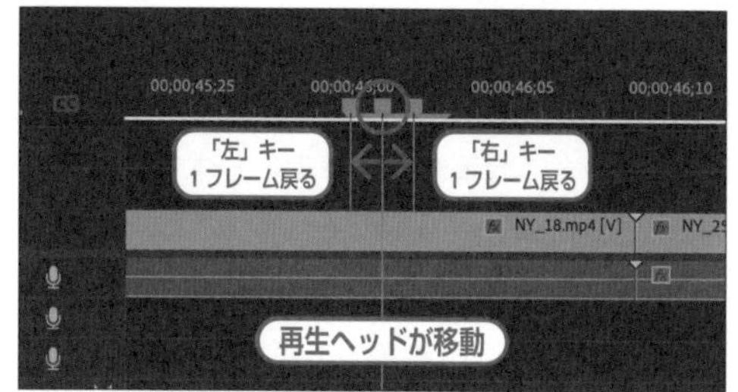

タイムラインの表示を拡大・縮小

ツールパネルのズームツール 図3 を選択してタイムラインのトラック領域をクリックすると、拡大表示(ズームイン)されます。optionキーを押しながらクリックすると広域表示(ズームアウト)されます。細かな編集をするときは拡大表示、全体を把握したいときは広域表示(全体を表示)というように、切り替えながら編集を進めるとクリップ操作が格段に楽になります 図4 。ぜひお試しください。

図3 ズームツール

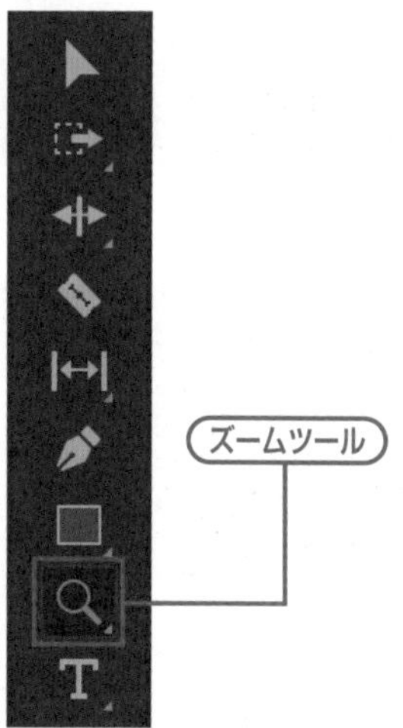

図4 拡大表示と広域表示

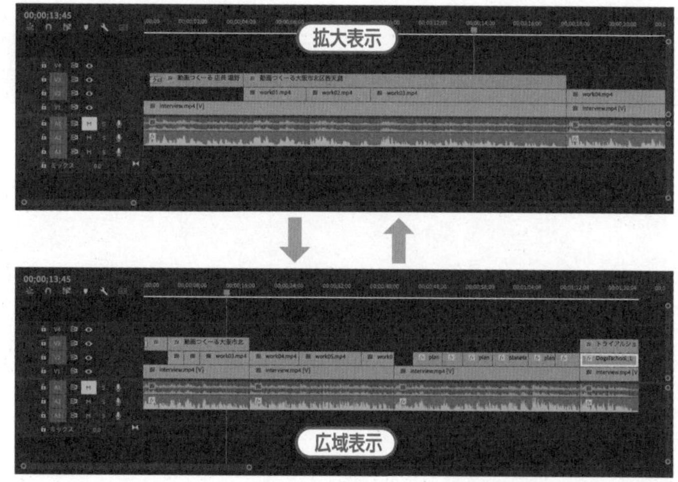

同様にして残りのクリップ(NY_18.mp4・NY_25.mp4)も、カメラの動きを意識しながら使いたいポイントを決めて編集しましょう。すべてのクリップの調整ができたら、最初から再生確認してみてください。自然

な流れでつながっていますでしょうか？ 動き始めと動き終わりそれぞれにのりしろ的なタメを残すのがポイントですが、動き終わりの方はほんの少しだけ長めにのりしろを設定するようにしましょう。その方が自然なつながりになると思います。

カットの入れ替え

続いては並べたカットの順番を入れ替えてみましょう。

タイムライン上の各クリップはマウスで選択してドラッグすることで、移動させることができます。今並んでいるクリップの順番を変更してみます。クリップをつかんでシンプルに移動させることもできますが、ここではスマートに順番を入れ替える方法でやってみましょう。

試しにNY_18.mp4のクリップをつかみ、⌘キーを押しながらドラッグして、タイムラインの一番左(先頭)にドロップしてみてください 図20。

memo
クリップは、コピー&ペーストや、切り取り&ペーストも可能です。いろいろと触りながら感覚的に使えるようになると編集スピードも上がっていくのでドンドン触っていきましょう。

図20 他のクリップと順番を入れ替える

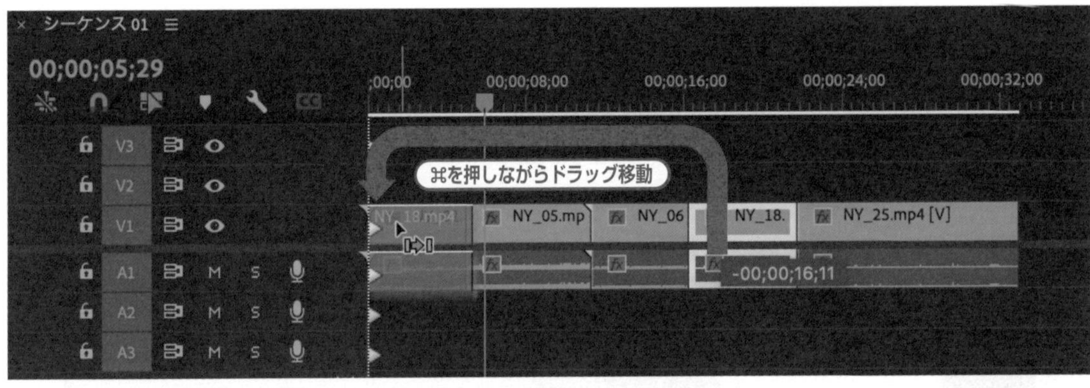

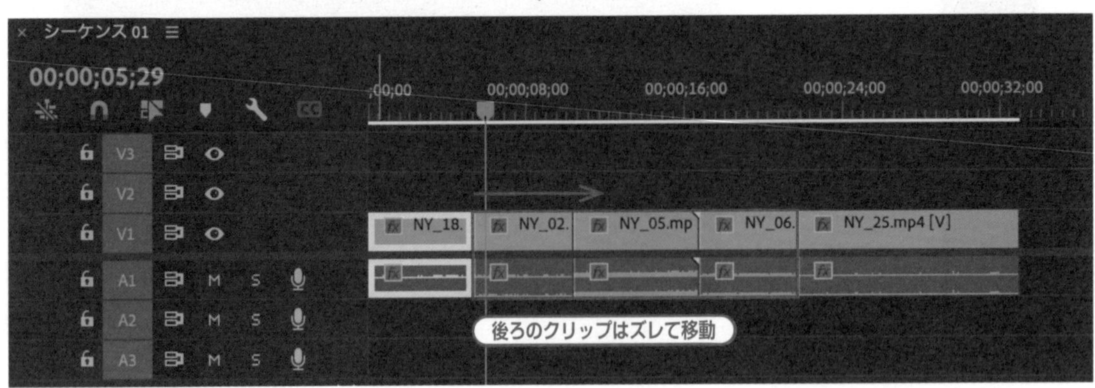

NY_18.mp4が先頭に移動し、それ以外のクリップはスライドするように後ろにずれこみます。この時、5つのクリップ全体の長さは変わっていません。ほかのクリップも自由に入れ替えてみてください。自分自身の

中で最終的な仕上がりをイメージしながら演出してみてください。

ここでは、NY_18.mp4 → NY_02.mp4 → NY_06.mp4 → NY_25.mp4 → NY_05.mp4 → の順で並べてみました 図21。

図21 入れ替え後

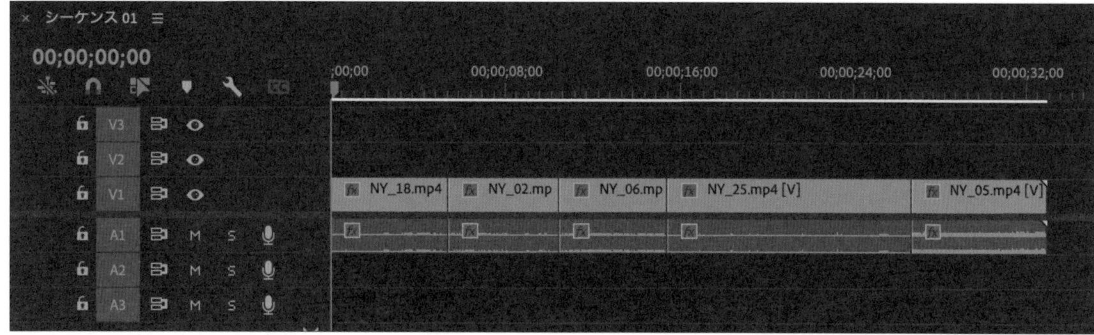

クリップ一括選択

複数のクリップを一気に選択したい場合、おすすめなのが「トラックの前方選択」ツールです 図22。ツールバーで「トラックの前方選択」ツールを選択し、タイムラインでクリップ以外の部分をクリックしてください。クリックしたポイントから右側にあるクリップをすべて選択状態にできます。一度にたくさんのクリップを動かしたい時などに有効なのでぜひ活用してみてください。

図22 入れ替え後

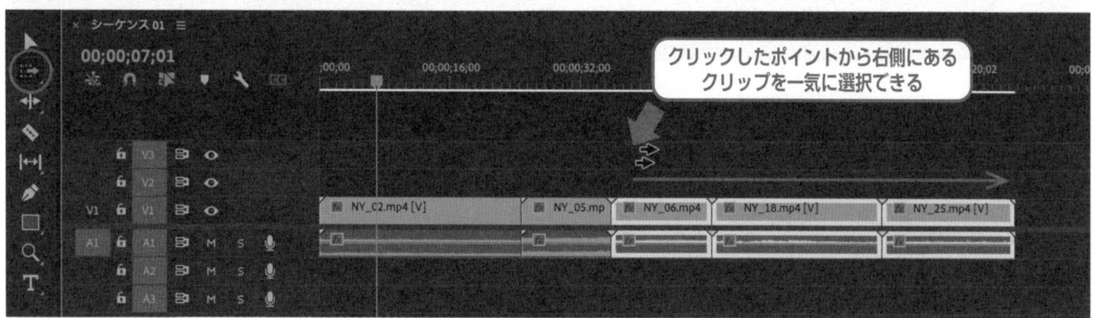

オーバーラップ

クリップの長さを調整し意図する順番に並べることができましたが、さらに情緒的な演出をしてみたいと思います。現在のカットから次のカットに映像が徐々に移り変わっていく**ディゾルブ（オーバーラップ）**という手法を使ってみましょう 図23。

図23 ディゾルブ(オーバーラップ)

エフェクトパネルから適用します。ウィンドウメニューから"エフェクト"を選択して、エフェクトパネルを開きます。[ビデオトランジション]→[ディゾルブ]→[クロスディゾルブ]を選んで、目的のクリップとクリップの間(編集点)にドラッグ&ドロップします 図24。適用部分を実際に再生して確認してみましょう。**トランジション**効果が適用され、映像がゆっくり入れ替わっているのが確認できると思います。

WORD トランジション

トランジションとはクリップとクリップの間(編集点)に適用するエフェクトで、さまざまなものがデフォルトで用意されています。ここでは一番メジャーな「クロスディゾルブ」を使用していますが、いろいろなトランジションが用意されているので実際に適用して確認してみてください

図24 クリップとクリップの間(編集点)にドロップ

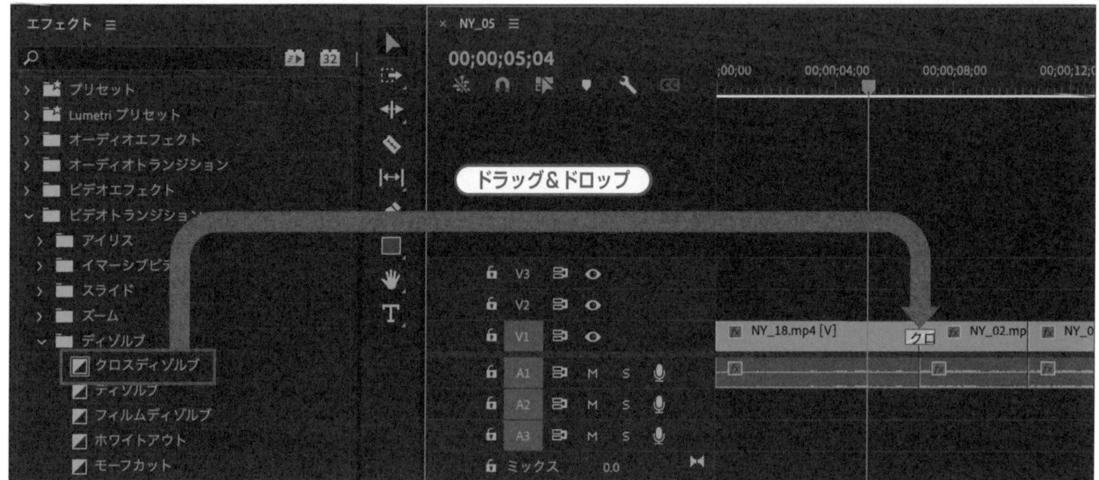

Column トランジション適用時の注意点

トランジションは、クリップとクリップの移り変わりに使用するエフェクトなので、現在のカット・次のカットそれぞれにある程度「のりしろ」が必要です。撮影素材ギリギリまで使用しているとエフェクトが上手に適用されない場合があるので注意してください。

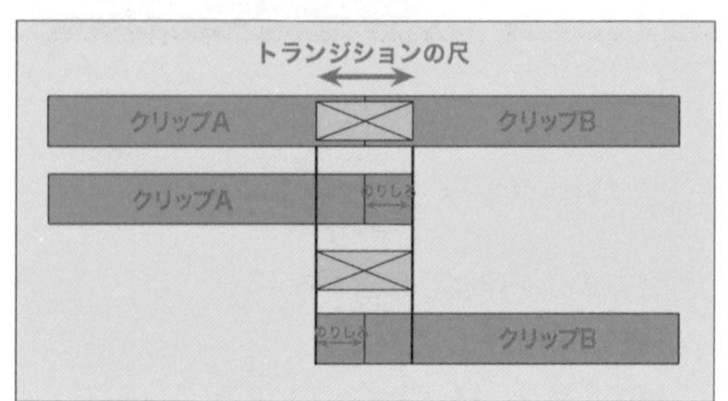

トランジションにはのりしろが必要

1クリップへのトランジション適用

ちなみに、2つのクリップがくっついていないのにトランジションを適用しようとすると、1つのクリップ単体の端だけに適用されます 図25 。この場合は何もない背景と合成される形になるので「黒み→クリップの映像」または「クリップの映像→黒み」という描写になります 図26 。

筆者はシーンの転換などに、演出としてこの手法を意図的に使うことがあります。こちらもぜひ試してみてください。

図25 単体クリップの端にトランジション適用

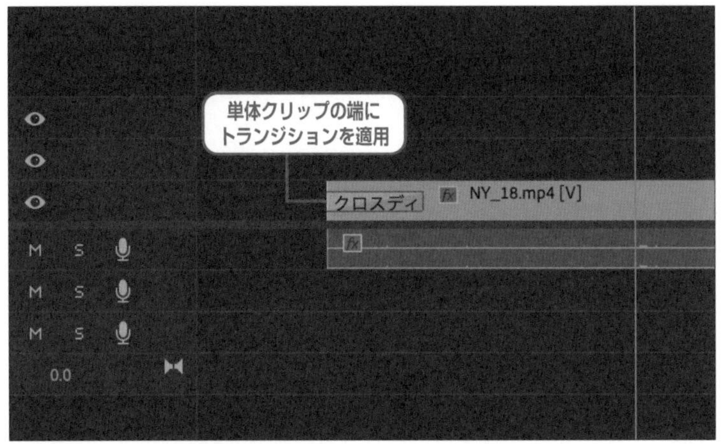

図26 黒み→クリップ映像への描写

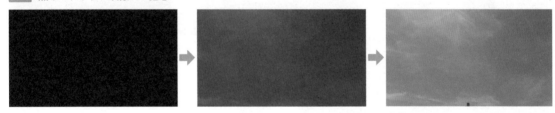

いかがでしたでしょうか？ 一度全体を再生して確認してみてください。カットの順番によって、描かれるストーリーやイメージも変わりますし、トランジションを入れることでカットの乗り替わりを情緒的に表現することもできます。

編集した映像の書き出し

THEME テーマ いよいよ編集したものを1つのファイルとして書き出します。編集のワークフローの中では一番最後の行程です。書き出しの設定は、最終的にどのような形・プラットフォームで映像を再生するのかをしっかり意識して適切な設定を心がけましょう。

書き出しページ

Lesson 1で紹介した通り、書き出しを行うときは、通常「書き出し」ページを使用します。画面左上の［書き出し］タブで書き出しページに移動してみましょう。

書き出しページは、左から［ソース］［設定］［プレビュー］の領域に分かれています 図1。今回はYouTubeにアップロードするファイルを書き出す方法でやってみましょう。

図1 書き出しページ

ソース

まずは、一番左の[ソース]です。この領域の[ソース]の文字の右側には、現在選択されているシーケンス名が表示されています 図2。ここに表示されているシーケンスを書き出すことになります。

そしてその下にいくつかの項目が並んでいます。これらは、「アウトプットする方法」を示しています。一番上の[メディアファイル]がオーソドックスに「1つのファイルとして書き出す」選択肢です。それ以下は、各プラットフォームやクラウド上へのアウトプットです。つまり、[YouTube]を選ぶと、設定したアカウントにPremiere Proから直接アップロードが可能になるという仕組みです。ですが……筆者としてはこれらのプラットフォームへの直接書き出し&アップロードはおすすめしていません。筆者の経験上、書き出した映像が必ずしも意図どおりに書き出せているとは限らず、何らかの人為的ミスや、書き出し時のノイズなどが発生する可能性が0ではありません。書き出されたファイルを一度確認してから、改めてプラットフォームへアップロードする、というフローをおすすめします。

もちろん、せっかくPremiere Proに備え付けられた便利な機能なので、使ってはいけないわけではないと思いますが、それなりのリスク管理は必要になるかと思います。

今回は[メディアファイル]を選びましょう。図2 のように、[メディアファイル]の項目をオン(青)の状態にしてください。

図2 ソース／書き出しページ

設定

続いて、ソースの右隣にある[設定]です。ソースにある項目で選択したアウトプット方法によって、表示される内容は変化しますが、今回は[メディアファイル]を選んだ時の設定を見ていきましょう。

図3 の①[ファイル名]で書き出すファイルの名前を、②[場所]でファイルの書き出し先を設定します。

③[プリセット]のプルダウンメニューに初期設定で用意されているプリセットがいくつかあります。今回は[高品質1080p HD]を選択しましょう 図4。今回の使用したサンプル素材そのものもフルHDですし、基本的にはこのプリセットのままで問題ないと思います。

memo

書き出しの設定の詳細については、Lesson 11で詳しく説明します。

図3 設定／書き出しページ

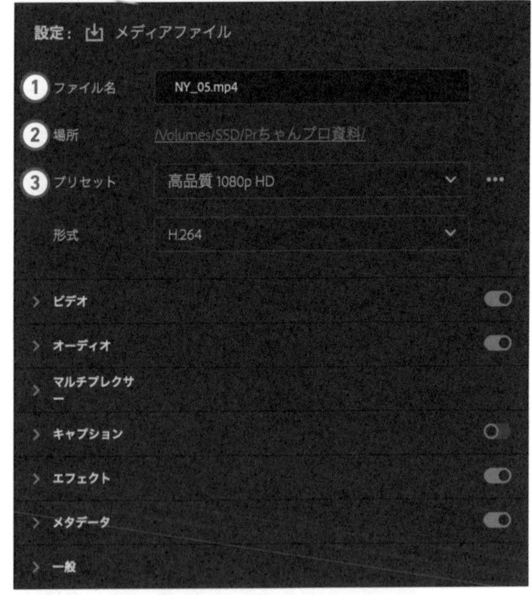

図4 プリセット

書き出す範囲を指定

次に、プレビュー画面の左下にある［範囲］を確認しましょう。プルダウンメニューになっていて4つの項目から選択できます 図5。

①**ソース全体**　：シーケンス全体を書き出します。
②**ソースイン／アウト**　：シーケンスにイン点・アウト点で範囲指定されている部分のみを書き出します。
③**ワークエリア**　：ワークエリアで範囲指定されている部分のみを書き出します。
④**カスタム**　：このプレビュー画面で範囲を指定して書き出します。

図5 書き出す範囲

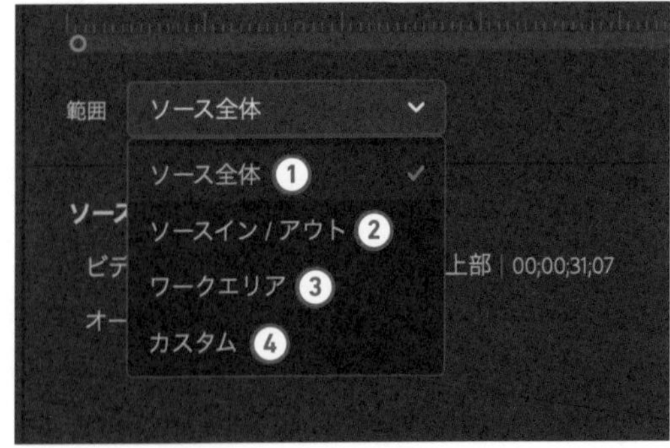

ワークエリア

タイムラインに［ワークエリアバー］を表示することによって、イン点・アウト点とは別に、**ワークエリア**というものを設定できます。書き出しやレンダリングの範囲指定として使用できます。タイムラインパネルのプルダウンメニューから［ワークエリアバー］を選択することで、表示・非表示を切り替えることが可能です。

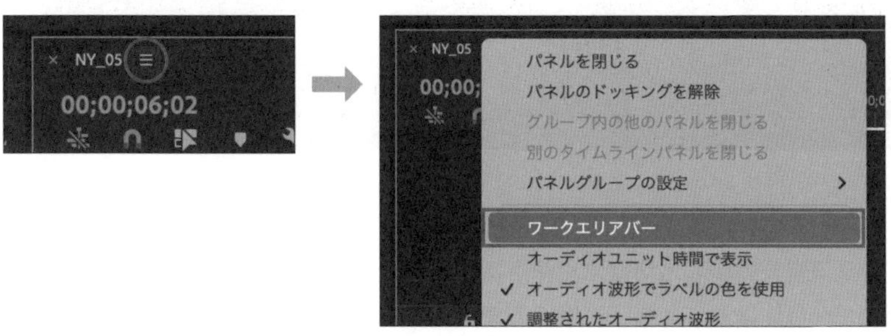

ワークエリアバー切り替え／タイムラインプルダウンメニュー

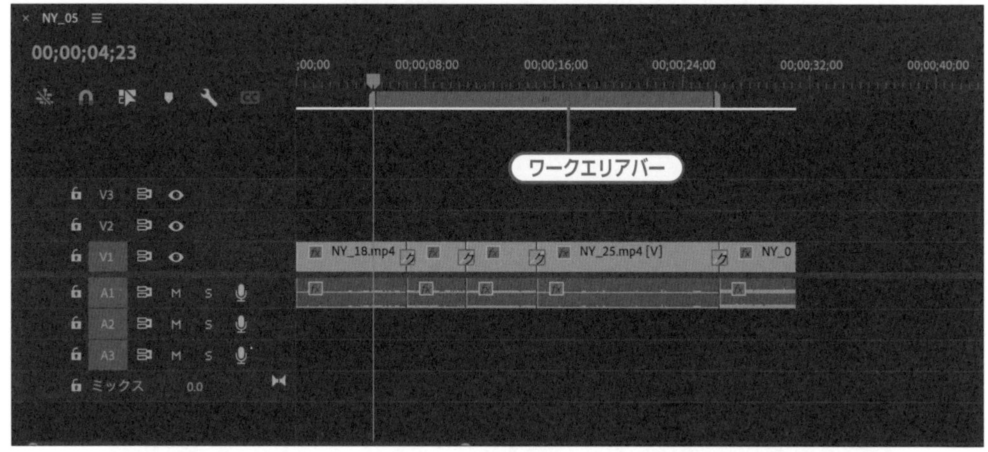

ワークエリアバー

書き出し

今回は① ［ソース全体］を選択します。ここまで設定できたら、あとは右下の［書き出し］ボタンを押すだけです 図6。

自動的に書き出しが開始され、設定した場所にファイルが生成されます。書き出し完了後は必ず書き出されたファイルを再生してチェックするようにしましょう。基本的に問題ないとは思いますが、人為的なミスや、機械のエラーが発生することがまれにあります。書き出した範囲に間違いがないか、画質は問題ないか、ノイズはのってないか、もろもろ確認したのち、YouTubeへアップロードしましょう。

図6 書き出しボタン

いかがでしたでしょうか。作例としてはシンプルなものでしたが、Premiere Proの基本的なワークフローの中で大切なポイントがいくつもあったと思います。Premiere Pro自体はもっと幅広い使い方ができますが、この章で紹介した内容だけでもざっくりとした編集・書き出し作業ができるようになります。基本をしっかりと確認できたら、次章から新しいステップへ進んでいきましょう。

Column

Media Encoderを活用する

［書き出し］ボタンの隣の［Media Encoderに送信］を押すと、Adobe Media Encoderという別のアプリに転送され、Premiere Proから独立した状態で書き出し作業をすることも可能です。バックグラウンドで書き出されるので、書き出し中にPremiere Proの編集作業を進めたい時などに便利です。

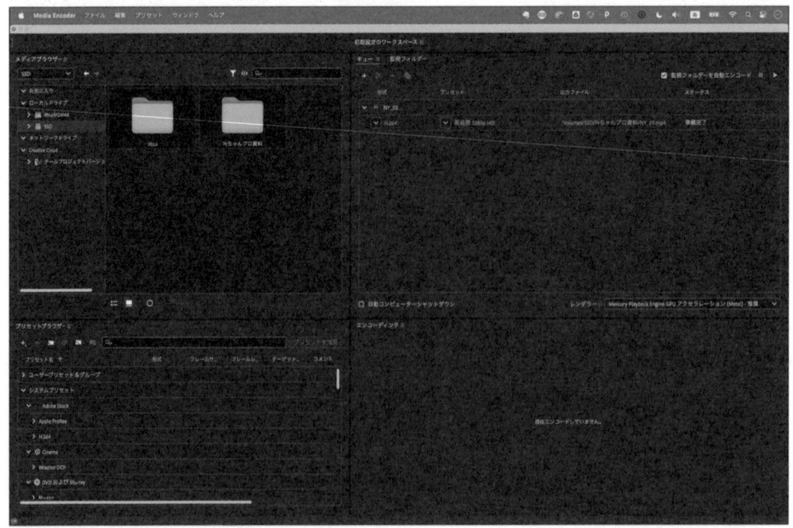

Media Encoderによるバックグラウンド書き出し

Lesson 3

スタンダードな インタビュー映像の編集

このLessonでは、ドキュメンタリー作品でよくありそうなスタンダードなインタビューの編集をしてみましょう。撮影時、別々に収録した映像と音声を合わせて編集します。インタビュー対象となる人物だけではなく、話の内容に合わせて映像や写真を盛り込み、より内容が伝わりやすい作品になるように編集してみましょう。

基本 実践 資料編

ビデオとオーディオのタイミングを合わせる(同期)

THEME テーマ

編集現場で頻繁に行なわれるのが、この収録素材のタイミングを合わせる作業です。同時に収録されたビデオとオーディオなど、複数の撮影素材が発生すると必ずと言っていいほど必要になります。Premiere Proには独自の便利な機能があります。

このLessonで学習すること

- ビデオファイルとオーディオファイルのタイミングを合わせる(同期)
- 音量の調整と音声ノイズ除去
- Bロール(インサート)映像の編集
- 画像データ(写真)の挿入
- テロップの挿入

このLessonで使用するファイル

「インタビュー.prproj」	プロジェクトファイル
「interview.mp4」	カメラで収録した映像ファイル
「NY_11.mp4」	カメラで収録した映像ファイル
「work01.mp4」〜「work06.mp4」	カメラで収録した映像ファイル
「interview_audio.wav」	オーディオレコーダーで収録した音声ファイル
「planetarium01.jpg」〜「planetarium06.jpg」	写真ファイル
「DogaTschool_LOGO.png」	ロゴ画像ファイル

同期機能でタイミングを揃える

ここではワークスペースを「初期設定」にして編集を進めていきましょう(他のワークスペースでも編集は可能です) 図1。

図1 ワークスペース「初期設定」

今回使用するデータは、インタビュー対象の人物を1ショットで撮影したビデオファイルと、ピンマイクをつけてオーディオレコーダーで収録したオーディオファイル、そしてそれらを読み込んだプロジェクトファイルです。他にも現場の雰囲気を撮影したビデオファイルや、写真ファイルも含まれています。そして、プロジェクトファイルの中には、練習用のシーケンスが複数含まれています。

メインとなるビデオファイルとオーディオファイルは別々の機器で撮影されているため、タイムラインに並べて、タイミングを合わせる必要があります。これを"同期"といいます。まずは「インタビュー01」のシーケンスをダブルクリックで開いてください 図2 。すでにファイルが並べてありますが、まだ同期が行われていません。

図2 「インタービュー01」のシーケンス

Premiere Proの機能を使用してワンタッチで同期させてみましょう。

タイムラインに並んでいるクリップ「interview.mp4」と「interview_audio.wav」をドラッグで複数選択し、右クリックで"同期"を選択します(対象クリップであればどこでも大丈夫です) 図3 。

図3 右クリックで同期

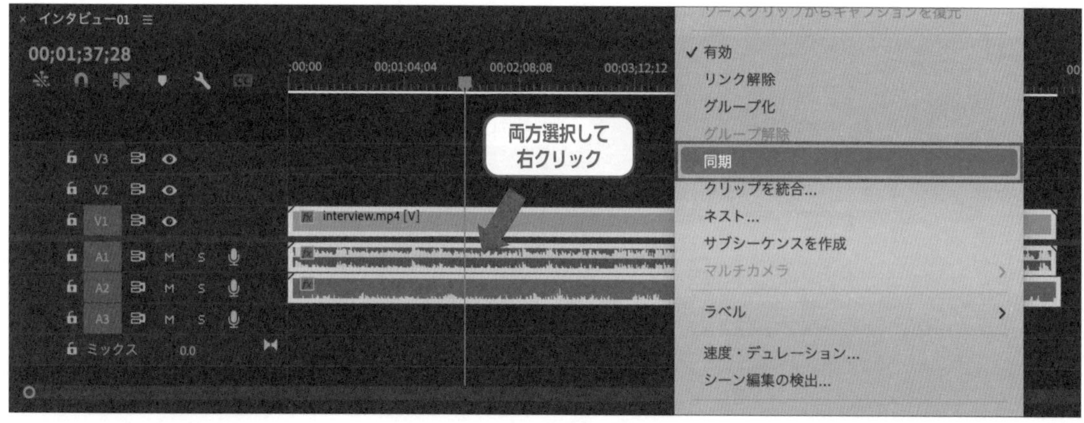

今回は選択したクリップのオーディオデータを元に同期させるので、表示されたダイアログの[オーディオ]を選択しOKを押します 図4。

図4 「クリップを同期」で[オーディオ]を選択

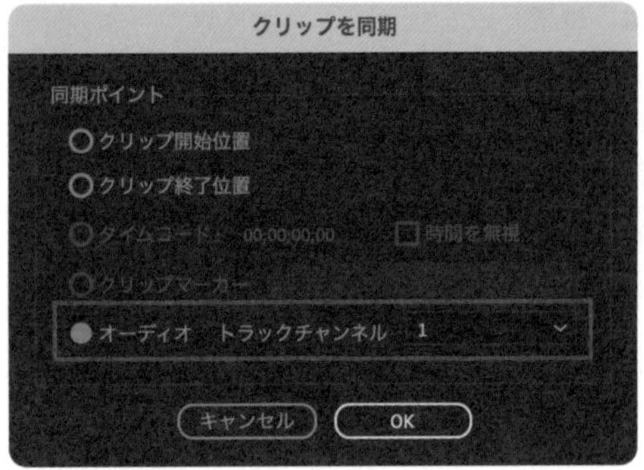

するとオーディオデータの解析が始まり、自動でタイムライン上のクリップのタイミング(配置)が変更されます。これで、「interview.mp4」と「interview_audio.wav」のタイミングが合っているはずです 図5。

図5 クリップが自動的に同期

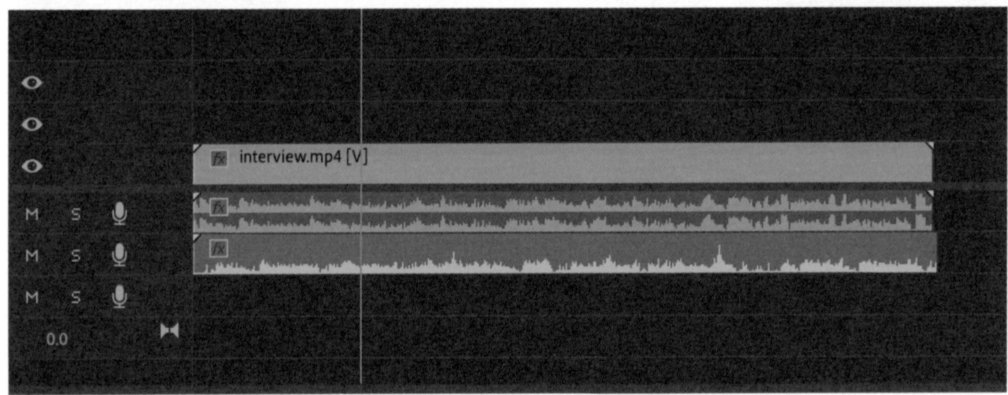

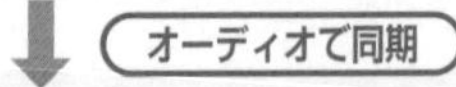

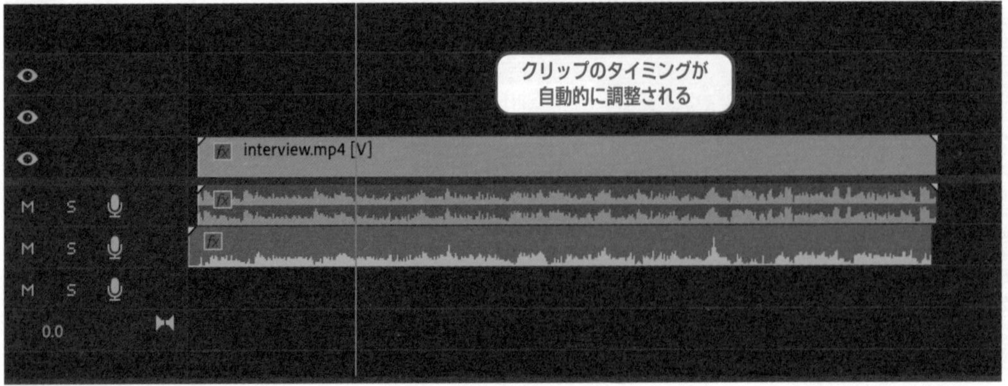

「interview.mp4」側のオーディオが配置されているA1のトラックをミュートにして、再生してみましょう（A1トラックのMをクリックしてミュートにします）図6。

図6 A1トラックのみ音を聞こえない状態にする

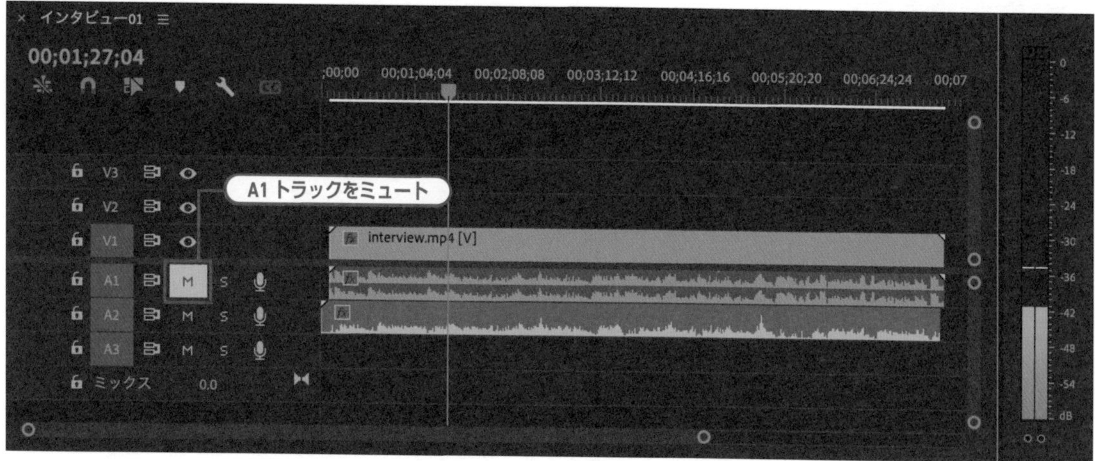

「interview.mp4」の映像のみと「interview_audio.wav」の音が再生されるので、喋っている人の口元と、聞こえる音声を意識して確認してみてください。違和感なく視聴できればOKです。

Column

同期する基準

クリップの同期機能は、同期する基準をオーディオ以外にも［クリップ開始位置］［クリップ終了位置］［タイムコード］［クリップマーカー］など、任意で指定できます。

筆者は基本、オーディオで同期することが多いですが、ビデオファイル側に含まれる音がちゃんと録れていないと上手に同期できないことがあります。そんな時はマーカーを利用してタイミングを合わせるのも良いかもしれません。

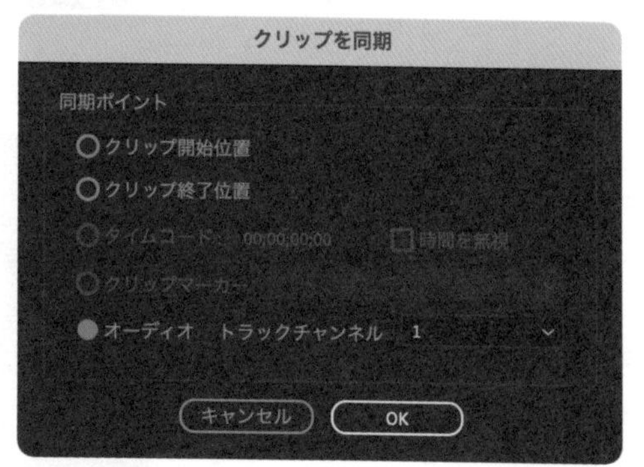

「クリップを同期」ダイアログ

音量の調整と音声ノイズ除去

THEME テーマ

次に音の調節をしてみましょう。現状の音は少し音量が低めに収録されています。もう少し聴きやすいレベルまで大きくしてみます。さらに、音声に含まれる背景ノイズだけを処理する方法にもチャレンジしてみましょう。

ラウドネスの自動一致

音量の調節方法はいくつかあるのですが、最初におすすめしたいのは“**ラウドネス**の自動一致”です。オーディオクリップ「interview_audio.wav」を選択した状態で、ウィンドウメニュー→“エッセンシャルサウンド”を選択して、エッセンシャルサウンドパネルを開きます 図1。

WORD ラウドネス

ラウドネス(Loudness)とは、音の相対的な音量や感じられる音圧の強さを表すもので、物理的な音量や音圧とは異なり、音がどれだけ大きく感じられるか、人間の聴覚に与える印象の強さを表現する指標です。

図1 エッセンシャルサウンドパネルを開く

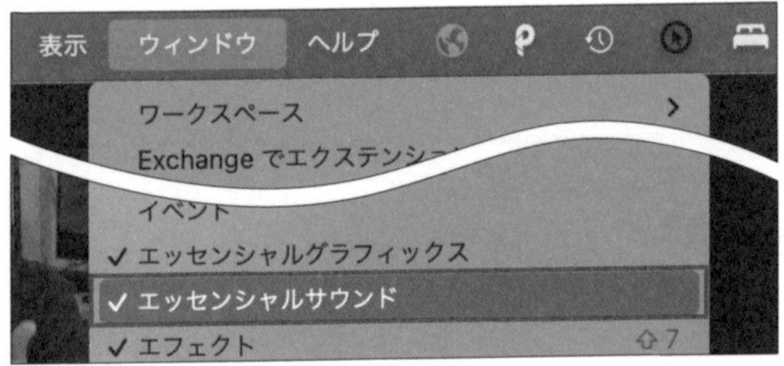

エッセンシャルサウンドパネルの左上にあるタブを[編集]に切り替えます。対象となるオーディオのタイプによって、選択する4つの項目(オーディオタイプ)が用意されています 図2。今回は素材が人物のインタビューなので[会話]を選択しましょう。

図2 オーディオタイプ「会話」を選択/エッセンシャルサウンドパネル

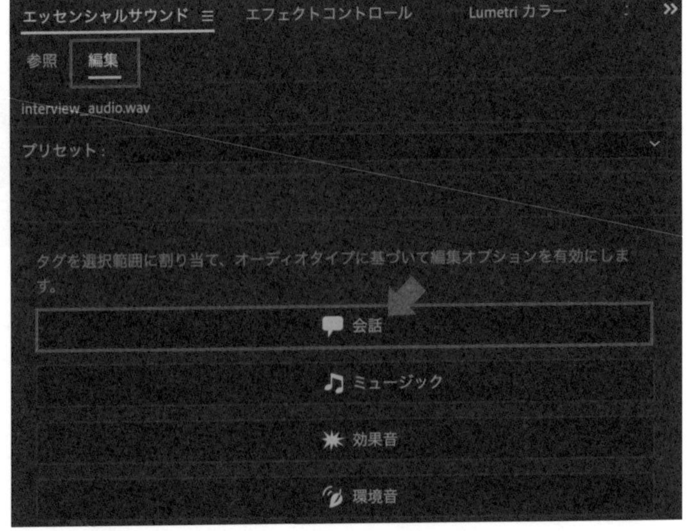

一番上の[ラウドネス]をクリックすると[自動一致]と[リセット]というボタンが現れます。タイムライン上にあるオーディオクリップを見ながら[自動一致]を押してみてください図3。

クリップに表示されている波形が大きく膨らんだのがわかると思います図4。元のオーディオデータを解析し、人が聴きやすいレベルに自動で調整されました。再生するとかなり聴きやすいレベルの大きさになっています。

図3 ラウドネスの自動一致

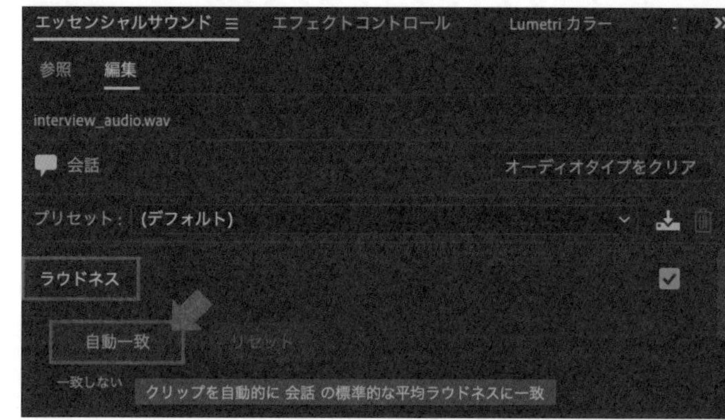

図4 聴きやすいレベルに自動調節される

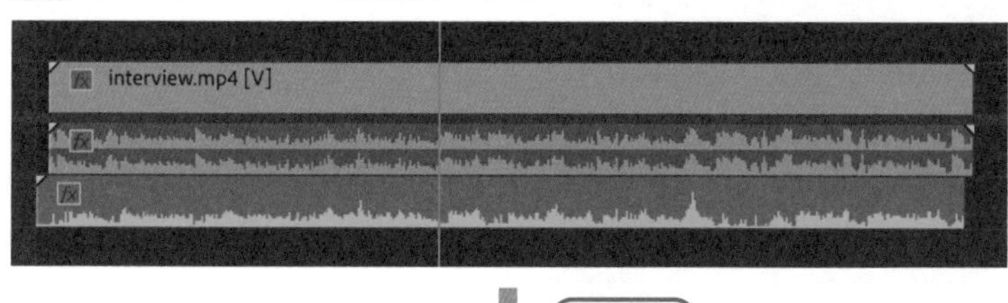

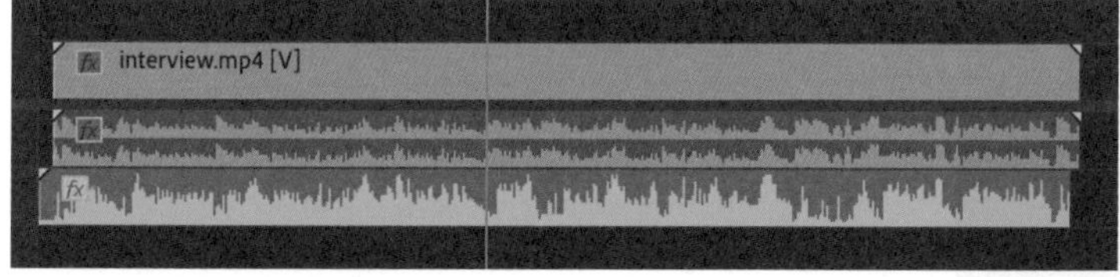

Column

クリップボリュームレベル調整

オーディオタイプ[会話]の下の方を確認すると[クリップボリューム]という項目があります。この項目のスライダーを調整すると、ラウドネス調整されたレベルに加えて、さらに細かく調整することもできます（最大+15dBまで）。ただし、このクリップボリュームでの調整では、クリップに表示される波形の大きさ（表示）は変更されません。視覚的に音のレベルを確認したい時は、オーディオマスターメーターなどで確認しましょう。[クリップボリューム]はどのオーディオタイプを選んでも使用することができます。

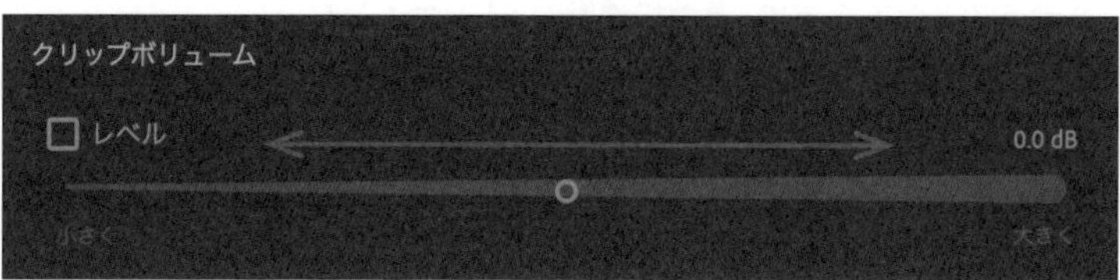

クリップボリューム

オーディオゲインダイアログでのオーディオ調整

［ゲイン］を調整することでもクリップ全体のレベルを調整できます。

対象となるクリップを選択し、右クリックから“オーディオゲイン...”を選択して 図5 オーディオゲインのダイアログを開きましょう 図6。

図5 オーディオゲイン...

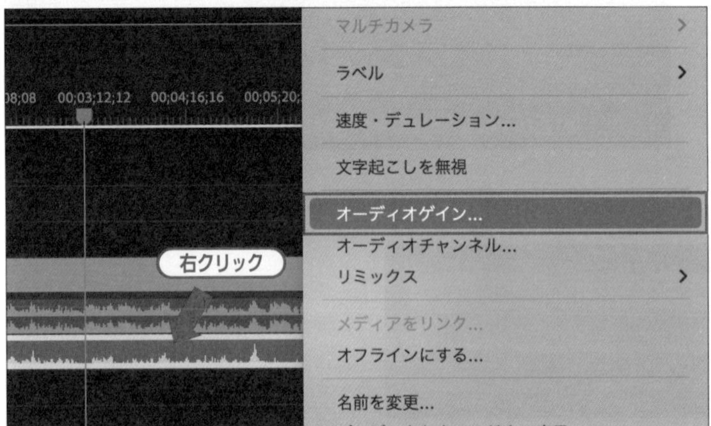

図6 オーディオゲインダイアログ

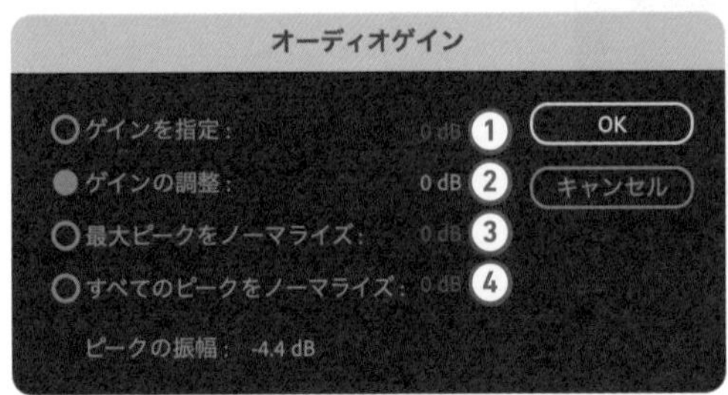

① ゲインを指定

ゲインを任意の値に直接設定できます。オプションがオフの状態でグレー表示されている場合でも、現在のゲイン状態を常時表示（更新）しています。初期値は0.0 dBですが、ラウドネスの［自動一致］を使用後は、この値は自動で変化しています。

②ゲインの調整

このフィールドに0以外の値（例：+3,-2など）を入力すると、指定したdB分ゲインを増減させることができます。それに連動して「①ゲインを指定」のdB値が自動的に変更されて、クリップに適用された実際のゲイン値が表示されます。

③最大ピークをノーマライズ

選択したクリップの最大ピークの振幅を、指定した値に調整できます。

④すべてのピークをノーマライズ

選択したクリップのピークの振幅を、指定した値に調整します。

memo

先ほどのラウドネスの［自動一致］機能は、Premiere Proがオーディオクリップの状態を自動で分析し、このゲインを適切な値に設定しています。

Column

波形表示で確認できる"ゲインの調整"が便利

前述した通り、[ゲインの調整] では波形の大きさ (表示) そのものも変わっていきますが、キーフレーム (P.243参照) やクリップボリュームの調整では波形そのものの表示は変化がありません。

あくまで好みの問題になりますが、筆者の好きなやり方としては、「波形表示を見つつ、ゲインで調整」することが多いです。同じクリップ内でレベル差がある時は、編集点を追加してクリップを分割し、それぞれのクリップでゲインを調整します 図1。その方が極端に音が小さいところなどを、見た目で認識できるので重宝しています。

もちろん、目的は「音」の調整なので、最終的にはちゃんとスピーカーから出る音を耳で聴いて判断するのを忘れないようにしましょう。

また、インタビューではなく音楽のような連続したオーディオ素材の時は、レベル変化時のショックを和らげるため、キーフレームを活用する方がベターです 図2。状況に応じて臨機応変に使い分けてください。

図1 編集点を追加して部分的にゲイン調整

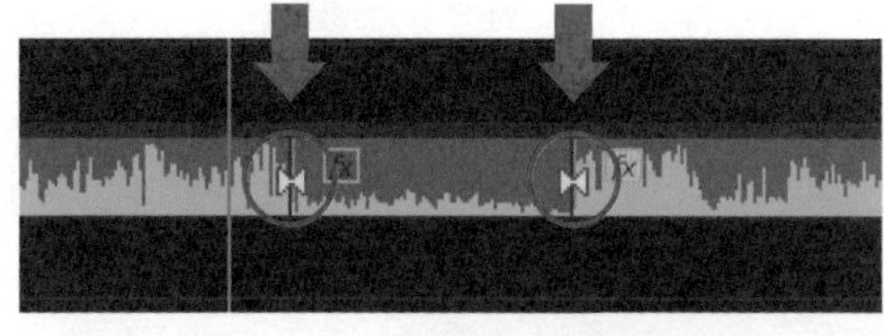

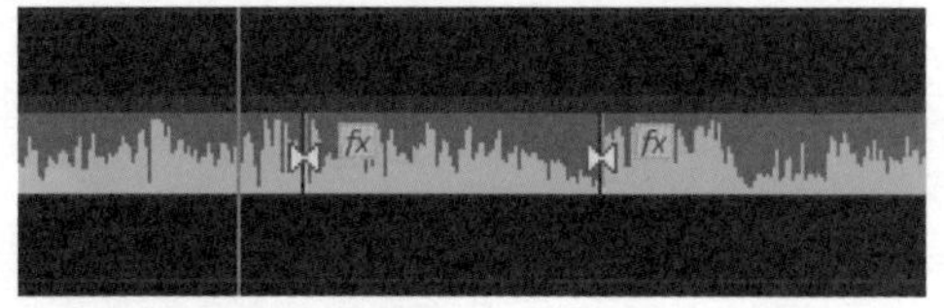

図2 キーフレームで調整

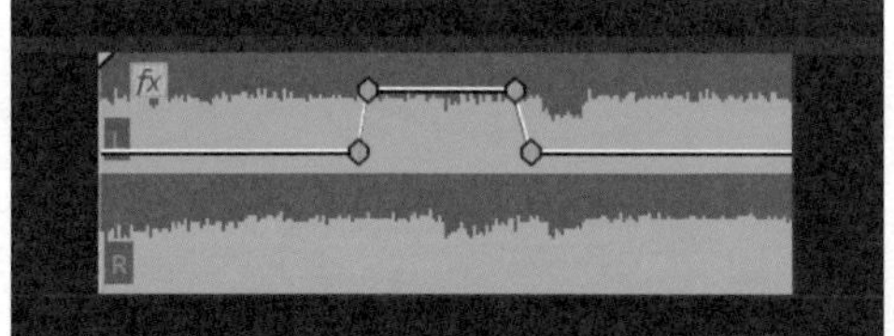

オーディオクリップのノイズ除去

今回使用した「interview_audio.wav」は、ピンマイクと専用レコーダーを使って収録したオーディオデータなので、比較的クリアな聴きやすい音だと思います。しかしながら、撮影環境や準備できる機材によって周辺の音 (ホワイトノイズ) も一緒に収録してしまい、ノイズが多いオーディオデータになってしまうことも多々あります。そんな時、できるだけクリアな音として使用できるようノイズ除去の方法を確認していきましょう。ビデオ素材として使用した「interview.mp4」には、カメラ本体で収録した音も含まれています。先ほどは同期用のガイド的な扱いをしましたが、ここではその"カメラで収録した音声"をできるだけ使える状態まで調整してみましょう。

エッセンシャルサウンドパネルでノイズ除去

プロジェクトパネルにある「インタビュー02」のシーケンスをダブルクリックしてタイムラインに展開してください 図7。「interview.mp4」のみが配置されています。このクリップのオーディオを調整していきます。

図7 「インタビュー02」シーケンスを開く

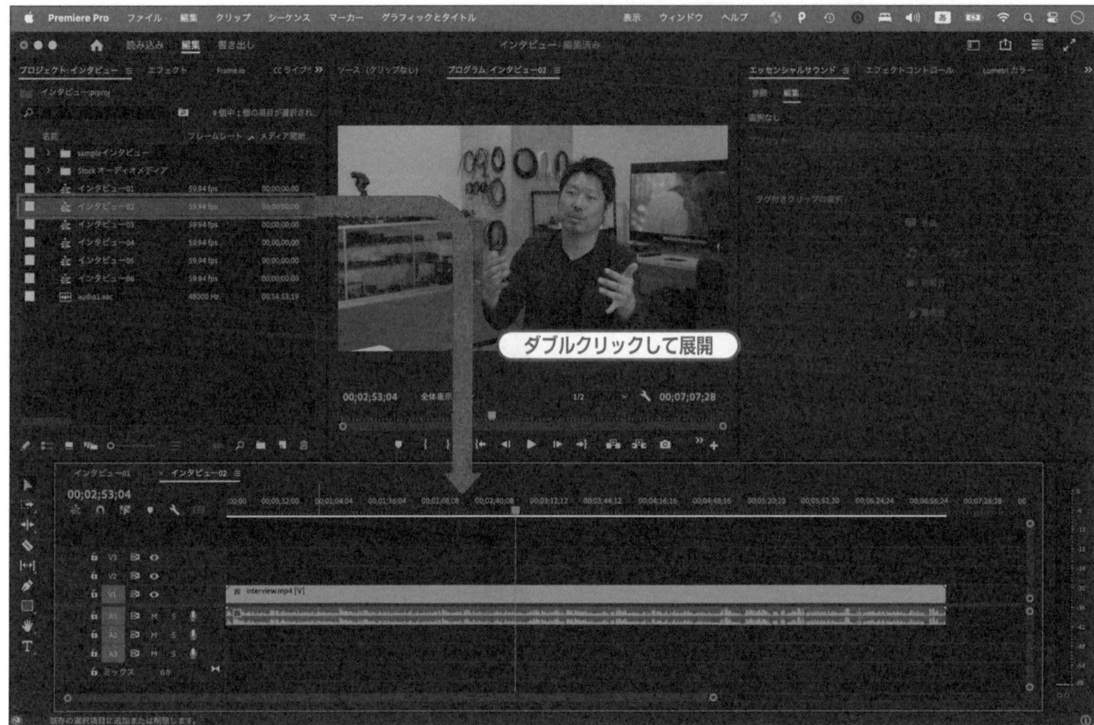

タイムライン上の「interview.mp4」のオーディオクリップを選択し、エッセンシャルサウンドパネルの[編集]タブを開きます。今回は[プリセット]を使用してみようと思います。プリセットのプルダウンを開くと、4つのオーディオタイプそれぞれにたくさんのプリセットが用意されています 図8。これらはオーディオファイルの状態・性質に合わせて、より効果的なエフェクトを自動で適用できる仕組みになっています。

ここでは[会話]の[ノイズの多い対話のクリーンアップ]プリセットを選択してみましょう。選択後に[修復]の項目をクリックすると、ノイズ処理用のさまざまな項目が表示され、いくつかの項目がオンになっています 図9。このように、プリセットを選ぶだけで複数のエフェクトが適用された状態になる仕組みです。

図8 「会話」のプリセット

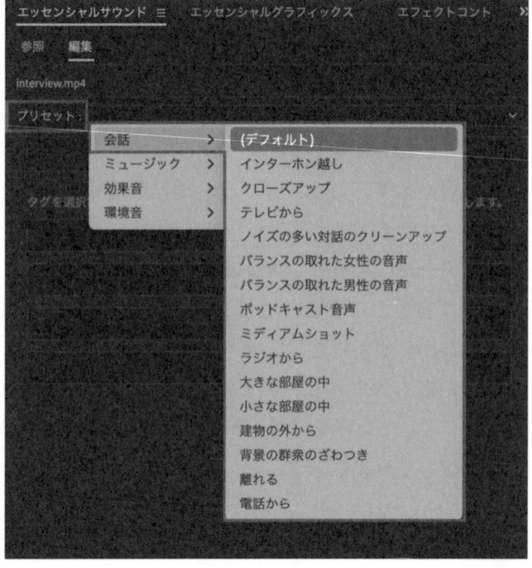

図9 [ノイズの多い対話のクリーンアップ]適用後

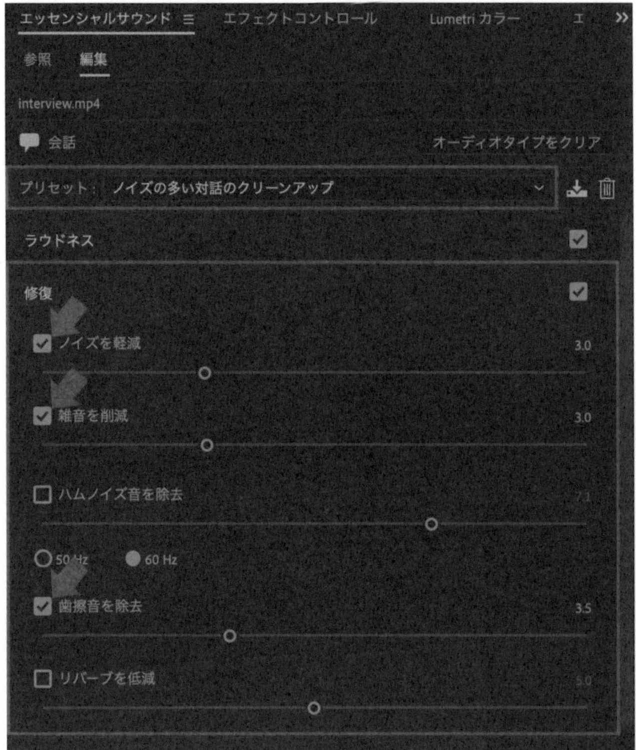

また、ウィンドウメニューから「エフェクトコントロール」パネルを開いてみてください。オーディオクリップに適用されたエフェクトがここでも確認できます 図10。[FFTフィルター（雑音を削減）][DeEsser（歯擦音を除去）][クロマノイズ除去（ノイズを軽減）]が適用されていますね。

この状態で再生してみましょう。いかがでしょうか。元々の音と比べてかなりノイズ処理が施されていると思います。

さらにここからエッセンシャルサウンドパネルでパラメーターをカスタムすることができます。チェックボックスをオン／オフしたり、スライダーを左右に動かして、より音がクリアに聞こえる設定を探ってみましょう。

図10 エフェクトコントロールパネルに各エフェクトが自動追加表示されている

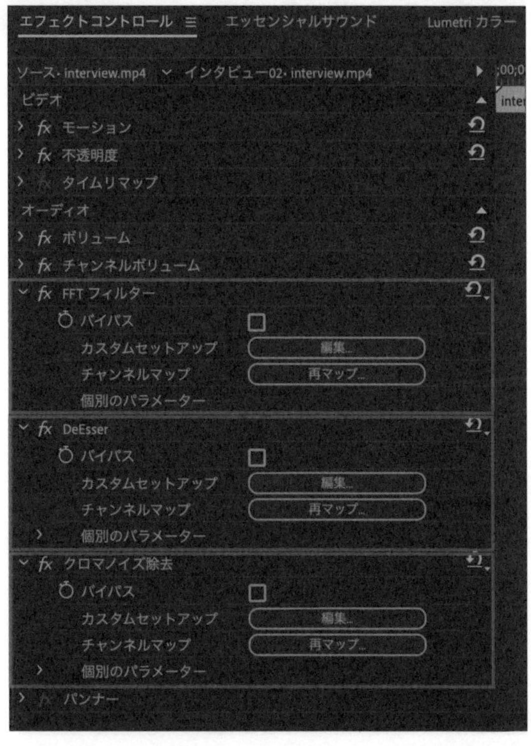

先ほど試した[ラウドネス]の[自動一致]は万能なのでここではオンにします。[修復]で適用されている効果はノイズ処理などに有効ですが、適用量が強すぎると逆に必要な音も削れてしまったり、歪んだりしてしまうので注意しましょう。

今回の「interview.mp4」のオーディオは比較的クリアに録れているので[ノイズを軽減]だけを残して他を外しても大丈夫そうです。[ノイズを軽減]だけオンの状態にして、適応量はスライダーで3.0に調整してみました 図11。

図11 エッセンシャルサウンドパネルで調整

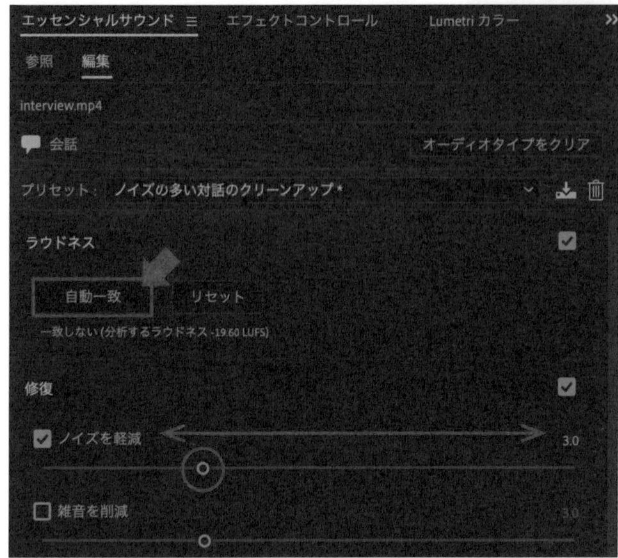

エフェクトコントロールパネルを確認すると[クロマノイズ除去]エフェクトだけが残った状態になっています 図12。再生して確認してください。いい感じに修正できたと思います。

図12 クロマノイズ除去／エフェクトコントロールパネル

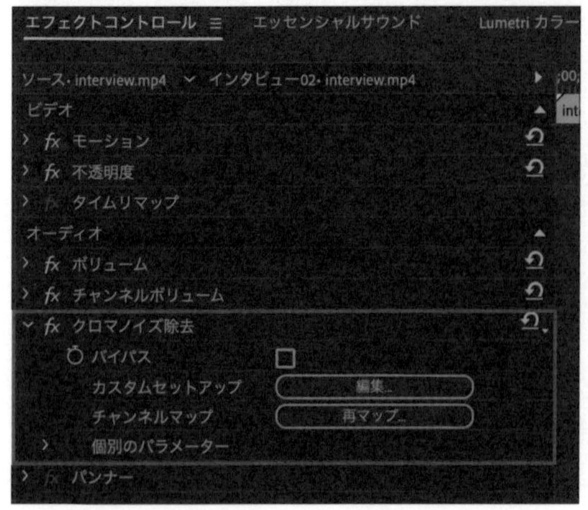

memo

今回は、エッセンシャルサウンドパネルから項目を選んでエフェクトを適用しましたが、もちろんエフェクトパネルに直接エフェクトを適用することも可能です。特にこの[クロマノイズ除去]のノイズ除去機能はかなり万能なので、いろいろな場面で試してみてください。

Adobe Auditionを使用したホワイトノイズ除去

その他におすすめのノイズ除去方法として、Adobe Auditionをご紹介します 図13。Adobe Creative Cloudプランは、Adobeのアプリをたくさん使えるのがメリットですが、中でも"音"の扱いに特化したのが、このAdobe Auditionです。Adobe Auditionには多くの機能があるので、習得するのがたいへんなイメージがありますが、一部の機能を覚えるだけでもとても大きな効果を発揮するので、超絶おすすめです。

ここでは、Adobe Auditionの機能の中でも、筆者イチ推しのノイズ除去を実践していきましょう。

図13 Adobe Audition

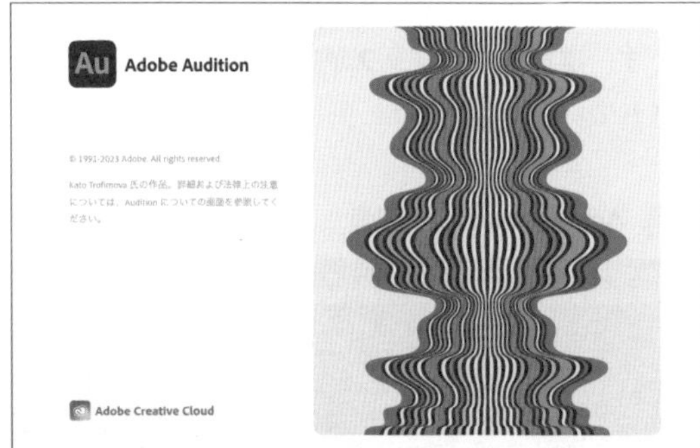

Premiere ProとAuditionを連携させる

手順としては、Premiere Proで編集中のオーディオクリップをAdobe Auditionに連携させてノイズ除去処理を行います。その後Premiere Proに戻ると、処理されたオーディオクリップに自動で置き換わっているというフローになります 図14。

図14 Premiere ProとAuditionの連携

まずはPremiere Proのタイムラインで、使用している「interview.mp4」のオーディオクリップを右クリックし、[Adobe Auditionでクリップを編集]を選択します 図15。

図15 右クリックで「Adobe Auditionでクリップを編集」を選択

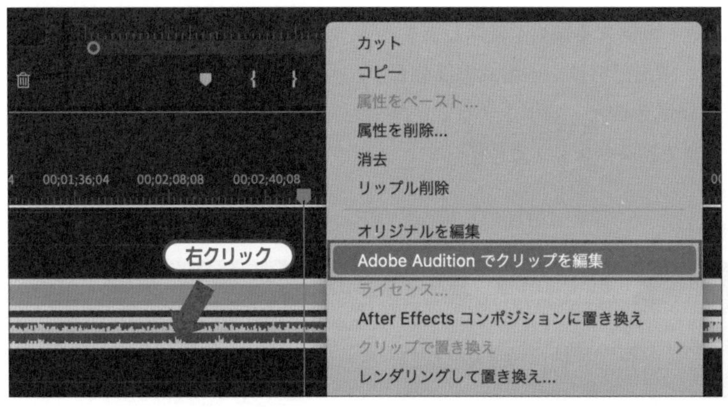

memo

Auditionを使ったホワイトノイズ除去の方法は筆者が動画でもご紹介しています。ちょっと複雑な内容でもあるので、よろしければこちらでもご確認ください。

YouTube「【保存版】すぐできる音ノイズ除去！簡単高精度Auditionを使ってサクッと背景ノイズを処理！」
https://youtu.be/68dSBxq8s-I

Auditionが立ち上がり、選択したオーディオクリップが自動でタイムラインに配置されます。ここからはAuditionでの作業になります。

いくつか見慣れないパネルが表示されていると思いますが、ここで実際に触るパネルは、波形が大きく表示されている「エディター」パネルだけです。選択したクリップがフルサイズで確認できるように伸縮して表示されています 図16。

図16 Adobe Audition画面

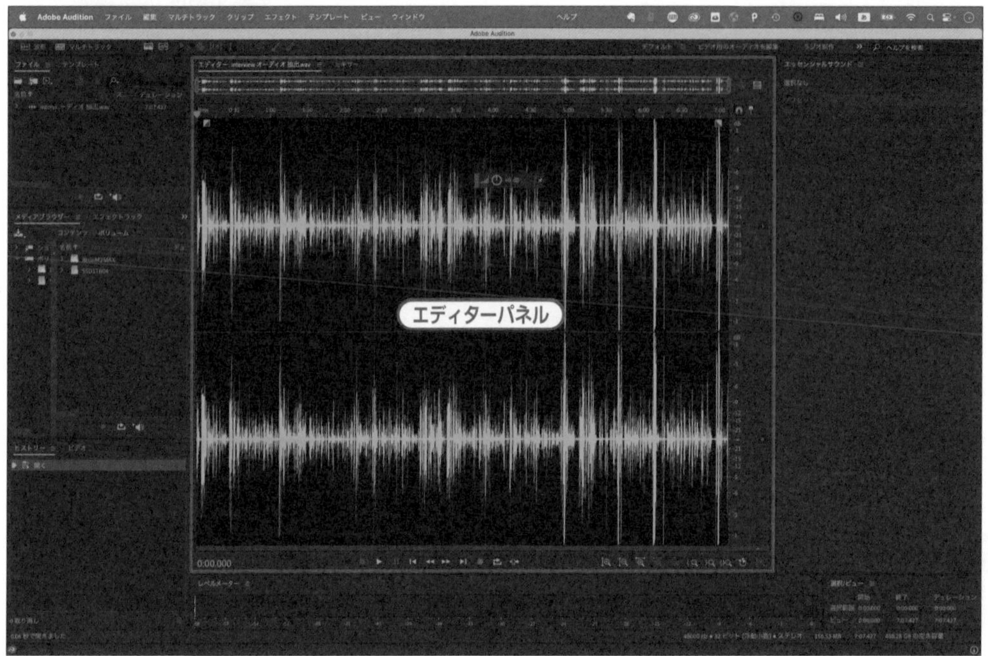

パネル下部にある再生ボタンを押して音を確認してみましょう 図17。

図17 再生ボタン／エディターパネル

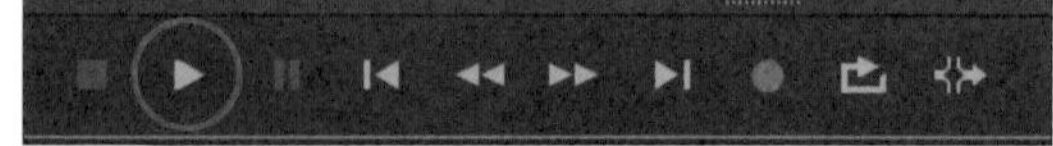

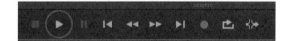

波形も大きく表示されるので「喋っている部分」「ホワイトノイズの部分」がビジュアル的にも確認できます。この「ホワイトノイズ」の成分をAuditionに記憶させ、「ホワイトノイズ」のみを削除する技術を使用します。

エディターパネル上部にある横に細長い波形部分は、一番端の部分を左右に動かすことでメインの波形の表示領域を拡大・縮小させることができます。波形が見やすいサイズになるまで調整しましょう 図18。

図18 表示領域の調整／エディターパネル上部

まずは「ホワイトノイズのみ」の波形部分を選択します。極端に波形が小さくなっている部分がそれです。波形のビジュアルを横にドラッグしてみましょう 図19。明るさが反転して表示される部分が、選択した領域です。

図19 画面を直接ドラッグして範囲を選択

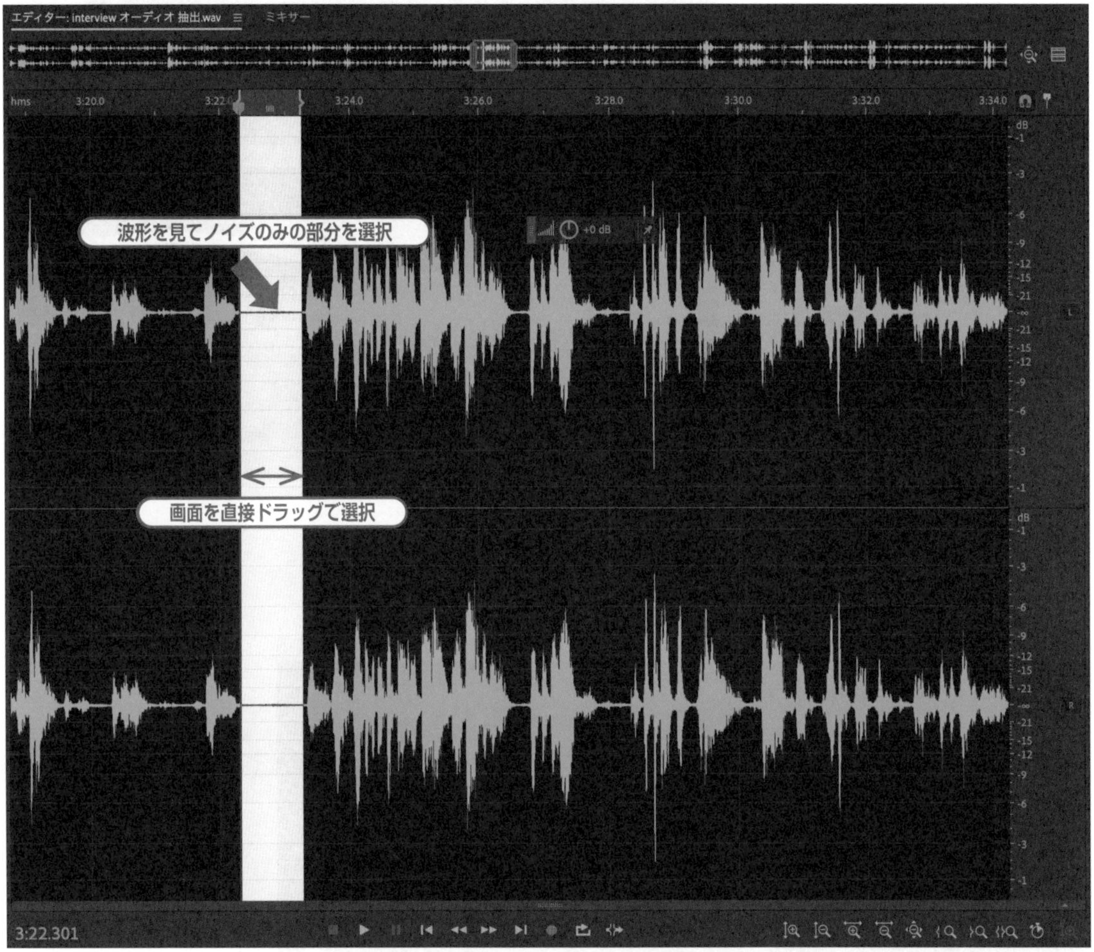

ホワイトノイズが選択できたら、そのノイズ成分をAuditionに覚えさせるために、メニューバーのエフェクトメニュー→“ノイズリダクション/リストア”→“ノイズプリントをキャプチャ”でノイズをキャプチャします 図20。

図20 ノイズプリントをキャプチャ

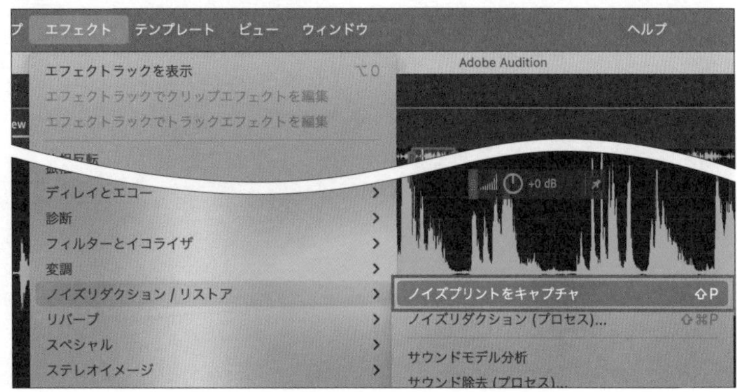

「ノイズプリントをキャプチャ」ダイアログが表示されます。[OK]を押しましょう 図21。これで取り除きたい「ホワイトノイズのみ」が記録されました。

続いて、キャプチャしたノイズデータを元にノイズを取り除く作業を行います。メニューバーのエフェクトメニュー→“ノイズリダクション/リストア”→“ノイズリダクション(プロセス)...”を選択します 図22。

「ノイズリダクション」ダイアログが開きます。現在はキャプチャの工程で「ノイズ部分を選択」した状態です。ノイズ除去はファイル全体に適用したいので[ファイル全体を選択]をクリックして選択範囲を全体に広げます 図23。

図21 「ノイズプリントをキャプチャ」ダイアログ

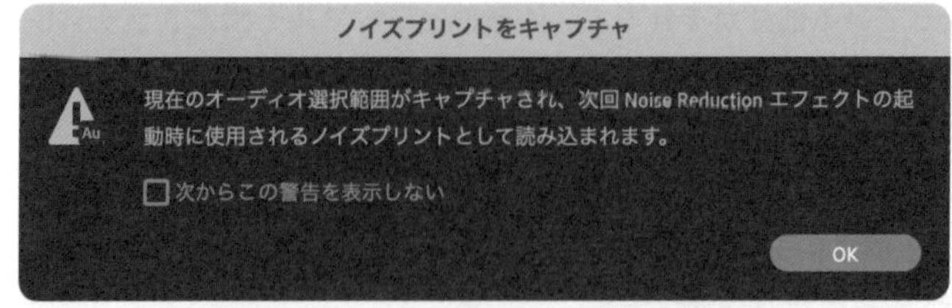

図22 ノイズリダクション(プロセス)...

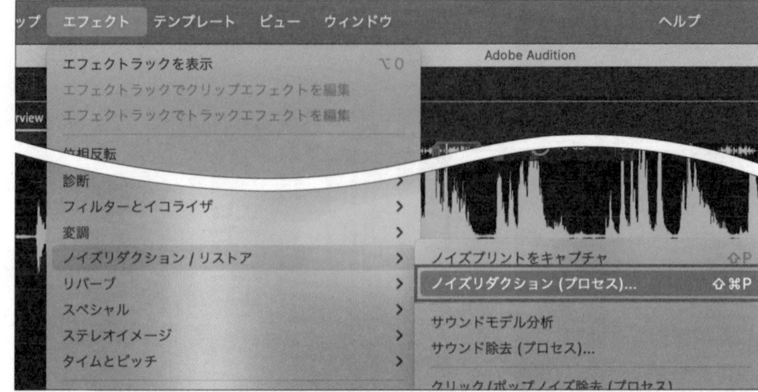

図23 「ノイズリダクション」ダイアログ

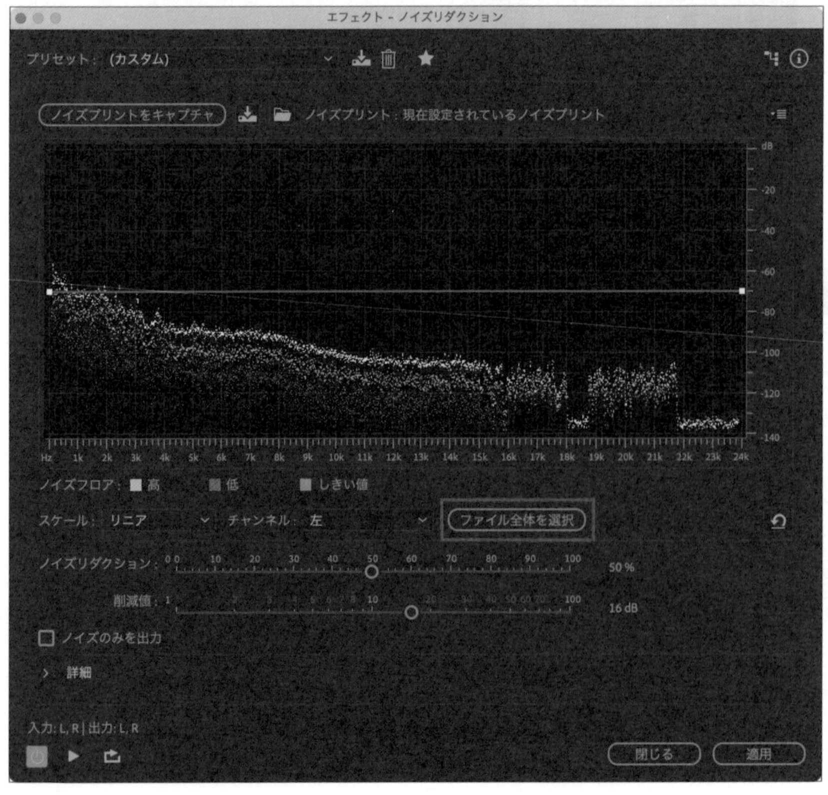

色のついた粒々の波形が表示されていますが、「赤から黄色の間」が、音が存在している領域です 図24。

図24 「緑」の粒より下が今回ノイズを取り除く範囲を示しています

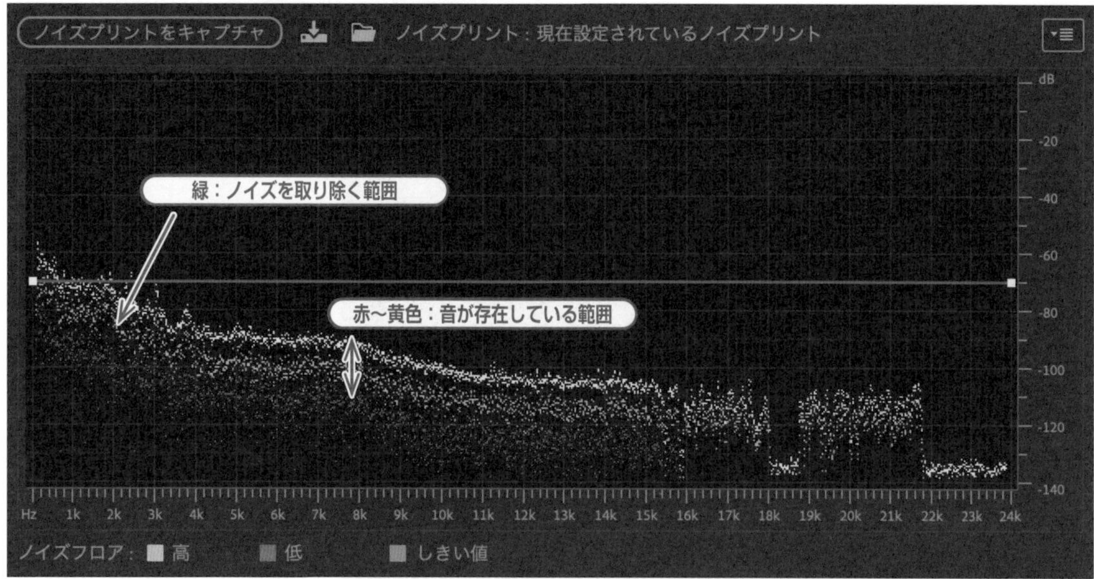

緑の粒より下の音が取り除かれます。左右に伸びているラインの端を、上下させると「緑」の粒の高さをコントロールできます 図25。「緑」の粒が「黄色」の粒と重なるように調整してみましょう。

ここで、左下の[再生]ボタンで音を確認します 図26。先ほど記録した「ホワイトノイズ」が消えているのがわかると思います。

図25 左右のポイントを上下させて調整します

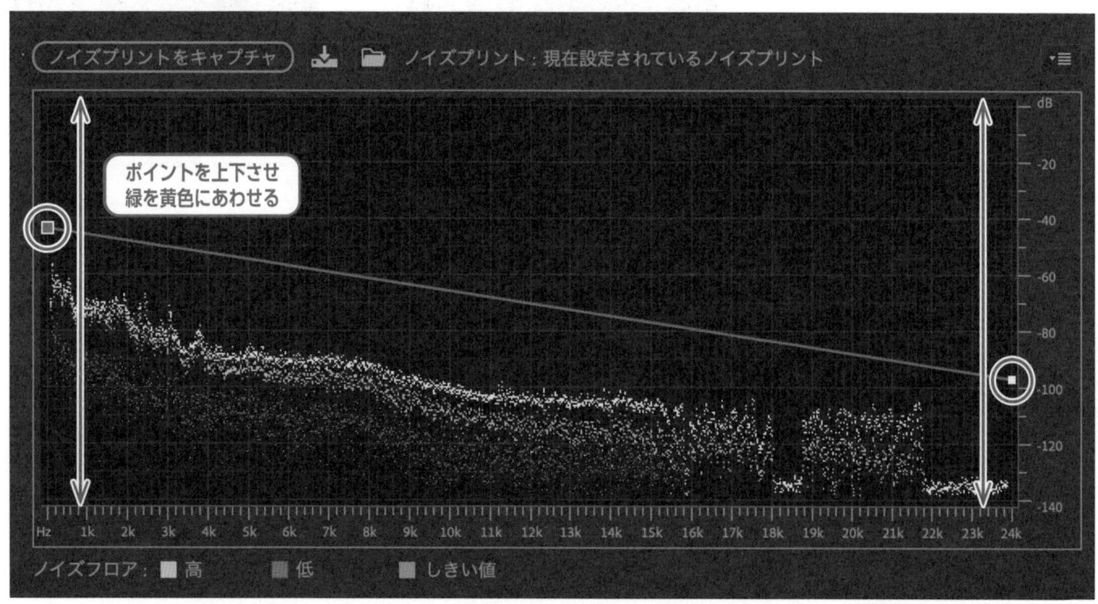

「緑」の粒の位置によって音が消える範囲が変わってくるので、音を再生しながらラインを調整してみてください。ちょうど良いところを探して[適用]ボタンを押します 図26。

図26 再生確認後「適用」

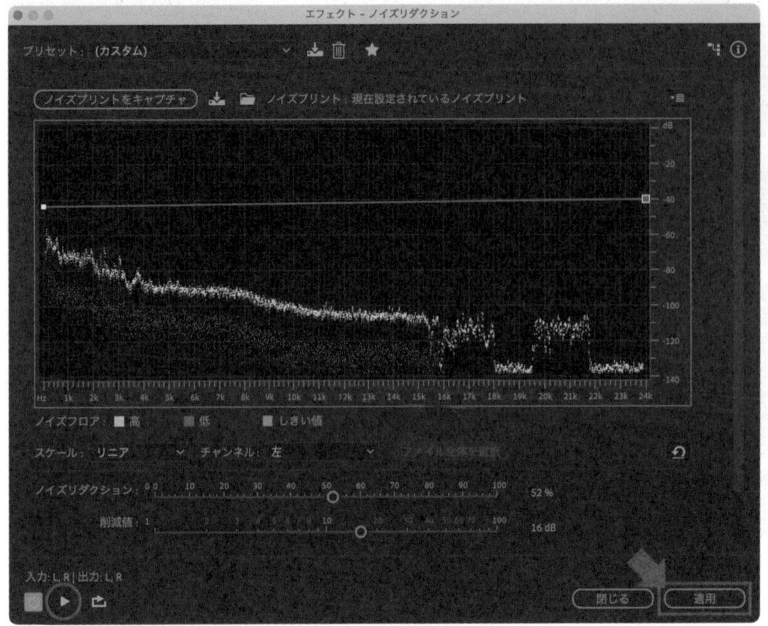

波形を確認すると、一定周波数のホワイトノイズが取り除かれているのがビジュアル的にもわかると思います 図27。

図27 ホワイトノイズだけが除去されている

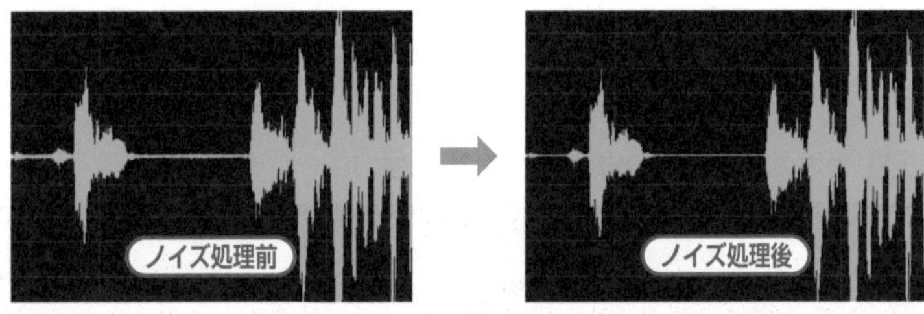

「緑」の粒のライン調整

素材の状況にもよりますが、筆者の感覚では「緑」の粒が「黄色」の粒よりほんの少し下になるくらいがちょうど良い結果が得られることが多いです。「緑」の粒を「黄色」の粒より上に配置してしまうと、他の音も消えてしまったり、音質が大きく変化してしまうことがあるので注意しましょう。

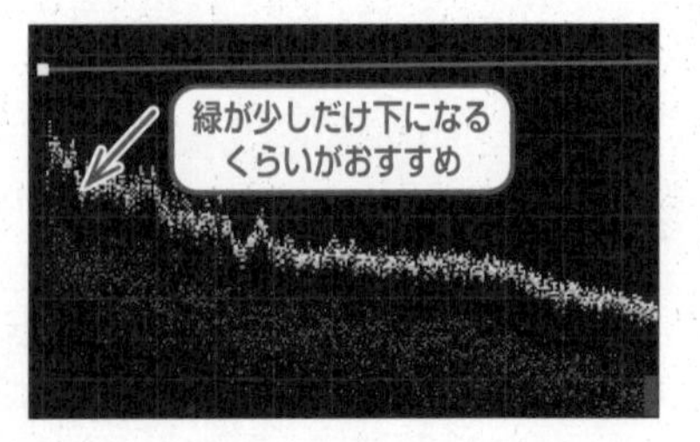

あとは、メニューバーのファイルメニュー→"保存"でAuditionで保存するだけで、自動的にPremiere Pro側のオーディオファイルが編集済みのデータに置き換えられます 図28。

図28 Auditionで保存→Premiere Proに反映

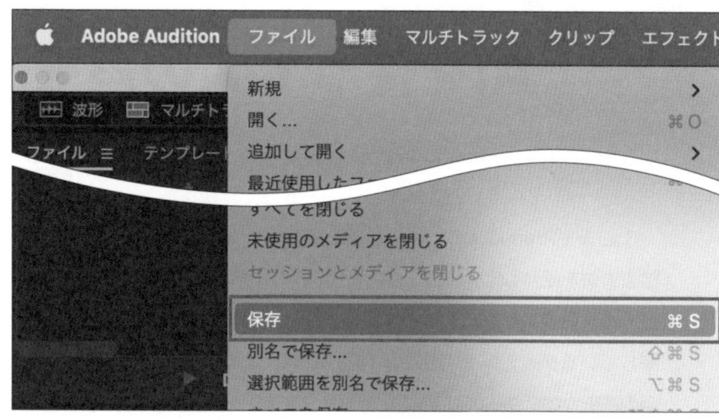

Premiere Proに切り替えてタイムラインを再生してみましょう。いかがでしょうか。ホワイトノイズの大部分を取り除けたのではないかと思います 図29。これはAuditionを使用したノイズ除去の「基本的な方法」なので、100%完璧というわけにはいきませんが、PremierePro→Audition→PremiereProというワークフローがいかにシームレスにできるかを体験いただけただけでも価値が大きいかと思います。

ここで紹介したノイズ除去だけでもかなり有効に使えると思いますが、もっと追求したい方はぜひAuditionにチャレンジしてみてください。

図29 Premiere Proのオーディオクリップが置き換えられている

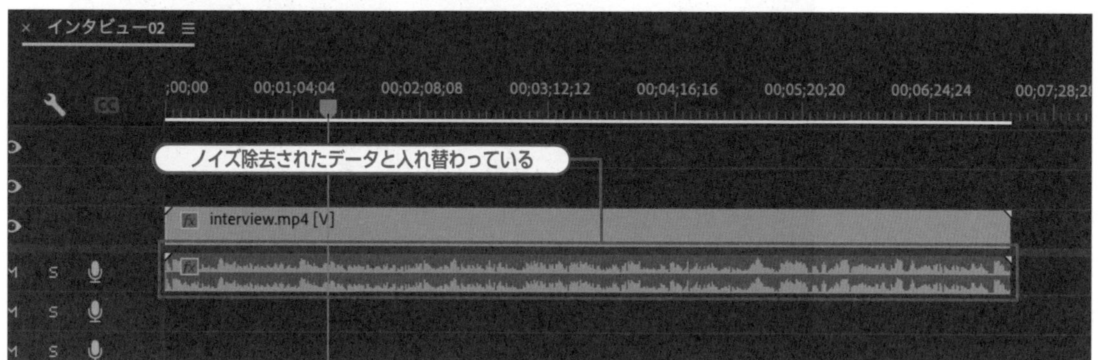

まとめ

このようにPremiere ProをはじめとするCreative Cloudツールには、いろいろなノイズ処理方法が用意されています。撮影時にクリーンな音で収録できるよう心がけるのが一番大切ですが、どうしても編集でノイズ処理をしなければならない時は、収録されたオーディオデータの状況に合わせて、適切な機能を選んで試してみましょう。

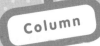

AIを使って人の声を聞きやすく！

ここまでPremiere ProとAuditionを使ったノイズ除去方法を紹介してきましたが、さらに新しい機能「スピーチを強調」もここで紹介しましょう。この本を執筆しているタイミング（2023年10月）では、まだ開発中の機能なのでBeta版での紹介となりますが、とても優秀な機能なのでぜひともご確認ください。「AIの力」を使って「人の声」と「背景ノイズ」を分離して認識し、「人の声」を聞きやすく、「背景ノイズ」を削除する画期的な機能です。前述したエッセンシャルサウンドパネルのプリセットを使ったノイズ除去は「ノイズそのもの」にアクセスし効果を発揮しますが、「人の声」を含む音声であればこの新機能「スピーチを強調」の方が、精度高く処理ができると思います。実際に「スピーチを強調」を試してみましょう。

タイムライン上の音声クリップを選択し、エッセンシャルサウンドパネルで、オーディオタイプ「会話」を選択します図1。

図1 エッセンシャルサウンドパネルでオーディオタイプ［会話］を選択

すでにオーディオタイプが選択されていて、いったん解除したいという場合は［オーディオタイプをクリア］をクリックすると、選択を解除できます図2。

図2 ［オーディオタイプをクリア］で解除

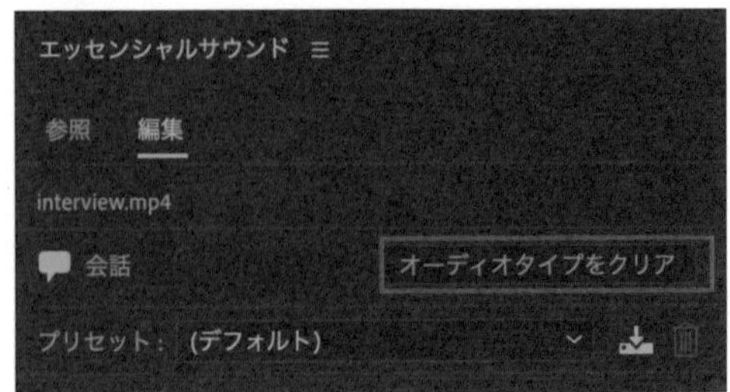

いちばん上の［スピーチを強調］をクリックして開いて［拡張］を押すと図3、選択しているオーディオクリップの分析が始まります図4。

図4 分析がはじまる

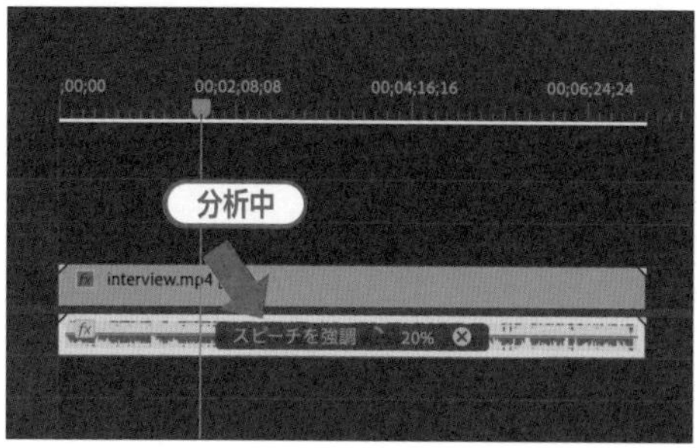

これだけでのステップで、ノイズが除去され、同時に「人の声」のレベル調整も行われます。分析が終わったら再生して確認してみてください。

さらに、エッセンシャルサウンドパネルの［拡張］ボタンの下にある［ミックス量］のスライダーで、効果の適用量を変更できます図5。左にスライドすると元々の音声に近づき、右にスライドすると効果をより強く適用できます。実際の音を聞きながら良いバランスを探してみください。

図3 ［スピーチを強調］の［拡張］をクリック

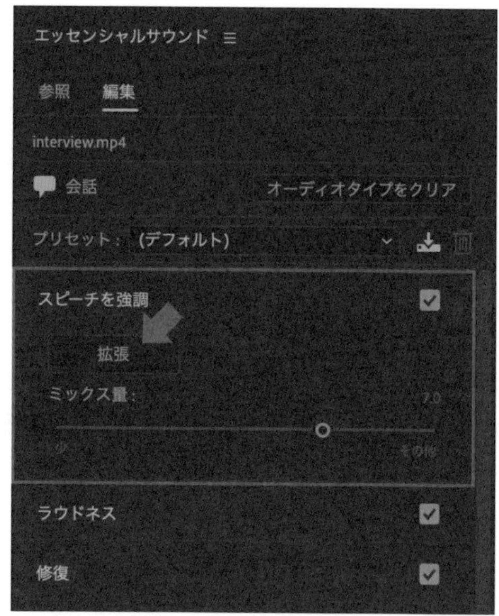

図5 ［ミックス量］でバランスを調整

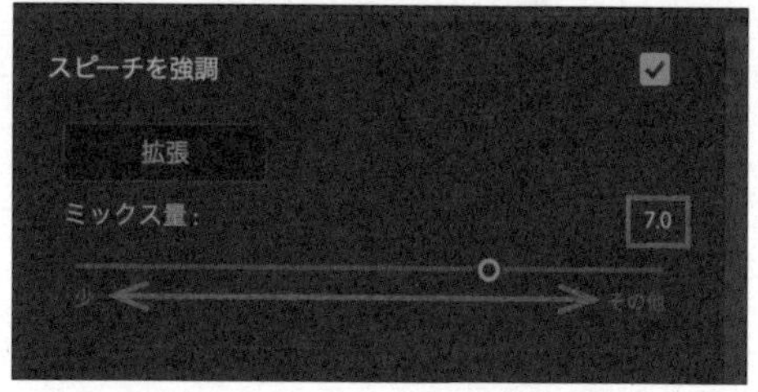

いかがでしょうか。現状では複数のクリップに同時に適用するのが難しいようなので、できるだけ編集スタートの段階（カット編集前）に、この作業をすることをおすすめします。筆者が試した範囲では、ノイズ除去に関してはAuditionの方が精度が高いように感じましたが、この「スピーチを強調」はPremiere Pro内で完結できますし、ワンタッチでできるのでかなり便利だと思います。元の音声の状態に合わせてより良い方で作業することをおすすめします。

インサート(Bロール)映像の編集

続いて、本編となる「人物の1ショット映像」だけでなく、話の展開に合わせて別で撮影した素材や画像などを入れていきます。人物の声を活かしたまま差し込むこの「素材・画像」のことを「インサート」や「Bロール」といいます。

インサート映像の編集と配置

インサートは、本編(Aロール)の人物が話す内容をよりわかりやすく伝えるための演出です。話の展開に合わせて、別で撮影した素材や画像などを入れていきます。

ここではインサート編集に特化した説明をするので、新しく「インタビュー03」のシーケンスを開いてください 図1。

図1 「インタビュー03」シーケンスを展開

「インタビュー03」は、前述した「インタビュー01」のシーケンスを音調整をしたのち、必要なところだけを抜粋した約1分23秒のシーケンスになっています(A1トラックはミュートされています) 図2。

図2 すでにカット編集済／インタビュー03

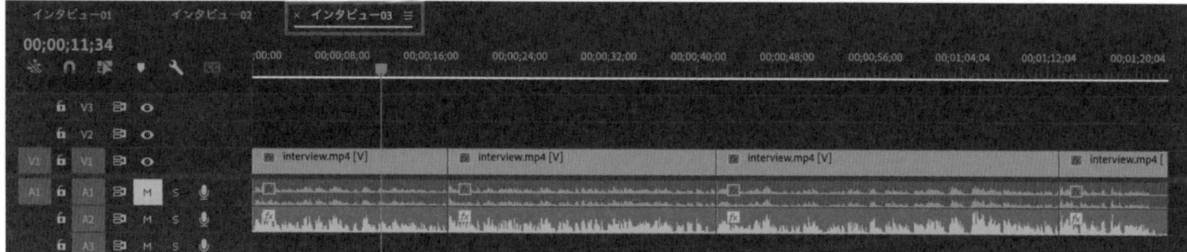

プロジェクトパネルに読み込んである「sampleインタビュー」ビン（フォルダー）を開きましょう 図3。「work01.mp4」～「work06.mp4」は、店舗の様子や、展示されている機材を撮影したものです。これらのクリップの使いどころを指定しながら「インタビュー03」のシーケンスに配置していきます。

図3 「sampleインタビュー」ビン

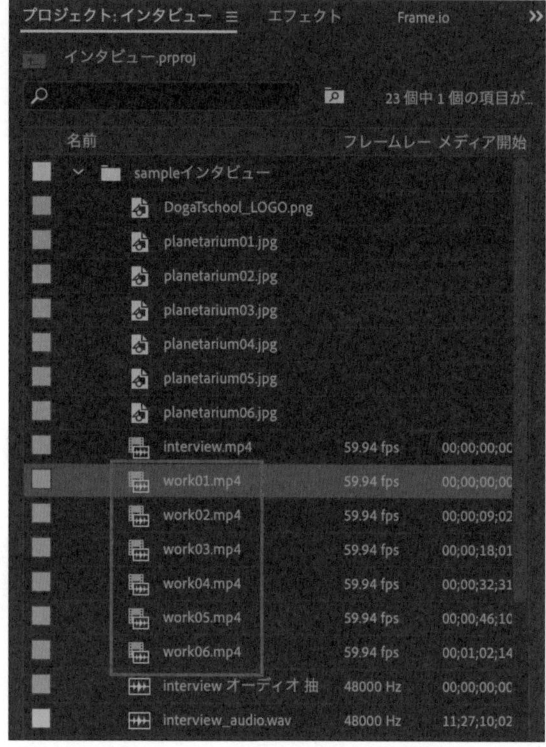

ここではソースモニターを利用して、使用するクリップの使いどころを設定してみます。通常、プログラムモニターにタイムラインの映像が表示されている状態だと思いますが、プロジェクトパネル内の「work01.mp4」のクリップをダブルクリックすると、プログラムモニターの裏に隠れているソースモニターに表示が切り替わり、クリップの中身を閲覧できます 図4。

このソースモニター上で、クリップを再生しながら「インをマーク」と「アウトをマーク」で範囲を指定して、クリップ内の使いどころを決めましょう。「work01.mp4」は店の外観を固定撮影した素材なので、カメラワークを気にする必要はありませんが、途中でドアの鏡面に車が映り込んでいるので、それを避けて3秒ぐらいを使いたいと思います。

図4 ダブルクリック→ソースモニターで表示

ショートカットのI（インをマーク）で使い始めたいタイミングをマークします（イン点）。その約3秒後にショートカットのO（アウトをマーク）でアウト点をマークしましょう **図5**。この2つのマークの間を"使いたい範囲"としてマーキングしたことになります。

図5 イン点・アウト点をマーク／ソースモニター

このソースモニターは、マウス操作で、画面の中央あたりからタイムラインへドラッグすることで、クリップ（選択した範囲だけ）をタイムラインへ配置することができます **図6**。ドロップするタイムライン上の場所によって配置されるトラックも指定できるので、意識しながらドロップしましょう。

図6 ソースモニター中央からのドラッグ

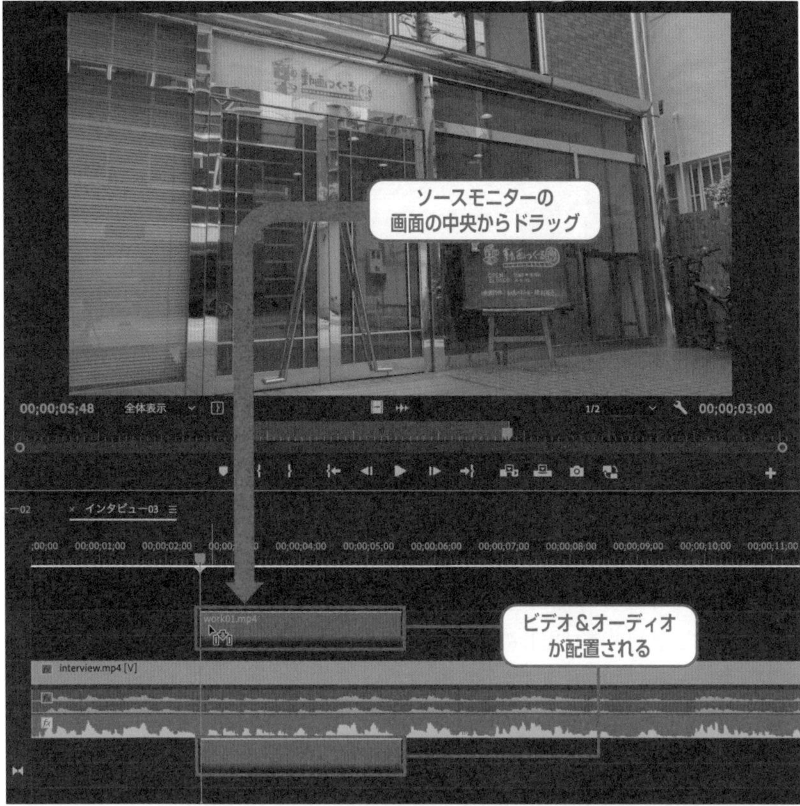

ただし、今回はインサートとして「ビデオのみ」を使いたいので、「work01.mp4」のオーディオは邪魔になります。この場合、ソースモニター下部の「ビデオのみドラッグ」からドラッグしてタイムラインへ配置しましょう 図7。「画面の中央」からドラッグする時と違って、ビデオのみを配置することができます。

図7 ビデオのみをドラッグ

今回配置するのは「V2」トラック、つまり、元々配置されているAロールの1つ上のトラックにしましょう図8。ビデオトラックは上のトラックにあるクリップが優先的に表示されるので、プログラムモニターにはインサートしたビデオのみが表示されているはずです（最終的に出力される映像もこの映像になります）。

図8 V2トラックに配置

元々「V1」トラックにあるAロールに重ねて、完全に上書きしてしまっても良いのですが、トラックを分けて配置する方が、インサートクリップの使いどころを修正したり、Aロールのビデオを復活させたりするのが容易になります。編集に慣れるまでは、トラックを別々にして整理しながら編集していくスタイルをおすすめします。

「work01.mp4」を配置するタイミングですが、作品の冒頭はインタビュー対象の顔（Aロール）を見せたいので、最初の喋り出しのタイミングは4.5秒くらい空けてその後に配置しましょう。この要領で次々とサンプルの各インサートクリップを配置してみてください。筆者がBロールを編集したものを「インタビュー04」シーケンスとしてプロジェクトに入れているのでそれを参考にしながら挑戦してみてください図9。

図9 「インタビュー04」シーケンス

ざっくりとイン点・アウト点を設定してタイムラインへ配置し、タイムライン上のマウス操作でクリップ端をドラッグして微調整して合わせましょう図10。できるだけコメント内容とリンクしているインサート映像を配置するのが視聴者に対して親切ですが、イメージ的なカットもあるので、自身で再生してみて違和感がなければ大丈夫だと思います。

図10 クリップ端をつかんでドラッグで微調整

画像データ(写真)の挿入

THEME テーマ
続いて、Bロールとして画像データ(写真)を使用してみましょう。画像データを使用する際は、フレームサイズが映像と違うことが多々あります。配置する際のサイズや位置の調整の仕方をここで確認しましょう。

編集と配置

「インタビュー04」シーケンスを確認すると、Aロールクリップが4つに分かれています。2つ目のクリップまではインサートで埋まっているので、3つ目のクリップの頭で、一度、取材対象の顔を出したコメントのカットを作りたいと思います。

コメントの「あとイベントの方にもうち力を入れておりましてですね」部分(約3秒)のAロールをそのまま活かして、その後から画像で埋めていきます 図1。

図1 画像を入れる場所／インタビュー04

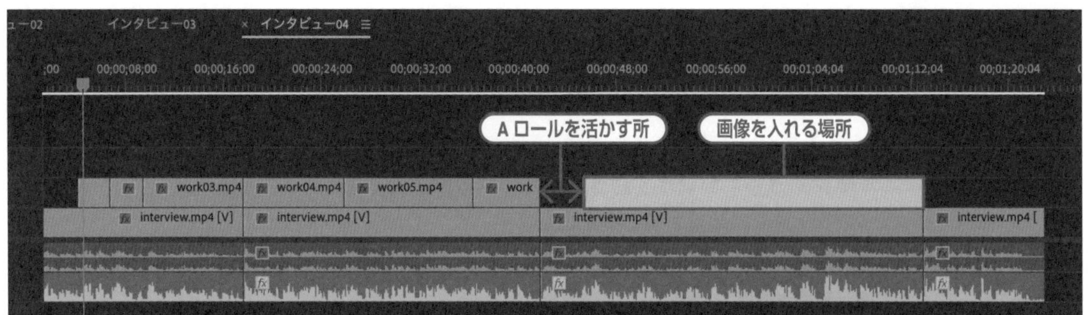

ここからは、工程がわかりやすいようにワークスペースを[編集]に切り替えて作業しましょう。右上のワークスペースの切り替えプルダウンメニューを開き[編集]を選択します 図2。切り替えると、画面左側に[ソースモニター]、右側に[プログラムモニター]が表示され、2画面同時に確認できる状態になります 図3。

図2 ワークスペースを[編集]に切り替え

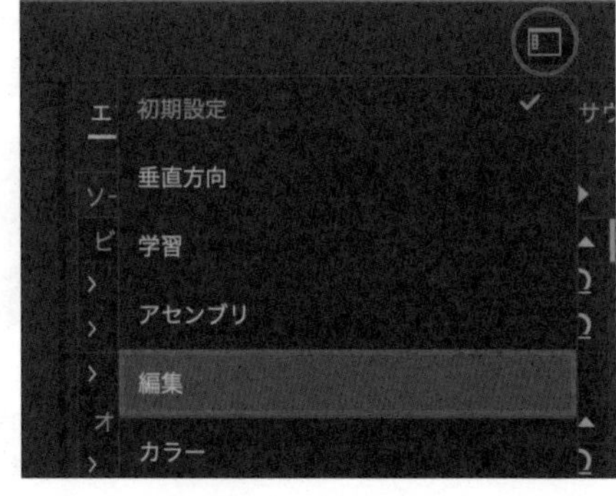

プロジェクトパネルの「planetarium01.jpg」をダブルクリックして、ソースモニターに開き、ソースモニター中央部分をつかんでタイムラインの「V2」トラックに配置してください 図3。

図3 **画像をソースモニターで確認してタイムラインへ配置**

ここで注意していただきたいのが、このサンプル画像（写真）はさまざまな解像度で撮影されたもので、フレームサイズがフルHD（1920×1080）ではありません。「ソースモニターで表示された画像」と、「タイムラインに配置したあとプログラムモニターに表示された画像」を比べてみると、サイズ感が違うことが確認できると思います 図4。それぞれの画像をちょうど良いサイズ（1920×1080）に調整する必要があります。

図4 **モニターによって表示範囲が違う**

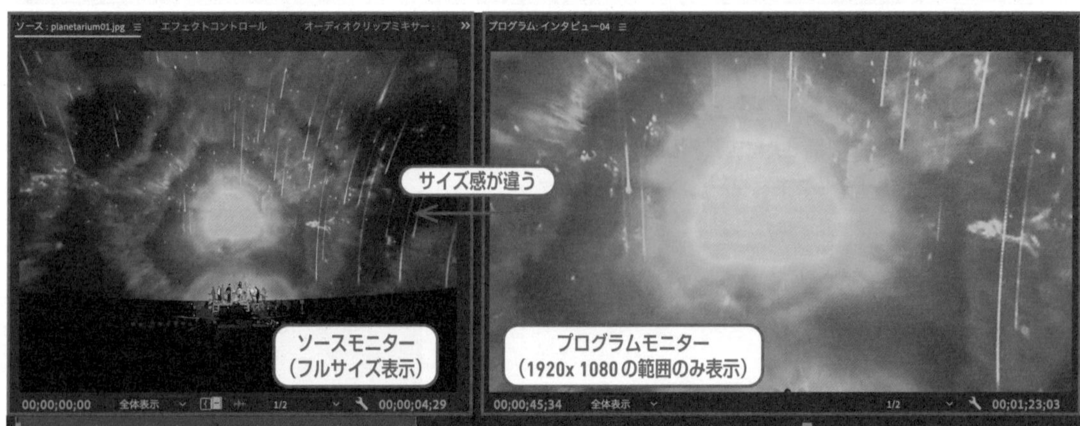

写真のサイズを調整するためにタイムラインに配置した「planetarium01.jpg」を選択した状態で、エフェクトコントロールパネルを開きます。ウィンドウメニューから“エフェクトコントロール”を選択 図5 。

エフェクトコントロールパネルには選択したクリップ「planetarium01.jpg」のパラメーターが表示されます 図6 。

図5 エフェクトコントロールパネルを開く

図6 エフェクトコントロールパネル

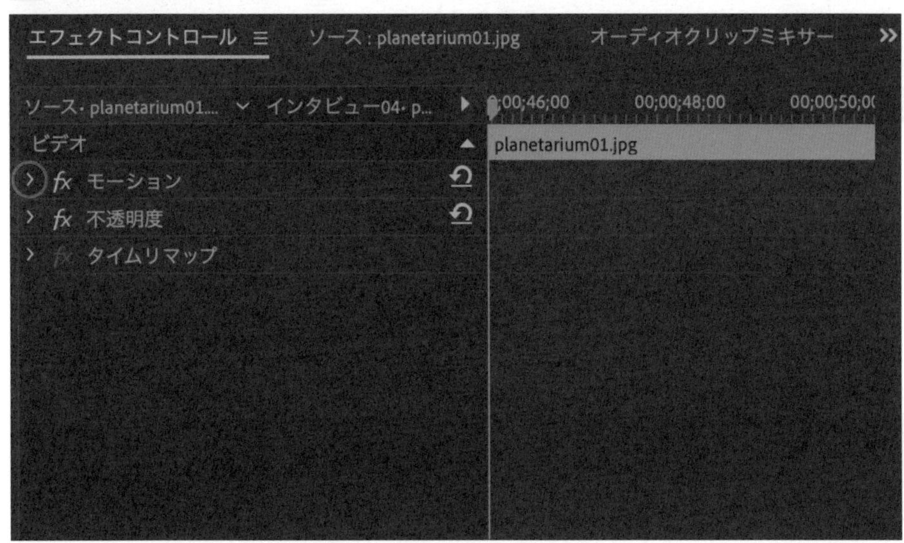

［モーション］項目の>をクリックし詳細を表示し、さらに［スケール］の>をクリックしてスライダーを表示させましょう 図7 。

図7 スケールを開く／エフェクトコントロールパネル

このスライダーを左右に動かすとスケールの値が変化し、画像が拡大・縮小されます。プログラムモニターで画像のサイズを確認しながら、画像が画面全体を覆うぐらいのサイズに変更します 図8。

図8 上下左右を写真が覆うぐらいに調節する

良い感じになりました。さらに「planetarium02.jpg」から「planetarium06.jpg」の写真も同様にして配置していきましょう 図9。ここも、筆者が編集済みのものを「インタビュー05」シーケンスとして用意しています。確認しながらやってみてください。

図9 写真を配置／「インタビュー05」シーケンスを参照

「planetarium02.jpg」は元々が縦長の写真です 図10。これも同様にスケールで調整しますが、1920×1080サイズに合わせた時、写真のバランスとして、もう少し上へ移動させた方が人物と機材がバランスよく表示されて画角的に良いようです。これもスケールを調整したようにエフェクトコントロールパネルで変更できます。

memo

基本概要編でもお伝えしましたが、Premiere ProではCMYKのデータファイルを読み込めません。画像の読み込み時にエラーが起こった場合は、RGBのファイルかどうかを確認してみてください。また、極端に解像度（フレームサイズ）の大きな画像もエラーを起こしやすいので、不具合が発生した時は解像度も確認するようにしましょう。

図10 縦長の写真／スケール：25.7

エフェクトコントロールパネルのモーション項目の［位置］を調整します。左側の数値が「左右」、右側の数値が「上下」を表しています。写真をもう少し上へ移動させたいので、右側の数値を「540」から「357」に変更してみましょう 図11。

数値をクリックして新しく数値を打ち込むか、マウスポインタを数値に合わせ、左右にドラッグして変更してみてください。

いかがでしょうか、バランスの良い配置になったと思います 図12。それぞれの写真の内容によって、この［位置］と［スケール］を調整してバランスを取ってみてください。悩んだ時は「インタビュー05」シーケンスを参考にしてください。

図11 クリック後に数値入力で変更

図12 スケールを64.7、位置(右)を357に変更

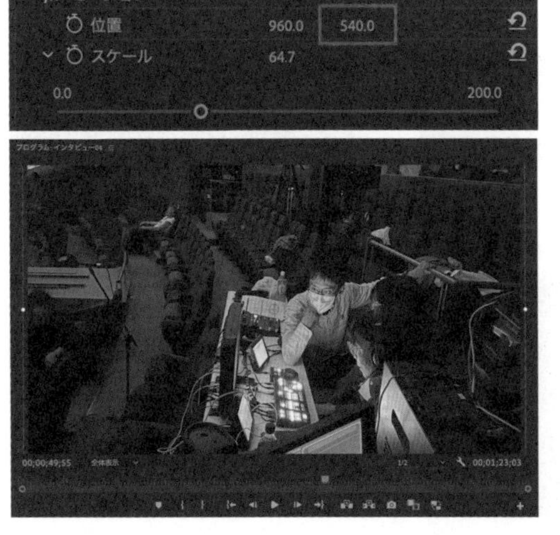

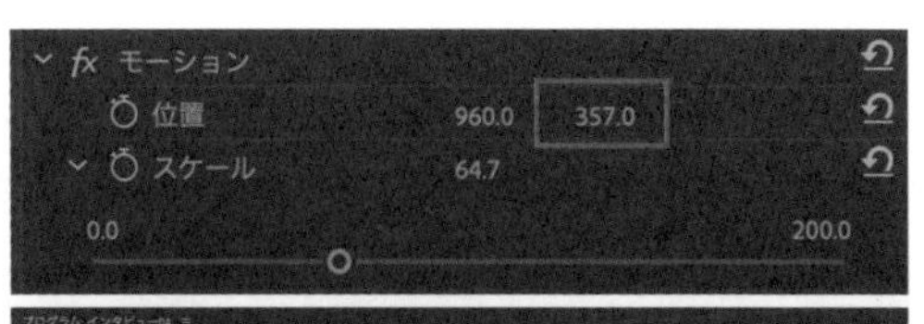

テロップの挿入

TRY
完成イメージ

THEME
テーマ

最後にテロップを挿入します。ここでは、より内容がわかりやすい作品にするために、3つのテロップを作成して挿入します。出来上がりのイメージは、「インタビュー06」シーケンスを参照してください。

横書き文字ツール

「シンプルなテキスト」と「ロゴ画像」のテロップを3カット挿入してみたいと思います 図1。最初のカットで取材対象者が1ショット・顔出しで喋り出しています。まずは人物の「肩書き」と「名前」をテロップで入れてみましょう。Premiere Proでテロップを入れる方法はいくつかありますが、ここではPremiere Pro 内にある「横書き文字ツール（エッセンシャルグラフィックステキスト）」を使用します 図2。

図2 横書き文字ツール(エッセンシャルグラフィックステキスト)

図1

冒頭のカット／人物の肩書きとフルネーム
店舗インサート／店名と住所
ラストカット／ロゴとメッセージ

まずは、①再生ヘッドを一番先頭に配置します。次に、ツールパネルの②「横書き文字ツール」を選択し、③プログラムモニターの画面上をクリックします 図3。クリックと同時にタイムライン上、再生ヘッドのあるポイントに新規テキストクリップが生成されます。

モニターのクリックした場所に、文字入力用のカーソルが現れるので、任意の文字を入力します。

図3 横書き文字ツールで画面をクリック

ここでは、
「動画つくーる
店長 瀧野 恵太 さん」
と肩書きと名前を入力しました 図4。

「▶選択」ツールに切り替え、画面上のテキストをドラッグすると位置を直感的にコントロールできます。テキストを囲むボックス（バウンディングボックス）の四隅の頂点をドラッグすることで文字のサイズを変更することもできます 図5。ちょうど良い位置・サイズで配置してみましょう。

また、これらの情報は「エッセンシャルグラフィックスパネル」でもコントロールできます。一旦、ワークスペースを［初期設定］に戻し 図6、エッセンシャルグラフィックスパネルを開きましょう。

図4 肩書きと名前を入力

図5 マウス操作で拡大・縮小・移動ができる

図6 ワークスペースを「初期設定」に

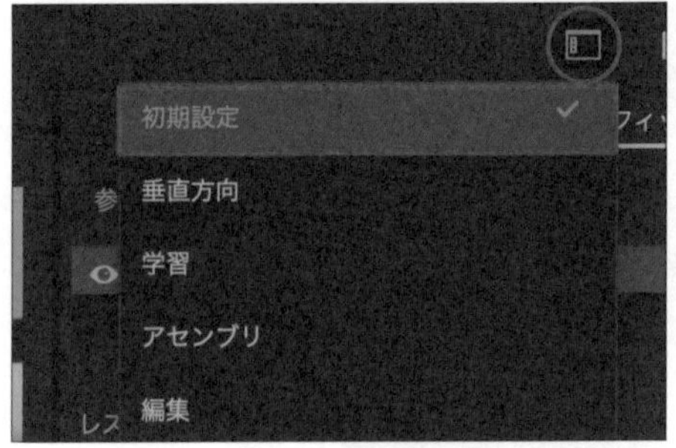

図7 ウィンドウメニューから"エッセンシャルグラフィックス"を選択

memo
エッセンシャルグラフィックスパネルが開いていない場合は、ウィンドウメニューから"エッセンシャルグラフィックス"を選択します 図7。

エッセンシャルグラフィックスパネルの左上にある［編集］タブを選択し、［編集］タブのすぐ下に表示されているテキストレイヤーが選択されていることを確認して、さらに下に表示されるパラメーターを見てみましょう 図8。たくさんの項目がありますが、今回は主だった項目を確認していきます。

図8 「編集」タブ／エッセンシャルグラフィックスパネル

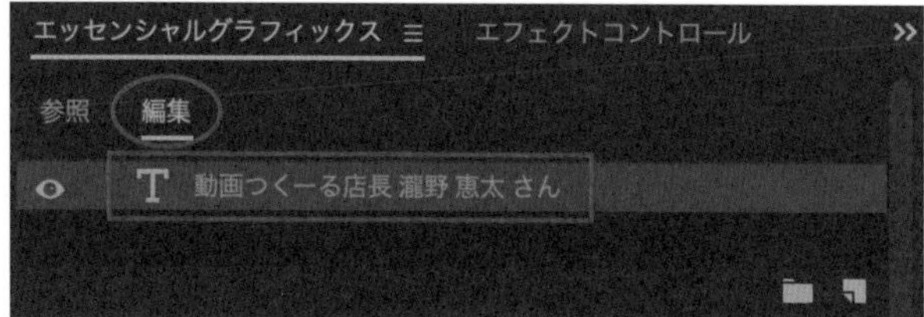

テキストサイズ調整

［テキスト］項目では、主にフォントの種類と、テキストのサイズなどを変更・設定できます。

今回は、

①「フォントの種類＝小塚明朝 Pro」

②「フォントの太さ＝R」

③「サイズ＝100」

に設定します 図9。

図9 テキストのパラメーター／エッセンシャルグラフィックスパネル

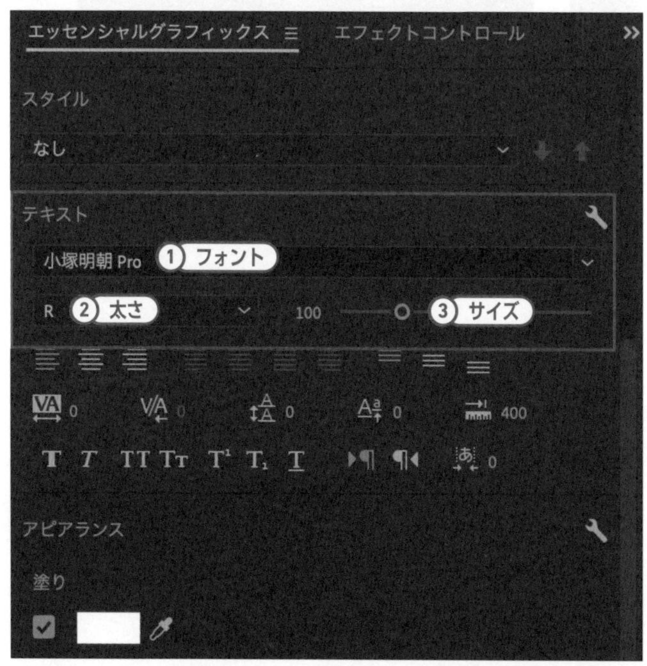

テキストサイズを変更するパラメーターはたくさんある

エッセンシャルグラフィックステキストのサイズ調整ができるパラメーターは複数箇所あります。

エッセンシャルグラフィックスパネルに2つ(①・②) 図1、さらに、エフェクトコントロールパネルにも2つ(③・④) 図2 あります。

図1 エッセンシャルグラフィックスパネル

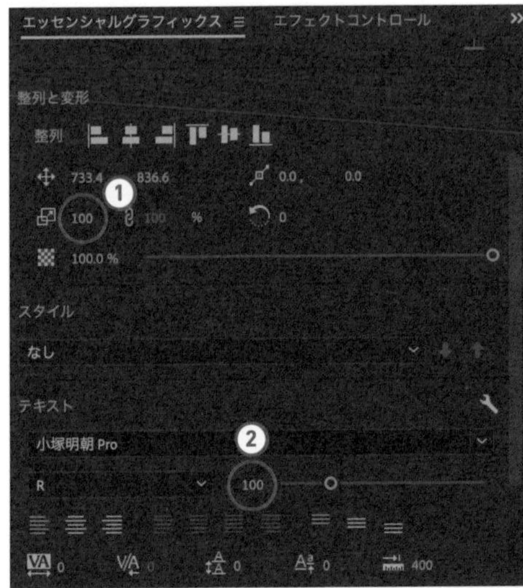

図2 エフェクトコントロールパネル

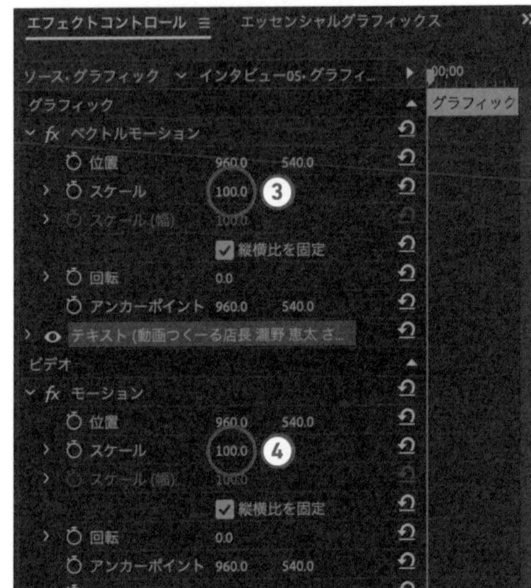

①「整列と変形」のスケール

→ マウス操作による画面上のドラッグでの拡大縮小とリンクしています。

②「テキスト」のスケール

→ 文字の級数です。

③「ベクトルモーション」のスケール

→ ベクトル処理されるので数値を100以上に拡大しても文字のディティールが守られます。

④「ビデオ」のスケール

→ 数値が100を超えると文字のディティールが崩れて画質が落ちます。

サイズ変更の項目は「ビデオエフェクト」を適用するともっと増えていきます。

PhotoshopやIllustratorのように文字のサイズを「級数で共有する」と、Premiere Pro上ではサイズが異なってしまう可能性があるので注意しましょう。

いかがでしょうか。いい感じに配置できましたか？ さらに「インタビュー06」シーケンスを参考にしつつ、文字ごとにサイズを微妙に変更してみたいと思います。名前の「瀧野 恵太」部分のサイズを大きくしてみましょう 図10。

図10 名前の部分だけサイズを大きくする

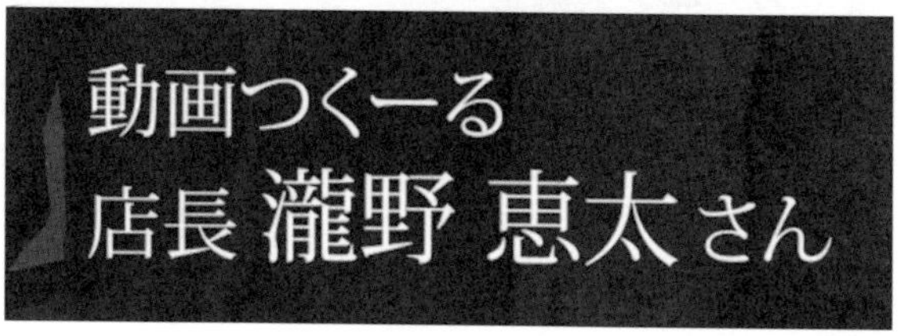

動画つくーる
店長 瀧野 恵太 さん

「横書き文字ツール」で画面内にあるテキストの「瀧野 恵太」をドラッグで選択状態にします。その後、エッセンシャルグラフィックスパネルのテキスト項目にあるスケールスライダーを動かします 図11。選択した文字だけがサイズ変更できるので、少し大きく（100→130）調整してみます。

図11 文字選択してサイズを変える

これで、名前だけをより強調したテロップに作り変えることができました 図12。

図12 部分的なサイズ変更

カーニング調整

次に、文字と文字の間(**カーニング**)を調整してみます 図13。

日本語テキストは、使用するフォントや文字によって文字間が微妙に空いたり詰まったりして表示されるので、ひと文字ひと文字カーニングを調整すると、より見やすくクオリティ高い作品になるので、細かく調整してみましょう。

WORD カーニング

ひと文字ひと文字の間調整を「カーニング調整」といい、文字全体の間隔を均等に変更する調整を「トラッキング調整」といいます。

図13 文字と文字の間隔:カーニング

瀧野 恵太

「店長」と「瀧野」の間は、現状半角スペースですが、ちょっとデザイン的に間が空きすぎな感じがするので、もう少しだけ詰めてみます。

画面上の「店長」と「瀧野」の間にカーソルを置き、エッセンシャルグラフィックスパネルのテキスト項目の[カーニング]の数値を変更します 図14。ここでは数値を小さく(0→-200)してみましょう 図15。

図14 変更したい部分にカーソルを置く

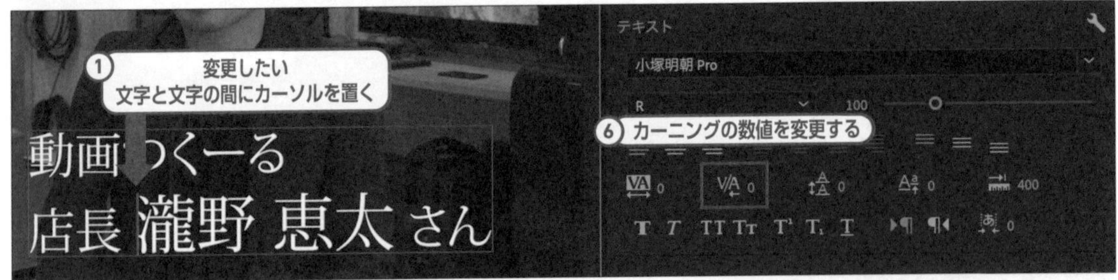

図15 カーニング調整「0」→「-200」

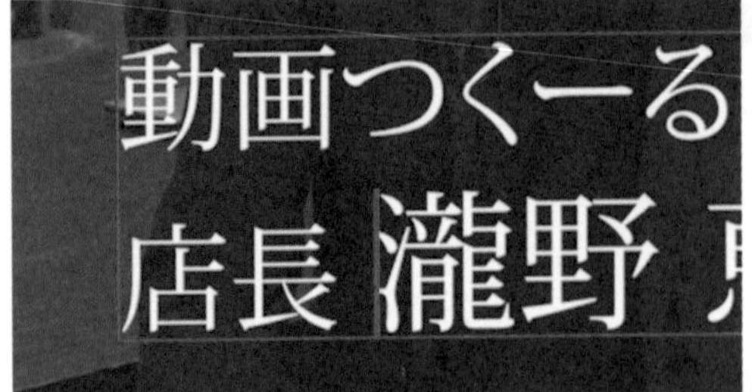

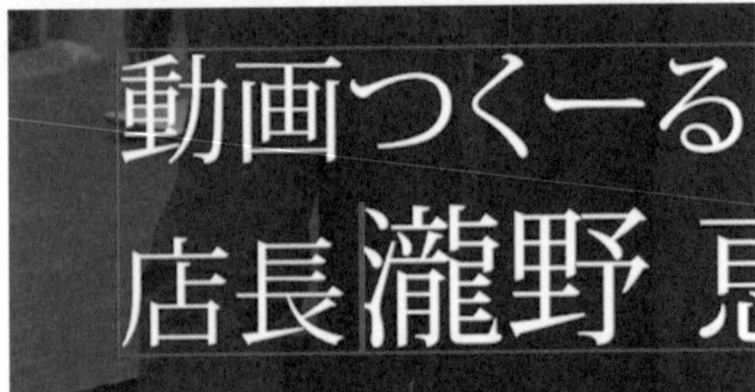

文字と文字の間が詰まりました。同じように「恵太」と「さん」の間も調整してみてください。

効率的なショートカット

ここまで、エッセンシャルグラフィックスパネルでの「サイズ調整」と「カーニング調整」を紹介しましたが、これらはPhotoshopのようにショートカットでコントロールするととても効率的です。

しかしながら、Premiere Proの初期設定ではこれらの機能はショートカットに登録されていないため、自分でカスタム登録をする必要があります。初期設定がされていないせいで「Premiere Proにはこのショートカットがない」と思い込んでいる人も少なくありませんが、ぜひカスタム登録をして使いこなしてください。

メニューバーの「Premiere Pro」から“キーボードショートカット...”図1で(Windowsでは編集メニュー→“キーボードショートカット...”)、ショートカットキーのカスタムダイアログが表示されます図2。

図1 Premiere Proメニュー［編集メニュー］→“キーボードショートカット...”

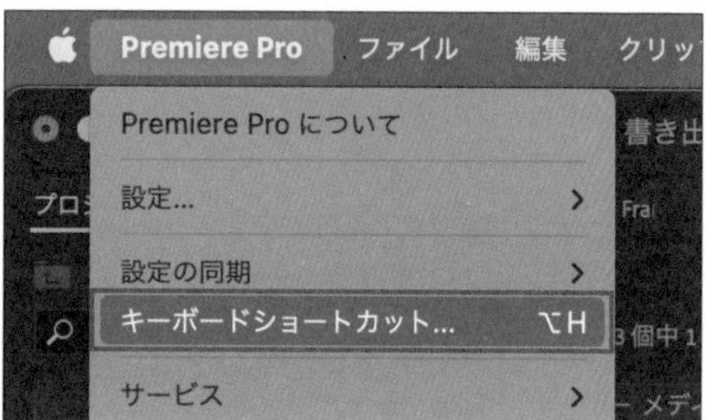

図2 キーボードショートカットカスタムダイアログ

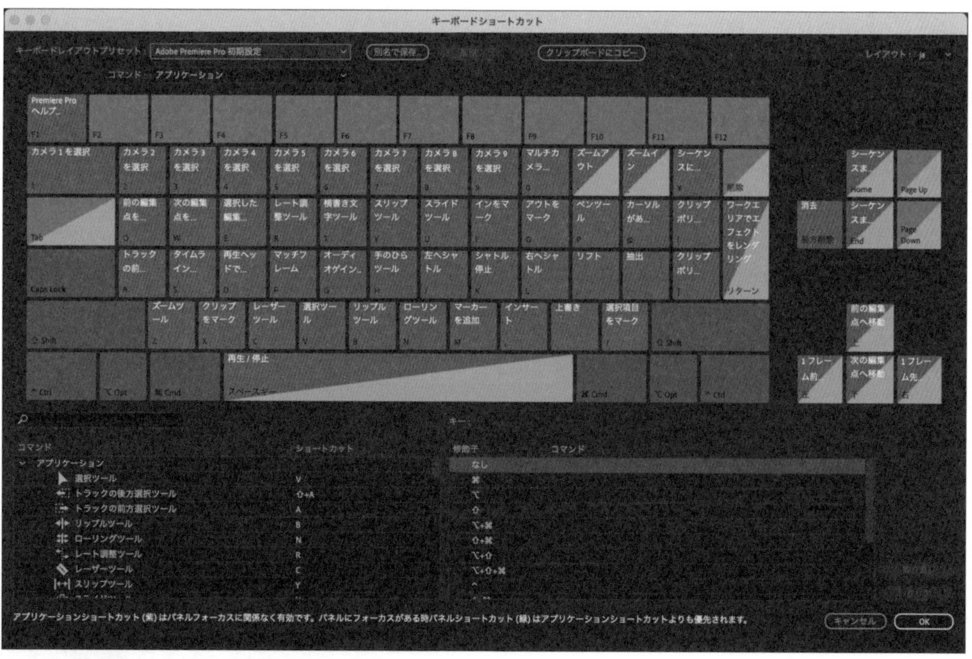

左下の検索窓にカスタムしたいショートカットに関連するワードを入力します。

例えば、カーニング調整のショートカットを設定する場合に「カーニング」で検索すると、［コマンド］の欄に検索結果としてショートカットの名称が並ぶので、その右側[ショートカット]の欄をクリックして、登録したいショートカットキーを実際に打ち込みます 図3。

図3 ショートカットを登録

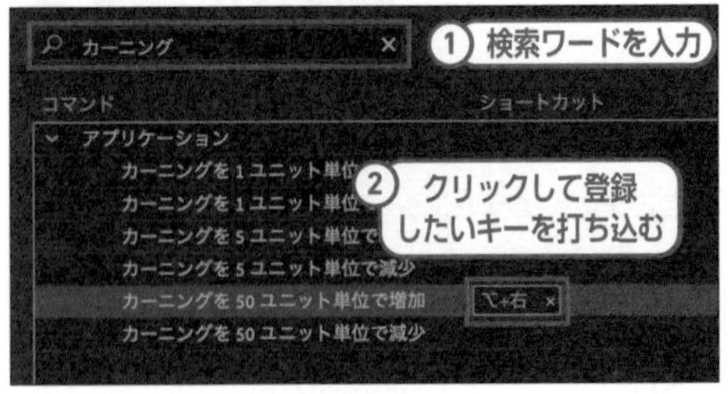

今回のカーニングのショートカットでいうと、筆者はPhotoshopに合わせているので以下のように設定しました。

[カーニングを50ユニット単位で増加]→[option + 右]
[カーニングを50ユニット単位で減少]→[option + 左]

また、文字のサイズ変更のショートカットは「フォントのサイズ」で検索して

[フォントサイズを5単位大きくする]→[shift + ⌘ + .]
[フォントサイズを5単位小さくする]→[shift + ⌘ + ,]

に設定してみます。もちろん、カスタムなので上記以外の別のキーに割り当てていただいても大丈夫です。

あとは、右下の［OK］を押せば、設定したショートカットキーが使えるようになります。

また、左上の［キーボードレイアウトプリセット］を使えばカスタムしたショートカット設定を任意のプリセットとして保存できます。新しくショートカットを設定すると、プリセット名が「カスタム」に変更されるので、［別名で保存...］ボタンを押して任意のプリセット名を決めて保存しましょう 図4。

このプリセット機能を使用すればいつでも自分の設定を呼び出せるので便利です。

ちなみに、「ショートカット」や「環境設定」のカスタムプリセットのデータは、パソコンの決められた場所に格納されています。何かのきっかけでプリセットデータが消えてしまったり、別のパソコンに移行したりする時など、カスタムデータだけを手動で移行させることも可能です。こちらの動画で詳しくご紹介しているので、必要な時に確認してみてください。

図4 カスタムプリセット登録

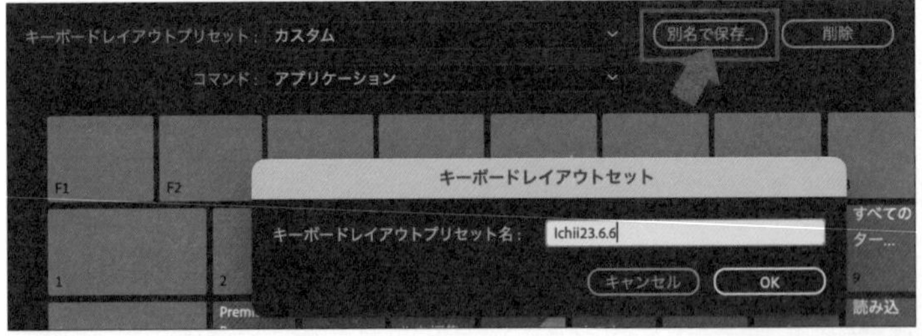

YouTube

「必見！アップデートでプリセット・設定ファイルが消えた！？復元できる可能性あり！【PremierePro】」

https://youtu.be/_oQf5b1qnUY

テキストクリップの最終調整

テキストのサイズ・カーニングなどが良いバランスになったら、背景の映像に合うように、選択ツールでテキストの全体サイズや配置を調整しましょう 図16。

図16 選択ツールでテキストの全体サイズ・位置を調整

次に、タイムラインでテロップのタイミングを再調整します。現状では、タイムラインの最初のフレームからテキストクリップが入っている状態ですが、テロップが入ってくるアクションを活かしたいので、冒頭少しだけ間を置いてからフェードインさせてみましょう。

クリップをつかみ、30フレームだけ後ろ(右)にドラッグでずらします。その後、クリップの左端を選択し、ショートカットの[shift + D:選択項目にデフォルトのトランジションを適用]でトランジションを適用します 図17。

memo
ショートカットの[shift+D:選択項目にデフォルトのトランジションを適用]には初期設定で「クロスディゾルブ」が設定されているので、今後もうまく活用してみてください。

図17 タイミングをずらしてクロスディゾルブを適用

あとはテキストクリップの最後(右端)を映像の変わり目に合わせます 図18。Bロールのクリップが始まる手前のところまでクリップの右端を縮めて尺を調整しましょう。

図18 クリップの右端を短くする

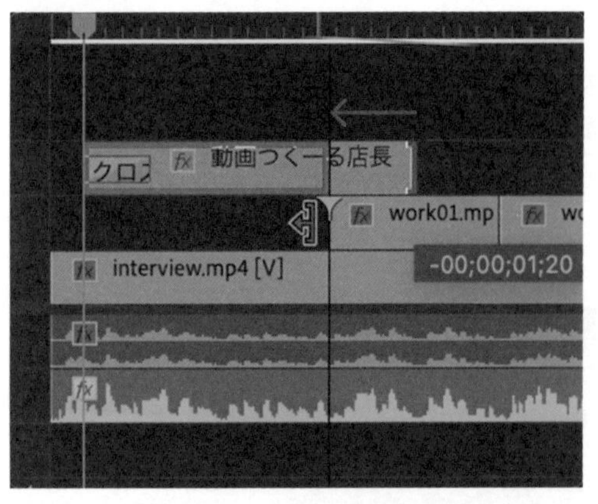

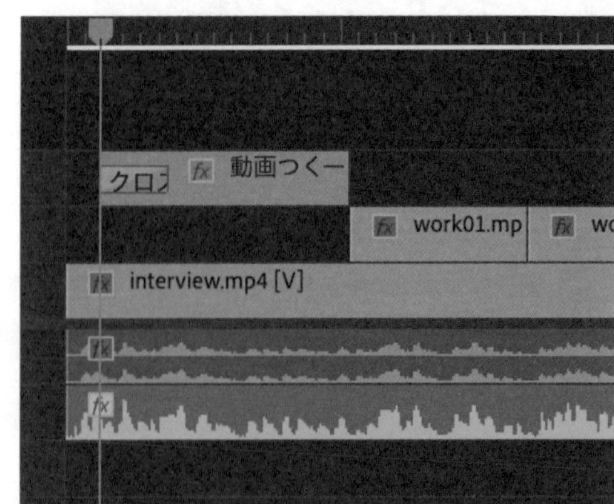

いかがでしょうか。再生して確認してみてください。同じ要領で、店舗インサート（Bロールの外観・看板・内観の3つのカット）にまたがるように「店名と住所」も入れてみてください 図19。

こちらはトランジションを使わず、カットの先頭から最後のフレームまで入れ切っていいと思います（「インタビュー06」シーケンスを参照）。

図19 店名と住所も入れる／「インタビュー06」シーケンス参照

画像テロップ

最後に「ラストカット」にロゴとメッセージを挿入してみましょう。「メッセージ」は先ほどのテキスト作成と同じ要領で入れてください 図20。

テキストの左上にある「ロゴ画像」の入れ方も、基本的には先ほど説明した「画像データの挿入」と同じ方法になります。ただし、今回は画面いっぱいに画像を表示させるのではなく、縮小してテロップの一部として画面に配置したいので、プログラムモニター上のマウス操作でスケール・位置を調整してみます。

読み込んだ画像クリップをタイムラインに配置して選択し、エフェクトコントロールパネルを開き、[モーション]の項目をクリックします 図21。

図20 ラストカットの完成イメージ

図21 [モーション]をクリック

これでプログラムモニター上の画像を選択ツールで直接コントロールできるようになりました。テキストと同じように、画像の周りがラインと頂点で囲まれ、真ん中をドラッグすると移動でき、頂点をドラッグするとスケールを調整できます 図22。ちょうど良いサイズ・位置に配置してみましょう。

図22 画像をモニター上で直接ドラッグしてコントロール

まとめ

テキストも画像も、タイムライン上でラストカットの左右いっぱいに広げて尺を調整すれば出来上がりです 図23。

冒頭から再生して確認してみましょう。いかがでしたでしょうか？ 基本的なインタビュー編集を、一般的な構成・流れでやってみました。音・映像編集、テロップなど、最もオーソドックスな編集操作を学習できたかと思います。

図23 編集完了後のタイムライン(シーケンス「インタビュー06」)

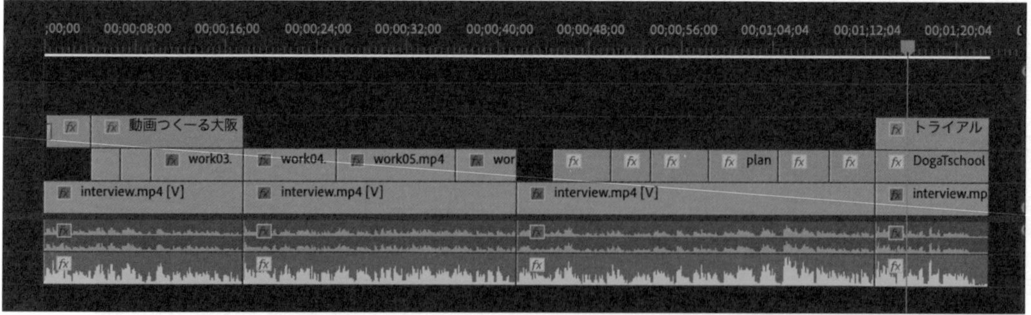

Lesson 4

デザイン性のある テロップの作成

このLessonでは、デザイン性のあるテロップを作成してみましょう。「デザイン」とひと言に表現しても「シンプルでスタイリッシュ」なものから「派手でポップ」なものまでさまざまです。Lesson 3ではエッセンシャルグラフィックステキストの基本的な操作を紹介しましたが、ここではもっと細かな装飾方法を深掘りしていきましょう。

基本　実践　資料編

テキストを装飾する

THEME テーマ　Lesson 3ではエッセンシャルグラフィックスのテキスト機能を使用してシンプルなテロップを作成しました。ここではそのテロップをさらに装飾していきます。

このLessonで学習すること

- デザイン性のあるテキスト作成
- スタイルの保存と活用

このLessonで使用するファイル

「インタビュー.prproj」	プロジェクトファイル
「interview.mp4」	カメラで収録した映像ファイル
「NY_11.mp4」	カメラで収録した映像ファイル
「work01.mp4」～「work06.mp4」	カメラで収録した映像ファイル
「interview_audio.wav」	オーディオレコーダーで収録した音声ファイル
「planetarium01.jpg」～「planetarium06.jpg」	写真ファイル
「DogaTschool_LOGO.png」	ロゴ画像ファイル

映像におけるテキスト表現

Webや紙面など静止画の世界でも、背景に合わせたさまざまなテキスト表現がありますが、映像(動画)の世界では少し趣が異なります。背景となる「動画」が時間軸に沿って動いてしまうので、文字の読みやすさ(認識しやすさ)が時と場合によって変化していきます。そのため、動きの多いバラエティ番組などでは、文字に境界線などをつけて装飾し、背景との差別化を意識的に図り、伝わりやすさを重視する傾向にあります 図1 図2。

図1 動きの多い映像にシンプルなテロップ→文字が背景に埋もれてしまっている

図2 動きの多い映像に装飾したテロップ→文字が背景と差別化され視認しやすい

エッセンシャルグラフィックスパネルで文字装飾

サンプルファイルのプロジェクト「インタビュー.prproj」を開いてください(データはLesson 3と同じ内容です)。ワークスペースを「キャプションとグラフィック」に切り替えましょう。シーケンス「インタビュー06」をダブルクリックしてタイムラインに表示させ、冒頭の名前のテキストクリップを選択します 図3。

> **memo**
> このLessonで紹介する装飾の完成形は、シーケンス「インタビュー07」で確認することができます。

図3 シーケンス「インタビュー06」を開く

画面右側に表示されているエッセンシャルグラフィックスパネルを確認し、パネル左上の[編集]タブをクリックします 図4。[編集]タブのすぐ下にあるテキストレイヤーを選択すると、下にテキストに関するパラメーターが表示されます 図5。

図4 エッセンシャルグラフィックスパネルでテキストレイヤーを選択

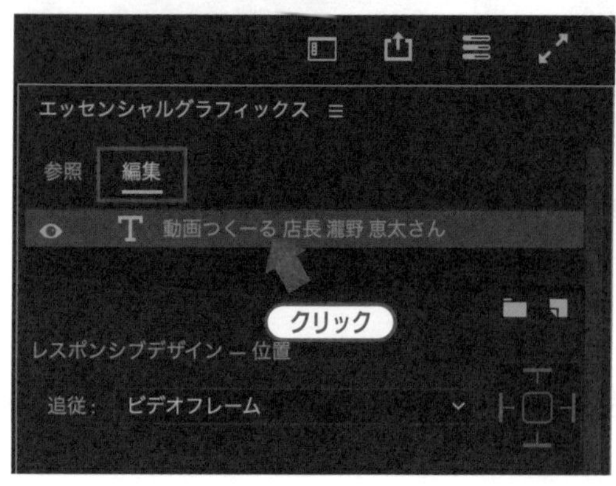

図5 テキストのパラメーターが表示される

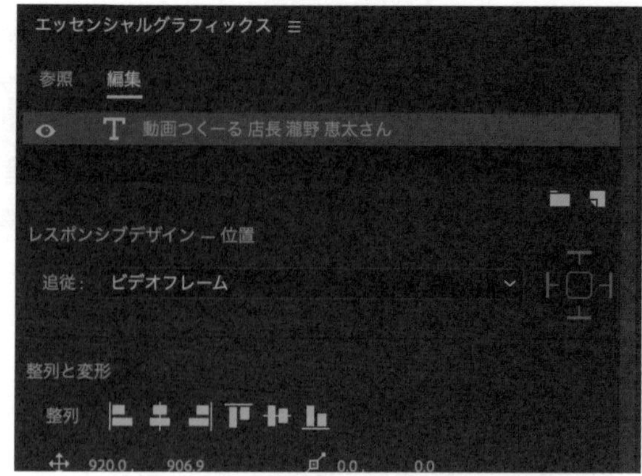

フォントセクション

現状は明朝体の白いシンプルなテロップですが、これをゴシック系のフォントにしてカラフルなデザインにしてみましょう図6。

図6 現状は明朝体のシンプルなテロップ

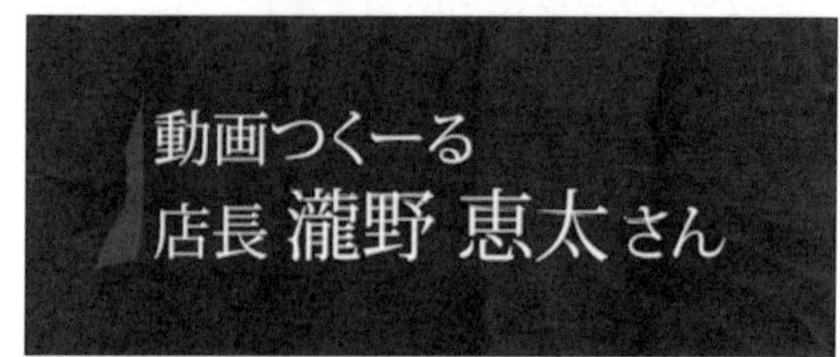

まずはテキスト項目で、フォントをプルダウンメニューから切り替えます。ここではシステムにインストールされているフォントを選択して使用することができます図7。フォント名の右側にサンプルが表示されているので、それを参考に選んでみてください。

また、フォント名の左側にある☆マークをクリックして「お気に入り」として登録することができます。プルダウン上部にある☆マークをオンにすると、お気に入り登録したフォントだけを表示することができるので、上手く活用しましょう図8。

図7 フォント選択画面

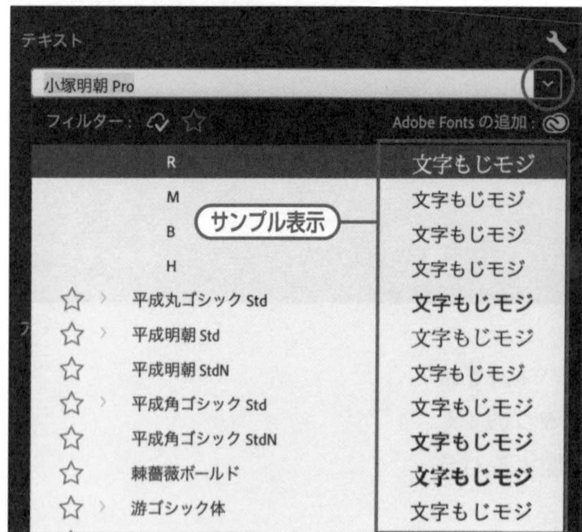

図8 お気に入り登録したフォントのみを表示

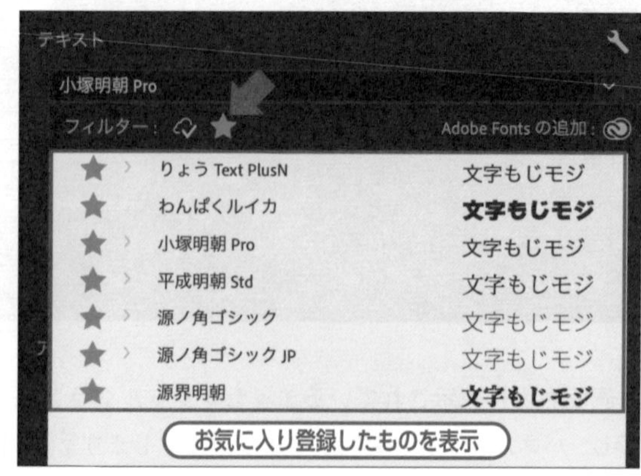

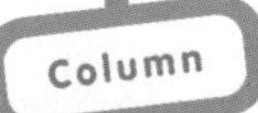

Adobe Fonts

Adobeには、25,000種類以上のフォントが自由に使える「Adobe Fonts」というサービスがあります。フォントのプルダウンメニューの右上にある［Adobe Fontsの追加］図1をクリックすると、ブラウザーで「Adobe Fonts」のサイトにアクセスし図2、そこで選んだフォントを自分のPCにインストールすることができます。

日本語フォントだけでも650種類以上も用意されていて、Adobe Creative Cloudのユーザーであれば追加料金を支払うことなく使用することができます。ぜひ作品作りに役立ててください（フォント数は2023年6月現在）。

図1 Adobe Fontsの追加

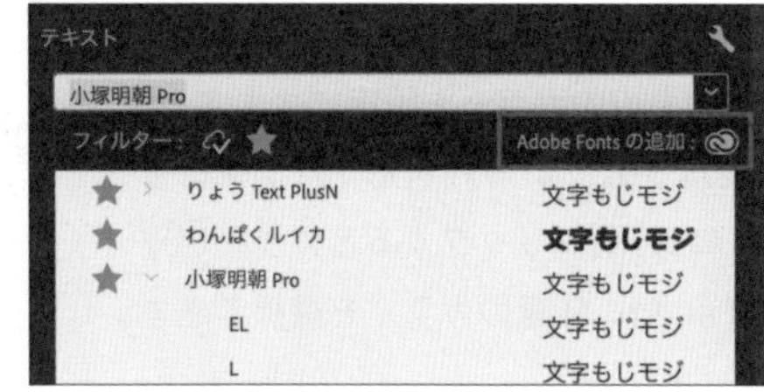

図2 「Adobe Fonts」のサイト

「Adobe Fonts」のサイト

テキストに装飾を施す時は、太めの文字の方が比較的デザインしやすいので、ここでは「源ノ角ゴシック」を選び、太さは「Heavy」にしました図9。

図9 源ノ角ゴシック／Heavy

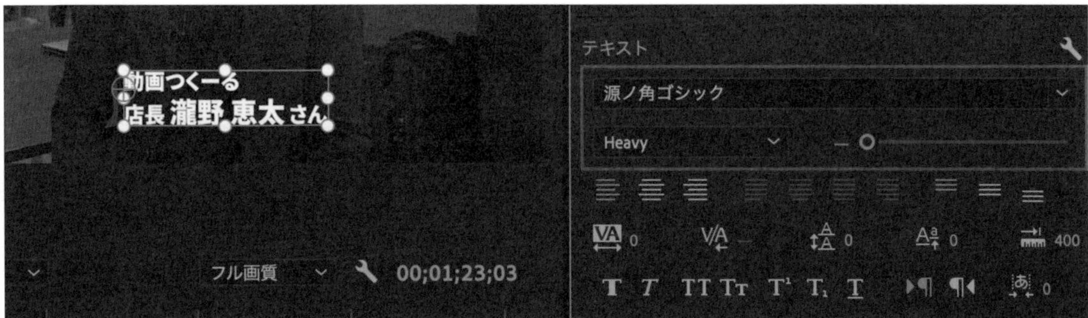

◎ アピアランス

アピアランスでは色の設定ができます 図10。各パラメーターを確認していきましょう。

①塗り

文字そのもののカラーを設定できます。カラーが表示されている四角形（カラーピッカーアイコン）をクリックするとカラーピッカーが表示され、任意のカラーを選択できます 図11。

図10 アピアランスで色の設定

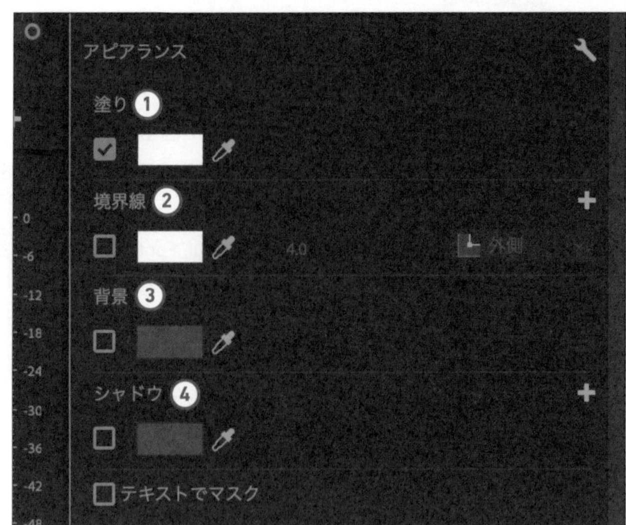

図11 カラーピッカーを開いて任意の色を選択

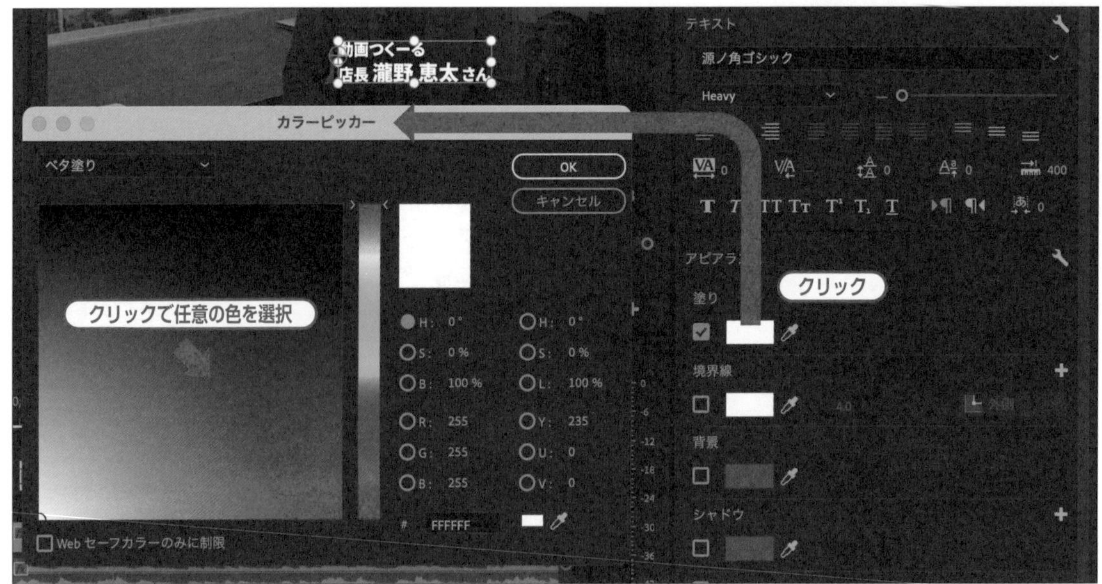

また、「カラーピッカー」ダイアログの左上のプルダウンメニューで“ベタ塗り”から“線形グラデーション”や“円形グラデーション”に切り替えることで、グラデーションを施すことも可能です 図12。

ここでは「線形グラデーション」を使ってみます。Photoshopのようなグラデーションをコントロールする特有のスライダー（グラデーションバー）が出てきます。バーの下にある「カラーの分岐点」をクリックし、色を選んで設定していきましょう。

図12 塗りオプション

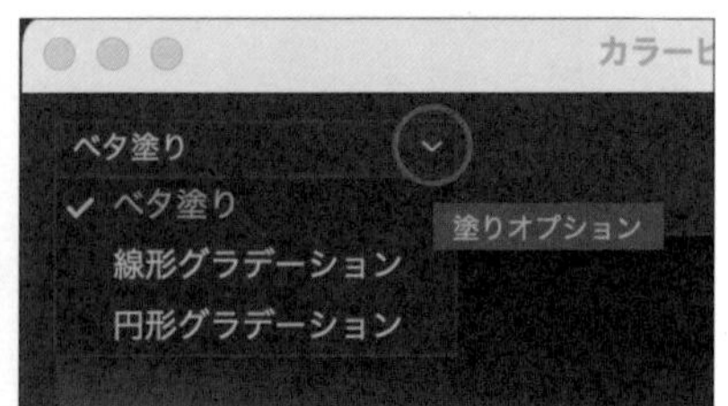

左下のカラーの分岐点を「青（カラーコード：#0041EE）」に、右下のカラー分岐点を「水色（カラーコード：#9DE7FF）」に設定しましょう 図13。これで文字カラーが青から水色のグラデーションになりました。

WORD カラーコード

カラーピッカーダイアログの右下の6桁の符号を「カラーコード」といいます。記号や英数字の組み合わせで色データを表記したもので、このコードを共有することで色情報を正確に伝えることができます。通常、6桁の前に「#」をつけて表記されます。コードを手入力すると、その色をピンポイントで呼び出せるのでとても便利です。

図13 **複数のカラーの分岐点を設定**

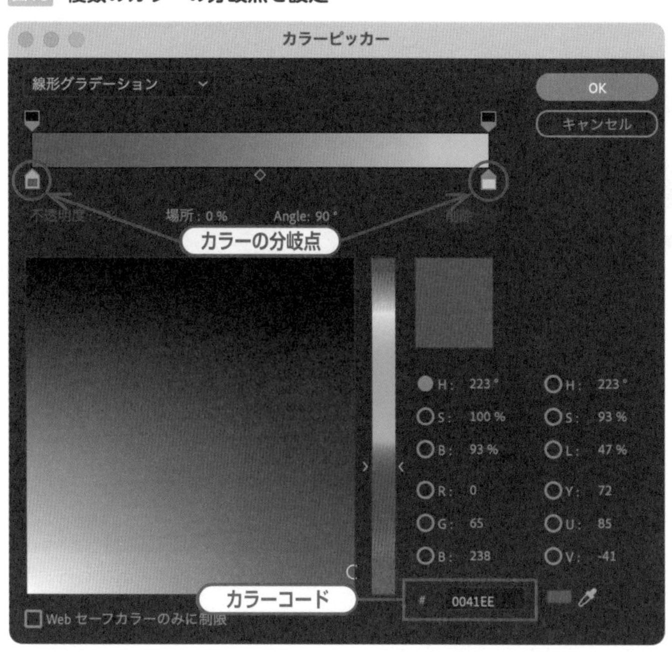

グラデーションの色を、さらにもう1つ追加してみましょう。水色のカラーの分岐点をドラッグしてスライダーの真ん中あたりまで持ってきます 図14。

図14 **カラーの分岐点をドラッグ移動**

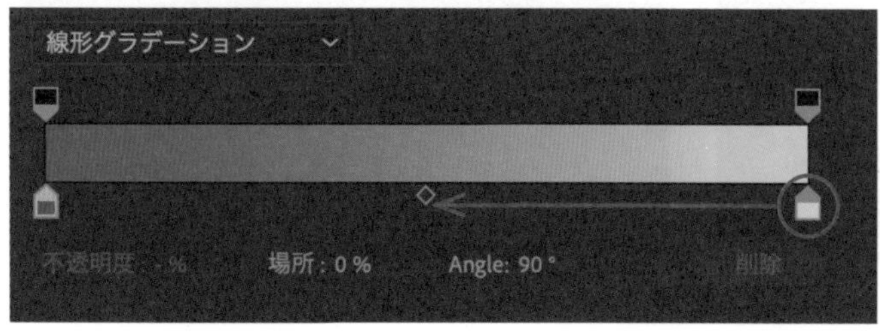

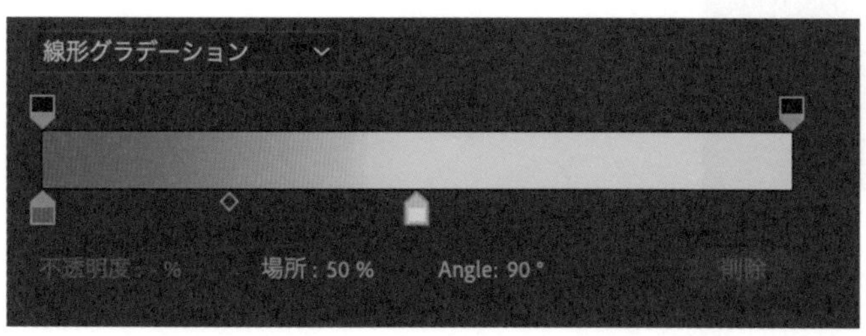

次にスライダー右側の下あたりをクリックし、新しい分岐点を追加します。この分岐点を最初の青色にするため、右下のカラーコードスペースに同じ値の「0041EE」を入力します 図15 。これで左の分岐点と右側の分岐点が全く同じ青色になりました。

図15

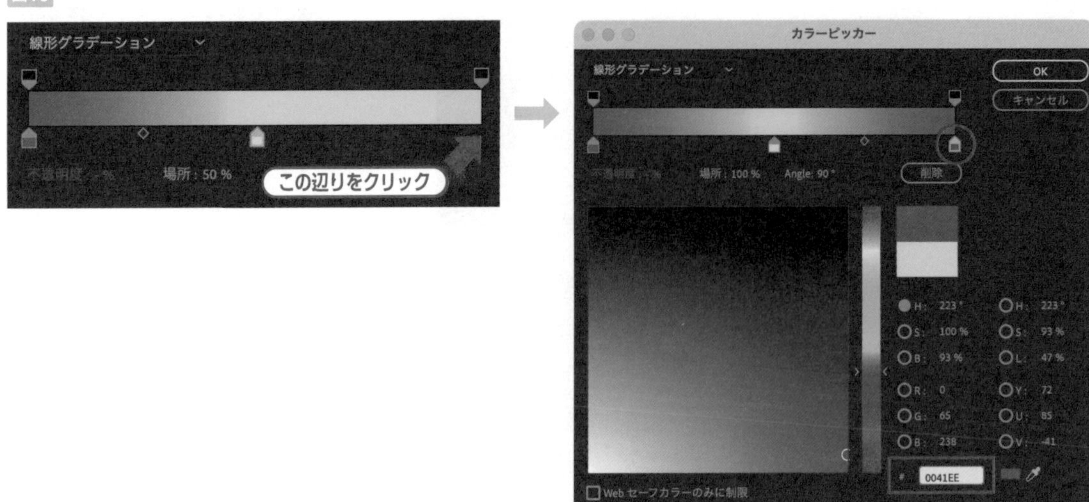

さらに、真ん中の分岐点をクリックすると、分岐点と分岐点の間に「カラー中間点◇」が表示されます。このカラー中間点を左右に動かすと、グラデーションの濃淡バランスをコントロールできます。両方のカラー中間点を真ん中の分岐点に近づけてみましょう 図16 。細いライン状の水色を表現することができました 図17 。

図16 **カラー中間点を調整**

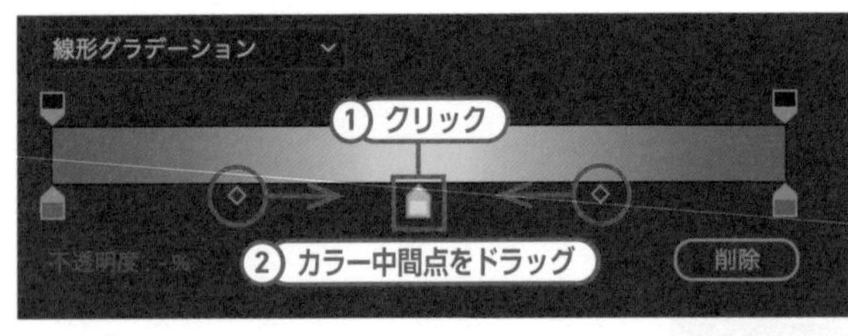

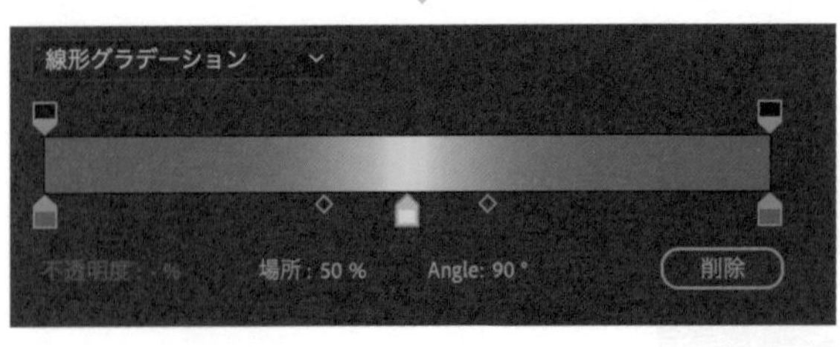

図17 **設定結果**

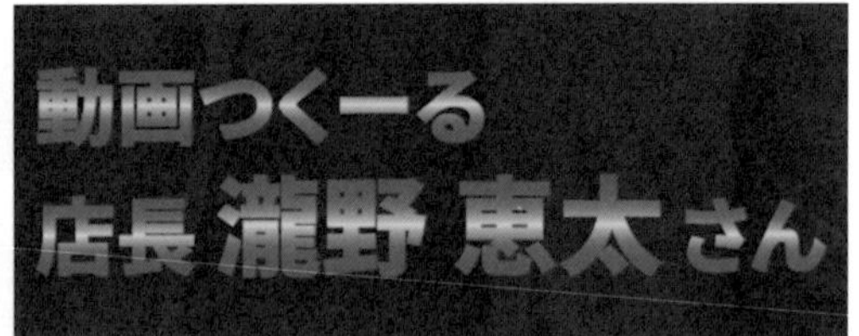

グラデーションバーの下にある［角度］の数値をドラッグで動かすとグラデーションが適応される「角度」を変更できます 図18 。ここでは「118°」にしました。右下の［OK］を押すと確定されます。これによって光沢感のあるグラデーションを演出できました 図19 。

図18 **アングルを調整**

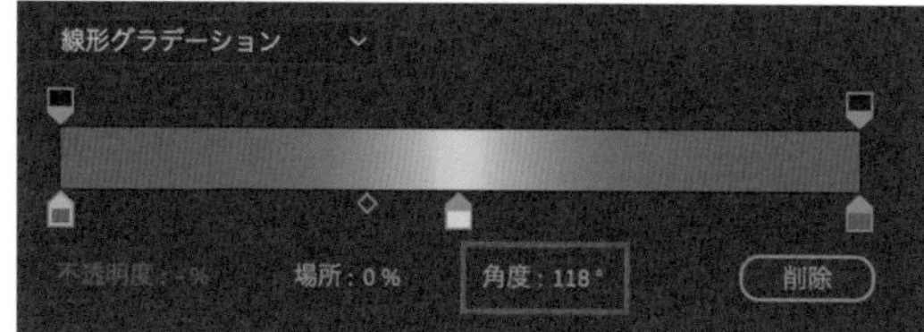

図19 **設定結果**

②境界線

文字の周りに［境界線］を作成します。文字を装飾する意味もありますが、境界線を設定することで、ベースになる映像が①［塗り］と似たような色だったり、激しく動いていたりしても、テキストを視認しやすくなります。

①［塗り］同様にカラーピッカーでカラーを設定できます。スポイトアイコンの右側にある「数値」で境界線の幅を調整できます 図20 。

> **memo**
> 塗り同様、境界線にもグラデーションを使用することができます

図20 **境界線の色と太さ**

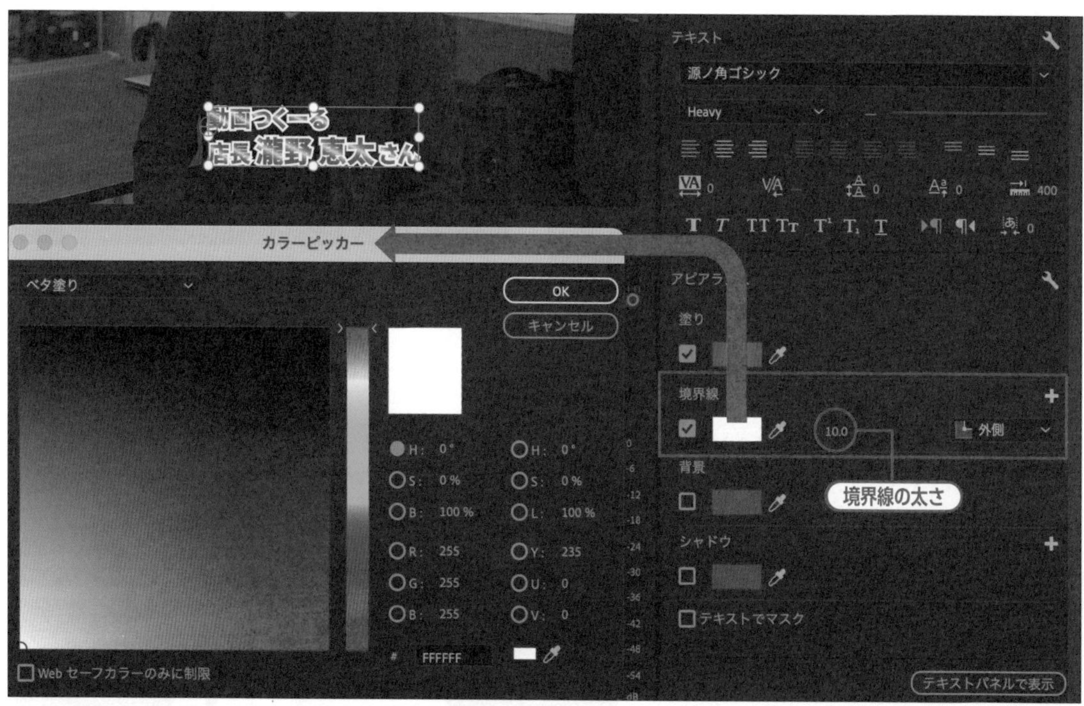

また、さらに右側にあるプルダウンメニュー 図21 で、[外側] 図22 、[内側] 図23 、[中央] 図24 の3種類が選択でき、文字に対する境界線の適用ポイントを調整できます。

memo
[内側]にすると[①塗り]の部分が削られるので、筆者は[外側]か[中央]を使うことが多いです。用途によって選択しましょう。

図21 境界線の適用形式

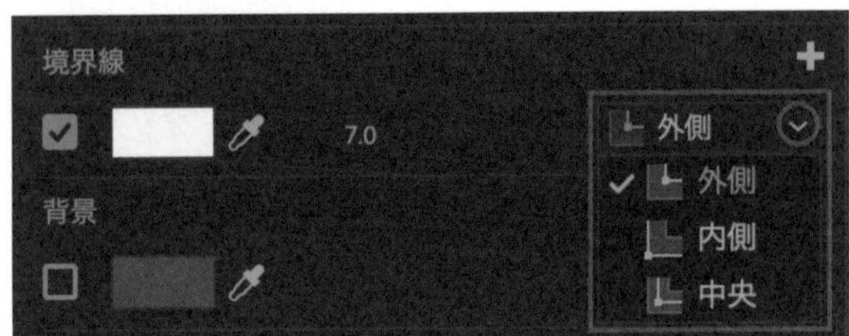

図22 外側

動画つくーる
店長 瀧野 恵太さん

図23 内側

動画つくーる
店長 瀧野 恵太さん

図24 中央

動画つくーる
店長 瀧野 恵太さん

右側の [+] ボタンで境界線を新たに追加することもできます 図25 (境界線は複数適用することができます)。

図25 「+」で境界線を追加することができる

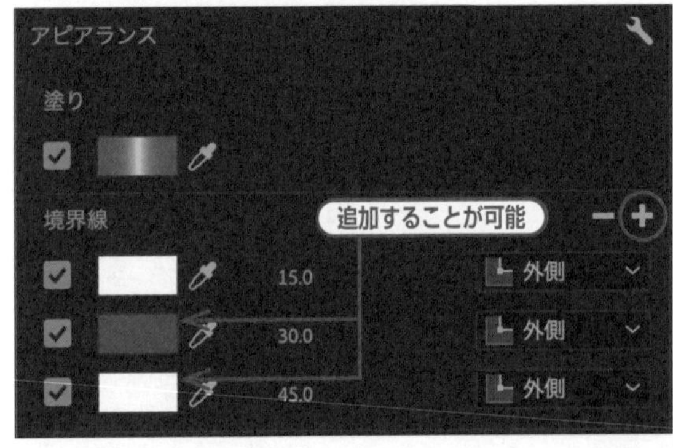

このときに注意したいのが、フォントの種類や境界線の太さによっては、境界線が少し角ばった形状になることがある点です 図26 。好みや演出次第ではありますが、丸みを帯びた境界線にしたい場合は次の項目を設定しましょう。

アピアランス項目の右上にあるレンチマークをクリックししてグラフィックプロパティを表示します。[線種]の[線の結合]を[ラウンド結合]に切り替えましょう 図27 。

図26 境界線が角ばっている

図27 **ラウンド結合／グラフィックプロパティ**

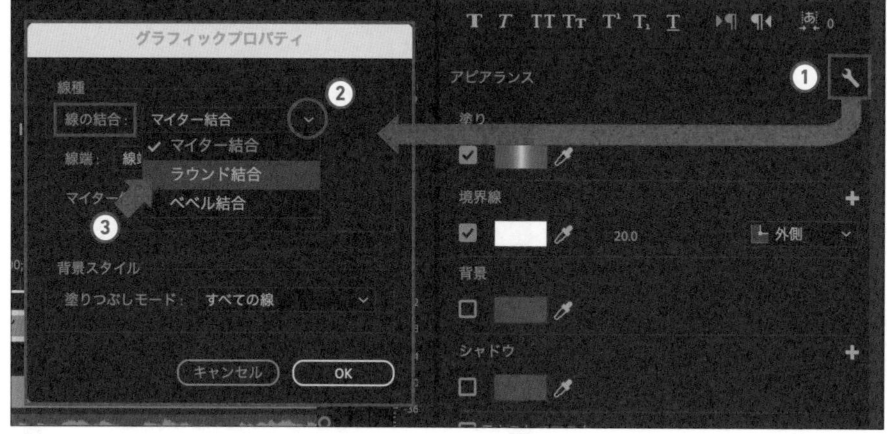

これで柔らかいイメージの境界線をつけることができました図28。

図28 **ラウンド結合で角が丸くなった**

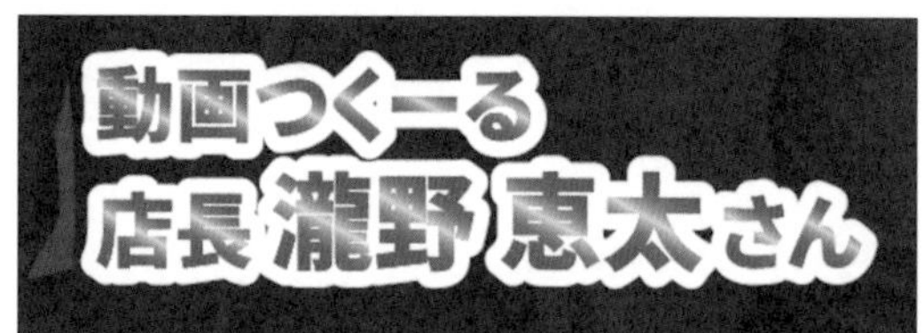

今後のテキスト境界線に同じ丸みを適用させる

前述した「グラフィックプロパティ」での変更は、選択したテキストのみに適用される仕様です。今後作成するテキストすべてに適用させたい場合は、エッセンシャルグラフィックスパネルの一番上のプルダウンメニューを開き“テキストレイヤーの環境設定...”を表示させます。ここで[線種]の[線の結合]を[ラウンド結合]に切り替えると、今後作成するテキストすべてに適用される設定になります。この「ラウンド結合」の機能は、われわれ日本ユーザーの声を反映させてつけていただいた機能です。

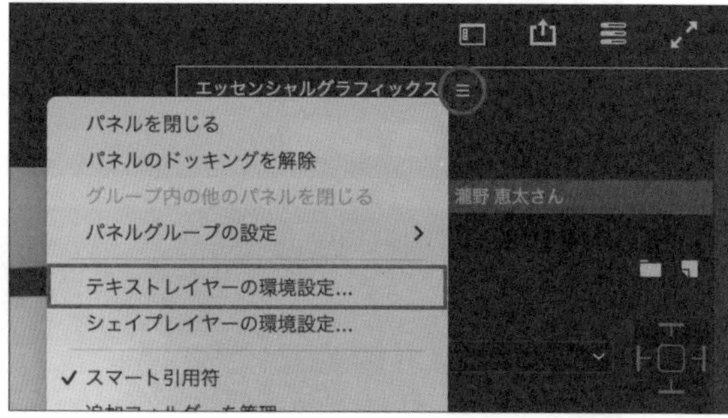

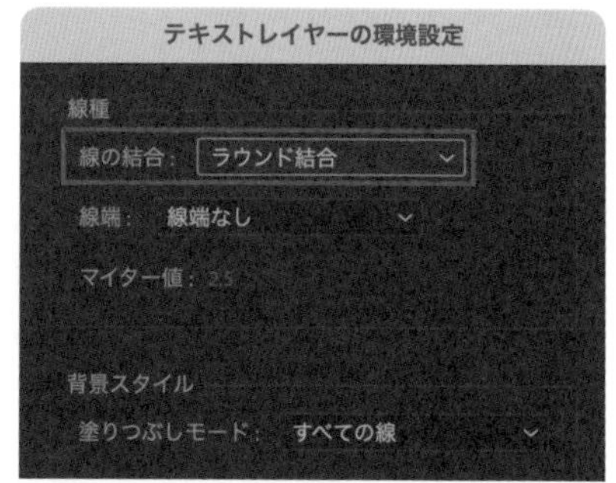

③背景

アピアランスの[背景]では、入力した文字に合わせて単色の長方形の「背景」を生成できます 図29。

「ざぶとん」と呼ばれる、テロップの下に配置する「ベース」のようなもので、カラーピッカーでカラーを設定できるのはもちろん、[不透明度][サイズ]の調整が可能です。

また、[角丸の半径]で四角形の四隅を丸く調整することもできます 図30。設定後に文字を打ち替えても、文字数に沿って追随するよう背景も伸縮してくれるのでとても便利な機能です 図31。

図30 角丸の半径80 ／背景

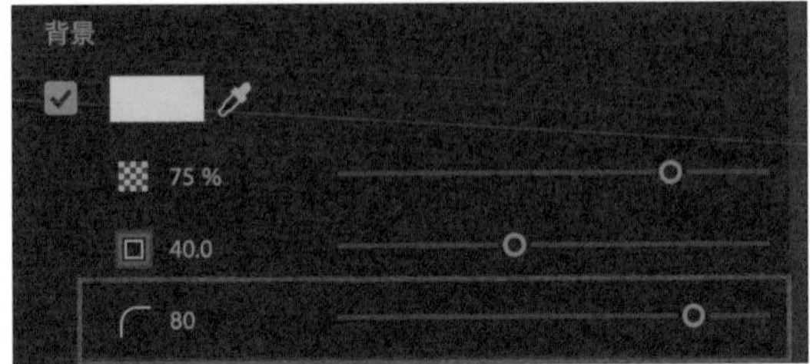

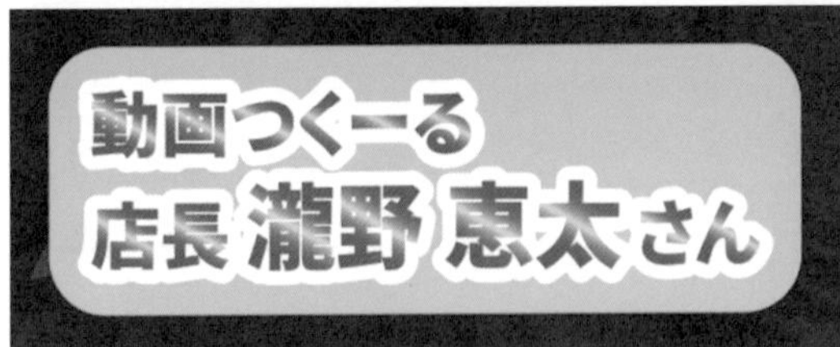

図29 背景

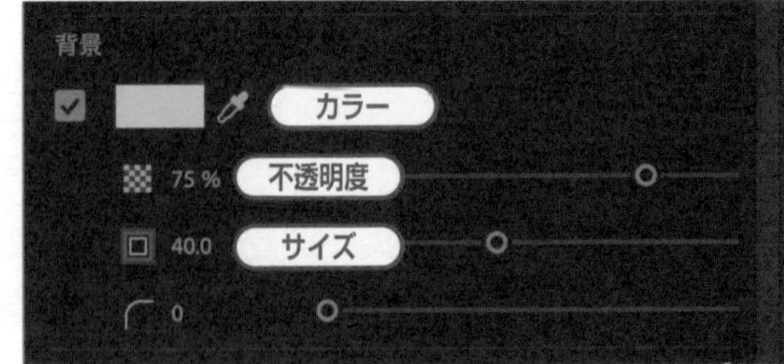

図31 背景はテキストに合わせて伸長する

④シャドウ

文字に対してシャドウ（影）をつけることができます。[カラー][不透明度][角度][距離][サイズ][ブラー（ぼかし具合）]なども調整できます。境界線同様、[+]ボタンで新たな「シャドウ」を追加できます 図32。

図32 シャドウ

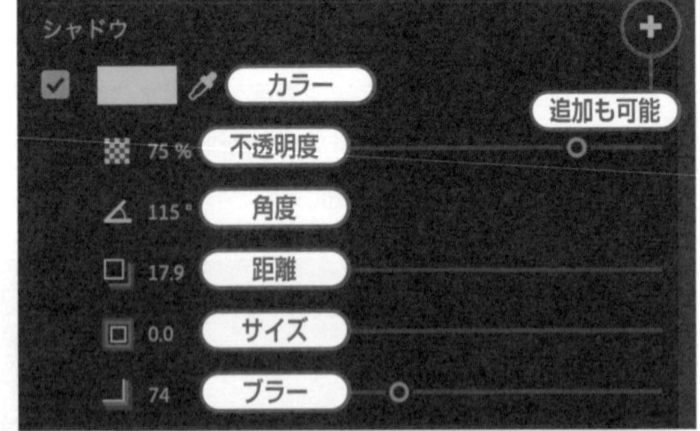

複数「シャドウ」の活用法

前述したとおり、「境界線」と「シャドウ」は[+]ボタンをクリックすることで複数追加することができます。しかしながら、適用する順番を入れ替えることができないため、「シャドウ」の外側に「境界線」をつけることはできません。バラエティ番組などではよく見られる装飾なのですが、Premiere Proではそれができない仕様になっています。

こうした場合、少し強引ですが「シャドウ」を「境界線」として使うことで、見た目上「シャドウ」の外側に「境界線」をつけたようなデザインを作成することが可能です。

まずは1つ目の[シャドウ]を設定し、その後、[+]ボタンで2つ目の[シャドウ]を作成します。

2つ目は、[距離：6.0][ブラー：0]にして、「2つ目のシャドウ」が「1つ目のシャドウ」の境界線のように覆う数値にします 図1（そのほかは[不透明度：100][角度：135][サイズ：22.0]）。これで「シャドウ」という名の「手作り境界線」ができました。

さらに、[ブラー]は好みによって数値を大きくしてみても良いかも知れません。境界線がぼかしたようなソフトエッジになります 図2。

このように組み合わせを工夫することで、さまざまなデザインを作ることができるので、いろいろ挑戦してみてください。

図1 「シャドウ」の[距離]を調整して「境界線」として使う

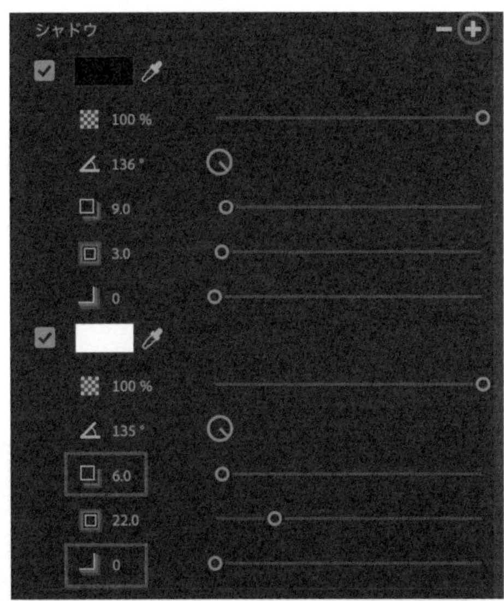

図2 [ブラー]の数値を上げてぼかす

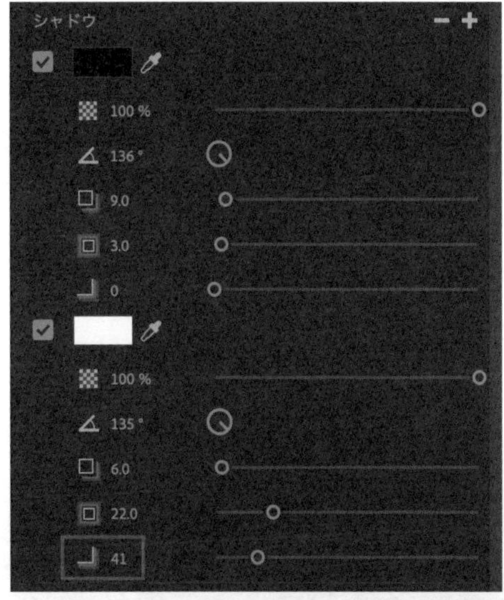

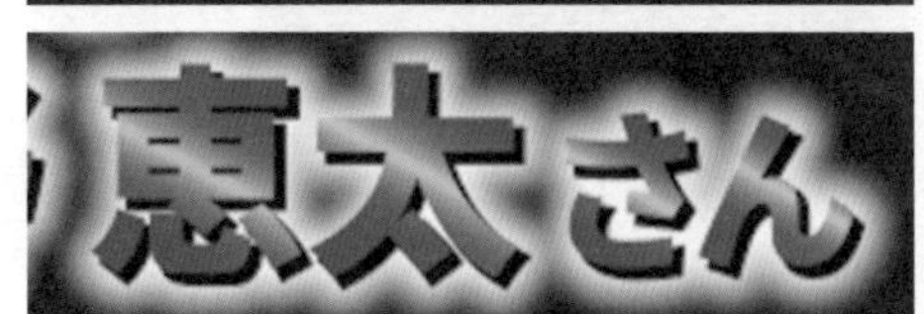

スタイルの保存と活用

TRY
完成イメージ

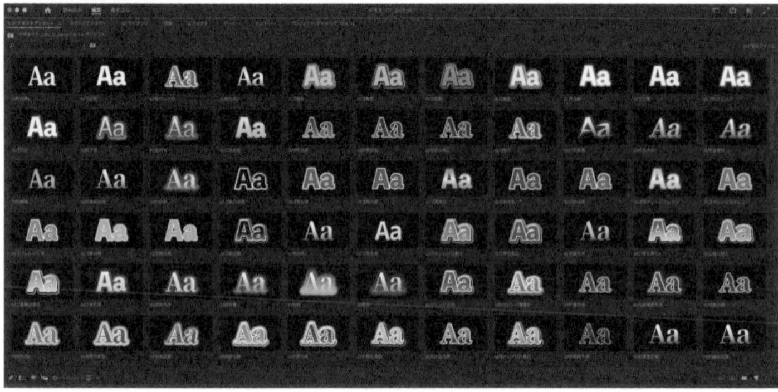

プリセット保存した「スタイル」の例

THEME
テーマ

ここまで紹介した装飾のデザインを「スタイル」としてプリセット保存し、そのスタイルを使い回すことができます。またそのスタイルを、複数のテキストクリップに「一括適用」することも可能です。この機能は、エッセンシャルグラフィックステキストの中でも人気の高い機能なので、ぜひ活用してみてください。

スタイルの保存

「キャプションとグラフィック」のワークスペースで、シーケンス「インタビュー07」を開きましょう。先ほど装飾を施したクリップを、見本として5種類、トラックに縦に積んでいます。ここでは、2つ目のビデオトラック「V2」にあるテキストクリップを選択しましょう 図1 。このクリップに施したデザインをプリセット化してみます。

図1 テキストクリップを選択

エッセンシャルグラフィックスパネルの［スタイル］の項目のプルダウンメニューを開き、“スタイルを作成...”を選択します 図2 。

図2 「スタイルを作成...」を選択

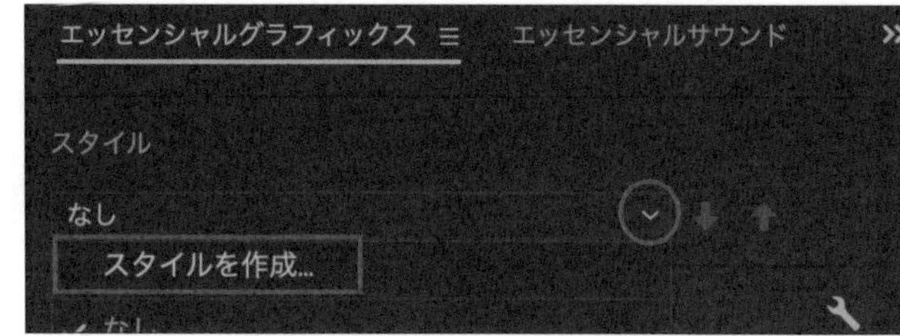

スタイルに保存される情報

スタイルには、エッセンシャルグラフィックスパネルに表示されているすべての情報が保存されているわけではありません。パネルの「スタイル」項目より下に表示されている「テキスト」、「アピアランス」項目の情報が保存されます。

「スタイル」項目より上にある、「レスポンシブデザイン」「整列と変形」項目などは保存されないので注意してください。

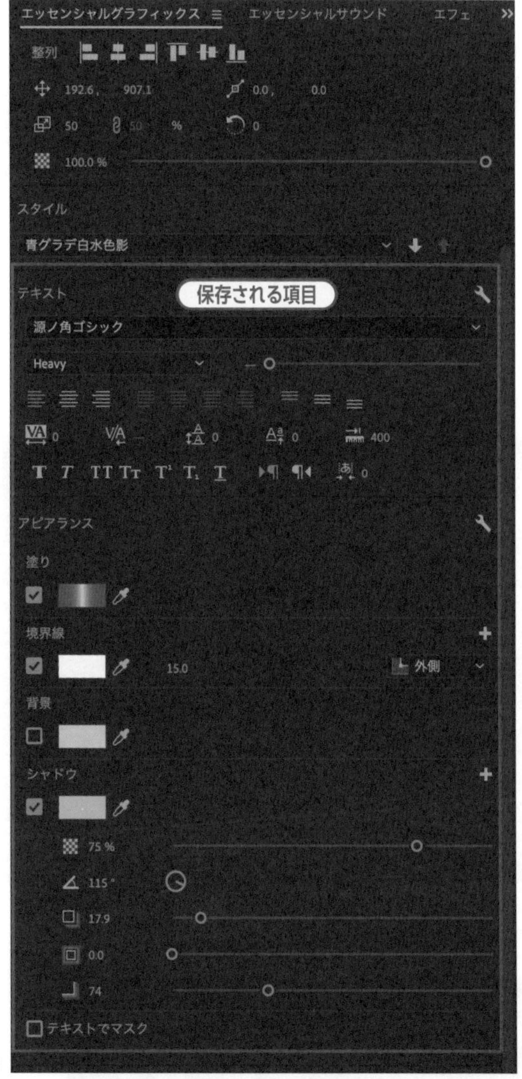

スタイルに保存される項目

「新規テキストスタイル」ダイアログが開くので、スタイルの名前を決めて入力し[OK]を押します 図3。ここでは「青グラデ白水色影」という名前にしました。

図3 「青グラデ白水色影」でOK

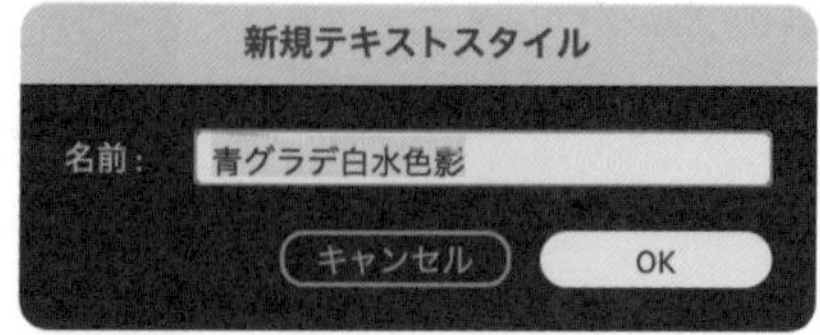

スタイルのプルダウンメニューに「青グラデ白水色影」が追加され、このクリップに施したデザインが新しいスタイルとして保存されました 図4。

図4 保存したスタイルはプルダウンに表示される

スタイルの適用

この「青グラデ白水色影」スタイルを別のテキストクリップに適用してみましょう。試しに、3つ目のビデオトラック「V3」にある別のテキストクリップを選択した状態で、エッセンシャルグラフィックスパネルの「スタイル」のプルダウン項目から“青グラデ白水色影”を選択します 図5。

これだけで、保存したスタイルを適用することができます 図6。

図5 V3にあるクリップを選択し、「青グラデ白水色影」を選択

図6 スタイル「青グラデ白水色影」適用前後

この時「テキストレイヤー」そのものに対してスタイルが適用されます。そのため、個別の文字のサイズ差などは上書きされ、適用後の文字サイズは統一されますのでご注意ください。

スタイルの複数一括適用

さらに、複数のテキストクリップにスタイルを適用してみましょう。先ほどはプルダウンメニューから"スタイル"を選択しましたが、実は保存したスタイルはプロジェクトパネル内にクリップとして格納されています。プロジェクトパネルをアイコン表示にすると、文字とデザインがサムネイルに表示されたクリップがあると思います。これが「スタイルのクリップ」です 図7。

図7 スタイルアイコン／プロジェクトパネル

タイムライン上の変更を加えたいテキストクリップを複数選択します（shiftキーを押しながら複数クリック）。ここでは、4つのクリップを選択しました 図8。

図8 複数のテキストクリップを選択

　これらのクリップに、プロジェクトパネルから先ほどの「青グラデ白水色影」のスタイルクリップをドラッグしましょう 図9。

図9 プロジェクトパネルからスタイルをドラッグで適用

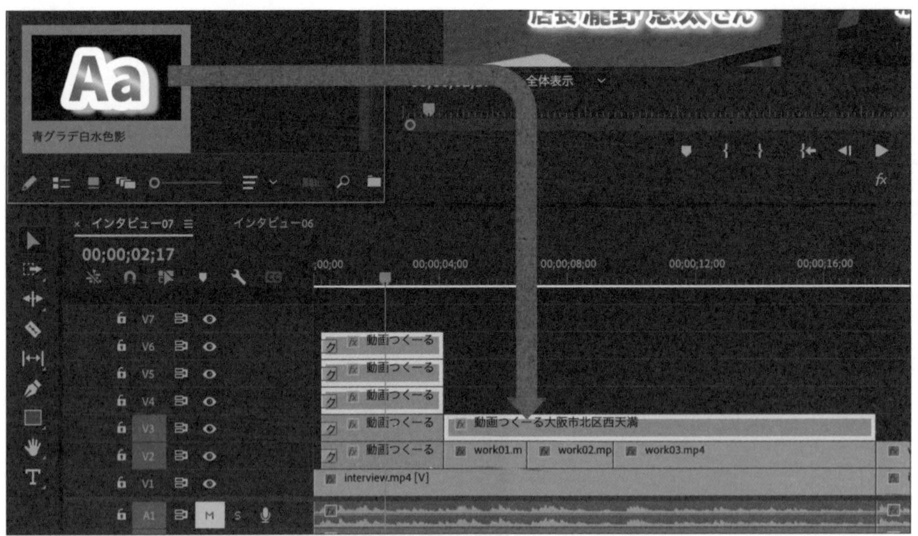

　これで、保存したスタイルを複数のクリップに一括で適用できました 図10。たくさんのテキストクリップを一気にスタイル変更できるこの方法は画期的でとても便利な機能です。ぜひお試しください。

図10 複数一括変更

保存したスタイルを別のプロジェクトで使うには

「スタイル」で保存したものは、保存時のプロジェクトパネル内にクリップの形で格納されていきます。そのプロジェクトを閉じてしまうと、作ったスタイルは使用できなくなります。つまり、プロジェクトファイルに依存する形でスタイルが保存されるという訳です。

一度作ったスタイルを別のプロジェクトで使用したい場合は、スタイルを保存したプロジェクトも同時に開く必要があります。もしくは、あらかじめ作ったスタイルを保存した専用プロジェクトを作成し、プロジェクトテンプレート（P.41参照）として登録しておきましょう。

スタイルが必要なときは、そのテンプレートを使用することで簡単にスタイルを呼び出せるようになります。

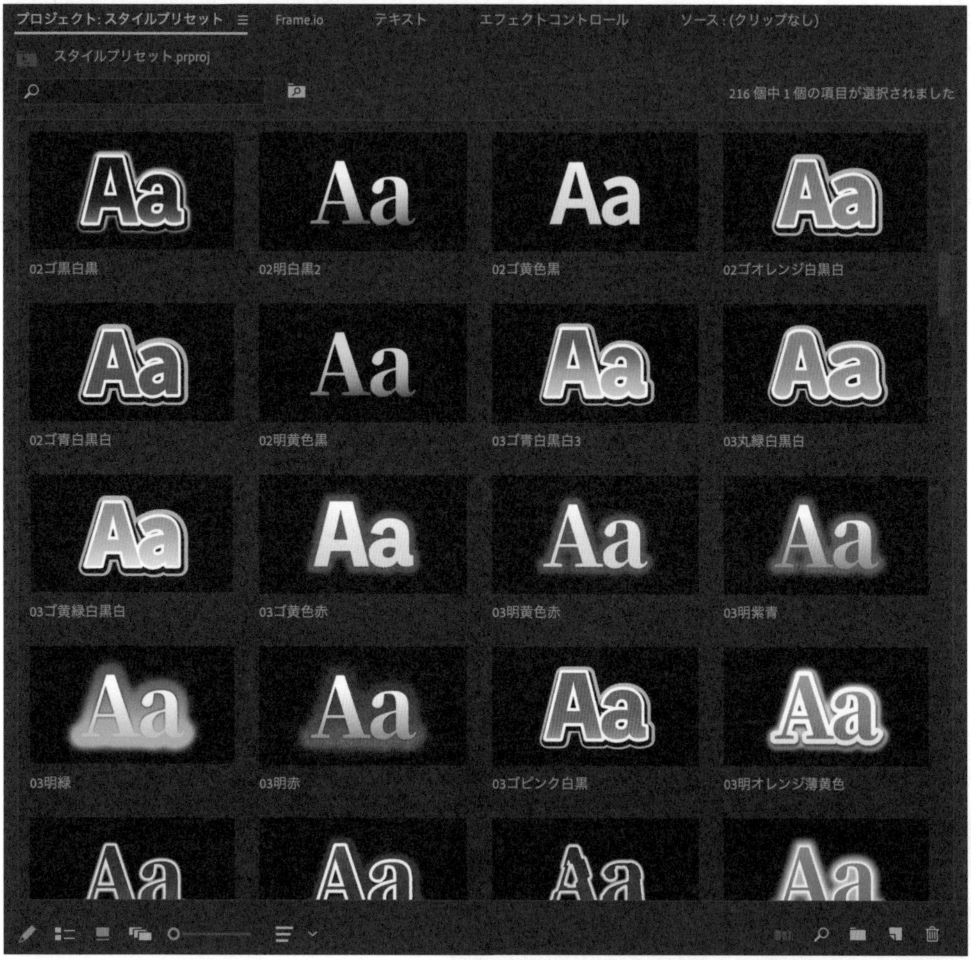

プロジェクトファイルで保存・管理

スタイルの「別名保存」

作成したスタイルをベースに、さらにカスタムすることも可能です。

元となるスタイルを適用し、アピアランスのパラメーターをカスタム調整して新しいスタイルを作成します。その後、スタイル名のプルダウンメニューから“スタイルを作成…”を選択します 図11。プルダウンメニューの一番上にあるので、表示が見にくい場合がありますが、ドラッグで項目を上まで持っていけば見つけられると思います。

図11 別名保存でスタイルを量産可能

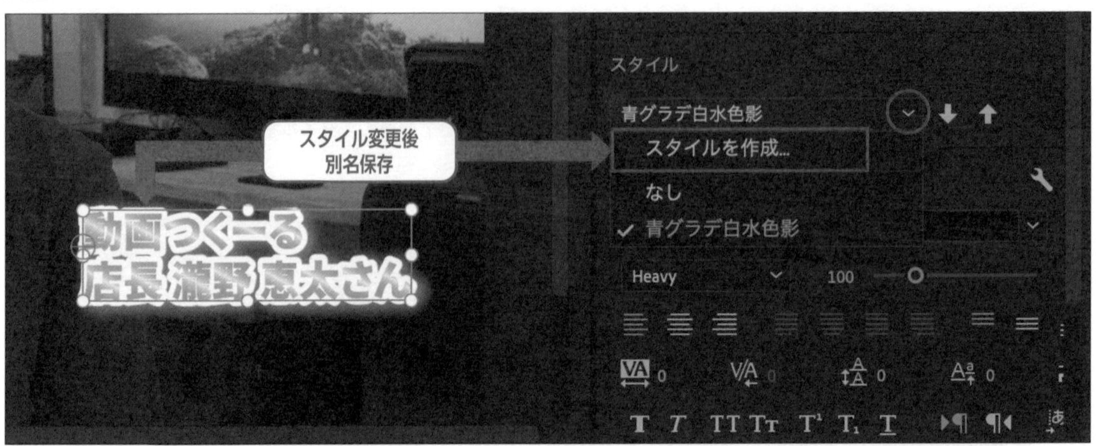

スタイルの「同期」と「上書き」

スタイルを適用した後に、デザイン変更してしまったものを元に戻したい時は、スタイルの名称の右側にある「スタイルから同期」ボタンをクリックしましょう。クリップが元のスタイルに戻されます。

また、保存しているスタイルそのものを変更（上書き）したい場合は、アピアランスを変更した後に「スタイルを上書き保存」ボタンで上書きができます 図12。

memo

スタイルの「上書き」は、そのスタイルを使用していたほかのクリップも同時にスタイルが変更されます。スタイルを一括で変更したい時には便利ですが、意図せず変更してしまう可能性もあるので注意してください。

図12 スタイルの「同期」と「上書き」

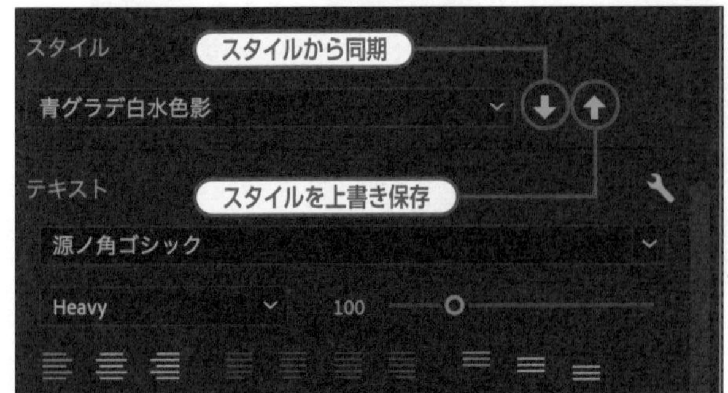

さまざまなスタイルの作成

TRY
完成イメージ

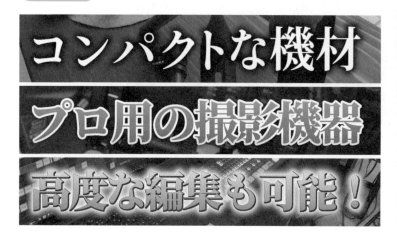

コンパクトな機材
プロ用の撮影機器
高度な編集も可能！

THEME
テーマ

ここでは練習として、いくつかスタイルを作成してみましょう。実際にご自身でテキストを入力して装飾に挑戦してみてください。図のパラメーターを参考にひとつひとつ操作してみると、コツが掴めてくるはずです。

スタイル作成に挑戦！

シーケンス「インタビュー07」の3つ目のビデオトラック「V3」に3つのテキストクリップを配置しており、それぞれに完成イメージの装飾を施しています。それを参考にしながらひとつずつ作ってみましょう。

まず、横書き文字ツールでプログラムモニターを直接クリックしてそれぞれの文字を入力してください。テキストを選択して、エッセンシャルグラフィックスパネルで調整していきます。

まずは1つ目。シンプルなデザインで「コンパクトな機材（00;00;17;41あたり）」というテロップを作ってみてください 図1 。

図1 1つ目のテロップ「コンパクトな機材」

コンパクトな機材

フォントは「りょうDisplay PlusN B」、［塗り］は白で、［シャドウ］を黒に設定しています。シャドウはソフトなエッジにしたいので、パラメーターを参考に設定してみてください 図2 。この時、ただ画像のパラメーター（数値）を見てそのまま入力するよりも、スライダーをマウス操作で動かしながら実際の装飾具合を確認し、自分がイメージするスタイルになるよう調整してみてください。機械的な作業にならないよう、常にテロップの装飾を自分の目で見て確認するクセをつけましょう。

図2 [フォント]、[塗り]、[シャドウ]を設定する

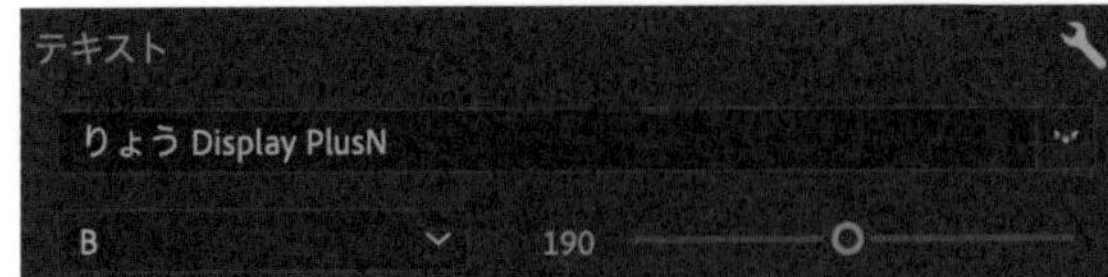

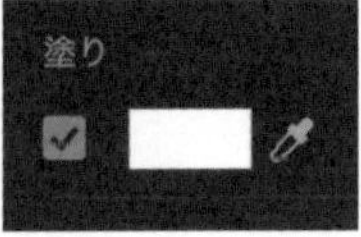

[塗り：白]

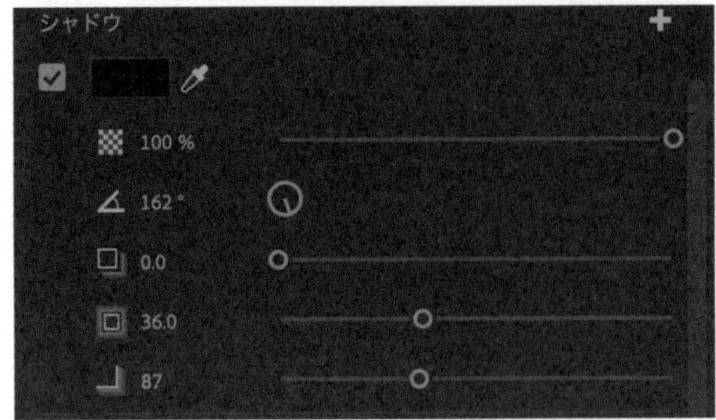

[シャドウ：黒]で、スライダーを手動で調整

2つ目の「プロ用の撮影機器(00;00;25;57あたり)」は、フォントは「源ノ明朝 Heavy」、[塗り]と[境界線の]両方にグラデーションを施しています 図3 。これも画像のパラメーターを参考にしつつ作ってみてください。

特にグラデーションの調整は繊細なので、サンプルの画像をよく確認しながら挑戦してみてください 図4 図5 図6 。

図3 2つ目のテロップ「プロ用の撮影機器」

図4 [フォント]、[塗り]、[境界線]、[シャドウ]を設定する

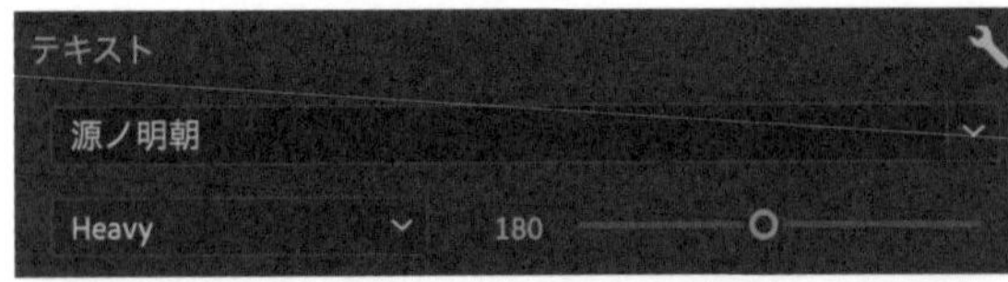

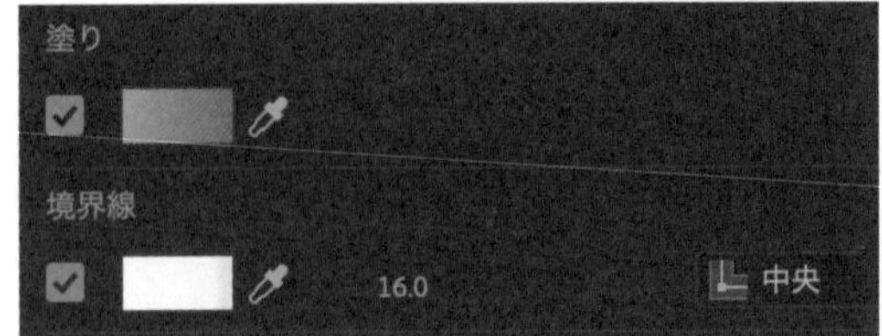

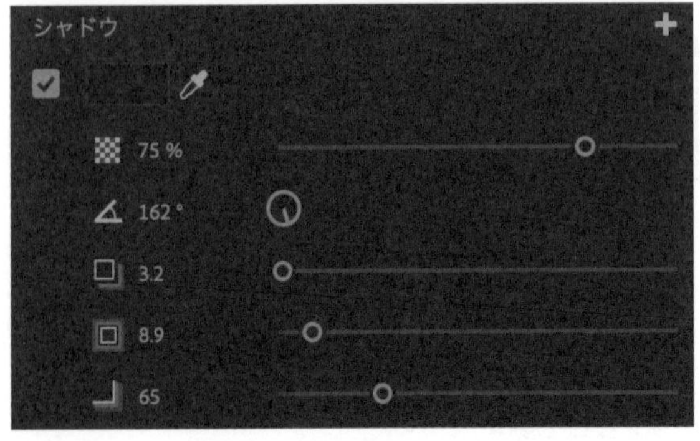

図5 [塗り]のグラデーション

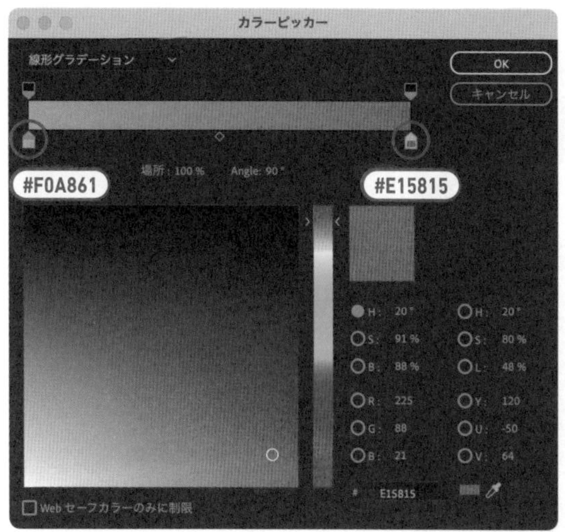

図6 [境界線]のグラデーション

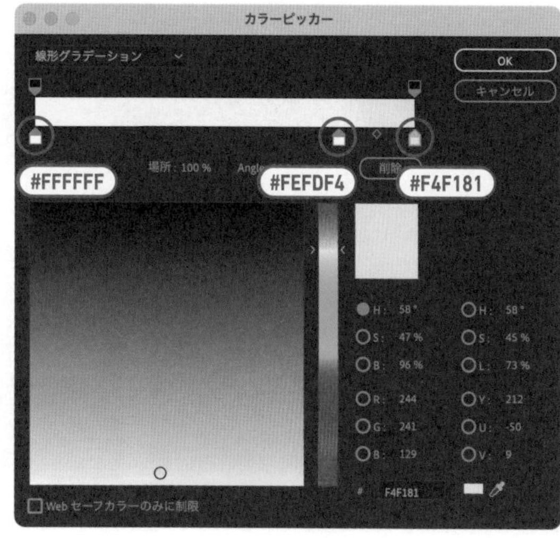

最後は3つ目のテロップ「高度な編集も可能！（00;00;36;25あたり）」です 図7。金色っぽいグラデーションで豪華な感じのテロップです。フォントは「源ノ明朝 Heavy」、「シャドウ」を3つ重ねて、シャドウ+ソフトエッジにしているのも特徴です 図8 図9。

図7 3つ目のテロップ「高度な編集も可能！」

図8 [フォント]、[塗り]、[シャドウ]×3を設定する

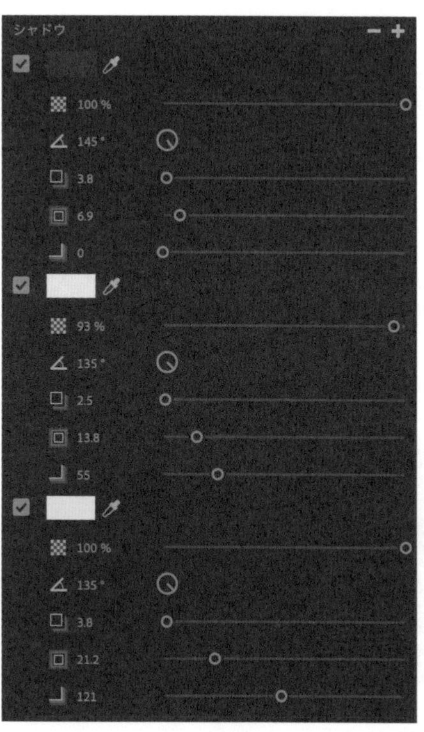

図9 [塗り]のグラデーション

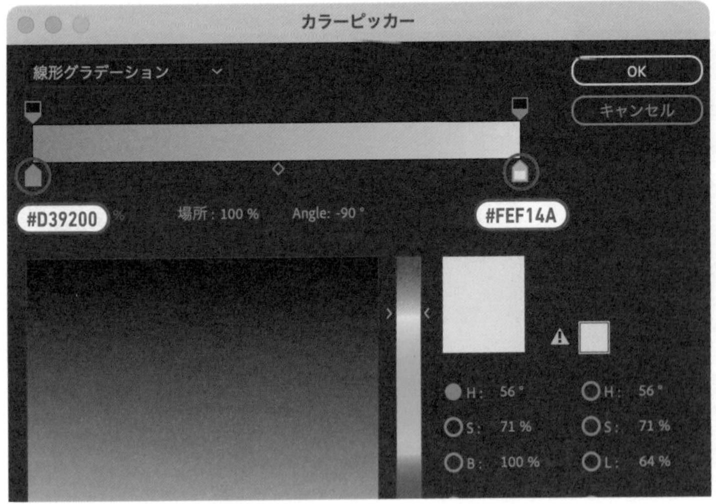

まとめ

いかがでしたでしょうか？ エッセンシャルグラフィックステキストを使ったデザイン性のあるテロップ。増やせるパラメーターもあり、組み合わせ次第でいろんな表現のスタイルを作成することができます。

編集者にとって、保存したスタイルは自分自身の「資産」にもなります。ガンガン作って編集の幅を広げてください。

Column

おすすめスタイル10種類

本書では、筆者が作成したおすすめスタイル10種類をプレゼントデータとしてダウンロードしていただけます。輝き系のスタイルとして作成しているのでぜひお使いください。また、適用後にパラメーターを調整することもできるので、ご自身の勉強用にもお使いいただけると幸いです。

これ以外にも筆者が運営する販売サイトで200種類以上のスタイルをご購入いただくことができます。よろしければそちらもお試しください。

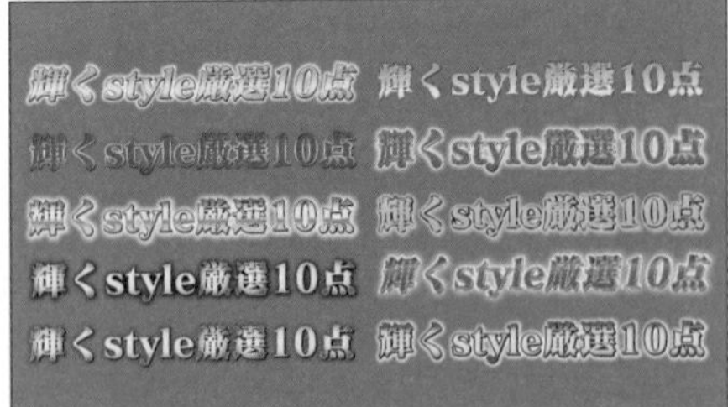

本書プレゼントデータ

販売サイト https://commandc.base.shop/

Lesson 5

自動文字起こし機能の活用

YouTubeなどでは、人が喋っている言葉すべてをコメントフォローする「フルテロップ」と呼ばれる演出方法がよく使用されます。これは、電車内など動画の音が聞けない環境でも動画の内容がちゃんと把握できるように工夫された編集方法です。このLessonでは、そのような編集をしたいときに便利な自動文字起こし機能について紹介します。

基本 実践 資料編

自動文字起こしの設定を確認する

TRY
完成イメージ

THEME
テーマ

2021年7月（ver.15.4）に「自動文字起こし（音声テキスト変換）」機能が搭載され、またたく間に大きな話題となりました。自動文字起こしの設定は「読み込みページ」にあるので、まずはその設定を確認しましょう。

このLessonで学習すること

- 自動文字起こしの設定を確認する
- 自動文字起こしをして字幕テロップとして活用する
- キャプションのエッセンシャルグラフィックステキスト化
- 文字起こしベースの編集機能

このLessonで使用するファイル

「自動文字起こし.prproj」	プロジェクトファイル
「interview01.mp4」	カメラで収録した映像ファイル
「interview02.mp4」	カメラで収録した映像ファイル

「自動文字起こし」の読み込み設定

「自動文字起こし」機能は、読み込みページ右側にある[読み込み時の設定]の[自動文字起こし]をオンにすることで、読み込んだすべての素材を自動で文字起こしさせることができます。ver23.3までは、編集中のシーケンスから文字起こしをする仕様でしたが、23年5月のアップデート(ver23.4)から、素材読み込み時に同時に文字起こしできる仕様に変わりました 図1 。驚きの新機能をぜひご覧ください。

図1 読み込み時の設定／読み込みページ

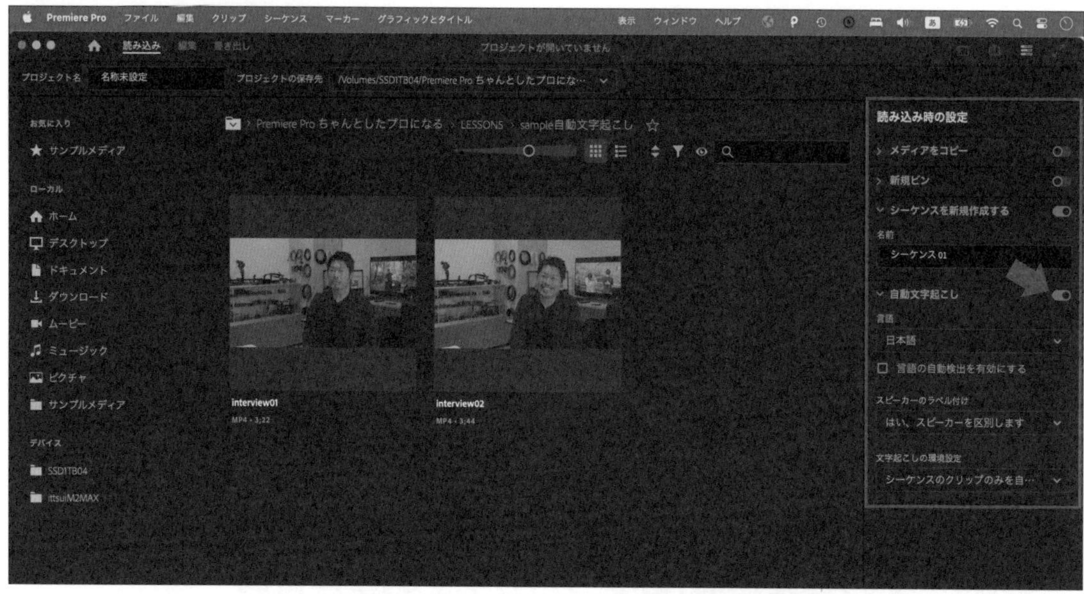

まずは設定の各項目を確認しましょう 図2。

図2 自動文字起こしの設定項目

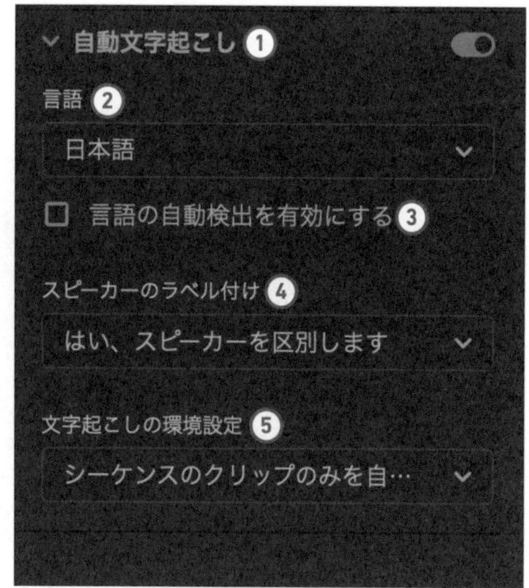

①自動文字起こし

自動文字起こし機能のオン／オフです。

②言語

自動文字起こしは、16ヶ国の言語を認識できます(2023年10月現在)。音声に含まれる言語を選択しましょう 図3。

③言語の自動検出を有効にする

音声中の言語を自動で識別して文字起こしすることもできます。自動検出を有効にした場合、[②言語]で設定された言語は、言語が検出されない場合のフォールバックとして使用されます。

④スピーカーのラベル付け

複数人で喋っている音声の場合、声の違いを識別し、ラベルをつけて区別することができます 図4。区別するかどうかをこの項目で設定します。

⑤文字起こしの環境設定

[シーケンスのクリップのみを自動文字起こし] するか、[読み込まれたすべてのクリップを自動文字起こし] するかを選択できます 図5。文字起こしはバックグラウンドで作業が進むので、基本的には「読み込まれたすべてのクリップ」で良い

memo

一般的に「フルテロップ」とは、映像内で人がしゃべっている言葉すべてを文字起こしし、言葉すべてをテロップで入れる手法を指します。

かと思いますが、文字起こし中はパソコンにそれなりの負荷がかかります。場合によって使い分けてください。

図3 文字起こししたい言語を選択

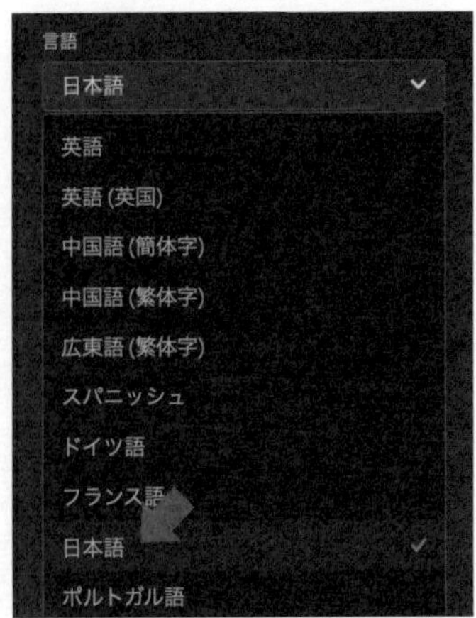

図4 スピーカー(話者)を区別するかどうかを選択

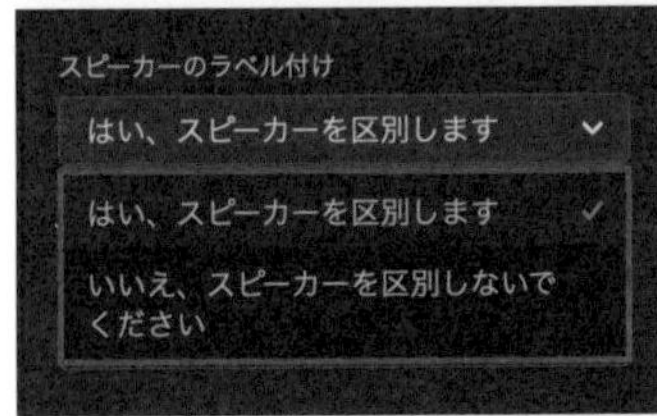

図5 「シーケンス上のみ」or「すべて」を選択

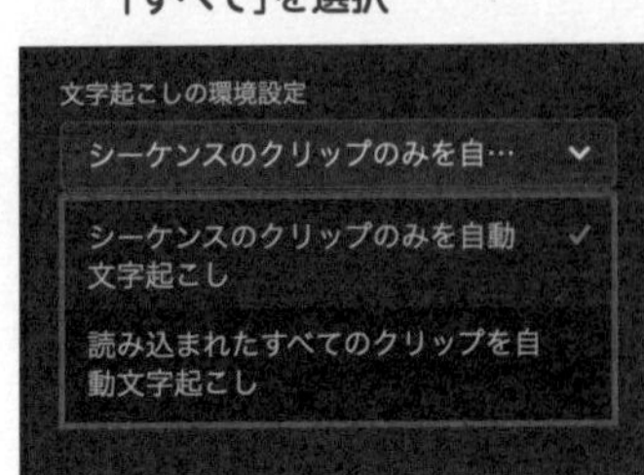

Column

[環境設定]ダイアログでも設定は可能

メニュー項目からの「環境設定」ダイアログでも「自動文字起こし」の設定をすることが可能です。Premiere Proメニュー〔編集メニュー〕→“設定…”→“文字起こし…”でダイアログが開きます。

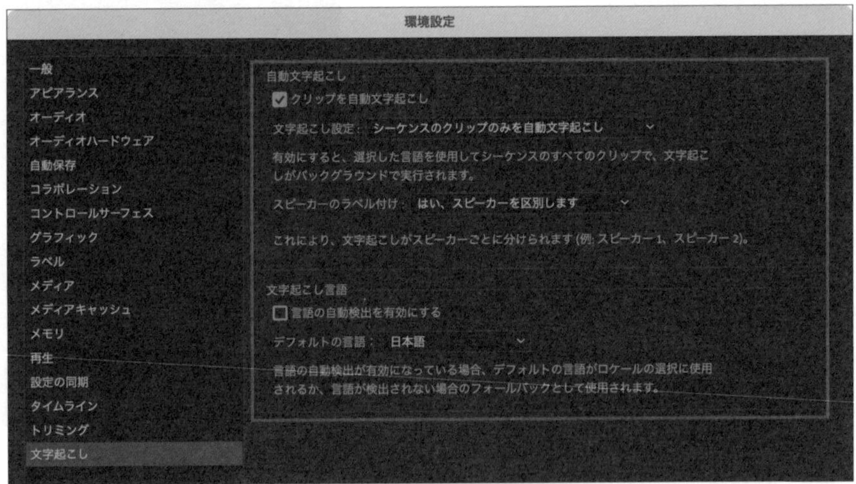

自動文字起こし／環境設定ダイアログ

自動文字起こしをして字幕テロップとして活用する

THEME テーマ

実際に自動文字起こしをして、テキストを作成してみましょう。起こしたテキストは、字幕（キャプション）や、テロップ（エッセンシャルグラフィックステキスト）として使用できます。編集の幅が広がるのでぜひチャレンジしてみてください。

読み込みと同時に文字起こし

ここでは、読み込み時に自動文字起こしを実行する方法で試してみましょう。Premiere Proを立ち上げ、[新規プロジェクト]を作成するところからやってみます。

読み込みページで、プロジェクト名を入力し、読み込む素材としてサンプルファイル「interview01.mp4」を選択します 図1。

図1 新規プロジェクト作成→「interview01.mp4」を選択

右側にある［読み込み時の設定］で、図2のように設定して、右下にある［作成］ボタンを押します。編集ページに自動的に切り替わります。

ワークスペースを［文字起こしベースの編集］に切り替えましょう図3。このワークスペースは左側に大きく「テキストパネル」が配置されているので使いやすいと思います。

図2 読み込み時の設定

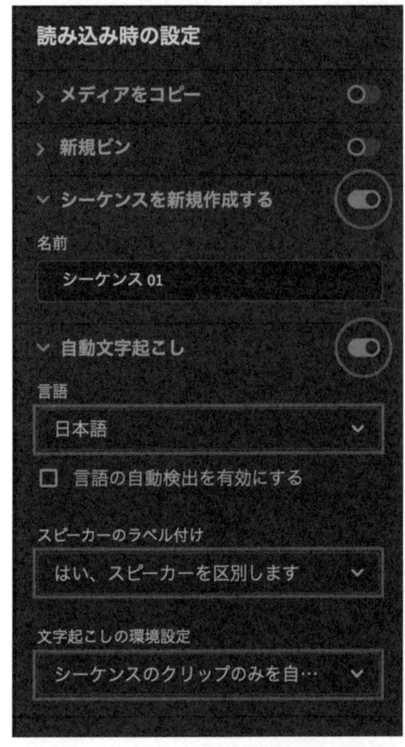

図3 文字起こしベース編集／ワークスペース

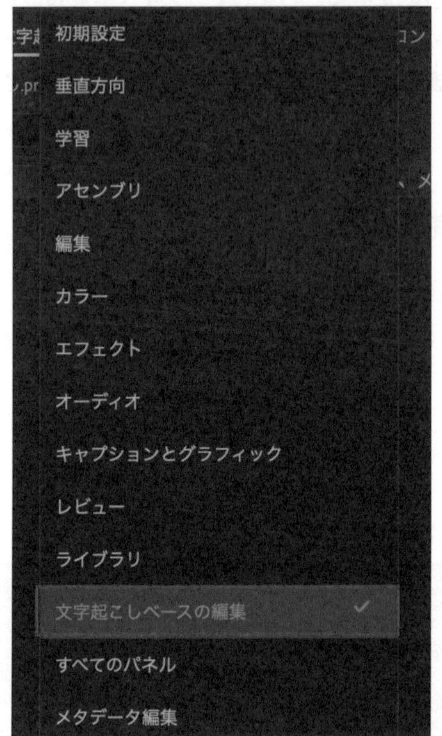

プロジェクト作成直後（素材を読み込んだ直後）は、バックグラウンドで文字起こしが実行されています図4。

文字起こしが完了するまで待つと、図5のように「テキストパネル」にテキストがずらっと並びます。

図4 バックグラウンドで文字起こしが実行される

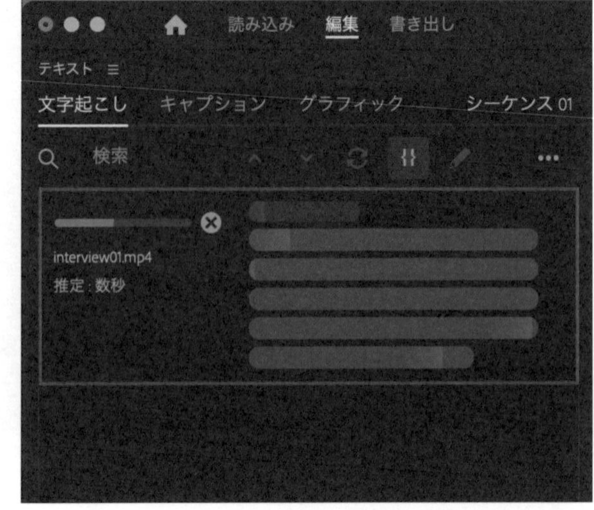

図5 テキストパネルに文字起こし結果が表示される

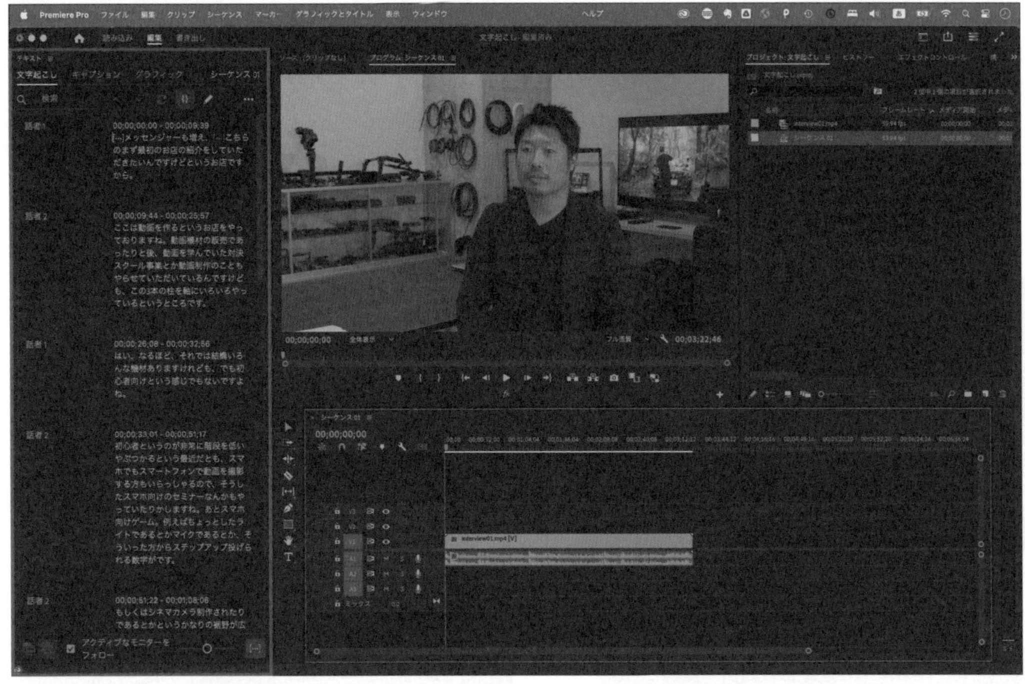

テキストの確認・修正

テキストを直接クリックすると、それに連動してタイムラインの再生ヘッドがそのテキストのタイミングに移動します 図6 。それぞれの単語とタイムラインのフレームがリンクしていることが確認できると思います。

図6 クリックしたテキストのタイミングに再生ヘッドがリンクして動く

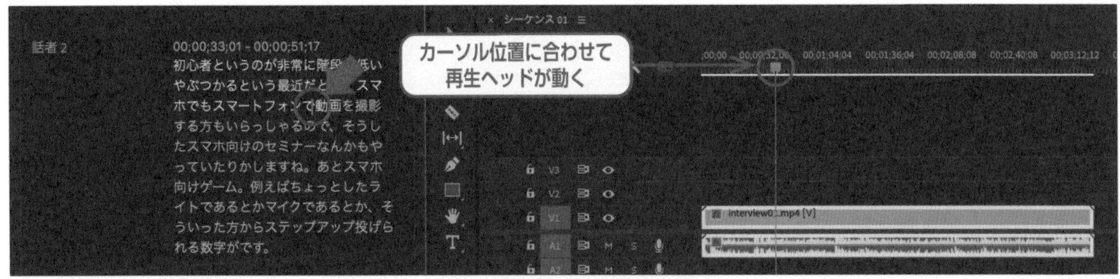

収録されている音声のディティールや、人物の滑舌によってテキスト化の精度が変わってきますが、この素材ではところどころ間違っている程度だと思います。この後、文字起こしされたこのテキストを使用して字幕やテロップを生成していくので、間違っている単語を打ち直して修正していきましょう。

例えば、00;00;09;44 - 00;00;25;57 のブロックの「動画を学んで対決スクール」は、本来「学んでいただけるスクール」と発声しています 図7。テキストをダブルクリックすると、そのブロックのテキストがアクティブになり、テキストそのものを編集できるモードに切り替わります。間違っている単語「対決」を選択して削除し、「いただける」と打ち込みましょう 図8。これでテキストの修正ができました。

> **memo**
> 入力ウィンドウ内のテキストを変更する時は、returnキーで改行、escキーで決定することができます。

図7 文字起こしミス

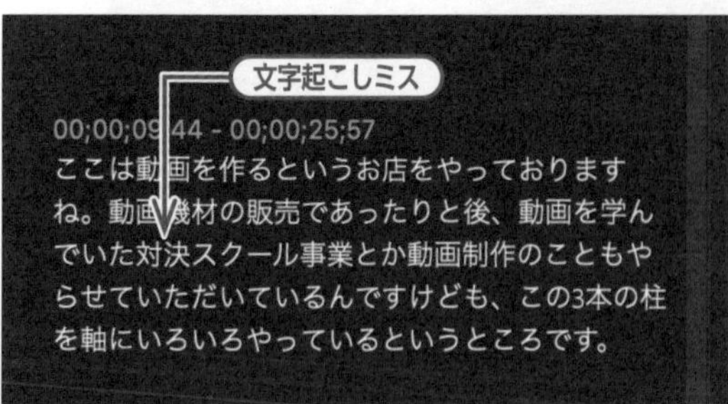

図8 文字起こしミスの修正

00;00;09;44 - 00;00;25;57
ここは動画を作るというお店をやっております
ね。動画機材の販売であったりと後、動画を学
んでいた対決スクール事業とか動画制作のこと
もやらせていただいているんですけども、この3
本の柱を軸にいろいろやっているというところ
です。

→

00;00;09;44 - 00;00;25;57
ここは動画を作るというお店をやっております
ね。動画機材の販売であったりと後、動画を学
んでいただけるスクール事業とか動画制作のこ
ともやらせていただいているんですけども、こ
の3本の柱を軸にいろいろやっているというとこ
ろです。

テキストの「検索」と「置き換え」

また、任意の単語を検索し、テキストに含まれるその単語を、一括して別の単語に置き換えることもできます。テキストパネル左上にある検索窓をクリックして「スマホ」と入力してみましょう。検索窓に表示されているテキストが検索され、テキスト内に含まれる「スマホ」の文字がハイライトされます 図9。

図9 検索窓／テキストパネル

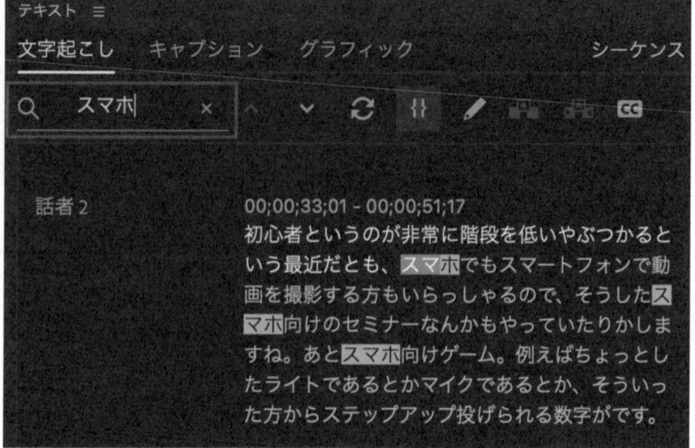

次に、置き換えボタンを押して、同じく文字入力窓に「スマートフォン」と入力、[置き換え] ボタンを押すと 図10 、選択された最初の「スマホ」の文字が「スマートフォン」に置き換えられます 図11 。

図10 「置き換え」ボタンで文字を置き換える

図11 「スマホ」が「スマートフォン」になる

00;00;33;01 - 00;00;51;17
初心者というのが非常に階段を低いやぶつかるという最近だとも、スマホでもスマートフォンで動画を撮影する方もいらっしゃるので、そうしたスマホ向けのセミナーなんかもやっていたりかしますね。あとスマホ向けゲーム。例えばちょっとしたライトであるとかマイクであるとか、そういった方からステップアップ投げられる数字がです。

00;00;33;01 - 00;00;51;17
初心者というのが非常に階段を低いやぶつかるという最近だとも、スマートフォンでもスマートフォンで動画を撮影する方もいらっしゃるので、そうしたスマホ向けのセミナーなんかもやっていたりかしますね。あとスマホ向けゲーム。例えばちょっとしたライトであるとかマイクであるとか、そういった方からステップアップ投げられる数字がです。

また、[すべてを置換] を押すと 図12 、ハイライトされたすべての「スマホ」の文字が一括で「スマートフォン」に置き換えられます 図13 。

このようにして、文字起こしの結果を効率的に修正することが可能です。また、この後の工程でもテキストの変更・置き換えは可能です。ご自身の作業の良きタイミングで修正してみてください。

図12 全て置換ボタン

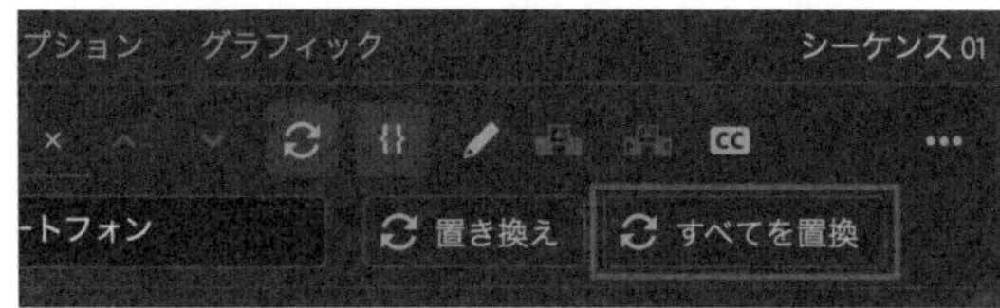

図13 一括で置き換え

00;00;33;01 - 00;00;51;17
初心者というのが非常に階段を低いやぶつかるという最近だとも、スマホでもスマートフォンで動画を撮影する方もいらっしゃるので、そうしたスマホ向けのセミナーなんかもやっていたりかしますね。あとスマホ向けゲーム。例えばちょっとしたライトであるとかマイクであるとか、そういった方からステップアップ投げられる数字がです。

00;00;33;01 - 00;00;51;17
初心者というのが非常に階段を低いやぶつかるという最近だとも、スマートフォンでもスマートフォンで動画を撮影する方もいらっしゃるので、そうしたスマートフォン向けのセミナーなんかもやっていたりかしますね。あとスマートフォンスマートフォンム。例えばちょっとしたライトであるとかマイクであるとか、そういった方からスマートフォンマートフォン投げられる数字がです。

Column

便利なテキストパネルの活用

「テキストパネル」は、「文字起こし」したテキストだけでなく「エッセンシャルグラフィックステキスト」や、この後紹介する「キャプション」でも使用できます（左上に3つの切り替えタブがある）。タイムラインにエッセンシャルグラフィックステキストやキャプションを使用している時に、テキストパネルの［グラフィック］または［キャプション］のタブをクリックすると、使用しているテキストクリップの一覧が表示されます。文字起こし同様、「検索機能」「置換機能」「ファイルとして書き出し機能」など、さまざまな機能が共通して使えるので、ぜひお試しください。

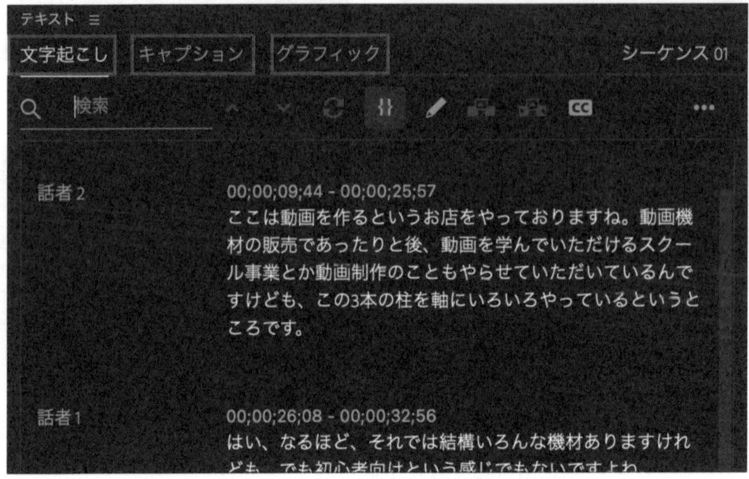

「検索」「置換」「ファイルとして書き出し」などはテキストパネル共通の機能

Column

Tips 1：スピーカー（話者）の区別

読み込み時の設定で「スピーカーのラベル付け」が「スピーカーを区別する」設定にしている場合、それぞれのテキストブロックの左側に「話者1」「話者2」などのラベルが付けられます。前述したとおり、AIが音声に含まれる人間の声を識別し、自動的に振り分けてくれます。誰が喋った言葉なのか、視覚的に確認できるので活用していきましょう。

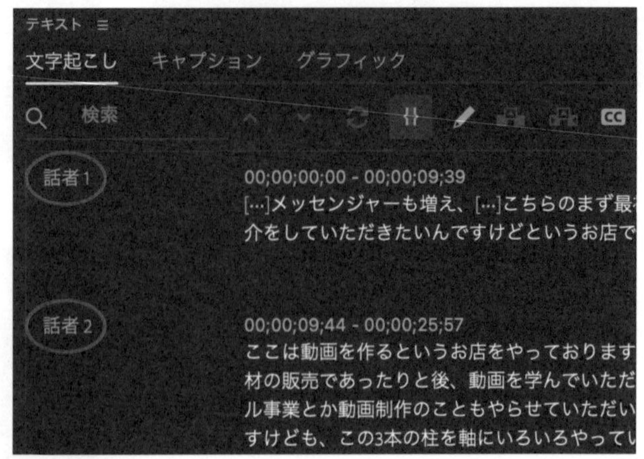

話者の区別表記

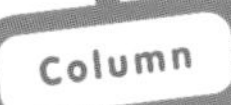

Tips 2：テキストをファイルとして書き出し

テキストパネルで変更・修正を加えたテキストは、1つの「テキストファイル」として書き出すことも可能です。喋った内容やその編集状況を、Premiere Pro以外のツールで確認したり、テロップ用の原稿として使用したりするのにも役立ちます。テキストパネルの右上にあるプルダウンメニューから、[書き出し...]＞[テキストファイルに書き出し...]で 図1 、ファイル名を設定して保存を押せば、テキストファイルとして書き出せます 図2 。

図1 テキストファイルに書き出す

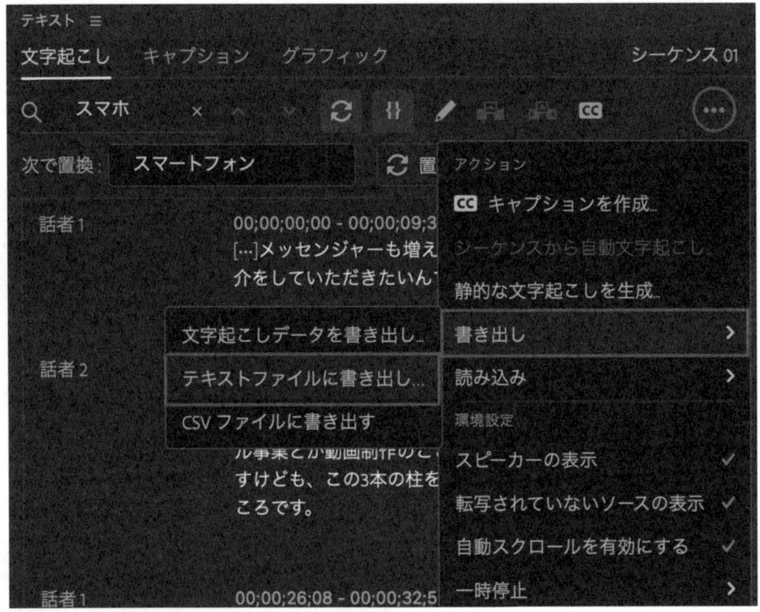

図2 テキストデータとしてほかに流用できる

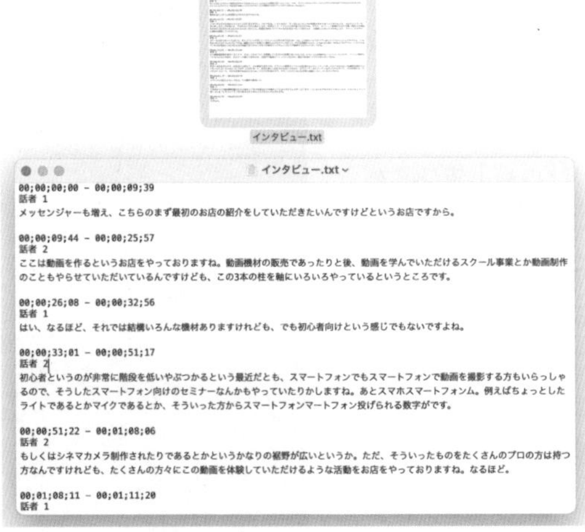

インタビュー.txt

00;00;00;00 - 00;00;09;39
話者 1
メッセンジャーも増え、こちらのまず最初のお店の紹介をしていただきたいんですけどというお店ですから。

00;00;09;44 - 00;00;25;57
話者 2
ここは動画を作るというお店をやっておりますね。動画機材の販売であったりと後、動画を学んでいただけるスクール事業とか動画制作のこともやらせていただいているんですけども、この3本の柱を軸にいろいろやっているというところです。

00;00;26;08 - 00;00;32;56
話者 1
はい、なるほど、それでは結構いろんな機材ありますけれども、でも初心者向けという感じでもないですよね。

00;00;33;01 - 00;00;51;17
話者 2
初心者というのが非常に階段を低いやぶつかるという最近だとも、スマートフォンでもスマートフォンで動画を撮影する方もいらっしゃるので、そうしたスマートフォン向けのセミナーなんかもやっていたりかしますね。あとスマホスマートフォンム。例えばちょっとしたライトであるとかマイクであるとか、そういった方からスマートフォンマートフォン投げられる数字がです。

00;00;51;22 - 00;01;08;06
話者 2
もしくはシネマカメラ制作されたりであるとかというかなりの裾野が広いというか。ただ、そういったものをたくさんのプロの方は持つ方なんですけれども、たくさんの方々にこの動画を体験していただけるような活動をお店をやっておりますね。なるほど。

00;01;08;11 - 00;01;11;20
話者 1

起こしたテキストを字幕(キャプション)にする

自動文字起こしで生成したテキストは「キャプション」という形で「字幕」として使用することができます。

現状では、テキストパネルの「文字起こし」タブにテキストが表示されています。この状態で「キャプションの作成CC」ボタンをクリックします 図14。

図14 キャプションの生成ボタン

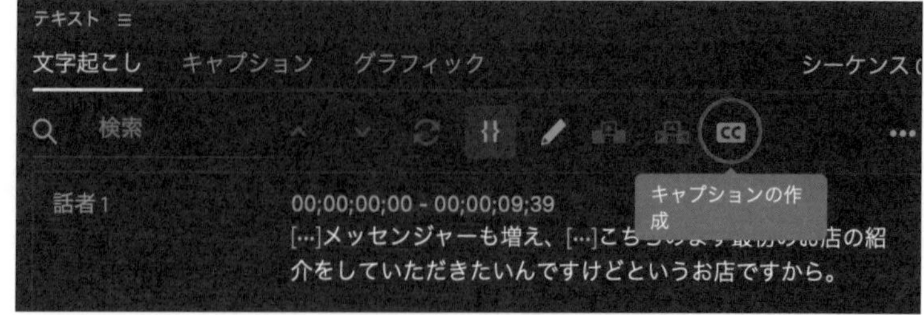

すると「キャプションの作成」ダイアログが表示されるので「>」をクリックして 図15、「キャプション環境設定」を表示しましょう 図16。

図15 キャプションの生成ダイアログの詳細を開く

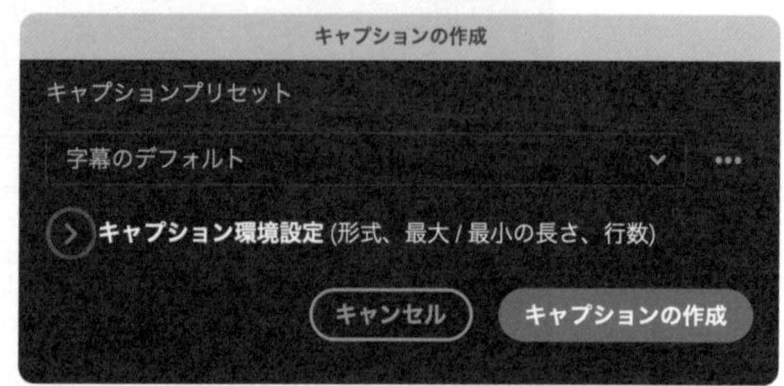

①形式

字幕にはいろいろな規格があるので、この形式項目で選択します。特別な規格指定がない場合は[サブタイトル]で大丈夫だと思います。

②スタイル

前章で紹介したエッセンシャルグラフィックステキストの「スタイル」をここで選択できます。基本的にプロジェクト内にそのスタイルファイルがあることが前提です。プロジェクトにスタイルファイルが含まれていない時は選択項目が「なし」のみになります。スタイルは後からでも適用できるので、ここは「なし」で問題ありません。

③1行の最大文字数

1行に配置することができる文字数の最大値を設定できます。

④最短のデュレーション(秒)

キャプションクリップの長さ(尺)の最小値(秒)を設定できます。

⑤キャプション間の間隔(フレーム)

それぞれのクリップに間隔(ギャップ)を確保し、そのフレーム数をここで設定できます。ただし、会話が連続的に行われていてギャップを生成できない、という状況の場合は適用されません。

⑥行数

文字を表示する行数を設定できます。

図16 キャプションの生成ダイアログ

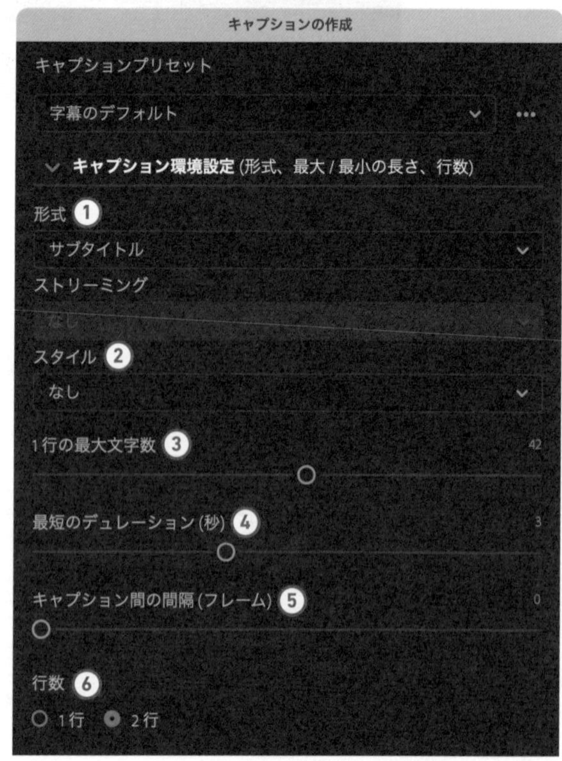

右下の「キャプションの作成」ボタンを押すと、タイムラインに新しいトラックが追加され、そのトラックにたくさんのキャプションクリップが配置されます 図17。このトラックは、ビデオトラックやオーディオトラックとは別のカテゴリーのトラック（キャプショントラック）になります。

また、テキストパネルは自動的に[キャプション]タブに切り替えられ、それぞれのキャプションクリップの配置されているタイムコードと、テキスト内容が一覧で表示されます 図18。

図17 キャプショントラック・クリップが生成される

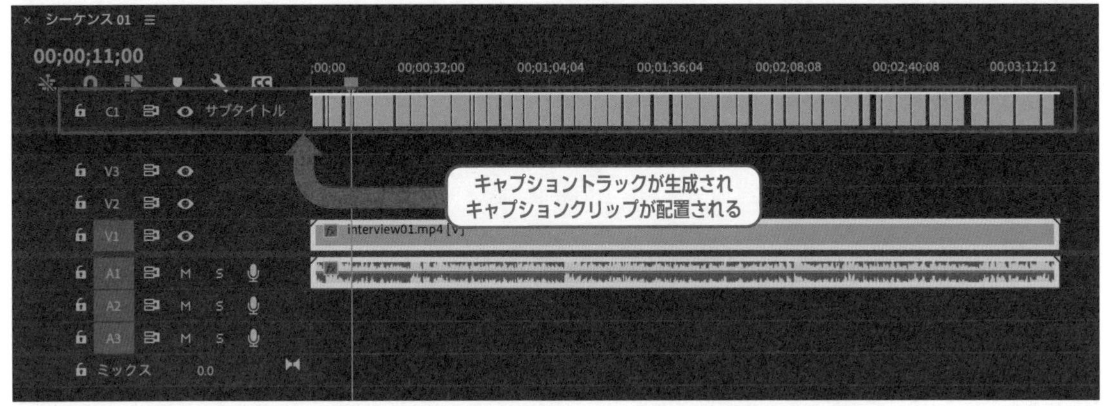

図18 テキストパネルがキャプションタブに切り替わる

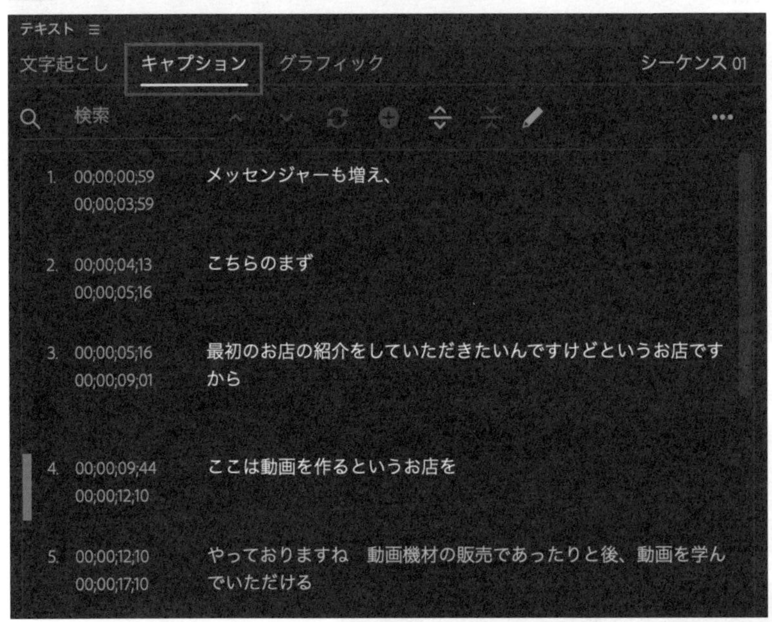

キャプションの編集

タイムライン上のクリップをひとつひとつ選択して文言を打ち替えることもできますが、このテキストパネル内の文字を打ち変えると 図19 、タイムラインに配置されたクリップのテキストも更新されるので 図20 、パネル内で一括して管理するととても便利です。

図19 プログラムモニターでキャプションの打ち替え

図20 テキストパネルでもキャプションが打ち替えられる

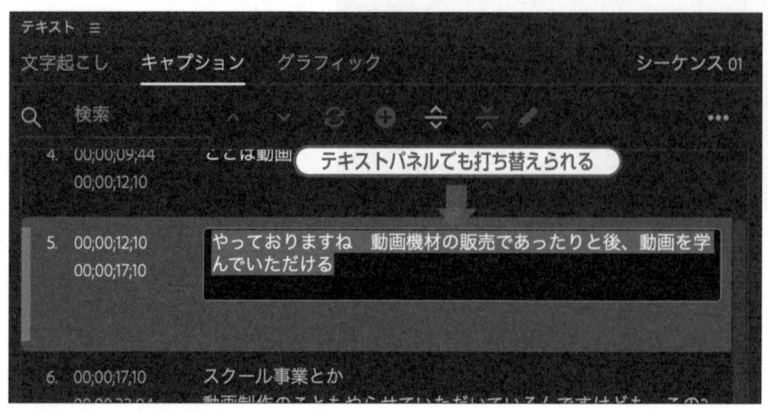

任意のキャプションをテキストパネル内で選択すると、連携してタイムライン上のキャプションクリップも選択状態になります 図21。

図21 **キャプションを選択**

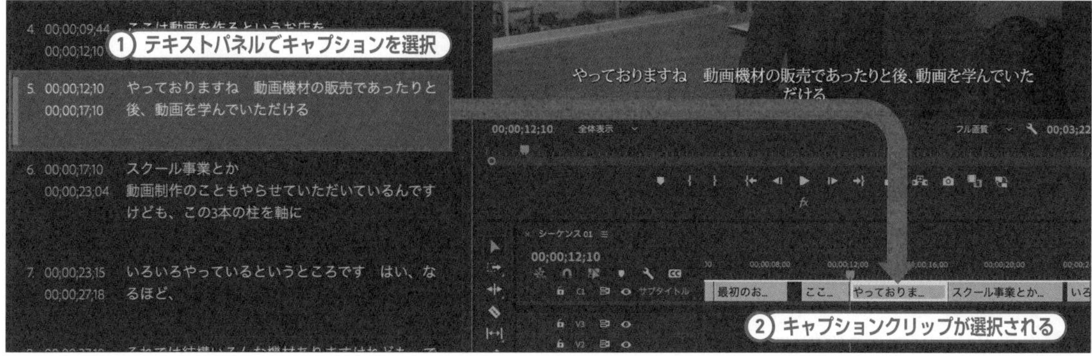

さらに、パネル上部にある[キャプションを分割]ボタンを押すと 図22、選択しているキャプションが複製され 図23、1つのキャプションクリップを2つに分割することができます 図24。

図22 **キャプションを分割ボタン**

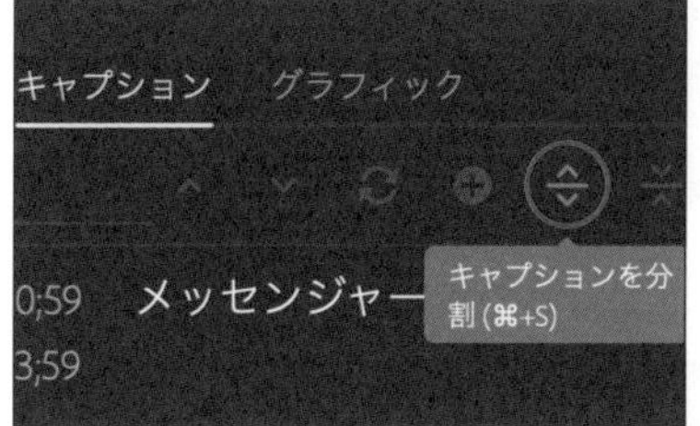

図23 **同じキャプションがもう1つ生成される**

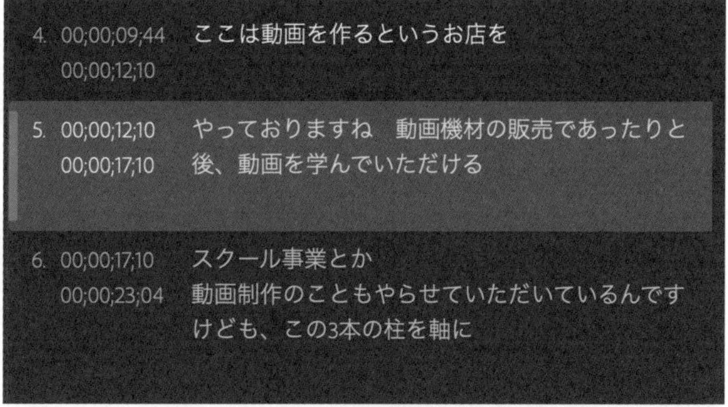

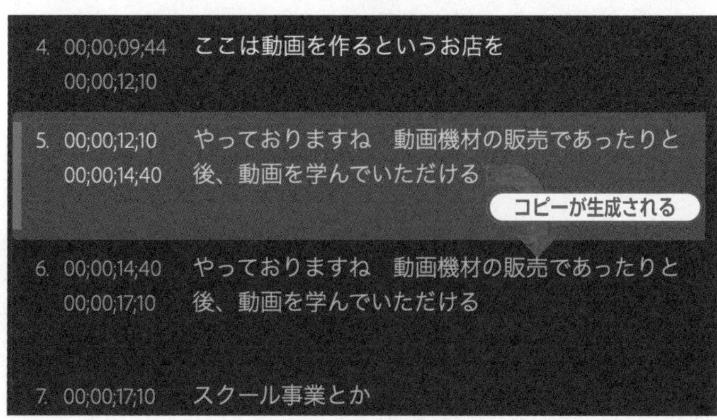

図24 クリップが2つに分割される

同様に、複数のキャプションを選択して［キャプションを統合］ボタンを押せば 図25 、1つのキャプションクリップにまとめることも可能です 図26 。また、それぞれの操作は、パネル内だけでなくタイムラインにも反映されます。

図25 キャプションを結合ボタン

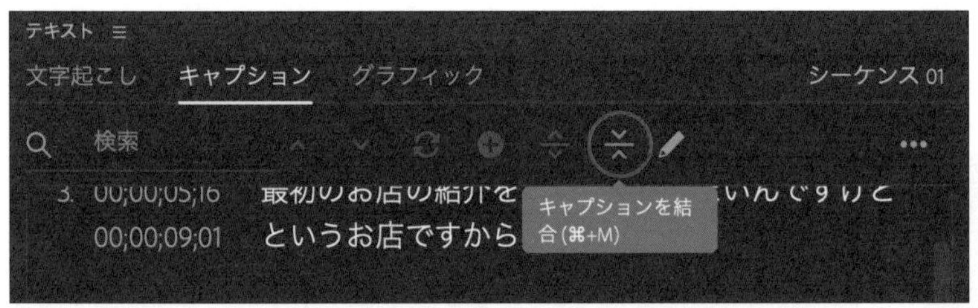

図26 複数のキャプションを1つにまとめる

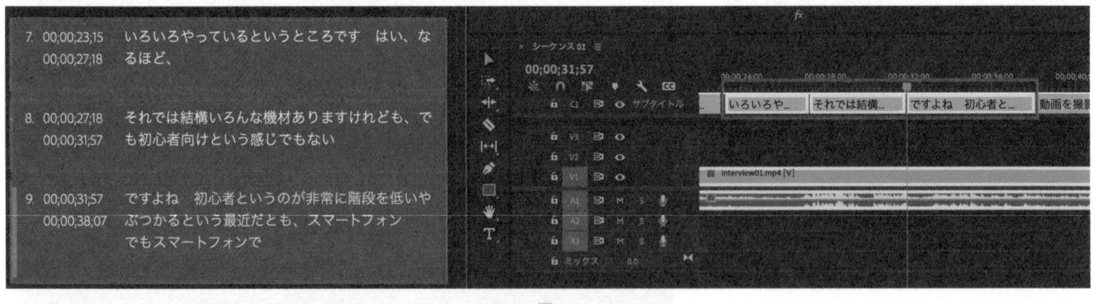

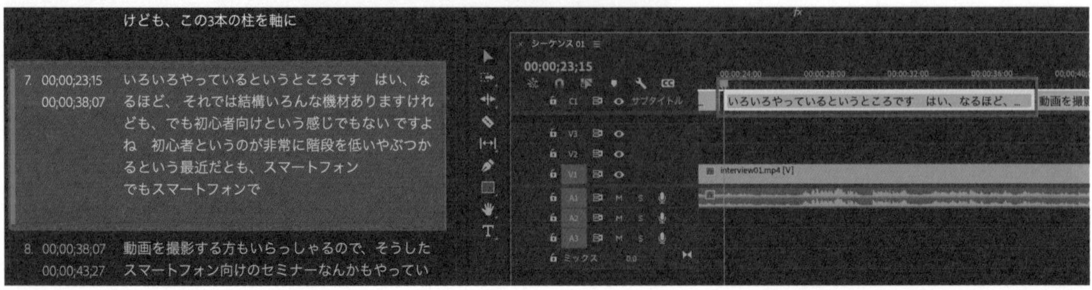

キャプションスタイルの保存と適用

キャプションの生成時に少し触れた「スタイル」ですが、キャプションもエッセンシャルグラフィックステキスト同様、スタイルの保存・適用が可能です。

エッセンシャルグラフィックスパネルで確認してみましょう。ワークスペースを「キャプションとグラフィック」に変更します 図27。

図27 キャプションとグラフィック／ワークスペース

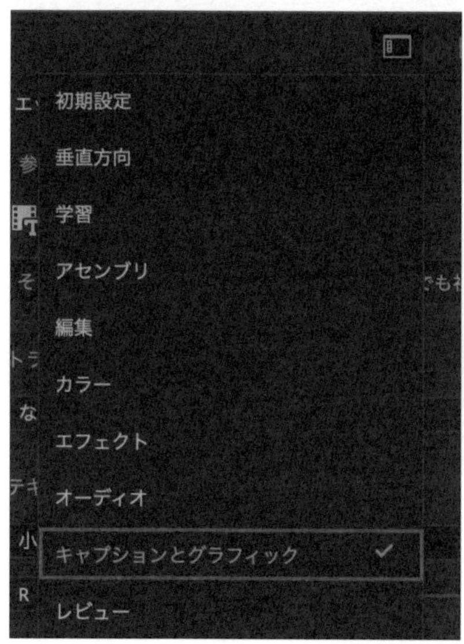

キャプションクリップを選択してエッセンシャルグラフィックスパネルの［編集］タブを開くと、エッセンシャルグラフィックステキストと同じような項目が並びます 図28。ここでフォントや配置、装飾を設定することができ、それらを［トラックスタイル］でスタイル保存することができます。

スタイルはエッセンシャルグラフィックステキストのスタイルと共通なので、同じようにプロジェクトファイル内に保存されますが、キャプションの場合は、適用する方法がクリップ単位ではなくトラック単位です（そのため「トラックスタイル」と表記されています）。適用方法は［トラックスタイル］のプルダウンメニューからの選択になります。

memo

キャプションを扱う時はスタイルのことを「トラックスタイル」と呼びますが、内容や効果としては、通常の「スタイル」と共通のものになります。

図28 エッセンシャルグラフィックスパネル／キャプションとグラフィック

エッセンシャルグラフィックステキストへの変換

ここまで文字起こしテキストの「キャプション化」をご紹介してきましたが、実は「キャプション」にはある程度制限があり、テロップとして使える範囲が限られています。あくまで「字幕」としての機能である「キャプション」は、エフェクトやトランジションを適用したり、クリップごとにスタイルを変更したりすることができません。

もともと自動文字起こし機能は、搭載されてしばらくの間「キャプション」としてしか使えない仕様でした。多くのユーザーの声を筆者が代表してAdobeさんに届けさせていただき、2022年12月のアップデート(ver.23.1.0)で、ようやく「エッセンシャルグラフィックステキスト」としても使えるようになりました。編集の幅を広げるためにもぜひここでご確認ください。

方法としては、前述した方法で「文字起こし」を「キャプション」に変換し、さらにその「キャプション」を「エッセンシャルグラフィックステキスト」に変換する、という段取りになります図29。

図29 変換の段取り

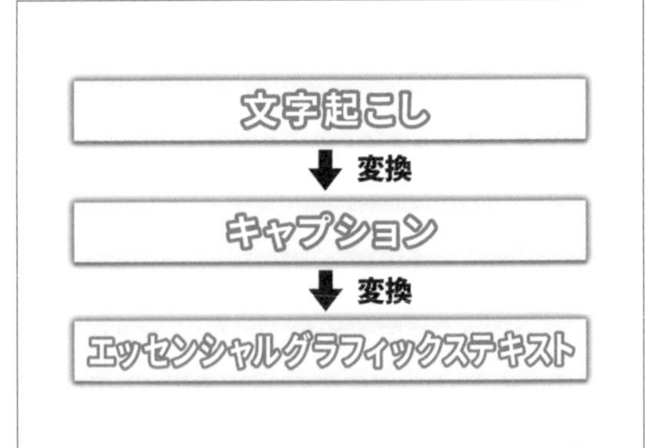

キャプションをグラフィックにアップグレード

先ほど「キャプション」作成したシーケンスを利用して、実践していきましょう。ワークスペースは「文字起こしベースの編集」でやってみましょう。

まずはタイムラインのキャプショントラックに並んでいるキャプションクリップを選択します。複数、もしくはすべてのキャプションクリップを選択することもできます。ここではすべてのキャプションクリップを選択します 図30。

図30 キャプションクリップをすべて選択

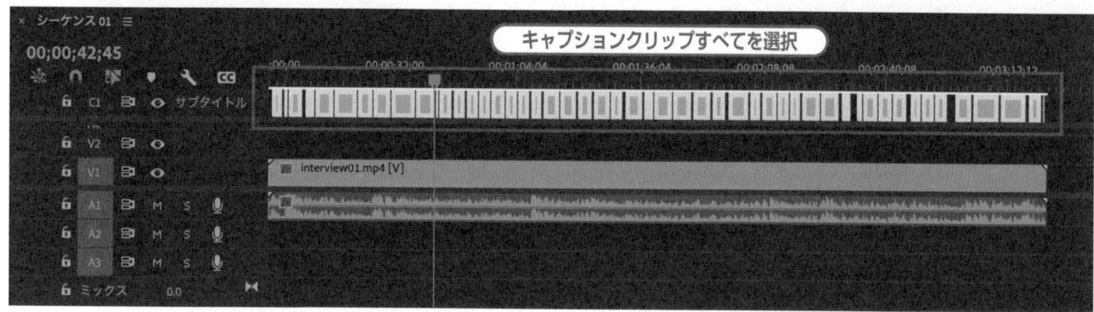

「グラフィックとタイトル」メニューから"キャプションをグラフィックにアップグレード"を選択します 図31。

図31 キャプションをグラフィックにアップグレード

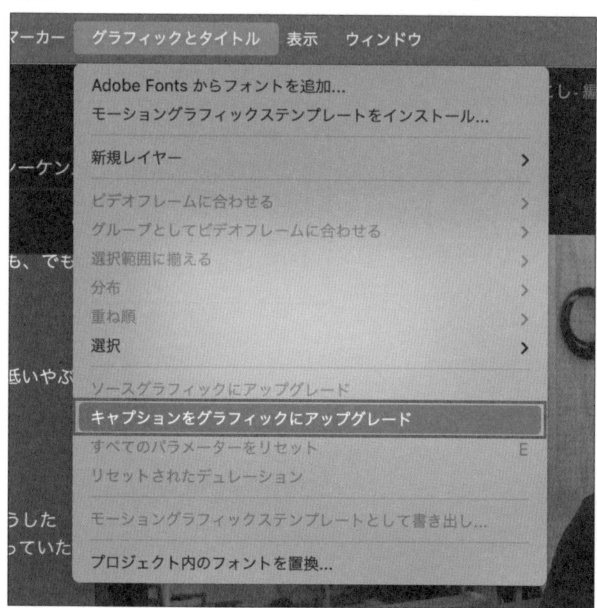

すると、選択したキャプションクリップは、キャプショントラックから通常のビデオトラックに自動的に移動します 図32。

図32 **クリップが変換され、ビデオトラックに再配置される**

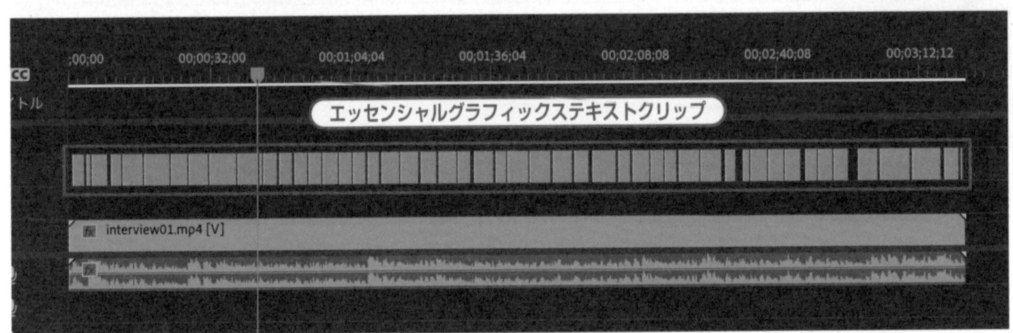

これで「エッセンシャルグラフィックステキスト」化ができました。とてもシンプルな工程ですが、これだけで通常のテキストクリップとして扱えるので、エフェクトやトランジションが適用できるのはもちろん、クリップごとにスタイルを変更することも可能になり、演出の幅がグンと広がります。

ちなみに、エッセンシャルグラフィックステキストに変更した後も、テキストの修正は可能です。プログラムモニターやエッセンシャルグラフィックスパネルで変更できますし、前述したとおりテキストパネルでの変更も可能です。

memo

エッセンシャルグラフィックステキストに関しての情報ですが、2023年6月現在、テキストの入力レスポンスが悪くなるバグが散見されています。筆者独自の対応策を、巻末のAppendix 1「トラブルシューティング」でご紹介していますので、そちらも併せてご覧ください。

Column

キャプションからグラフィックにアップグレードした時の注意点

キャプションをエッセンシャルグラフィックステキストに変換した時、テキストをコントロールするバウンディングボックスの扱いに違和感を覚えるかもしれません。実は、エッセンシャルグラフィックステキストには2種類の入力方法があります。

本書ではプログラムモニターを「クリック」してテキストを入力する方法 その① 図1 をご紹介していますが、プログラムモニターを「ドラッグ」してボックスを描き、そのボックス内にテキストを入力する方法 その② 図2 もあります。

図1 入力方法 その① クリック入力

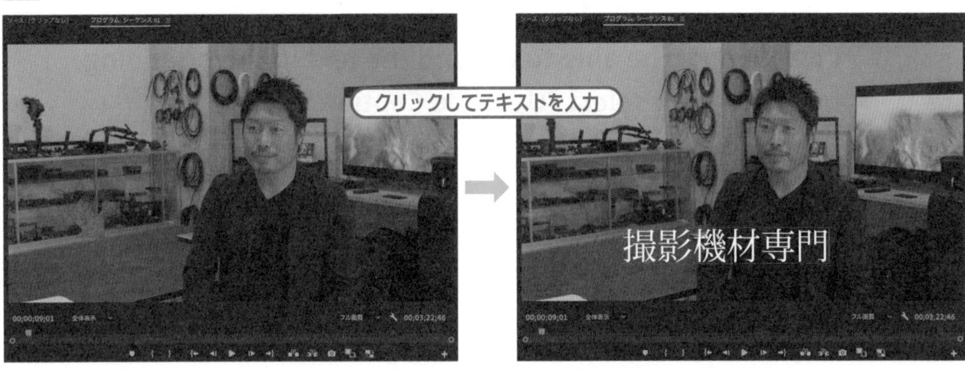
クリックしてテキストを入力
撮影機材専門

図2 入力方法 その② ドラッグ入力

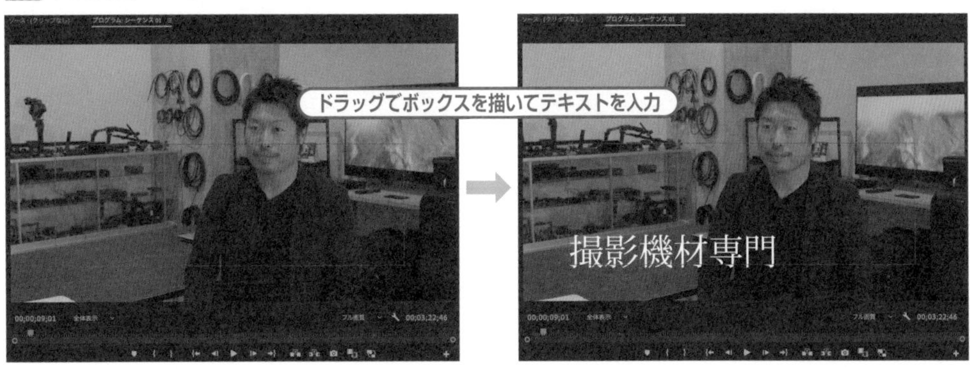
ドラッグでボックスを描いてテキストを入力
撮影機材専門

ここで紹介した「キャプションをエッセンシャルグラフィックステキストに変換する」方法では、後者②のボックス内でテキストをコントロールする方法が採用されています。

これに関しては賛否があると思いますが、筆者としては、①クリック入力の方が便利と感じているので、Premiere Proの機能としては、どちらの入力方法のテキストにするか「選択」ができた方が良いと思っています。この課題に関してはAdobeさんに直接リクエストを出しています。また、そのリクエストは一般のユーザーさんも同意する意思表示として「投票」ができるシステムになっています。賛同いただける方は、ぜひURLにアクセスし、Adobe IDでログインして「投票」いただけますと幸いです。

筆者の夢のひとつとして、日本から少しずつでもPremiere Proを使いやすいソフトに変えていきたい、という思いがあります。よろしければご協力いただけると嬉しいです。

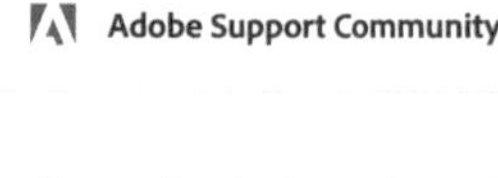

Adobe Support Community

Search all communities

Home > Premiere Pro > Ideas > I want you to be able to e...

I want you to be able to expand the text in the bounding box when you select "Upgrade Caption to Gra

PCM ittsui

Enthusiast, Jan 24, 2023

I want you to be able to expand the text in the bounding box when you select "Upgrade Caption to Graphic".

There are two types of Essential Graphics Text.
One is when the bounding box is created by "clicking" and the other is when it is created by "dragging".
When the caption is converted to essential graphics, it becomes "bounding box when created by dragging".
In that case, dragging the vertices of the box does not change the text size, and unintended line breaks occur.
This is very tricky.

I would like the caption to be an essential graphic with a "bounding box when created by clicking".

リクエストページ：https://is.gd/NFuJe4

文字起こしベースの編集機能

THEME テーマ　ここまでは「タイムラインに並べたクリップを動かして編集していく」往年の編集方法をご紹介しましたが、ここではAdobeが新しく提唱する別の編集方法もご紹介します。一読して、良いタイミングがあればお試しいただけると幸いです。

新しい編集方法

2023年5月のアップデート(ver.23.4.0)で、先述した「自動文字起こし」を利用した新しい編集方法が搭載されました。とはいえ「今までの編集方法をすべて捨てて、この方法を選ぶべき」とは、筆者は思っていません。作品や素材の状況によって、この「新しい編集方法」が当てはまる場合は挑戦してみる、というのが一番良い感じかと思われます。

さてこの新機能、「自動文字起こし」を使って「編集」をする、と言われてもちょっとピンと来ないかもしれませんが、構造は至ってシンプルです。

自動文字起こしをしたテキストパネルで、テキストそのものを、カット・コピー・ペースト・削除などで編集します。それにリンクする形で、タイムラインのクリップも連動して編集されていくという仕組みです 図1。

図1 テキストパネルでの編集がタイムラインパネルにも反映される

テキストパネルでの編集が
タイムラインのクリップにも反映される

先ほど文字起こしをしたプロジェクト・シーケンスを使って実際にやってみましょう（サンプルファイルの「自動文字起こし.prproj」でも大丈夫です）。ワークスペースは「文字起こしベースの編集」がわかりやすいと思います。テキストパネルの左上のタブ「文字起こし」を選択します。文字起こししたテキストの一覧が表示されます 図2。

図2 **文字起こしタブ／テキストパネル**

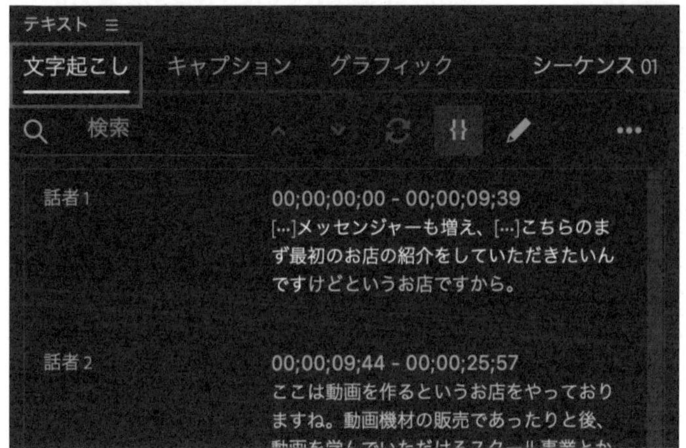

テキストの一部をドラッグで選択すると、ハイライトで表示されます。それと同時に、タイムラインにもイン点・アウト点で対応する場所が選択されます 図3。

図3 **テキスト選択→イン点・アウト点設定される**

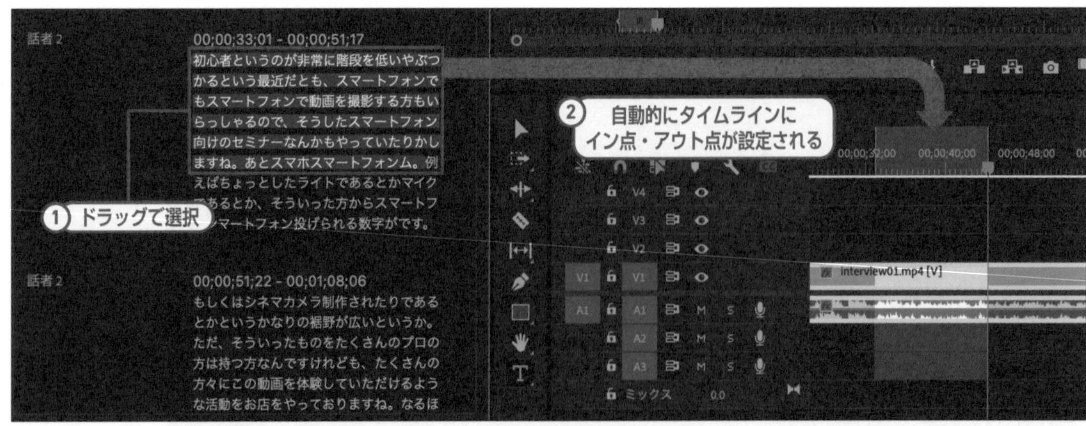

この状態でbackspaseキーで「削除」してみてください。テキストが削除されると同時に、タイムライン側も削除（リップル削除）されました 図4。

これが「文字起こしベースの編集」です。今までの編集方法では、実際の音声を聞いて確認し、クリップの削除を行っていました。それが、テキストデータを編集することで簡単にタイムラインのクリップにも反映されるという仕組みです。

図4 テキストの一部を削除→クリップの一部が削除される

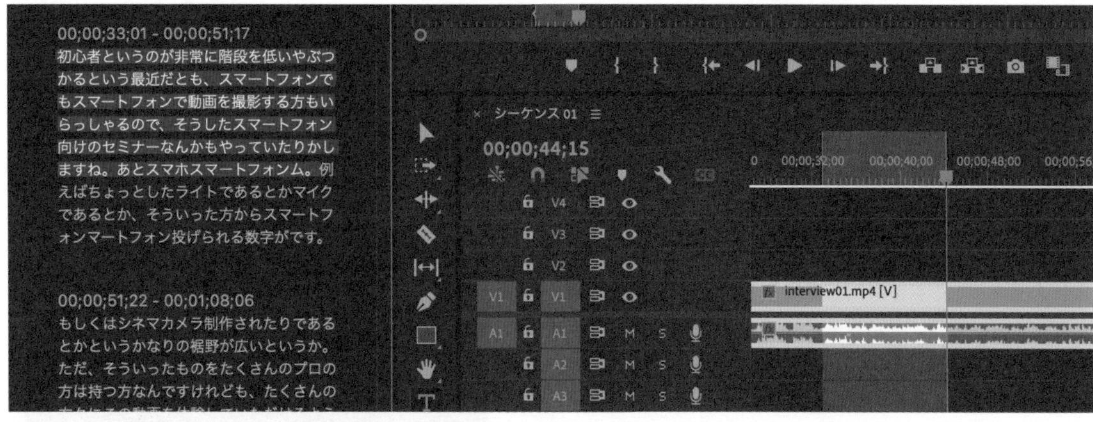

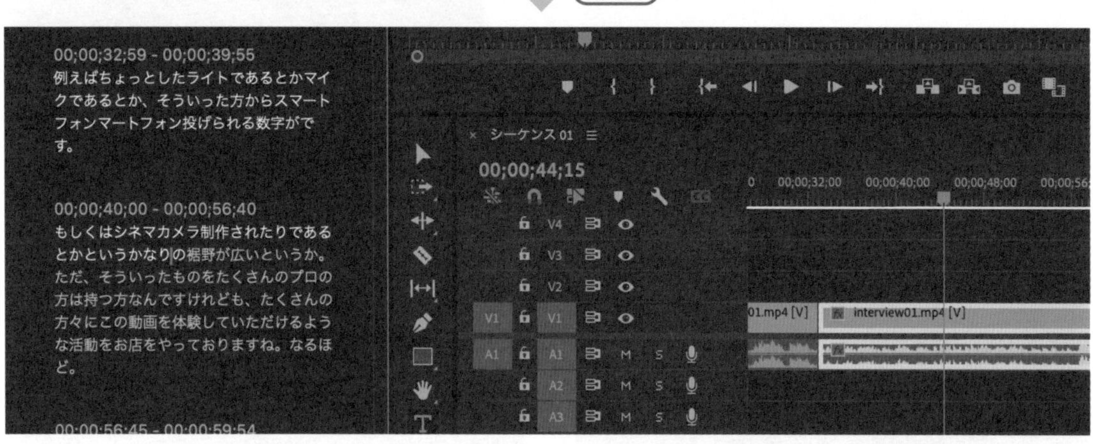

Column

テキスト編集の注意点

テキストパネルのテキストをドラッグ選択する時、ダブルクリックすると、テキストそのものの修正モードになります。タイムラインとの連携を目的とする編集では、ダブルクリックしないように注意しましょう。

00;00;09;44 - 00;00;25;57
ここは動画を作るというお店をやっておりますね。動画機材の販売であったりと後、動画を学んでいただけるスクール事業とか動画制作のこともやらせていただいているんですけども、この3本の柱を軸にいろいろやっているというところです。

クリック・ドラッグ選択編集→クリップも編集

00;00;09;44 - 00;00;25;57
ここは動画を作るというお店をやっておりますね。動画機材の販売であったりと後、動画を学んでいただけるスクール事業とか動画制作のこともやらせていただいているんですけども、この3本の柱を軸にいろいろやっているというところです。

ダブルクリック→テキストそのものの編集

また、テキストをドラッグで選択し、右クリックすると図5のようなメニューが現れます。ここに表示されるアクションが「文字起こしベースの編集」で使える機能になります。カット・ペーストを使えば、簡単にブロックごとクリップを入れ替えることができますし、必要のないところをじゃんじゃん削除（リップル削除）していくことも可能です。

テキストのみで編集していくことが不安に感じるかもしれませんが、文字を選択した段階でスペースキーで再生すれば、マウスカーソルがあるテキスト位置からすぐに再生してくれるので、実際の音声も合わせて確認できます。

図5 テキスト選択後、右クリックで編集メニュー

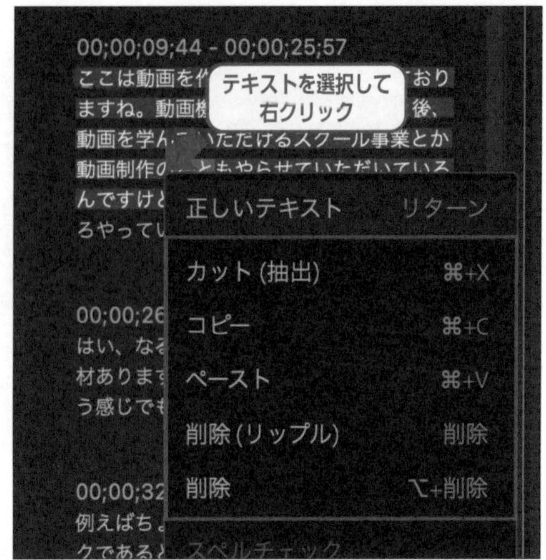

また、テキスト内にある［…］は、一時的に無音であることを示しています図6。［…］自体をクリックすると、選択して削除することも可能なので、言いよどんだり、会話の"間"だったりを簡単に省く編集が可能です。

この［…］は、テキストパネル右下の［…］をクリックすることで表示のオン／オフを切り替えることができます図7。

図6 声がない「無音語間部分」を示す表示

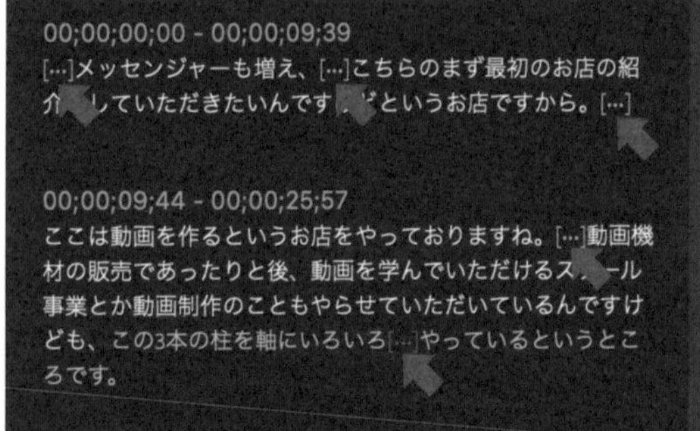

図7 無音印切り替えボタン／テキストパネル右下

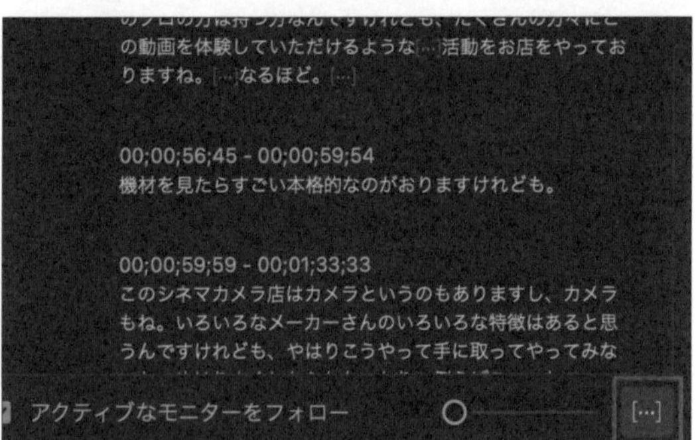

また、この無音部分を検出する目安「一時停止の長さ（無音の長さ）」も設定することができます。

テキストパネルの右上にあるプルダウンメニューから“一時停止”→“一時停止の長さ...”を選択すると図8、ダイアログが出てきます図9。

図8 テキストパネルプルダウンメニュー

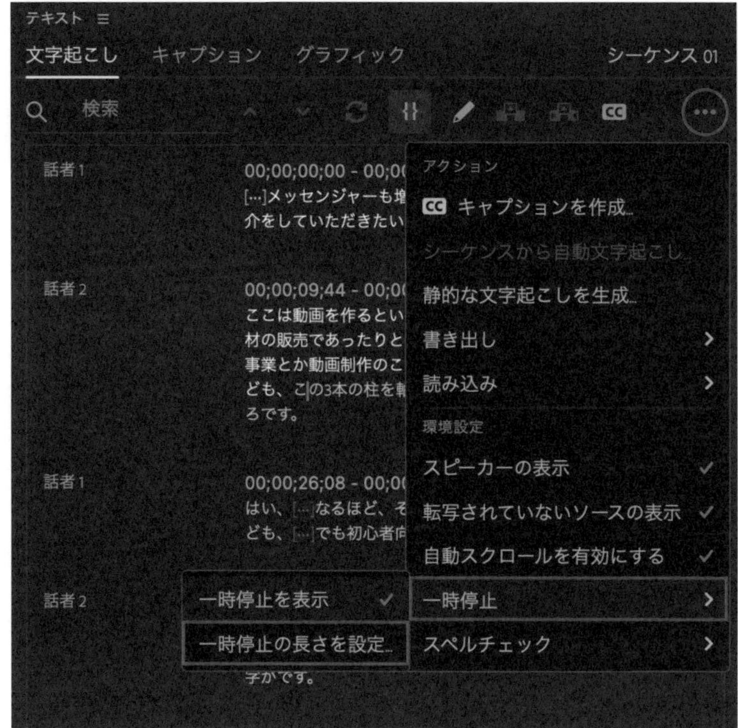

このダイアログで「一時停止（無音語間）の最小の長さ」を設定し、その長さ以上の無音が[…]で表示されます。

図9 一時停止の長さダイアログ

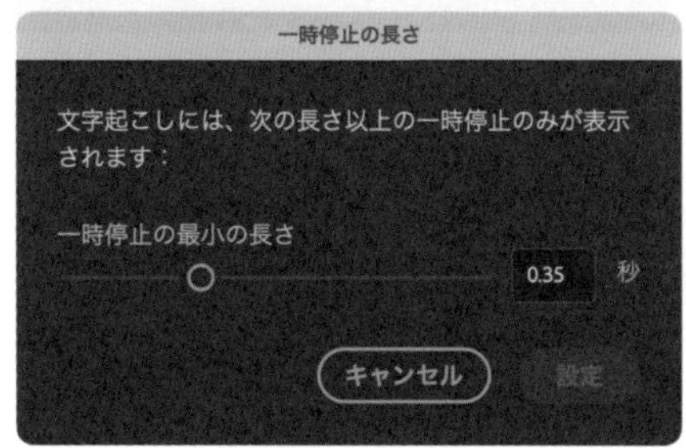

「一時停止（語間）」の一括削除

前述した方法で割り出した無音の語間部分［…］は、一気に削除することもできます（ver24.0からの新機能）。テキストパネルの上部にある漏斗アイコン をクリックして“一時停止”を押します（テキスト内の無音部分が選択された状態になります）図10。

※「一時停止」という文言は、今後のアップデートで「語間」に変更されるようです。

図10 一時停止を一括選択

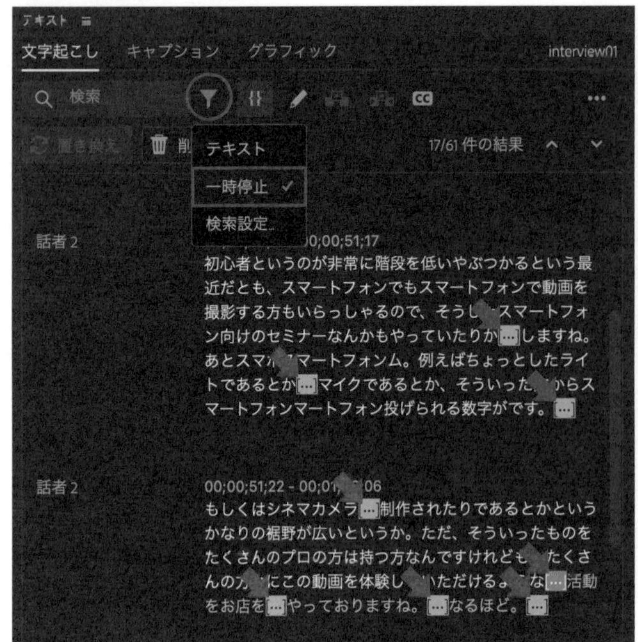

次に、[削除]ボタンを押し、さらに表示された[すべて削除]のボタンをクリックしましょう 図11 。選択されていた「一時停止」部分が一括で削除され、タイムライン上のクリップもそれに合わせて編集されます 図12 。これで無音部分が無くなり、テンポの良い編集結果になったと思います。

図11 すべてを削除

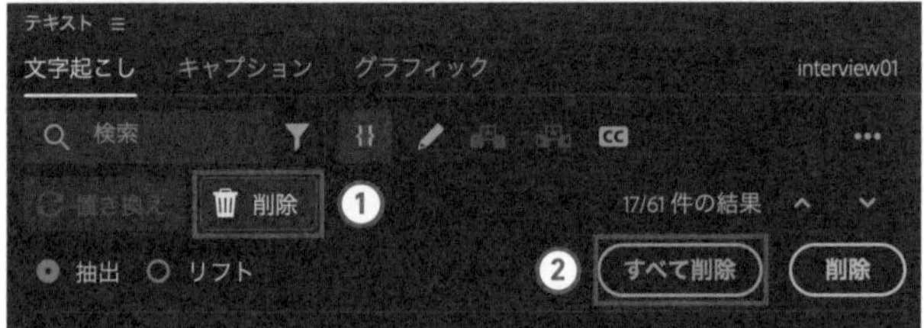

図12 すべての「語間」が削除される

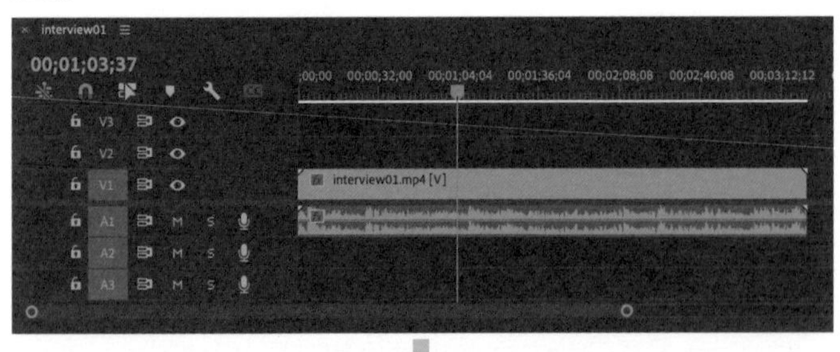

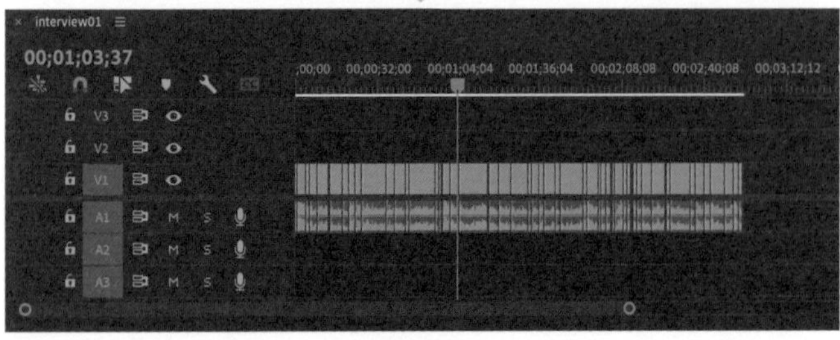

この「一時停止（語間）」の一括削除は、Premiere Proユーザーの強い要望によって追加された機能です。ご自身の編集フローにうまく役立ててみてください。

Column 「つなぎの言葉（フィラーワード）」の一括削除

本書を執筆しているタイミング（2023年10月）では、まだ開発中の機能なのでBeta版での紹介となりますが、画期的なおすすめ新機能があります。「一時停止（語間）」の一括削除と同様に「つなぎの言葉（フィラーワード）」の一括削除も可能になります。ここで言う「つなぎ言葉」＝「フィラーワード」とは、「あの」や「えーと」など、話す途中で思わず無意識のうちに口にしてしまう言葉です。コメント編集ではこれらの言葉を削除してテンポを上げることが多々あります。これも「一時停止」と同じようにテキストパネルの上部にある漏斗アイコンをクリックしてプルダウンメニューを表示させましょう。"つなぎの言葉" を選択すると、文字起こししたテキスト内につなぎ言葉部分が表示され（「filler」と表示される）、選択した状態になります図1。

あとは「語間」同様に、［削除］→［すべて削除］ボタンを押せば図2、一括してつなぎの言葉部分が削除され、タイムライン上のクリップも合わせて編集されます図3。

現状では開発中の機能なので、どこまでの精度で処理ができるのかはわかりませんが、使用用途を考えるとかなり期待したい機能だと思います。搭載されたらぜひお試しください。

図1 つなぎの言葉を選択（Premiere Pro Beta版）

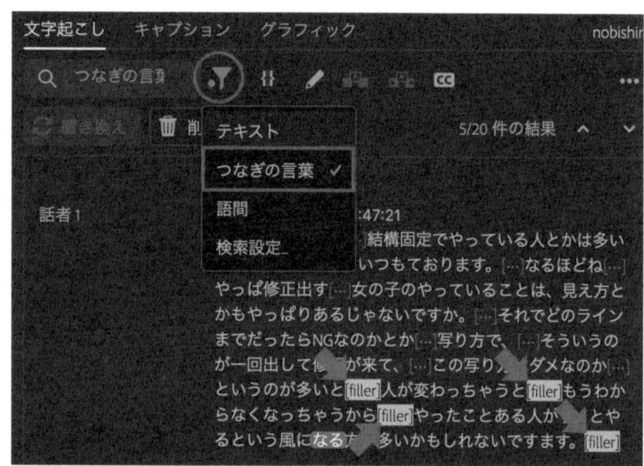

図2 つなぎの言葉の一括削除

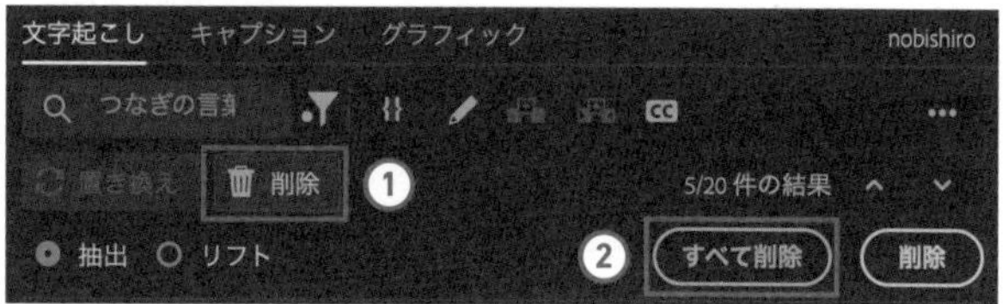

図3 すべての「つなぎの言葉」が削除される

ソースクリップから「文字起こしベースの編集」

ここまで、シーケンスに配置されたクリップに対する文字起こしの話をしてきましたが、実はソースクリップ（シーケンス配置前）の段階でも「文字起こしベースの編集」を活用できます。

読み込みページ 図13 から「読み込み時の設定」の「文字起こしの環境設定」で、［読み込まれたすべてのクリップを自動文字起こし］を選択し「interview02.mp4」を読み込んでみましょう 図14。バックグラウンドで文字起こしが行われ、その結果（テキスト情報）はクリップそのものに紐付けられます。

図13 読み込みページ

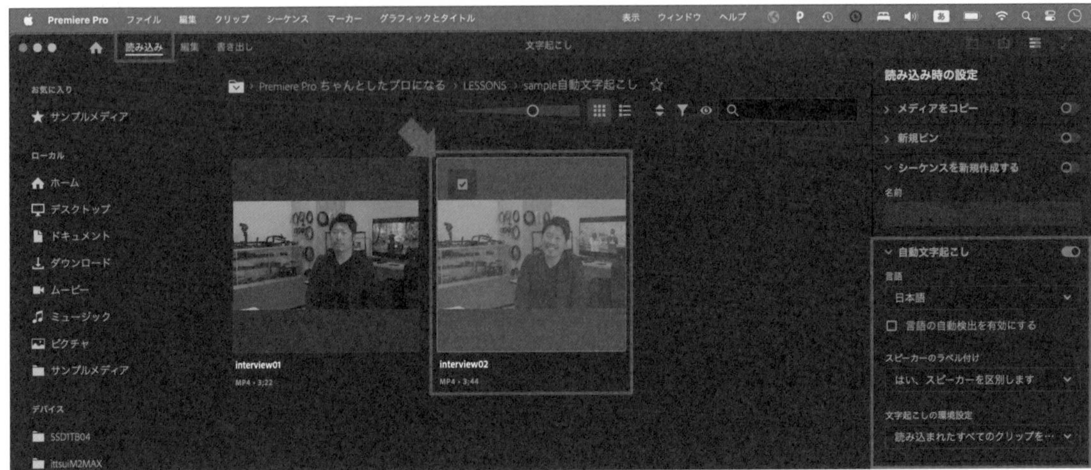

図14 「読み込まれたすべてのクリップを自動文字起こし」／文字起こしの環境設定

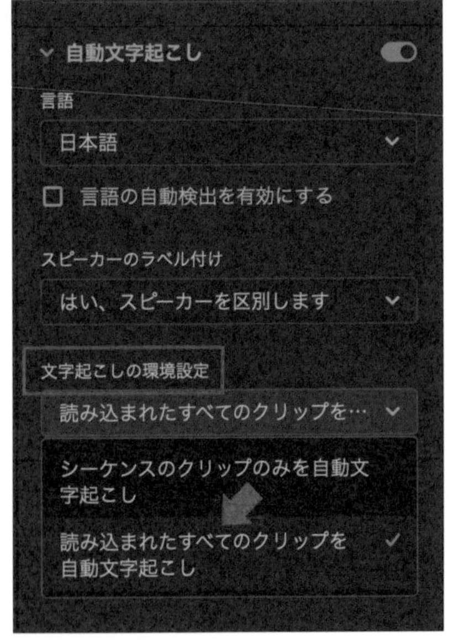

プロジェクトパネルにある「interview02.mp4」をダブルクリックしてください 図15。「プログラムモニター」の表示が「ソースモニター」に切り替わり「interview02.mp4」の内容が表示されます。

それと同時に、「interview02.mp4」を文字起こししたテキストがテキストパネルに表示されます。

図15 クリップをソースモニターで開く

このテキストを利用して「文字起こしベースの編集」で、「interview02.mp4」の一部をタイムラインにインサートしてみましょう。

タイムライン側で再生ヘッドを操作して、クリップをインサートしたい場所に移動します 図16。この時モニターはプログラムモニターがアクティブになります。

図16　インサートしたい位置に再生ヘッドを配置

もう一度、プロジェクトパネルにある「interview02.mp4」をダブルクリックし、ソースクリップのテキストを表示させます。テキストパネル内のインサートしたい部分のテキストをドラッグで選択します。ソースモニターの下にあるルーラにイン点・アウト点が表示され、選んだテキスト部分の範囲が選択されます 図17。

図17　テキストパネルでインサートしたい部分のテキストを選択

あとはテキストパネル上部にある［インサート］ボタンを押せば図18、テキストで選んだ部分だけがタイムラインにインサートされます図19。

図18 インサートボタン／テキストパネル

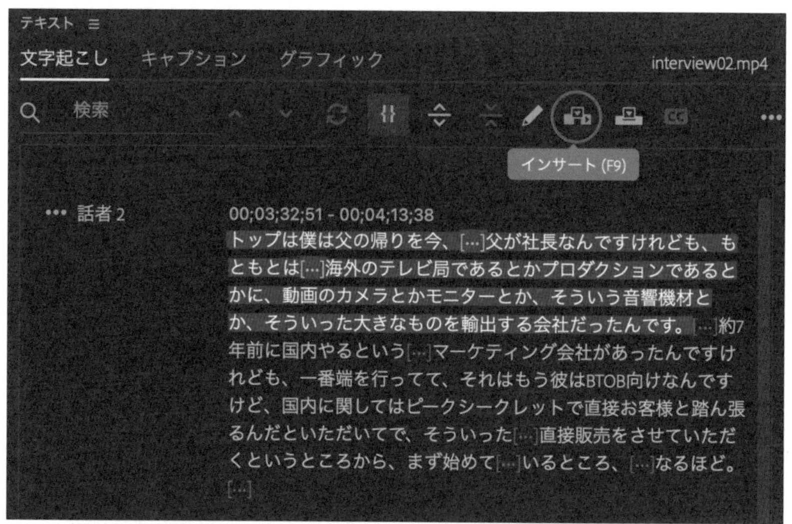

図19 再生ヘッド位置にインサートされる

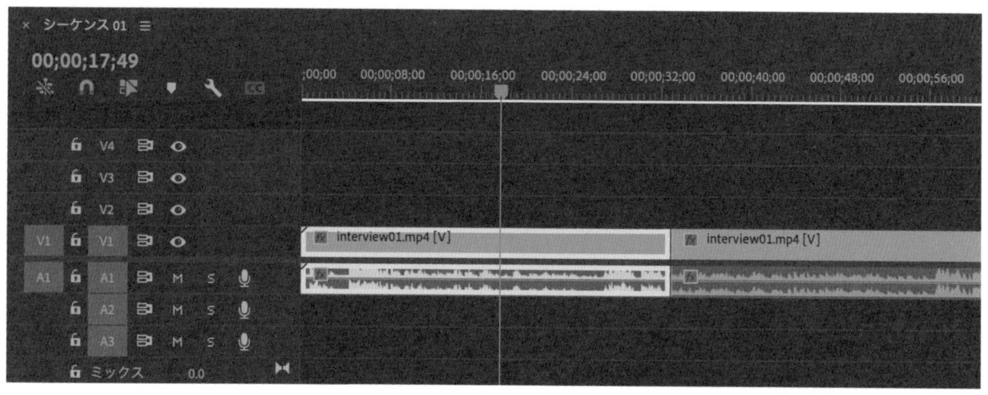

ソースクリップから直接インサート

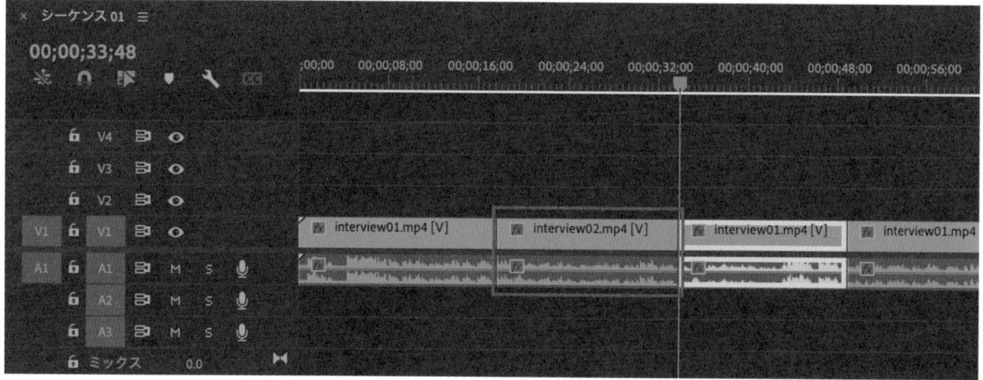

いかがでしょうか。同様に［上書き］ボタンを押すと、タイムラインに上書きすることができます 図20。

このようにソース段階で文字起こしをしていれば、必要なところだけをテキストで視覚的に探し出して使用することが簡単にできます。

図20 **上書きボタン／テキストパネル**

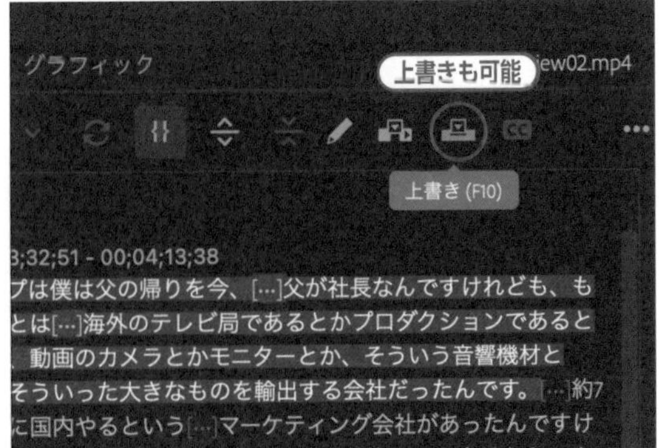

Column

モニターとテキストパネルの連動

テキストパネルは、プログラムモニターをアクティブにするとタイムラインに並んだ素材のテキストが表示され、ソースモニターをアクティブにするとソースクリップのテキストが表示されます。モニターとテキストパネルの連動を外したい時は、テキストパネル下部にある「アクティブなモニター」をオフにしてください。

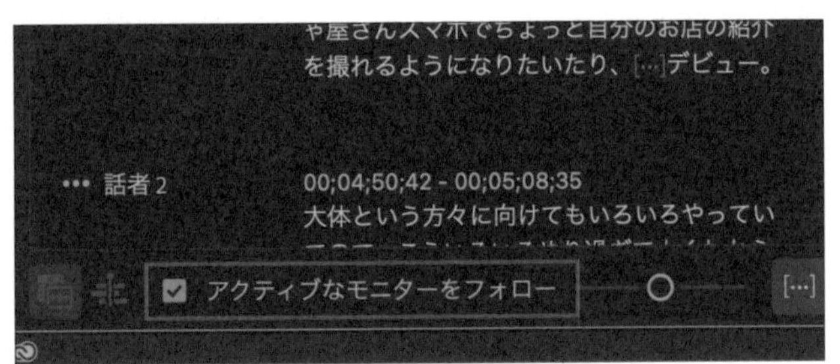

アクティブなモニター／テキストパネル下部

自動文字起こしは2種類ある

ここまで「文字起こしベースの編集」機能に使用する「自動文字起こし」の話をしてきました。実はPremiere Proの「自動文字起こし」は、もう1種類あります。「文字起こしベースの編集」機能用の文字起こしは新しい仕様のもので、それとは別に「古い文字起こし（静的な文字起こし）」が存在していて今もそれが残っているのです。ひと目見ただけでは判別がしにくく、古い方はタイムラインとの連動編集ができない仕様になっているため、「テキスト編集がタイムラインに反映されない」バグと勘違いするユーザーが現れるほどです。

テキストパネルのプルダウンメニューから、他方の「文字起こし」をやり直す項目があります 図21。意図しない方の文字起こしがされている場合は、こちらからお試しください。

図21 「静的な文字起こし」／テキストパネル

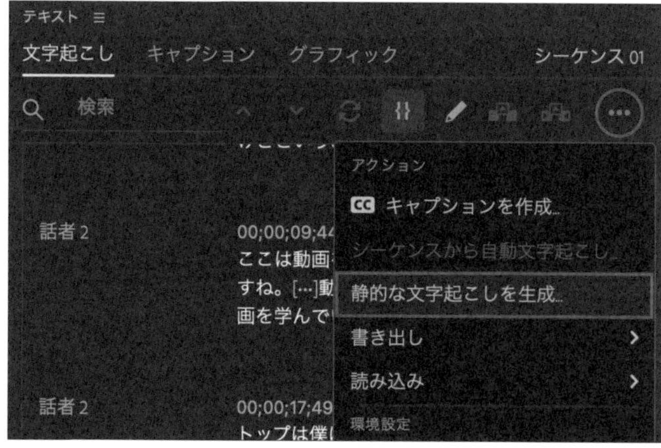

また、「静的な文字起こし」で文字起こしされた状態で、テキストパネルから同じ項目を開くと、[文字起こしベースの編集文字起こしを生成...]という項目名に変わっています 図22 。これを実行すると「文字起こしベースの編集文字起こし」に切り替わる、という仕組みです。必要な方に切り替えてご使用ください。

図22 「文字起こしベースの編集文字起こし」／テキストパネル

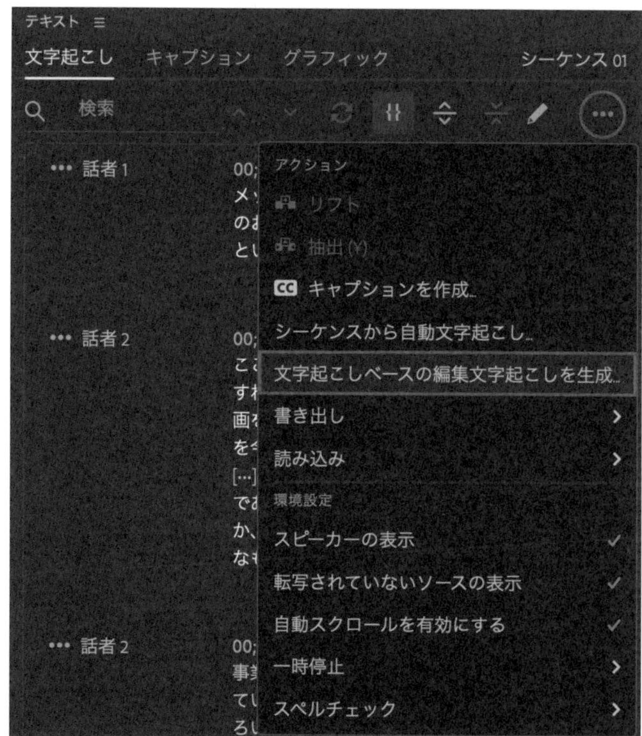

ちなみに「古い文字起こし（静的な文字起こし）」で生成したテキストパネルでは、話者の名前を変更することができます。話者名の左横にあるプルダウンメニューから［スピーカー名を編集...］ 図23 で、自分がわかりやすい名前に変更すると、より作業がしやすくなると思います。

このLessonでご紹介した「自動文字起こし」とそれを利用した「文字起こしベースの編集」は、近年搭載された新しい機能です。まだちょっと扱いにくい部分があるかもしれませんが、これからもどんどん進化していくと思います。筆者のYouTubeチャンネルではPremiere Proの最新情報を発信し続けているので、よろしければそちらも合わせてご覧ください。

図23 話者プルダウンメニュー／テキストパネル

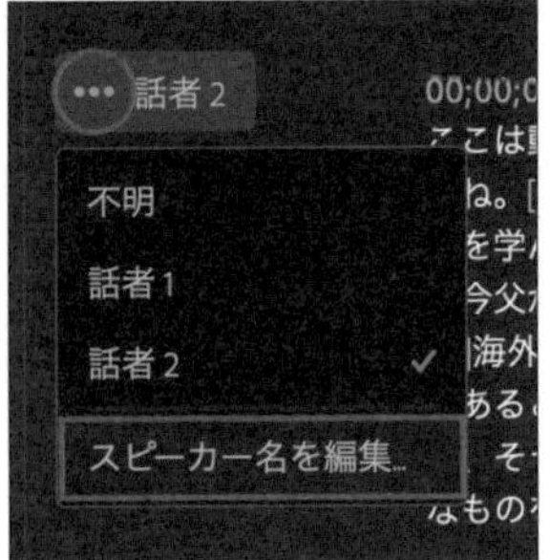

2種類の文字起こし

「静的な文字起こし」と「文字起こしベースの編集文字起こし」の違いについて、こちらの動画でもご紹介しています。とても複雑な内容なので、操作していてわからなくなった場合は、動画でも合わせてご確認ください。

YouTube「【必見】再リンクバグの正体！？
知らないと損するアップデート速報！2023年6月」
https://youtu.be/nl4iFYE7hLk?t=152

Lesson 6

キーフレームを使ったアニメーション

画像やテロップをより効果的に見せるための方法として「アニメーション（動き）」があります。画像が画面の外からスライドして入ってきたり、飛んでいったように見せたり、くるっと回転したりとさまざまな動きをつけることができます。アニメーションを活用することで、作品を飽きさせることなく、効果的な演出を施すことができます。ここでは「キーフレーム」という機能を使い、画像にさまざまな動きをつける方法をご紹介します。

基本　実践　資料編

Lesson 6

01 画像をアニメーションさせる

60 min

TRY 完成イメージ

スライド

拡大

回転

THEME テーマ

今回は、「画像」をアニメーションさせる例をご紹介しますが、「テキスト」や「動画」など他のクリップも同様にアニメーションさせることができます。操作方法も基本的には一緒なので、ここで「画像」の動かし方を確認し、他の素材でも試してみてください。

このLessonで学習すること

- 画像をアニメーションさせる
- 作成したアニメーションをプリセット保存して流用する

このLessonで使用するファイル

「アニメーション.prproj」	プロジェクトファイル
「stickers.png」	画像ファイル
「effect10.prfpset」	10種類のエフェクトプリセット(このファイルはプレゼントデータです)

キーフレーム

Premiere Proで画像やテキストをアニメーションさせるのに欠かせないのが**キーフレーム**です。時間軸に沿って「開始時間」と「終了時間」それぞれにポイントを設定し、そのポイントに「スケール」や「位置」などの値をそれぞれ設定することで、ポイント間を自動的に変化(アニメーション)させることができます。このポイントのことをキーフレームと呼び、開始と終了だけでなく任意のタイミングでいくつも設定でき、それを起点として動くアニメーションが作成できます 図1。

図1 複数のキーフレームを設定／間を補完するように数値が変化していきます

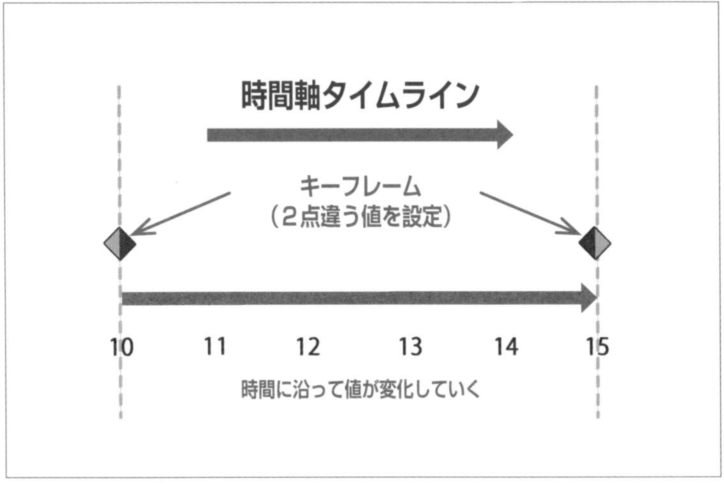

まずはPremiere Proで基本となる、キーフレームを使用した「アニメーション機能」を紹介しましょう。

サンプルデータのプロジェクトファイル「アニメーション.prproj」を開き、シーケンス「アニメーション01」をタイムラインに展開してください 図2 。「stickers.png」というクリップが３つ配置されています（同じクリップを3つ配置しています）。この画像をアニメーションさせてみましょう。ここではワークスペース「編集」を使用しています。

図2 アニメーション.prproj／編集ワークスペース

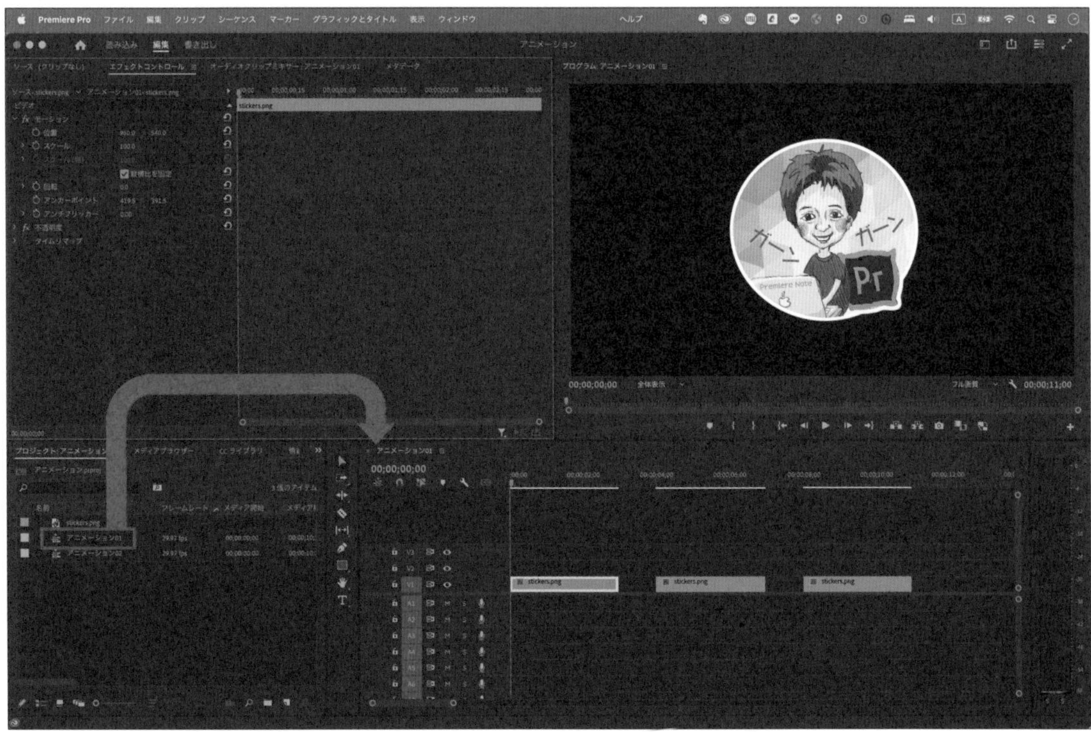

タイムライン上にある最初のクリップ「stickers.png」を選択して、左上のエフェクトコントロールパネルをアクティブにしましょう 図3。「モーション」「不透明度」「タイムリマップ」と3つの項目があります。それぞれの中にある項目を調整することで、クリップ(画像)の状態を変化させることができます。

「モーション」から確認していきましょう(モーションの詳細が表示されていない場合は「>」をクリックして展開して表示させてください)。

モーション内にある、各パラメーターのそれぞれの値を変化させることで以下のように動かせます 図4。

①**位置**：クリップの位置を動かす

②**スケール**：クリップの大きさを動かす
「縦横比を固定」をはずすと、縦と横を別々に調整可能です。

③**回転**：クリップを回転させる

④**アンチカーポイント**

クリップを動かす時の中心点・軸になるポイントです。このポイントを中心に拡大・縮小したり、回転したりするので覚えておきましょう。

⑤**アンチフリッカー**

クリップを直接動かすものではなく、画像中の細い線や鋭い角(ストライプ柄など)がちらついたりするときに使用します。この値を上げることで動画の**フリッカー**を抑えることができます。ただその分、動画がぼやけてしまうので注意が必要です。

図3 エフェクトコントロールパネル

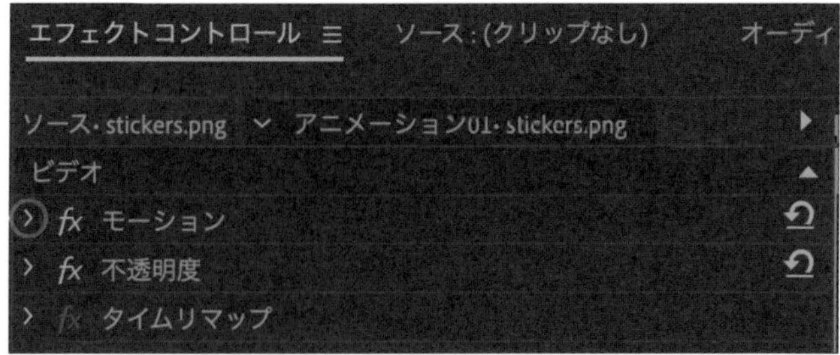

図4 モーションの各パラメーター

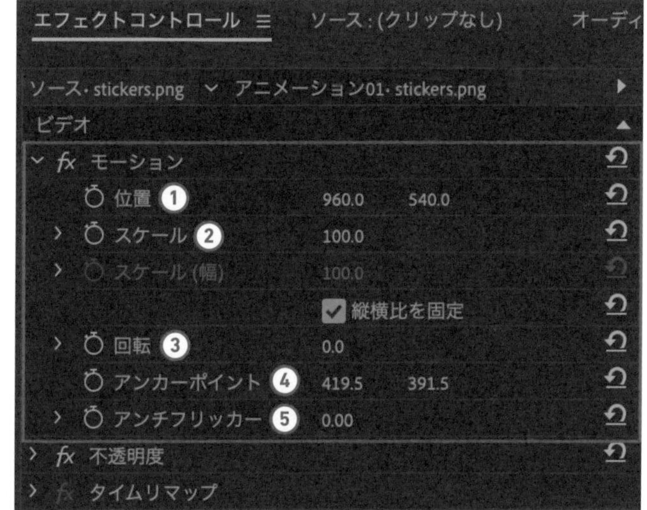

WORD フリッカー

現場で人間の目では見えなかった「点滅」や「ちらつき」「明るさのムラ」などが、映像に映っていることがあります。これを「フリッカー」と呼びます。撮影現場の照明の周波数や、カメラのシャッタースピード、撮影対象物の状況(映り込んだディスプレイのリフレッシュレートなど)などさまざまな状況によって、フリッカーが発生する可能性があります。

スライドイン

最初に、画像が画面の外からスライドして入ってきて、中央で止まる、というアニメーションを作ってみましょう。タイムラインには同じ「stickers.png」というクリップが3つ配置されています。一番左のクリップで試していきましょう。クリップを選択した状態で、再生ヘッドをクリップの先頭に配置します 図5 。

図5 左端のクリップを選択し、再生ヘッドをクリップの先頭へ

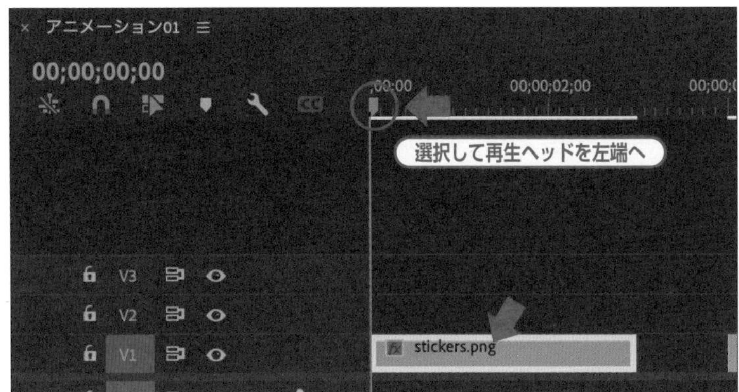

エフェクトコントロールパネルの［モーション］の［位置］のストップウォッチのボタン（アニメーションのオン／オフ）をクリックします。エフェクトコントロールパネル内のタイムラインにマークが付きました。これが「キーフレーム」です 図6 。

memo
ストップウォッチのボタンをもう一度押すと、設定したキーフレームが消去（リセット）され、アニメーションがオフになります。

図6 アニメーションをオン

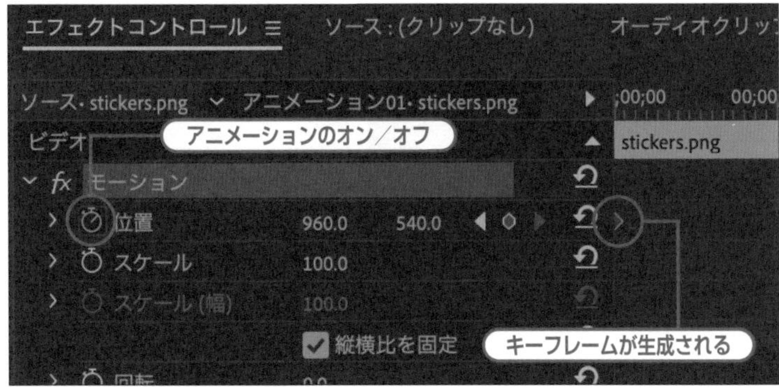

続いて、右向きのカーソルキーを10回押して再生ヘッドを10フレームすすめましょう 図7 。

memo
shiftを押しながら右向きのカーソルキーを1回押すと、再生ヘッドは5フレーム移動します。今回のように10フレーム進めたい時は2回押せば大丈夫です。

図7 再生ヘッドを10フレーム進める

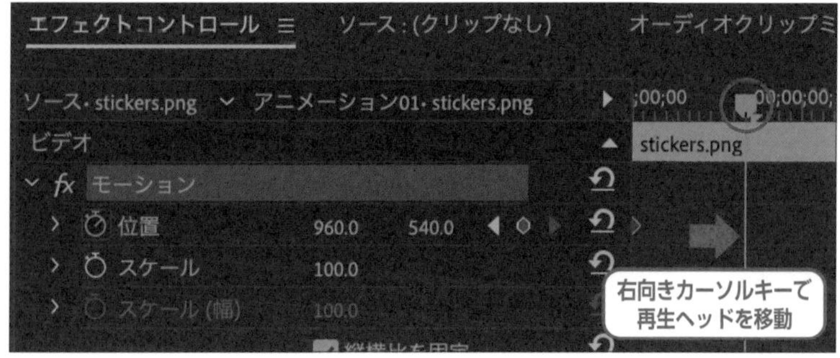

次に、［位置］の右端にある の をクリックしましょう。再生ヘッドの位置に新しいキーフレームが追加されます。これで2つ目のキーフレームが設定されたことになります 図8。 を押すと、ひとつ前のキーフレームに再生ヘッドを移動できます。再生ヘッドを最初のキーフレームに移動しましょう。

図8 2つ目のキーフレームを作成

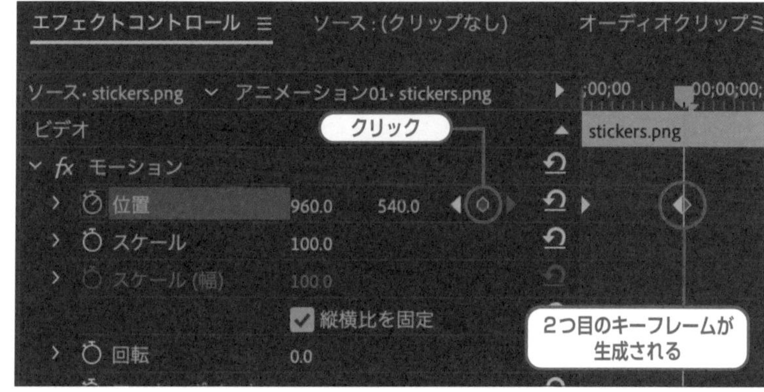

［位置］の欄に並んでいる2つの数値は、画像の配置位置を示しています。左側が横軸、右側が縦軸です。右側の数値をクリックし「1440」に打ち替えてみましょう 図9。

図9 縦の数値を「540」→「1440」

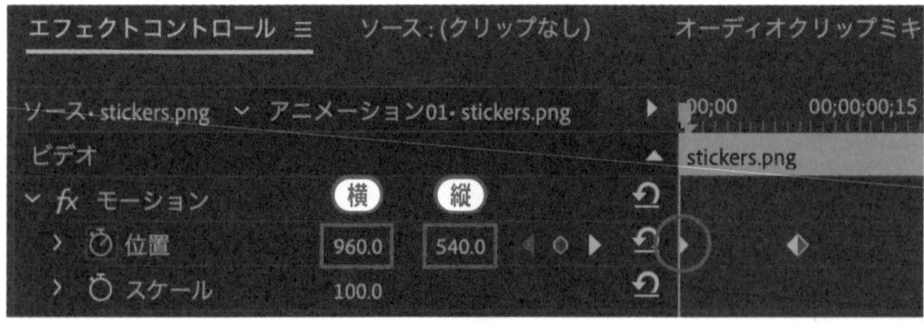

画像が下へ移動し、画面の外に出すことができました 図10。

これにより、画像の位置を「最初のキーフレームでは画面の外」に、「2つ目のキーフレームでは画面の真ん中」に配置していることになります。2つのキーフレームの数値が違うことで、キーフレームの間の時間で数値が変化していき、画像がアニメーションすることになります。

図10 画像が下に移動し、画面の外に／最初のキーフレーム

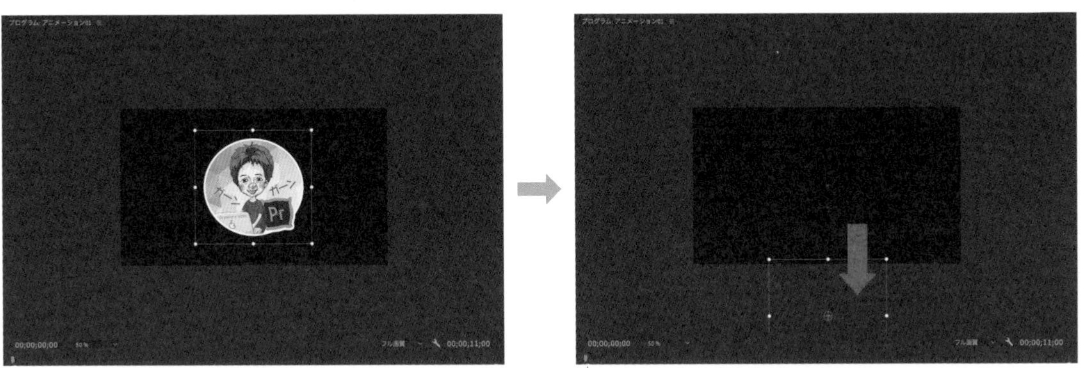

再生ヘッドをクリップの先頭に置いて再生してみましょう。画像が下から真ん中へスライドしながら入ってきます 図11。

これがキーフレームを使ったアニメーションの基本になります。シーケンス「アニメーション02」に、アニメーション適用済みクリップを配置しています。完成形を見たい時はそちらをご確認ください。

図11 スライドイン

イーズ

Premiere Proのキーフレームによるアニメーションは、初期設定では「リニア」と呼ばれる均等的な速度変化に設定されています。現実世界では「速度変化のないアニメーション」というのはほとんど存在しないので、より現実世界に近い自然な速度変化になるよう「イーズ」を使ってみましょう。

Premiere Proでは「イーズイン」と「イーズアウト」の2種類のイーズを使うことができます。設定したキーフレームを右クリックし、「時間補完法」から選択します。

「イーズイン」は「徐々に速度を落とす」変化をするので、変化の終点（2つ目のキーフレーム）に適用しましょう。「イーズアウト」は「徐々に速度を上げる」変化になるので、変化の始点（1つ目のキーフレーム）に適用します。

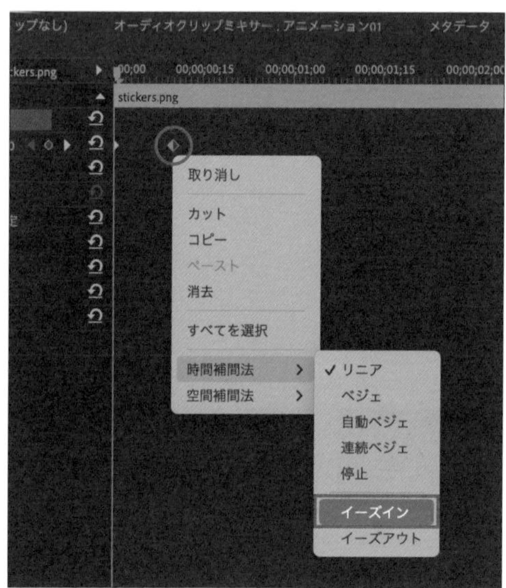

イーズイン

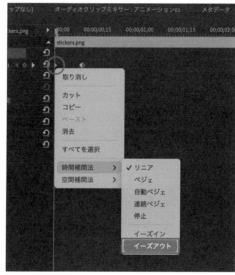

イーズアウト

再生して確認すると、始めは徐々に速度が上がり、停止際でゆっくりと止まります。「リニア」に比べてより自然な速度変化になりました。微妙な違いではありますが、このあたりの設定を大切にすることで、仕上がりのクオリティが変わってきます。よりよい作品づくりのために試行錯誤してみてください。

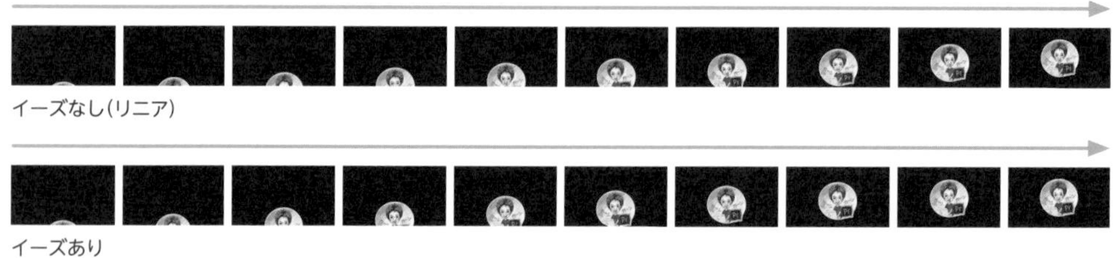

イーズなし（リニア）

イーズあり

拡大・縮小

同様に、[スケール] の項目でもキーフレームを使って動きをつけてみましょう。画像が拡大するアニメーションです。

先ほどはクリップの冒頭、再生が始まってすぐのタイミングでアニメーションさせましたが、今度はクリップの終わり、右端のあたりでアニメーションをさせてみましょう。

タイムライン上の2つ目のクリップの右端に再生ヘッドを配置します。この時、プログラムモニターに画像が表示されていないと思います。実は「再生ヘッド」は、再生ヘッドから伸びる直線の右隣にあるフレームをモニターに表示しています。ですので、クリップの右端に再生ヘッドをピタッとくっつけて配置すると、何もないところを指していることになるため、モニターには何も表示されません(黒画面になります)。

カーソルキーの左を1回押して1フレーム戻ってみると、画像が表示されることがわかります。この状態でクリップを選択し、エフェクトコントロールパネルで、モーションの [スケール] のストップウォッチ (アニメーションのオン/オフ) をクリックしましょう 図12 (1つ目のキーフレームが打たれます)。

図12 1フレーム戻して、クリップの最後のフレームを選択

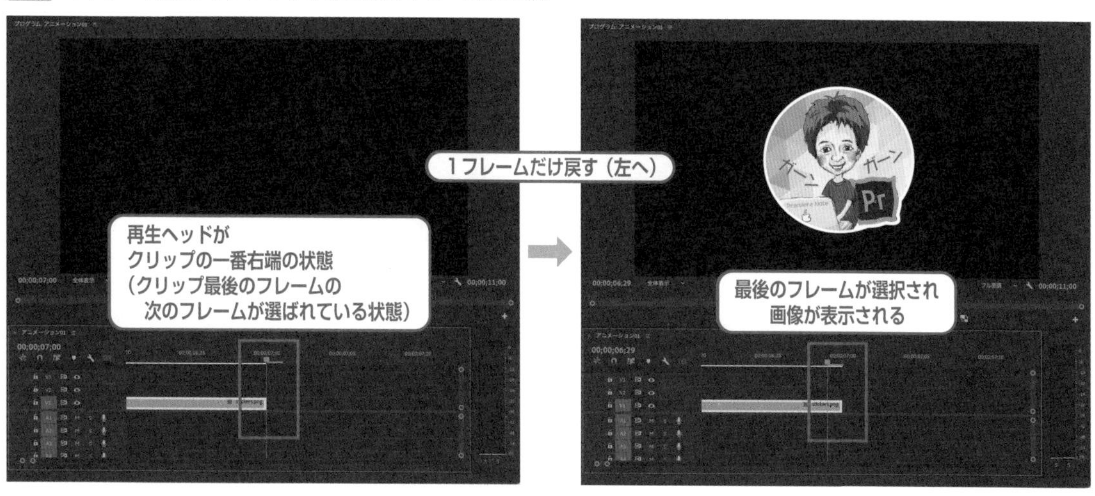

さらに、左向きのカーソルキーを10回押して10フレーム戻し、をクリックして2つ目のキーフレームを作成します。で再生ヘッドを最初に作成したキーフレーム(クリップ最後のフレーム)に戻し、数値を[100]から[500]に変更します 図13。

図13 クリップ最後のフレームのスケールを「500」に

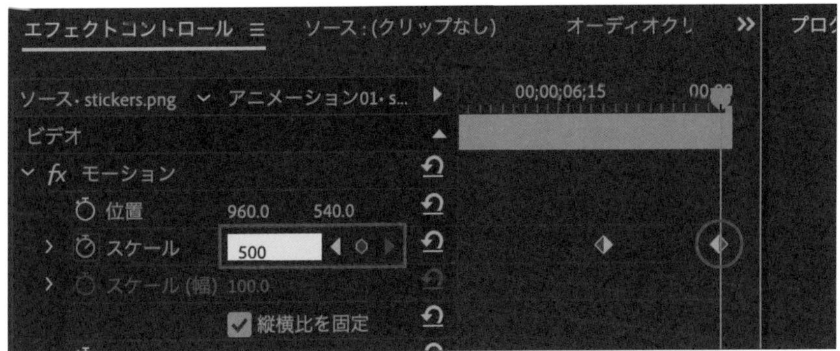

Column スケールを「100」よりも大きくする時は注意！

画像を拡大した時、[スケール]の値を「100」以上にすると、本来のデータサイズよりも大きなサイズに拡大することになるので、画質が劣化します。特に極端に大きな数値にすると画像がボケるので、その仕様を認識した上で使用することが大切です。わずかな差に感じるかもしれませんが、クオリティを求める場合は特に注意してください。

スケール100%

スケール1000%

これで再生すると、真ん中にある画像が、クリップの最後の10フレームで大きく拡大される動きが付きました。画像が拡大しながら画面の外に飛び出していくような演出ができました。図14。

図14 拡大「100」→「500」

後でキーフレームを移動できる

キーフレームは、設定した後でも時間軸を移動させることができます。今回、2つのキーフレーム間を10フレームに設定しましたが、もう少し間隔を広げみてみましょう。2つ目のキーフレーム(左側)をドラッグで左に動かして、キーフレーム同志の間隔を広げてください。さっきより長い時間でアニメーションを完了させることになり、結果として緩やかな動きにすることができました。キーフレームの時間軸を調整することで、よりイメージする動きに近くなるように探ってみてください。

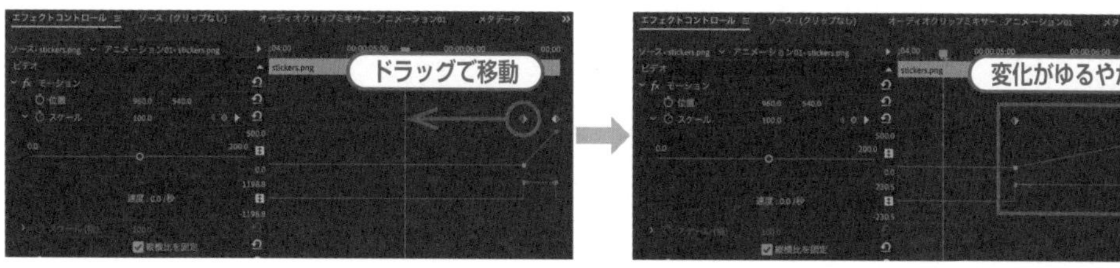

キーフレームをドラッグで移動して間隔を調整

回転

[回転]はその名の通り、値を変化させることで、画像の角度が変化し、回転させることができます 図15。

エフェクトコントロールパネルの[回転]の数値が「0」の時は、回転していない通常の状態です。数値が大きくなるにつれ右回転していきます。

図15 回転

[位置]と同じように、クリップの一番左端と10フレーム後に2つのキーフレームを設定して、数値を変化させてみてください。「360」で1回転（「1×0.0°」と表示されます）します 図16。簡単に画像を回転させることができると思います。

図16 「360」で1回転（1×0.0°）

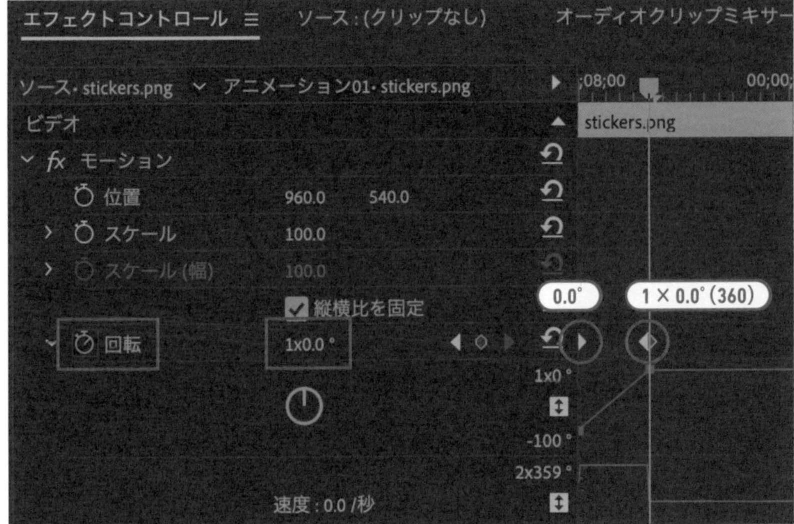

ここでの注意点として、先ほど紹介した「アンカーポイント」が重要になってきます。[モーション]をクリックした時、画像の中心に「+」が表示されます。これが「アンカーポイント」です。このポイントを回転の中心としてアニメーションするので、必ず気にかけるようにしましょう 図17。

図17 「モーション」をクリックするとアンカーポイントが表示される

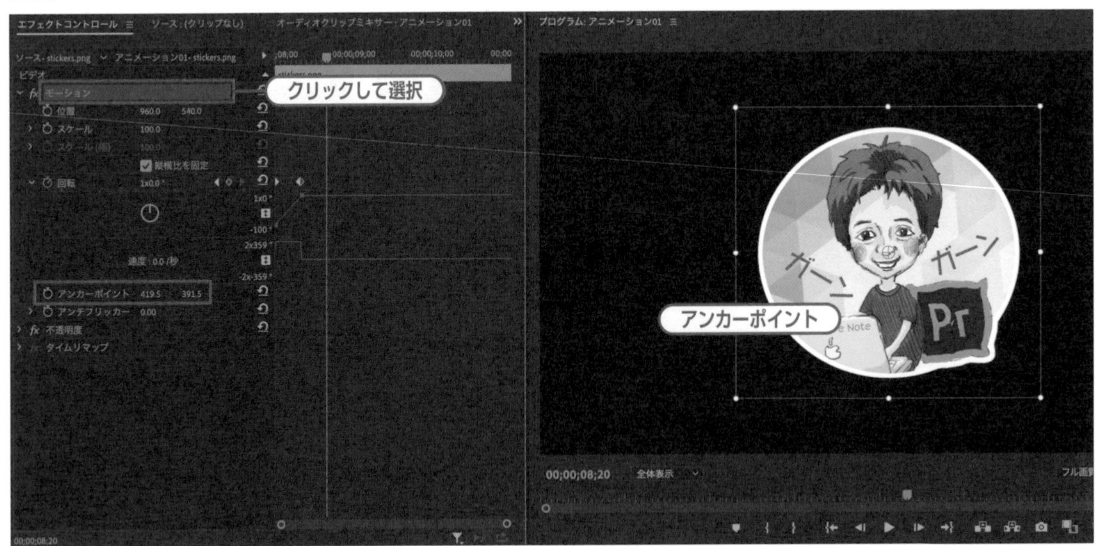

試しに、プログラムモニター上の「+」をドラッグで動かして画像の左下の方に移動してみましょう 図18。再生すると、画像の左下（アンカーポイント）を中心にして回転します 図19。

図18 真ん中にあったアンカーポイントを左下へ

図19 回転の軸が左下になってしまう

いかがでしたでしょうか。これらのアニメーションは、「画像」以外にも使用できます。最初にもお伝えしましたが、エッセンシャルグラフィックスで作成した「テキスト」や「グラフィック」はもちろん、通常の「動画クリップ」でも同じ挙動になります。アイデア次第でたくさんの演出ができるのでぜひお試しください。

memo

「アンカーポイント」は「回転」だけでなく「拡大縮小」など、そのほか多くのアニメーション機能の基準点になります。十分に注意して扱いましょう。

そのほかのアニメーションコントロール方法

今回は「エフェクトコントロールパネル」の「モーション」でアニメーションを作成しましたが、他にもいくつかアニメーションさせることができる方法があるのでご紹介します。

◎「ビデオエフェクト」の「トランスフォーム」

「エフェクト」自体はLesson 9でしっかりとご紹介しますが、ここではアニメーション機能に特化した「ビデオエフェクト」として「トランスフォーム」をご紹介します。「エフェクトパネル」の検索窓で「トランスフォーム」と入力しましょう 図20。

図20 トランスフォーム／エフェクトパネル

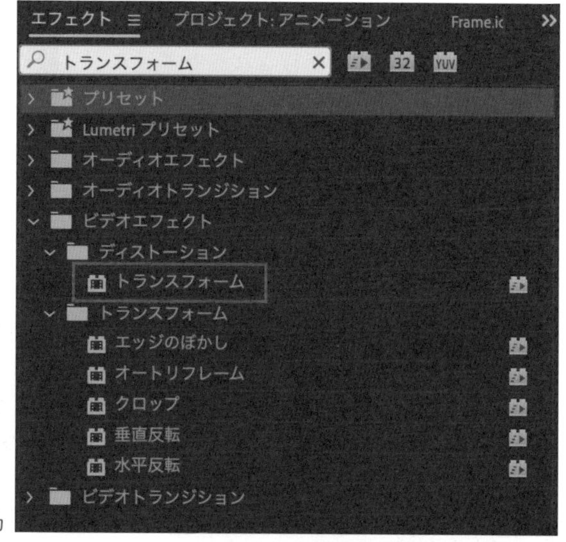

「ビデオエフェクト」>「ディストーション」に「トランスフォーム」と入力

このエフェクトを画像などのクリップに適用すると、「ビデオ」の「モーション」と同じように［位置］［スケール］［回転］などがエフェクトとして適用できます。ほかにも「歪曲」させたり、任意の形の「マスク」を適用したりできるので試してみてください 図21。

図21 トランスフォームの項目／エフェクトコントロールパネル

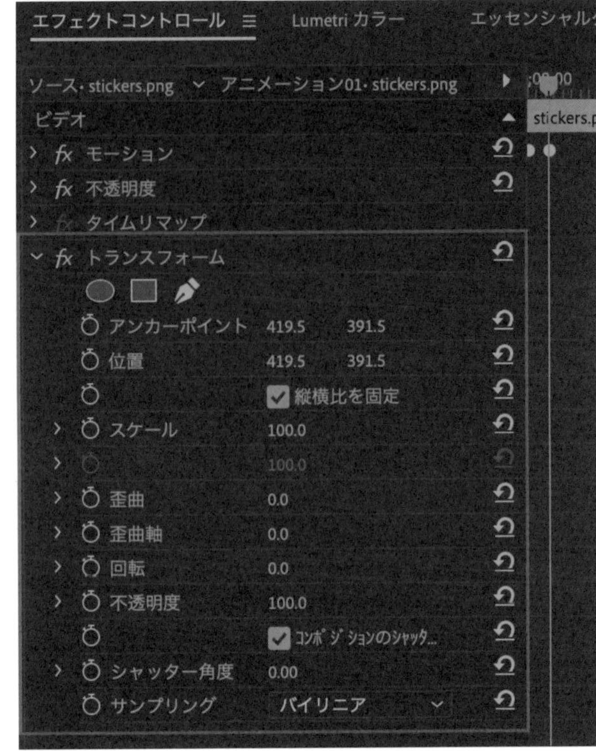

○拡大しても画質が落ちない「ベクトルモーション」

エッセンシャルグラフィックスで作成した「テキスト」や「グラフィック」のみの機能として、「ベクトルモーション」というものがあります。エフェクトコントロールパネルで確認すると「ベクトルモーション」の項目があり、「モーション」と同じように［位置］［スケール］［回転］［アンカーポイント］の効果が使用できます 図22。

ベクター情報を元に処理されるので、「スケール」で値が「100」を超えても、画質が劣化することがないのが特徴的です。用途に合わせて使い分けましょう 図23。

図22 テキスト or グラフィック使用時のみ表示される

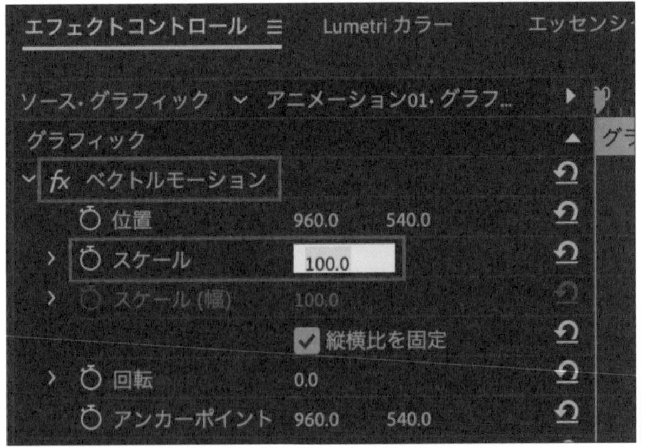

図23 拡大しても画質を損なわない

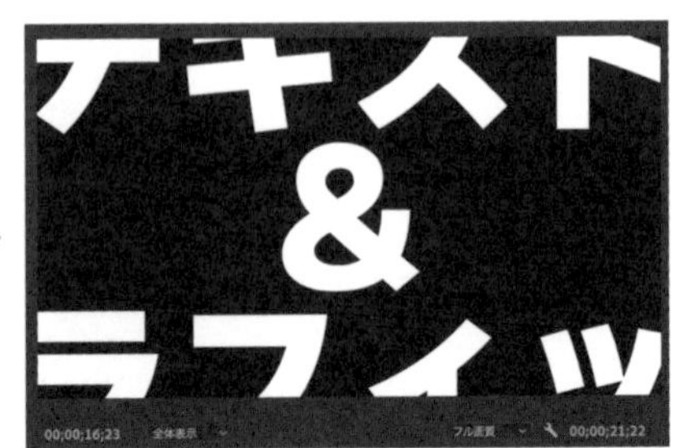

透明度を変化させるアニメーション

キーフレームを使用した演出の中に、もう1つ重要なものとして「透明度の変化」があります。徐々に浮かび上がるように現れたり（フェードイン）、点滅したりと使い方はさまざまです。こちらもアニメーション効果を使用する上で欠かせない機能なのでぜひマスターしましょう。

シーケンス「アニメーション03」をタイムラインに開きましょう（完成形はシーケンス「アニメーション04」で確認できます）。

◎徐々に現れる（フェードイン）

まずは、透明度コントロールの基本として、「徐々に現れる」フェードインと呼ばれる演出をやってみましょう。

●不透明度

エフェクトコンロールパネルのビデオの中に［不透明度］という項目があります（詳細が表示されていない場合は「>」で展開しましょう）。この値が「100%」の場合、「不透明度=100%」つまり「完全に描写する」という意味になります 図24。逆に「不透明度=0%」の場合は「完全に透明」ということになります 図25。

図24 不透明度100%＝完全に描写

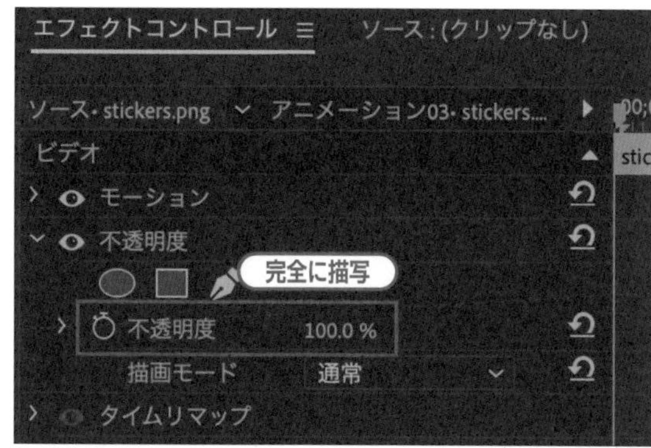

図25 不透明度0%＝完全に透明

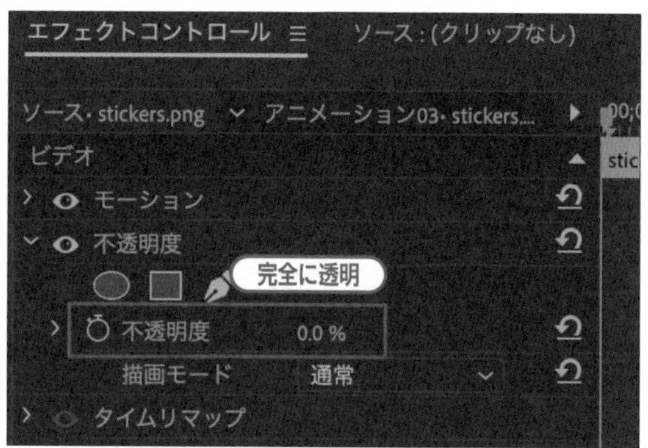

クリップの先頭で［0%］から［100%］に変化する2つのキーフレームを設定してみましょう。図26。

memo

「不透明度」はモーションとは別の扱いなので「ベクトルモーション」「ビデオのモーション」の中にはありません。「テキスト・グラフィックのトランスフォーム」や「エフェクトのトランスフォーム」には「不透明度」の項目があるので、そちらの方も上手に活用して下さい。

図26 不透明度のキーフレームを設定

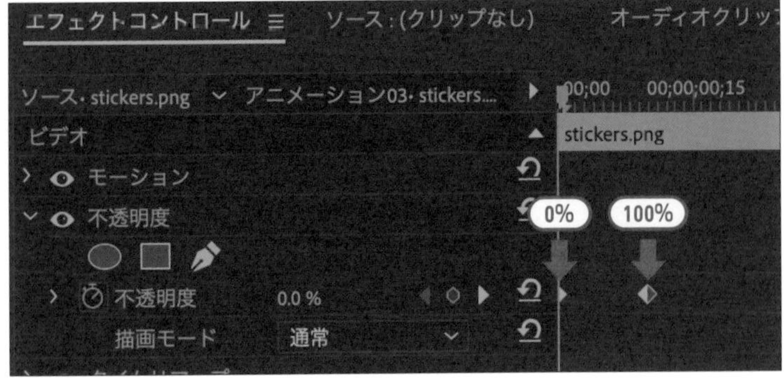

何もない状態から徐々に画像が全て表示される変化（不透明度0%→100%）をつけることができました 図27。

図27 フェードイン完成形

○点滅

次は、不透明度のアニメーションを使って画像を点滅させてみたいと思います。再生ヘッドを2つ目のクリップの先頭に配置し、先ほどと同じようにエフェクトコントロールの「ビデオ」の中の［不透明度］を使用します 図28。

図28 クリップを選択してエフェクトコントロールパネルを開く

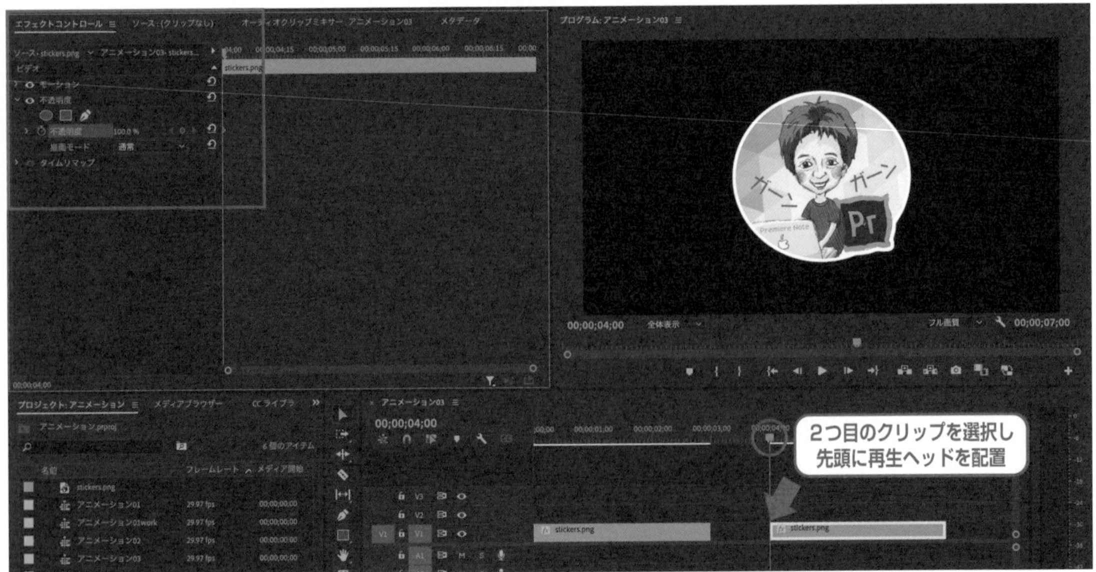

「不透明度」のストップウォッチ（アニメーションのオン／オフ）をオンにすると、自動的に最初のキーフレームが生成されます 図29。

図29 不透明度のアニメーションをオン／エフェクトコントロールパネル

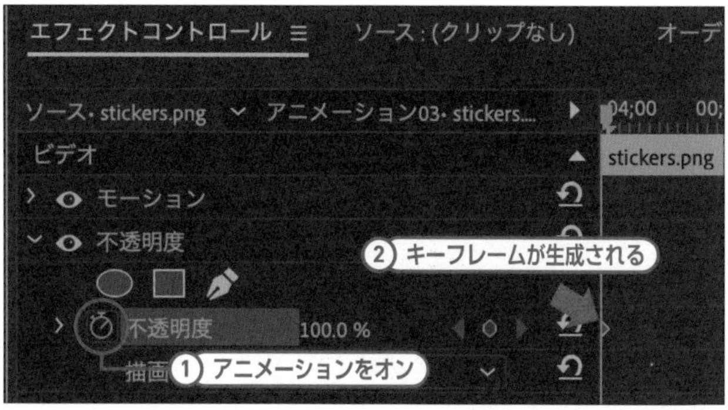

最初の値が［100%］なので、1つ目のキーフレームはそのままにして、右向きカーソルキーを2回押して再生ヘッドを2フレーム進め、不透明度の値を［30%］に変更します。この時、値を変更すると同時に、そのタイミングに2つ目のキーフレームが打たれます 図30。

memo

キーフレームの作成方法として、「キーフレームボタンを押す→値を変更する」方法でも良いのですが、「値を変更→自動的にキーフレームが打たれる」の方が時短になるのでおすすめです。

図30 数値変更と同時に新しいキーフレームが生成される

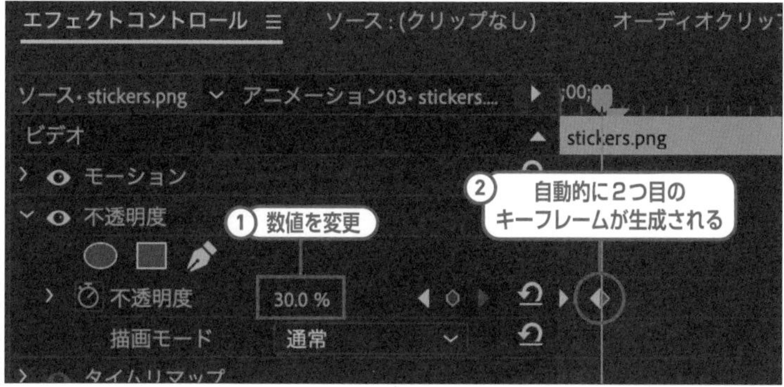

次に、右向きカーソルキーを2回押して2フレーム進め、値に［100%］を入力します（3つ目のキーフレームが作成されます）。これで「100%→30%→100%」と変化するキーフレームが作成できました 図31。

図31 2フレーム進んで「100」を入力

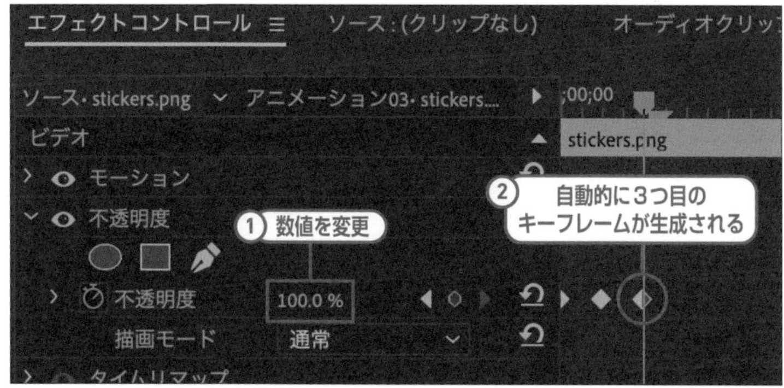

次が重要なポイントなのですが、キーフレームは複数選択してコピー&ペーストすることができます。3つのキーフレームを囲むようにマウス操作で四角くドラッグして複数選択しましょう 図32。

図32 3つのキーフレームを囲むようにドラッグして選択

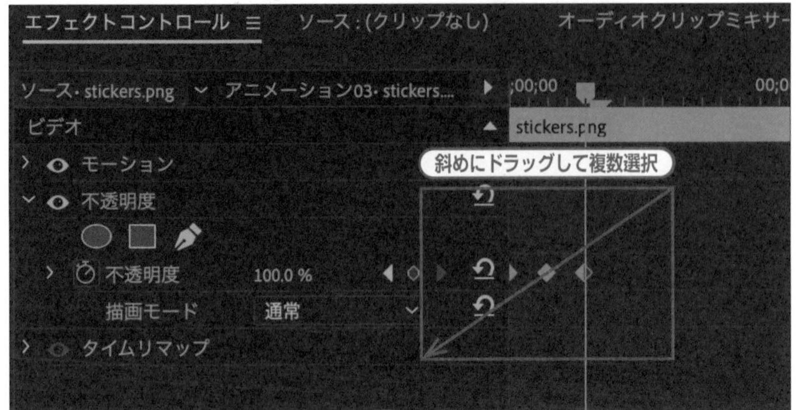

選択できたら、編集メニュー→“コピー（⌘+C）”でクリップボードにコピーします。

次に▶で再生ヘッドを最後のキーフレームの位置に移動し、編集メニュー→“ペースト(⌘+V)”でペーストします。するとキーフレームが一気に5つになりました 図33（元々再生ヘッドがある3つ目のキーフレームは上書きされます）。

図33 キーフレームをコピー&ペースト

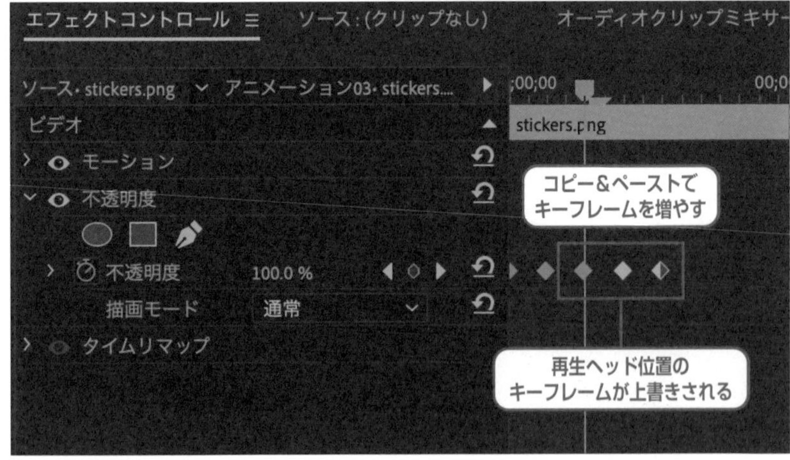

さらにこの5つのキーフレームを選択し直し、コピーし、同じ要領で最後のキーフレームの位置でペーストします。あっという間に大量のキーフレームを設定することができました 図34 。再生すると画像が点滅するように表示されます 図35 。

いかがでしょうか？ この「キーフレームのコピー＆ペースト」はさまざまなケースで活用できるので、ぜひ使ってみてください。

図34 コピー＆ペーストを繰り返す

図35 点滅完成形

Column

地震エフェクト（揺れるエフェクト）

「キーフレームのコピー＆ペースト」を利用して作る「地震エフェクト（揺れるエフェクト）」の動画を、こちらのURLで公開しています。動画内で作成したエフェクトは、プリセットファイルとしてこの動画の概要欄で配布しているので併せてご覧ください。

YouTube「なければ作る！Pr版"地震"エフェクト！揺らすぞ！【PremierePro】」
https://youtu.be/jYlGtdaByRc

作成したアニメーションを保存して流用する

THEME テーマ

Premiere Proでは、自分で作成したアニメーションの設定をプリセットとして保存することができます。保存したプリセットは別のプロジェクトでも流用が可能です。とても便利な機能なのでぜひ有効活用してみましょう。

プリセット保存

先ほど作成した「回転」をプリセットとして保存してみましょう。シーケンス「アニメーション02」の3つ目のクリップ（アニメーションを適用済）を選択し、エフェクトコントロールパネルを表示します。

「ビデオ」の中の［モーション］を選択して右クリック、プルダウンメニューから“プリセットの保存...”を選択します 図1。

図1 プリセット保存／エフェクトコントロールパネル

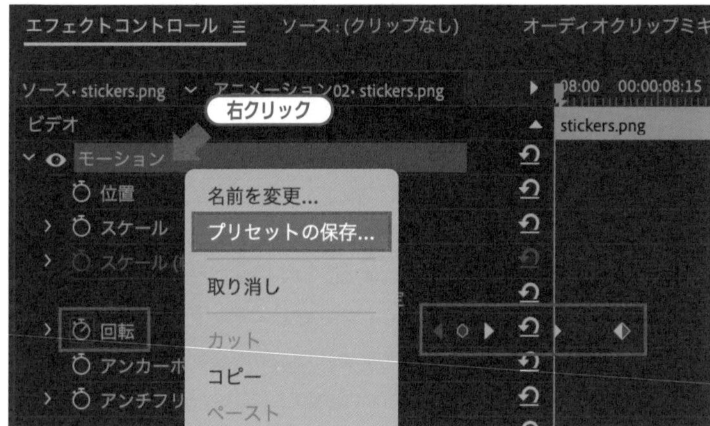

「プリセットの保存」ダイアログが現れるので「名前」を入力して「種類」を3つの候補の中から選びます 図2。

この「種類」は、保存したプリセットを新たにクリップに適用する時に反映されます。新たなクリップと元のクリップに尺の違いがあった場合、基準がないと、キーフレームの位置（タイミング）がうまく反映できません。その場合の何を基準にキーフレームを配置・再現するかをここで決めることになります。

図2 プリセット保存ダイアログ

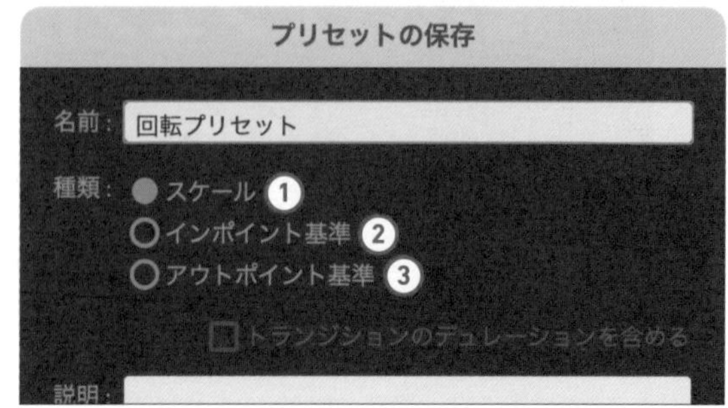

①スケール

元のクリップと新しいクリップの長さの変更比率に合わせて、全体を伸縮してキーフレームのタイミングが決まります。この時、新しいクリップの既存のキーフレームが全て削除されます 図3。

図3 スケール：クリップの尺比率に合わせてキーフレーム間の尺も変化します

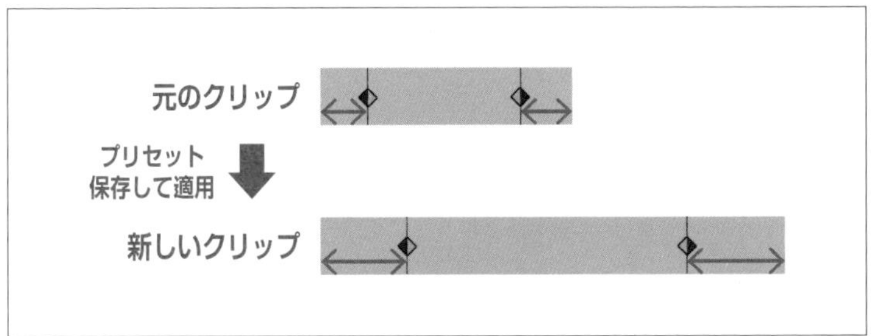

②インポイント基準

クリップの先頭から最初のキーフレームまでの元の長さを維持します。最初のキーフレームが元のクリップの先頭から1秒の位置にある場合、新しいクリップの先頭から1秒の位置にキーフレームが追加されます。その位置を基準として、他のすべてのキーフレームが追加されます 図4（キーフレームの間隔は変更されません）。

図4 インポイント基準：クリップの先頭を基準に同じ尺でキーフレームが配置されます

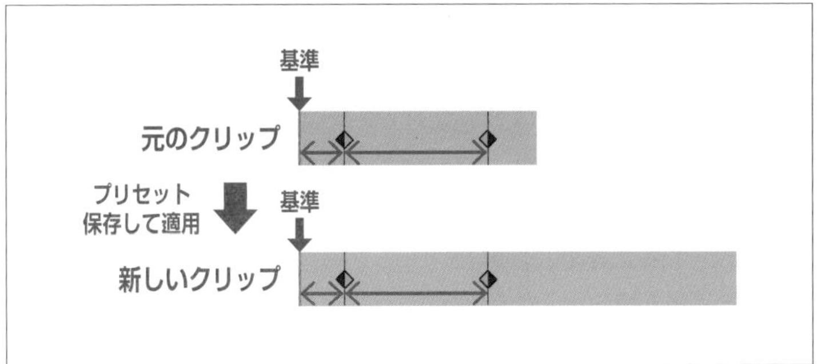

③アウトポイント基準

クリップの最後のフレームを基準とした、最後のキーフレームまでの元の長さを維持します。元のクリップの最後のキーフレームが、最後のフレームから1秒の位置にある場合、新しいクリップの最後のフレームから1秒の位置にキーフレームが追加されます。その位置を基準にして、ほかのすべてのキーフレームが追加されます 図5。

図5 アウトポイント基準：クリップの最後のフレームを基準に同じ尺でキーフレームが配置されます

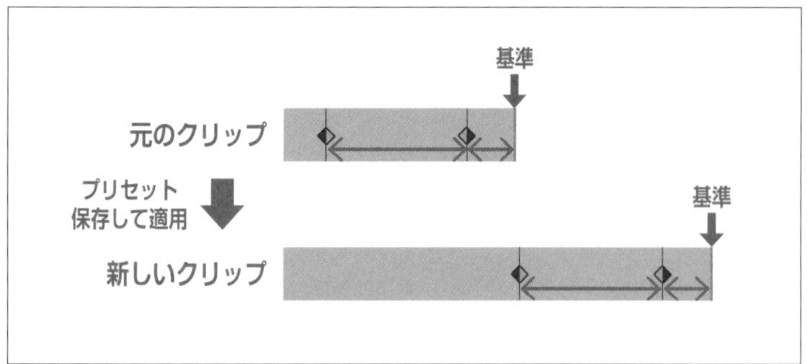

ちょっとややこしいですが、ここではクリップの先頭を基準にするとわかりやすいと思うので「インポイント基準」を選んでプリセットを作成します 図6。[OK]を押すと、エフェクトパネルの「プリセット」フォルダにプリセットとして保存されます 図7。あとは、保存されたプリセットを新しいクリップに適用するだけで自動的にキーフレームが追加され、アニメーションが再現されます。

図6 インポイント基準で保存

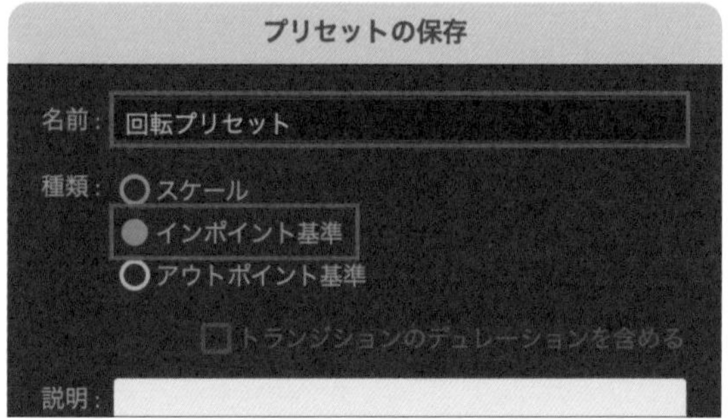

図7 保存されたプリセット

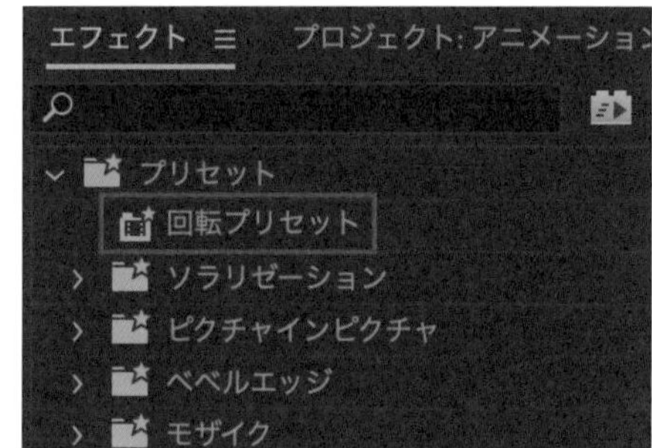

ここまで「位置」を使った移動、「スケール」を使った拡大縮小、「回転」を使った回転、「不透明度」を使ったフェードイン・点滅を紹介してきましたが、これら複数を1つのクリップに対して同時に設定することもできます。さらに、後述するエフェクトなども重ねて適用できるので、アニメーションのバリエーションが豊かになり、自由自在にオブジェクト（画像・テロップ・動画）を動かすことが可能になります。

また、それらの各要素をエフェクトコントロールパネルで管理でき、複数選択して1つのプリセットとして保存することができます。お気に入りのアニメーションを作成したら、ガンガン保存して自分ならではの演出プリセットを作成してみてください。

プリセットの書き出し・読み込み

作成したプリセットは1つのプリセットファイル（ファイルデータ）として書き出すことができます。ファイル化することで、別のシステムのPremiere Proで読み込んで流用することも可能になります。エフェクトパネルのプリセットフォルダに表示された任意のプリセットを右クリックし、“プリセットを書き出し...”を選択してください 図8。

名前を入力し、プリセットファイル（.prfpset）図9 として任意の場所に保存しましょう 図10。

図8 プリセットをファイルとして書き出す／エフェクトパネル

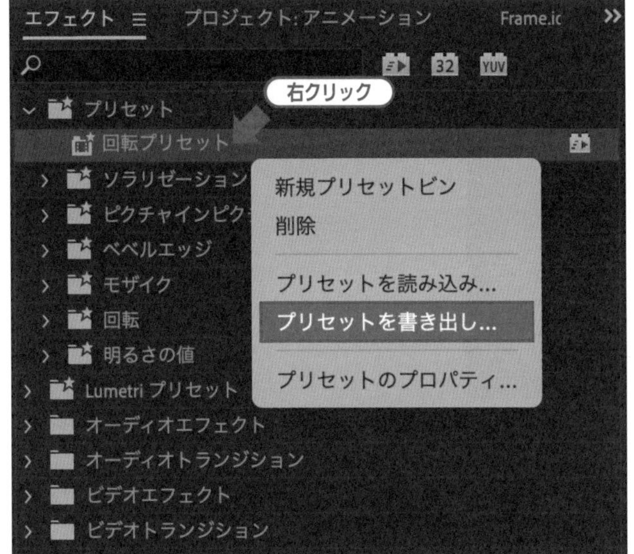

図9 プリセットファイルアイコン

図10 プリセットをファイルとして保存

書き出したプリセットファイルは、エフェクトパネルの一番上のプルダウンメニューの"プリセットを読み込み..."から読み込むことができます 図11。

別のシステムのPremiere Proで読み込んで流用したり、バックアップとして保存しておくと良いでしょう。

図11 **プリセットを読み込む／エフェクトパネル**

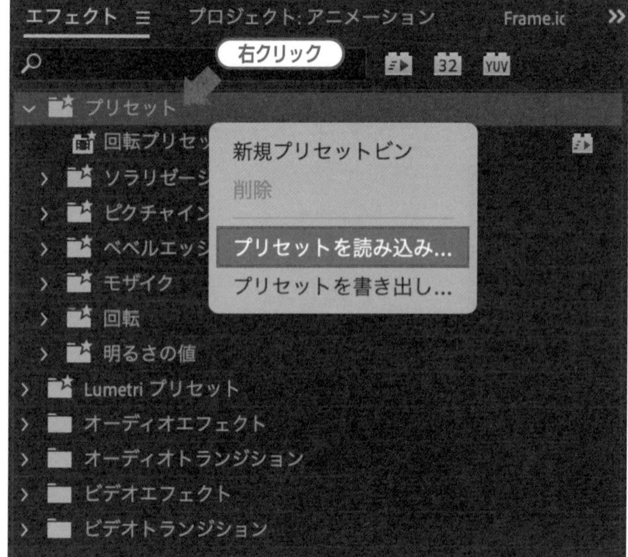

Column

71種のエフェクトプリセットファイル

自分自身で作成したアニメーションを、プリセットとしてたくさん保存して管理すれば、かなりの効率化を図ることができると思います。今回、ダウンロードデータの中に、筆者が作成した10種類のプリセットファイルをご用意しています。エフェクトも織り交ぜたいろんなパターンを用意しているので、そちらもぜひお試しください。

また、筆者運営のサイトで、今回の10種類を含む合計71種のエフェクトプリセットファイルを販売しています。解説動画もありますので、併せてご覧いただけますと幸いです。

エフェクトプリセット販売サイト

https://commandc.base.shop/

Lesson 7

カラーの調整

映像コンテンツを作る上で、大切な要素のひとつが「カラー調整」です。Premiere Proは、プロの現場でも活用できるレベルのカラー調整ツールを備えています。かなり奥の深い分野ですが、本書では基本的な知識と、Premiere Proならではの活用方法などをご紹介していきます。

基本　実践　資料編

どんなときにカラーを調整するのか

THEME テーマ

明るさや色味を調整することを「カレーコレクション」や「カラーグレーディング」といいます。映像作品の持つ意味を視聴者に的確に伝えるための、大切な編集工程です。より良い映像にするためにカラー調整を習得しましょう。

このLessonで学習すること

- 基本的なカラー調整の方法
- プリセットを使用したLookの表現
- LOG撮影した素材の編集
- 複数クリップの一括カラー調整

このLessonで使用するファイル

「カラー調整.prproj」　プロジェクトファイル

※以下はカメラで収録した映像ファイル

「bird.mp4」
「fish01.mp4」～「fish07.mp4」
「pengn.mp4」
「seal_b.mp4」
「sunflower02.mp4」
「coaster.mp4」
「flower01.mp4」～「flower03.mp4」
「seal.mp4」
「sunflower01.mp4」
「mini_cushion.MOV」

カラー調整が必要な映像とは

映像制作をする際、撮影環境によっては充分な明るさを確保できなかったり 図1、自然な色味で撮影ができなかったりすることが多々あります 図2。

編集作業で明るさや色味を調整することを「カレーコレクション」や「カラーグレーディング」といいます。この２つの言葉の差異には諸説ありますが、筆者の認識では、スタンダードで自然な状態に調整することを「カラーコレクション」といい、それに加えて「印象づけ」や「視線誘導」など、演出的な明るさ・色味・味付けをすることを「カラーグレーディング」と表現することが多いと感じています。

図1 明るさが足りなかった映像

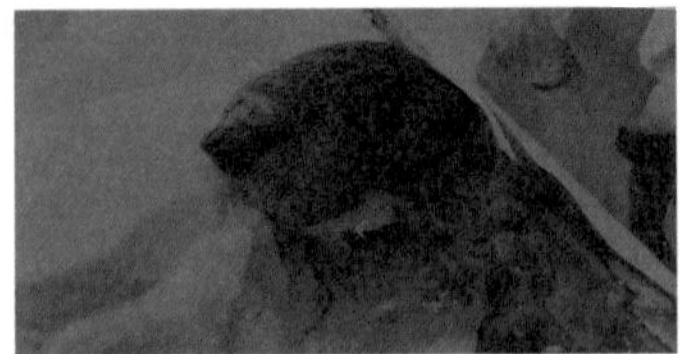

図2 色味が青すぎた映像

カラーや明るさの基本的な調整方法

THEME テーマ

Premiere Proにはたくさんのカラー調整方法があります。その中でも一番基本となるスタンダードなカラー調整をここで確認していきましょう。実際に触りながら色の変化を確認していただけると、より感覚的に理解しやすくなります。

Lumetriカラーパネルの確認

Premiere Proには**Lumetriカラー**というカラー調整機能があります。プロジェクトファイル「カラー調整.prproj」を開いてワークスペースを「カラー」に切り替えましょう。カラー編集専用のワークスペースに切り替わり、右側に「Lumetriカラーパネル」が表示されます 図1。このパネルを使ってさまざまなカラー調整を行います。

WORD Lumetriカラー

Premiere Proでは、カラー調整のために搭載されているツールのことを「Lumetriカラー」といいます。高度なカラー補正を、ビデオ素材にすばやく適用することができ、さまざまな演出効果を加えることができます。

図1 「カラー」のワークスペース

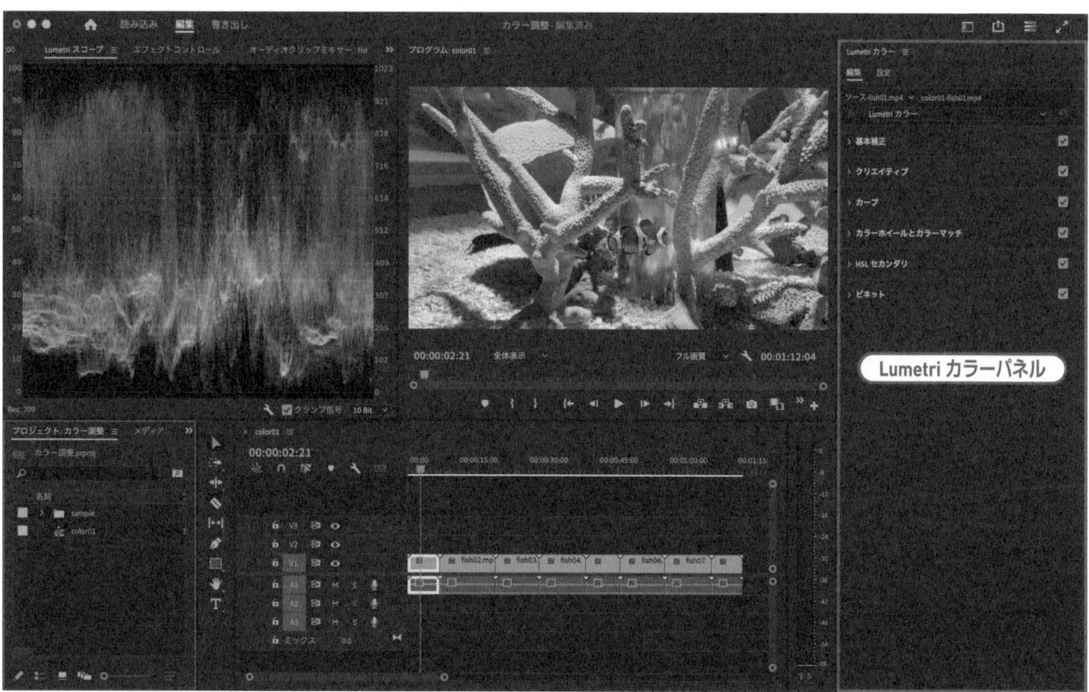

Lumetriカラーパネル上部には「編集」と「設定」の2つのタブがあります。この「設定」はver.24.0に新設されたタブです 図2（2023年10月現在）。この「設定」タブはのちほど紹介するので、まずは「編集」タブから見ていきましょう。

パネル内はセクションごとにまとめられていて、「基本補正」「クリエイティブ」「カーブ」「カラーホイールとカラーマッチ」「HSLセカンダリ」「ビネット」の6つがあります 図3。

図2 Lumetriカラーパネルの「設定」タブ

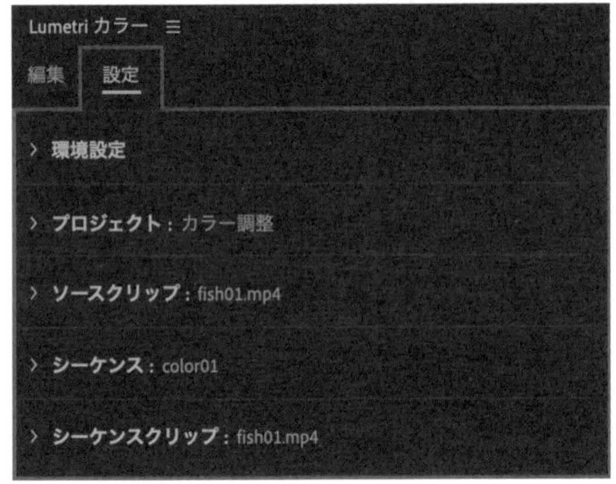

図3 Lumetriカラーパネル

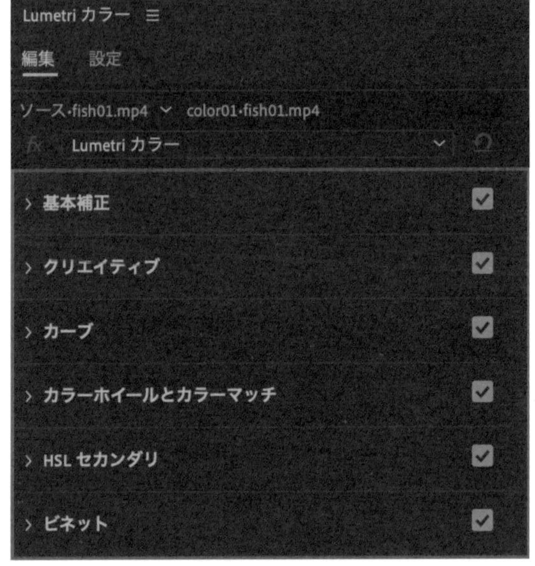

基本補正

まずは、撮影した映像の明るさや色味などを調整する「基本補正」から確認していきましょう。Lumetriカラーパネルにはさまざまな機能が搭載されていますが、最も重要な役割を果たす調整パラメーターがこの「基本補正」です。「ビビットで鮮やかな色味にしたい」とか「コントラストの低いシネマっぽい雰囲気にしたい」などいろいろやってみたい演出があると思いますが、最初に「スタンダードな映像に補正する」という工程を学んだ上で、次の段階へ進んでいくのが良いと思います。基本をしっかりマスターすることで、その先の演出幅がぐっと広がるので、まずはこの「基本補正」をマスターしてください。

「基本補正」をクリックするとセクションの詳細が表示されます。「カラー」グループが4つ、「ライト」グループに6つの項目が用意されていて、それぞれスライダーで調整したり、数値を直接入力できる仕様になっています 図4。それぞれの役割を確認していきましょう。

「カラー」グループ

まずは、「カラー」グループを見ていきましょう。

①ホワイトバランス

［ホワイトバランス］のスポイトアイコンをクリックして、任意の色をクリックすると、その色を基準にホワイトバランスが設定されます。プログラムモニター上の映像をクリックすると、そのピクセルのカラーを「ホワイト」として、色調整が自動で行われます 図5。ホワイトバランスがずれている時などの修正に便利です。

図4 Lumetriカラーパネルの基本補正

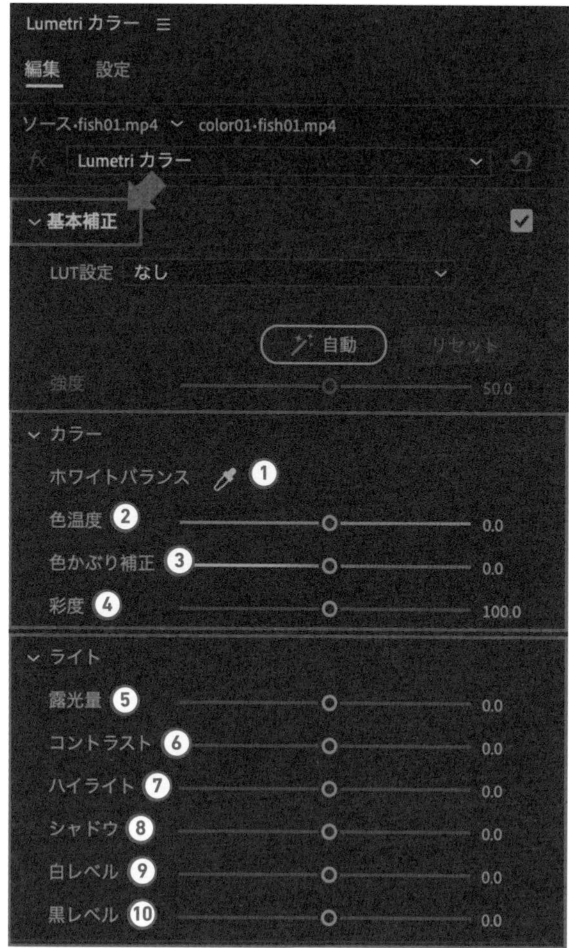

ホワイトバランス

撮影する時の光の色合いを補正して、「白」を「白」として記録・表示するための機能を「ホワイトバランス」といいます。

「白」を「白」として、と表現すると、一見当たり前のことのように聞こえますが、機械的にはとても複雑です。人間の目はとても優秀なので、どんな光の中でも「白いものは白」と自動的に判断できるようになっています。しかし、我々が実際に映像を記録するカメラでは、周りの光の色味の影響を受けて変化してしまいます。

例えば、青っぽい光の中で白い物体を撮影した時、白い部分を「白」と認識せず、青っぽく記録してしまいます。そのため、撮影時の「光源の色の基準」を指定するのが、この「ホワイトバランス」という機能なのです。

ホワイトバランスを合わせることで、白以外の色も光源の色に対応して自然な見た目の色として表現することができます。これは映像だけでなく写真（画像）でも同様です。

図5 スポイトを選択して画面上の「白」として認識したいピクセルを選択

ホワイトバランス調整前

ホワイトバランス調整後

ホワイトバランスの調整は、②［色温度］と③［色かぶり補正］の値に反映されます。さらに、スライダーで数値を変更して微調整し直すことも可能です 図6。

図6 「色温度」と「色かぶり補正」が自動で変更される

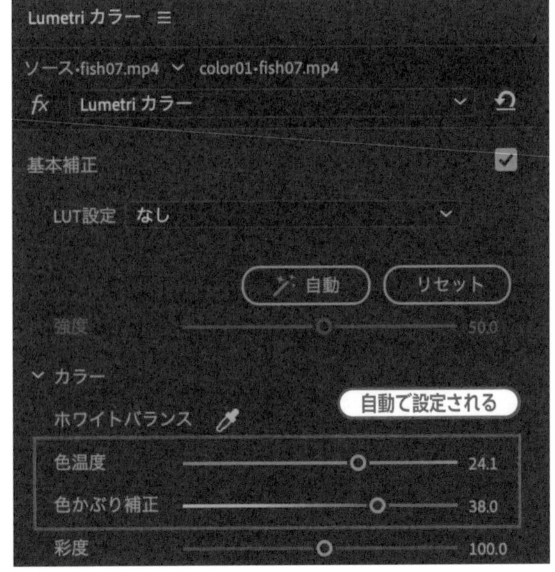

④彩度

［彩度］は、色の鮮やかさを調整ですることができます 図7 。こちらも活用してください。

図7 彩度の調整

彩度50

彩度150

また、演出として意図的に「ホワイトバランスをずらす」テクニックもあります。例えば、青みを強くすると「朝」や「冬」のようなイメージになり、オレンジを強くすると「夕方」や「暖かい」イメージを演出できたりします 図8 。

少し高度なテクニックになりますが、印象的な世界観を表現したい時はチャレンジしてみてください。

図8 ホワイトバランスを使って世界観を表現する

色温度-100／冷たいイメージ

色温度+100／暖かいイメージ

◎「ライト」グループ

続いて、「ライト」グループを見ていきましょう 図9。

⑤露光量

映像全体の明るさをまんべんなく変化させる項目です。

⑥コントラスト

明るい部分と暗い部分の幅の調整項目です。コントラストを上げると、明るい部分と暗い部分がよりはっきりと分かれ、くっきりとした映像になります。逆にコントラストを下げると、明るい部分と暗い部分の差が少なくなり、フラットな薄い感じの映像になります。

⑦ハイライト

映像の明るい部分を「より明るく」or「より暗く」する調整項目です。

⑧シャドウ

映像の暗い部分を「より明るく」or「より暗く」する調整項目です。

⑨白レベル

映像の中の一番明るい部分のレベルを調整します。この一番明るい部分のレベルに従うように、他の部分のトーンも変化します。

⑩黒レベル

映像の中の一番暗い部分のレベルを調整します。この一番暗い部分のレベルに従うように、他の部分のトーンも変化します。

図9 基本補正の「ライト」グループ

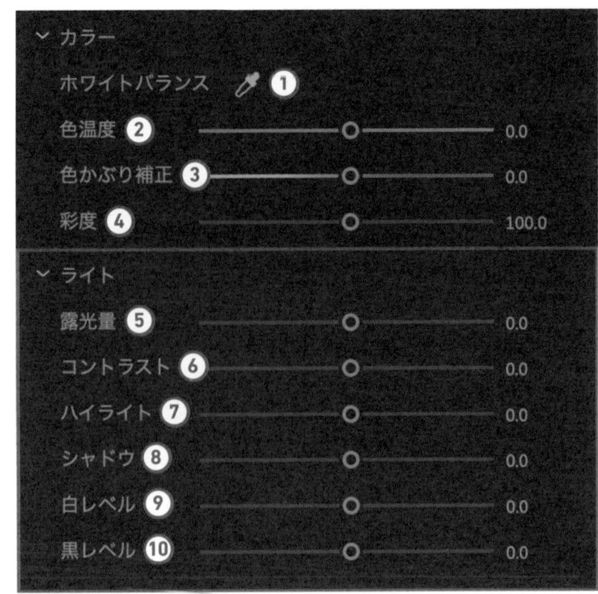

◎スライダーの限界値

各スライダーをマウス操作で端まで移動させると、その項目の上限値または下限値になります。ただし、注意したいのが、それらは本当の限界値ではない場合があります。ここで、数値そのものをクリックし、直接数値を入力すると、スライダーでは調整できない範囲まで広げて設定することもできます（数値入力にも限界値があります）図10。

スライダー調整よりもさらに大きく変化させたい時はぜひお試しください。

図10 直接入力の方が限界値が広い

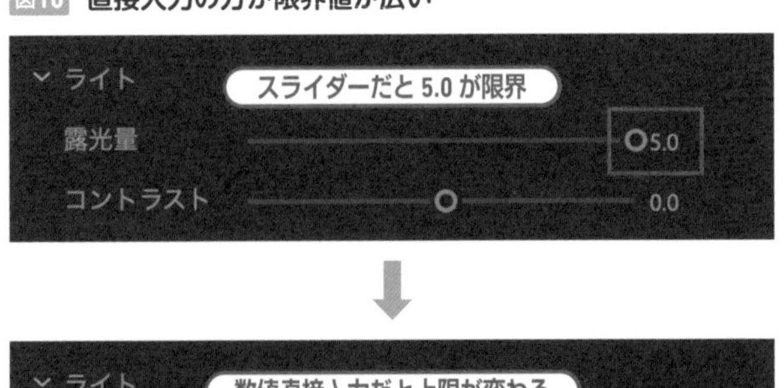

◎自動カラー調整

ここまで、各項目の役割を紹介してきましたが、初学者の方には感覚的な部分がわかりにくいかもしれません。そんな人におすすめなのが、「カラー」グループの上にある[自動]ボタンです 図11。これをクリックして適用すると、自動的に映像を解析し、適正と思われるパラメーターに一瞬で調整してくれます。

図11 自動ボタン／基本補正

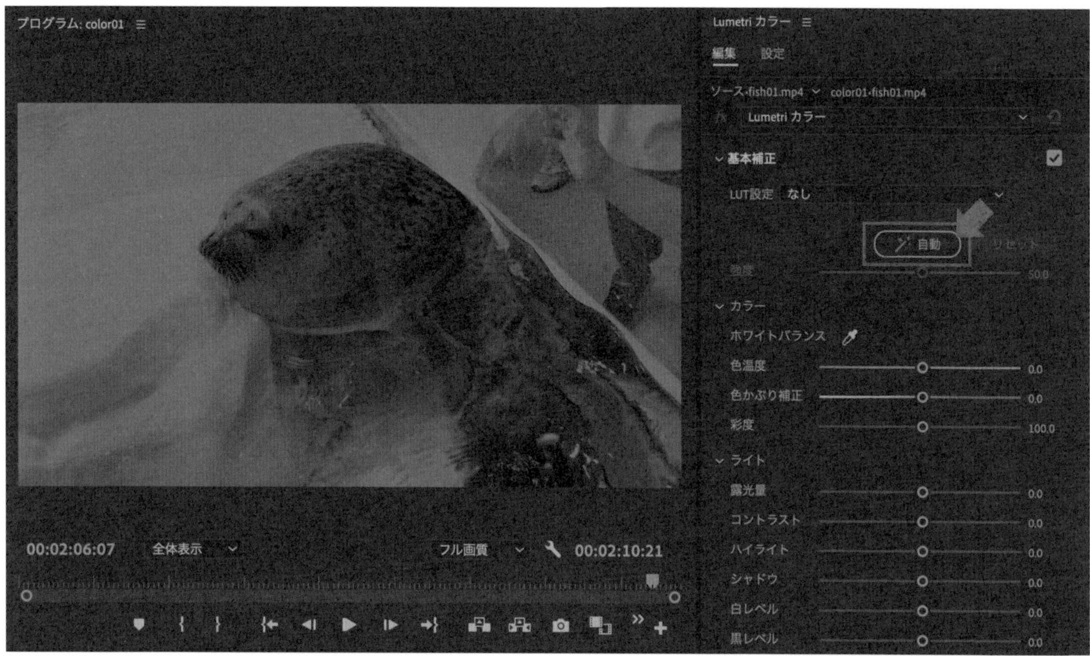

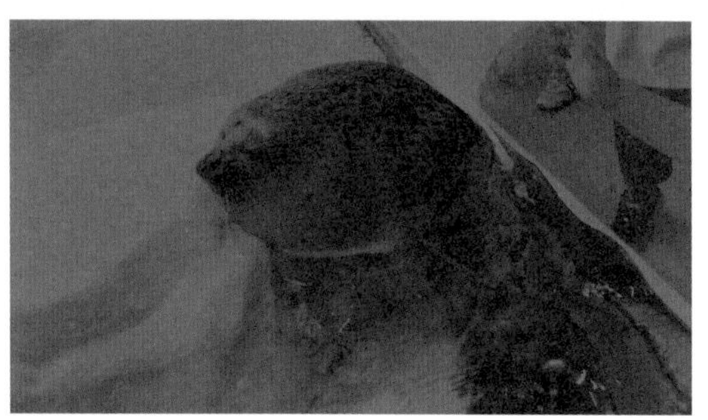

自動適用前

自動適用後

さらに［強度］のスライダーを調整すると、自動変更された全てのパラメーターの変更比率を一括で変化させられるので、全体の適用度も簡単に変更できます 図12。

図12 ［強度］のスライダーで調整

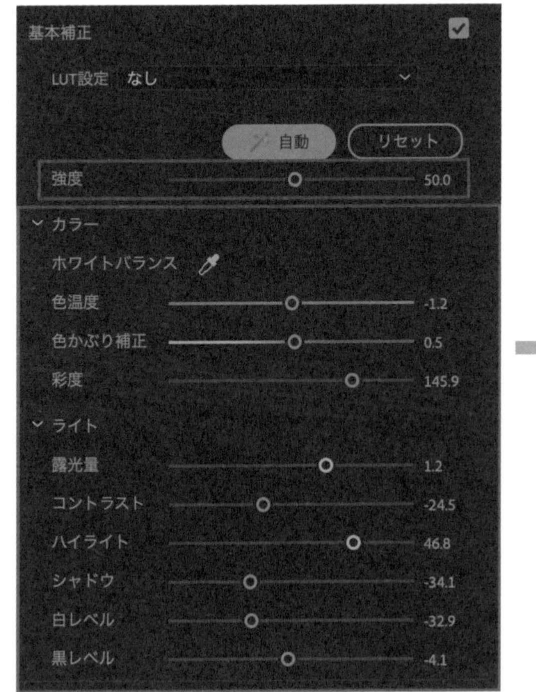

自動でパラメーターが設定される

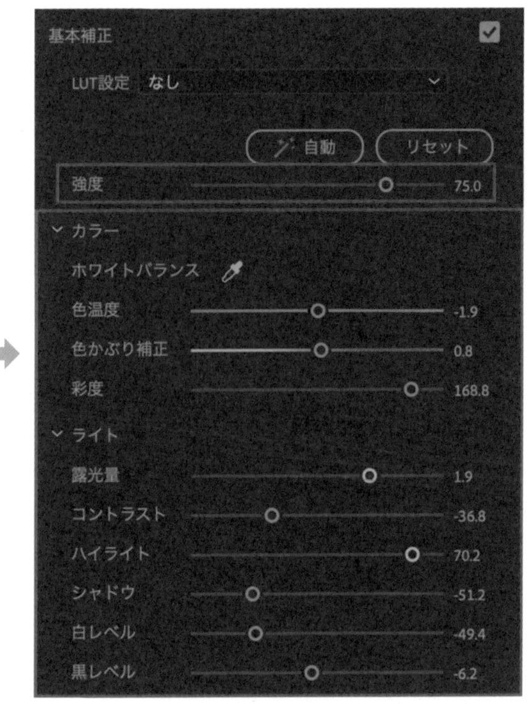

「強度」で各値の比率変更も可能

もちろん常にイメージ通りの結果が出るとは限りませんが、これを目安にしつつ、さらに手動で微調整すると、だんだんカラー調整の感覚が身についていくと思います（［リセット］ボタンで初期値に戻すこともできます）。

より人間の目で見える映像に近い、スタンダードな映像に調整することに慣れていきましょう。映像の色味を調整する上でとても大切な基本となります。

Lumetriスコープパネル

カラー調整を行うときは、映像を見ながらすることも大切ですが、Lumetriスコープパネルを確認しながら調整することをおすすめします。Lumetriスコープパネルには、映像信号をグラフのように波形で表す「スコープ」が表示されます 図13。

図13 Lumetriスコープパネル

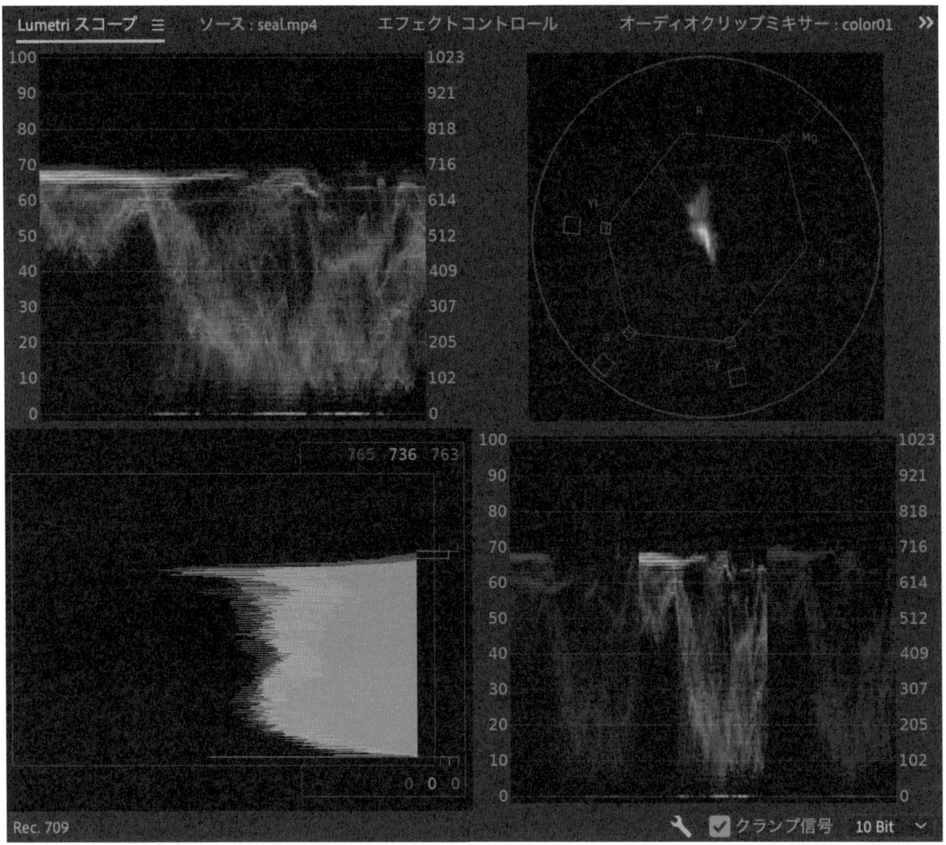

スコープにはいくつか種類がありますが、ここでは「波形（輝度）」を表示したいので、その他のスコープはいったん非表示にしましょう。

Lumetriスコープパネルの右下にあるスパナマーク 図14 をクリックし、プルダウンメニュー→“波形タイプ”→“輝度”とすることで、“波形タイプ”を「輝度」にしてください 図15。

図14 右下のスパナマーク

図15 波形（輝度）のみをオンにする

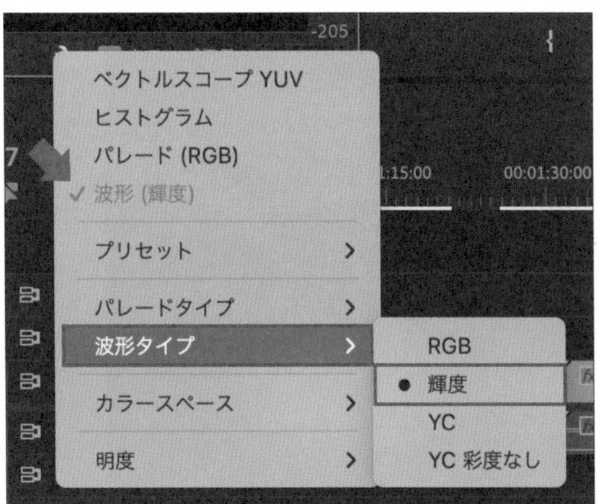

この白い波のような模様が映像の明るさ（輝度）の範囲を示しています。波形の縦軸が明るさを表し、横軸は実際の映像の横ピクセルに対応します。つまり、下の画面の「白い雲」がある部分は縦軸の高い位置に波形が分布し、「暗い木陰」の部分は縦軸の低い位置に波形が分布しています 図16。

図16 波形／縦軸で映像の明暗を示し、横軸は映像の横位置（ピクセル）を示している

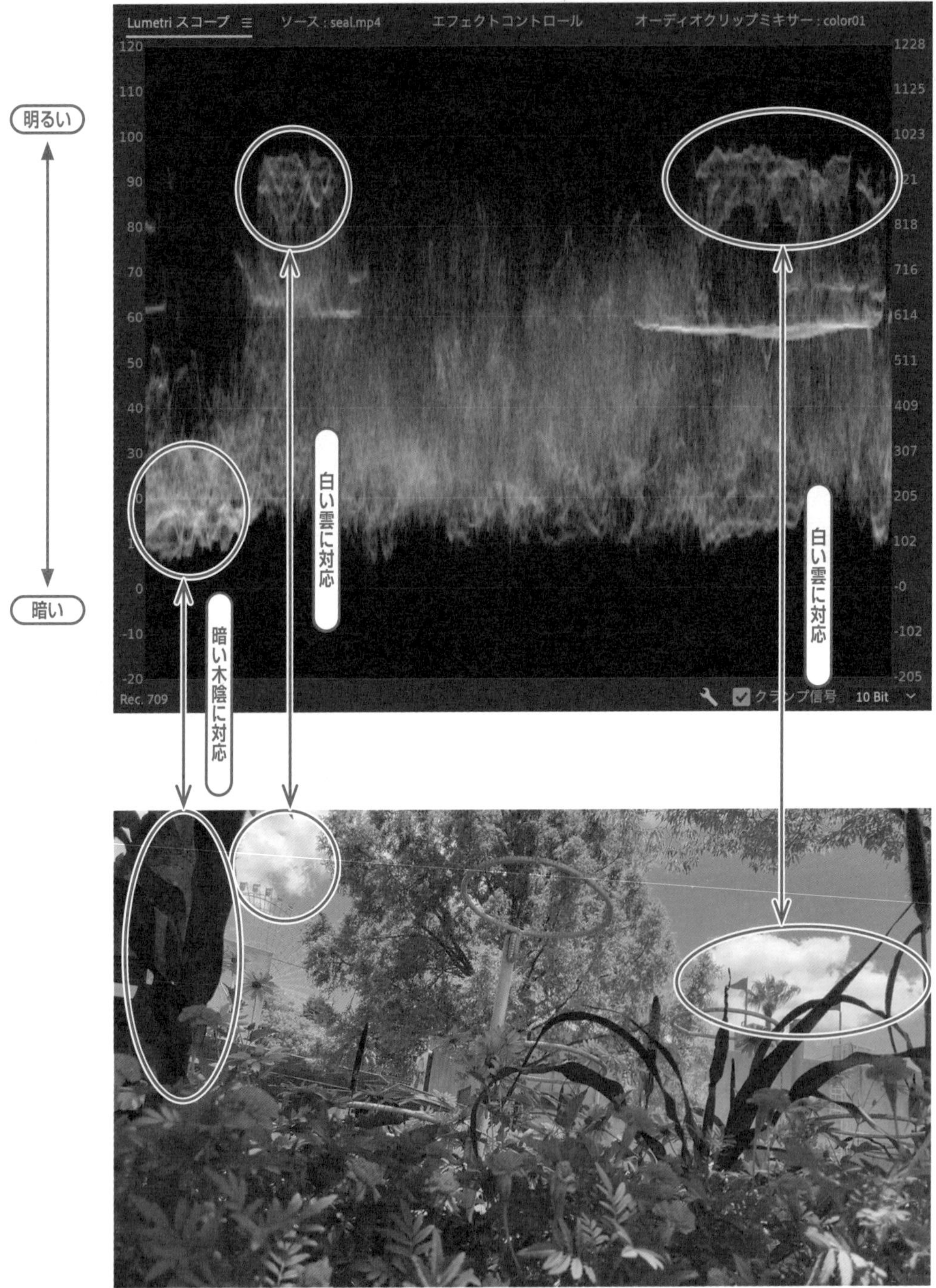

ライトグループの項目を調整することで、この範囲が変化していきます。「0〜100」の範囲内に収めつつ、できるだけ幅広く波を分布させると、表現できる明るさの範囲が広がり、コントラストの強い映像を映し出せます 図17。逆に波の範囲を狭めると、明るさの範囲が狭まり、薄いフラットなイメージの映像になります 図18。

図17 100より明るくすると白とびする

図18 0より暗くすると黒つぶれする

この時注意したいのが、必ず縦軸の数値の「0〜100」の中に入るように調整することです。この範囲を超えてはみ出してしまうと、適正ではない輝度となり、映像が破綻(白とび・黒つぶれ)する原因となります 図19 図20 。

図19 100より明るくすると白とびする

図20 0より暗くすると黒つぶれする

Column

撮影時の白とび・黒つぶれは復旧困難

撮影時に「白とび・黒つぶれ」すると、それを編集で修復・復活させることはかなり困難です。最近では、収録するフォーマットとして「LOG」や「RAW」を使用することで、編集時に復活させやすくする方法もありますが、それらには専用の機材が必要だったり、専用の編集工程が必要になります。やはり基本は収録時にちゃんと波形を確認して撮影することが一番安全な方法だと思いますので、編集時のみならず、撮影時も波形を意識するようにしましょう。

映像のLookにこだわった演出

THEME テーマ

ここからは、より演出的な調整を加える「カラーグレーディング」を行っていきます。カラーグレーディングの入門編として、あらかじめカラー変更情報がプリセットされたデータなどを使用してどんなことができるのかを確認していきたいと思います。

Lookフィルターを使用してみる

ここまで、「基本補正」でスタンダードな映像に整えるカラー調整を学んできましたが、ここからはLookフィルターを使用して、演出的な調整を加えてみましょう 図1。

図1 Lookフィルターの活用

◎Lookの適用

Lumetriカラーパネルで「基本補正」の下にある「クリエイティブ」セクションをクリックして展開します。

一番上に「Look」という項目があり、プルダウンメニューになっています。ここにたくさんのプリセット項目が用意されていて、選択するとクリップに適用され 図2 、直下にあるサムネイル 図3 とプログラムモニターで変更が確認できます 図4 。

図2 ［クリエイティブ］セクションの「Look」のプルダウンメニュー

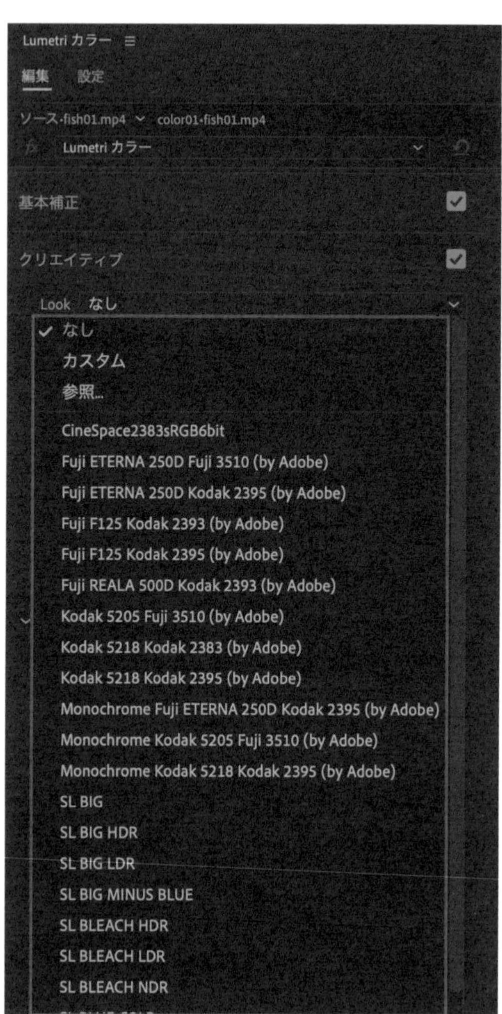

図3 サムネイル表示

元のサムネイル

変更後のサムネイル

図4 サムネイルとモニター両方で表示される

また、このサムネイルの左右にある「<」と「>」で、項目をワンタッチに切り替えてどのようなLookになるのか事前に確認することもできます。気に入ったLookが見つかったら、サムネイルの中央あたりをクリックすることで、実際にクリップに適用することができます 図5。

図5 「<」と「>」で項目をワンタッチに切り替え

「<」「>」で切り替え

サムネイル中央クリックで適用決定

このサムネイルを使ったLookの適用方法はとてもおすすめです。ワンタッチで簡単に結果を確認できるので、Instagramのフィルター機能のように気軽に使える機能だと思います。初めての人でも簡単に雰囲気の良いLookを作り出せるので、ぜひ試してみてください。

●細かいディティールの調整

次に、プリセットを適用したものをさらに細かく調整していきましょう。サムネイル下にある[強さ]のスライダーは、適用したLookの適用量をコントロールできます 図6 。フィルターを適用するだけでなく、その適用加減の調節もできるのはかなり便利な機能だと思います。

その下にある「調整」機能も確認していきましょう 図7 。「基本補正」セクションの調整に加え、ここでも微調整が可能です。このクリエイティブセクションにしかない項目もあるので、ぜひ試してみてください。

①フェード

基本補正のコントラストと似ています。ミッドトーン（波形表示での中間あたり）を維持したまま、暗部と明部を上げ下げし、コントラストを調整します。

②シャープ

明瞭度をコントロールできます。映像をぼかし気味にしたいときや、パキッとはっきり表現したい場合に調整します。

③自然な彩度

肌色を維持したまま、そのほかの部分の彩度を調整します。

④彩度

全体の彩度を調整します。

⑤シャドウ色相調整

暗部の色味をカラーホイールで調整します。

⑥ハイライト色相調整

明部の色味をカラーホイールで調整します。

⑦バランス

このスライダーは「シャドウ色相調整」と「ハイライト色相調整」で変更した調整を、どちらの方をより強く適用するかのバランスをコントロールするものです。

図6 Lookの強さを調整

図7 クリエイティブセクションパネルの調整

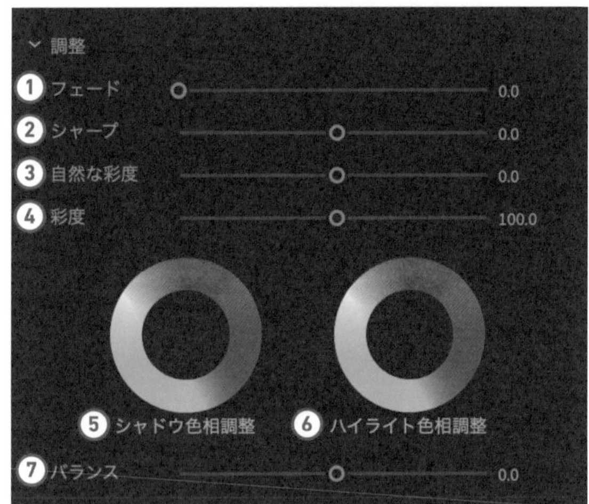

各項目を文章で説明すると以上のような感じですが、ちょっと言葉では分かりにくい部分もあるかもしれません。実際にスライダーやカラーホイールで触りながら直感的覚えていくのが、マスターする近道だと思います。迷った時に各項目の意味を確認する感じで学習していただければ幸いです。

オリジナルLookファイルの作成・適用・保存

Lumetriカラーパネルで施したカラー調整は、独自の「Look」ファイルとして保存することができます。

カラー調整を施した後、Lumetriカラーパネル上部にあるプルダウンメニュー→"Look形式で書き出し"を選択するとLookファイルとして保存できます 図8。

書き出したLookファイルには「Lumetriカラーパネルで設定したすべてのカラー調整」が含まれます。

図8 Lumetriカラーパネルメニュー"Look形式で書き出し"

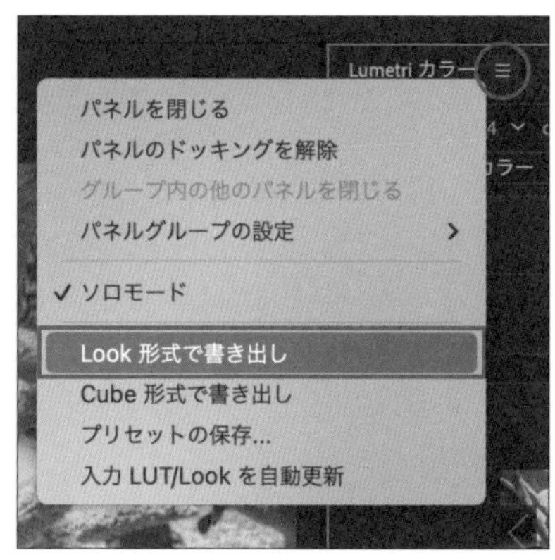

保存したLookファイルを使用する時は、クリエイティブセクションのLookプルダウンメニュー→"カスタム"を選択し、保存したLookファイルを指定します 図9。

図9 オリジナルのLookを適用

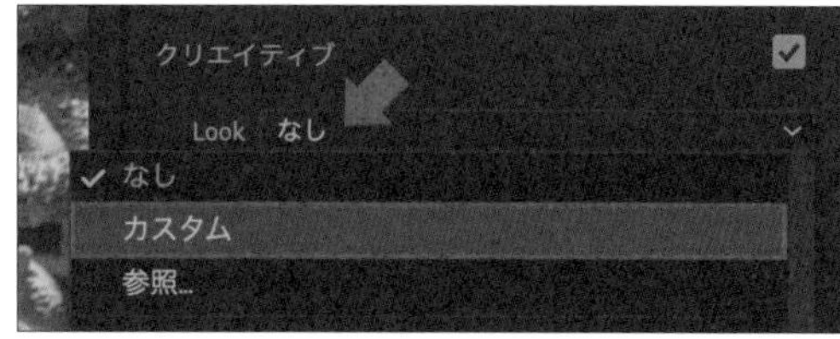

また、指定の場所にオリジナルLookファイルを格納すると、プルダウンメニューに直接表示させることができるので、ぜひ活用してください。

ちなみに、Look形式以外にも「LUT形式」での書き出しも可能です(LUTに関しては後述します)。Lumetriカラーパネルのプルダウンメニュー→"Cube形式で書き出し"を選択して書き出してください 図10 (LUT形式の場合は「ビネットセクション」で調整した内容は反映されません)。

memo

Lookのプルダウンメニューに表示させたい時は、以下のフォルダーにファイルを格納しましょう(Macの場合、フォルダーがない場合は、ご自身で作成してください)。

・macOS
/Library/Application Support/Adobe/Common/LUTs/Creative

・Windows
¥Program Files¥Adobe¥Adobe Premiere Pro 2024¥Lumetri¥LUTs¥Creative

図10 **LUT形式(.cube)でも書き出し可能**

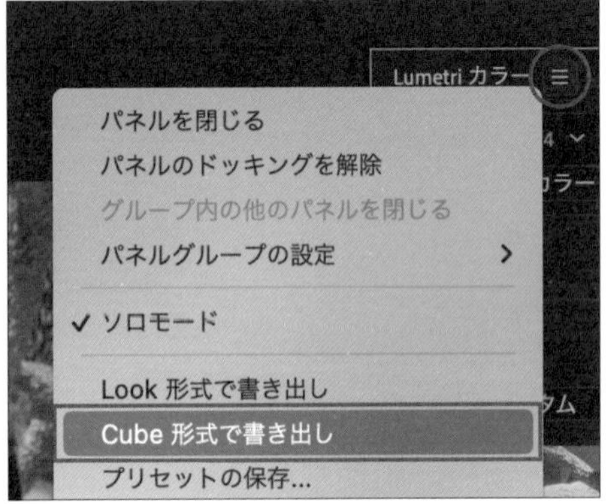

LOG素材を使ったカラー調整

近年、写真撮影に使われてきた「ミラーレス一眼カメラ」でも動画撮影が可能になり、そのシェアも急激に拡大しています。そんな中「LOG形式」での撮影も比較的容易にできるようになってきました。「LOG」とは、撮影時に映像の記録の仕方を工夫し、より広いダイナミックレンジの映像をデータに格納できる表現方法です。カメラメーカーごとにLOGの種類が異なっていたりして、ちょっとハードルが高そうに感じますが、上手に使えばより表現豊かな映像を作り出すことができるので、ここで実際にLOG映像を触りながら学んでいきましょう。

ダイナミックレンジ

ここでいう「ダイナミックレンジ」とは、明るさ表現(輝度)の幅広さのことです。前述したLumetriスコープパネルの「波形(輝度)」で見るとわかりやすいですが、通常のカメラで撮影した時、最も暗い部分(0より下)や最も明るい部分(100より上)は、正常に記録できないことがほとんどです 図11。

正しく記録・表現できるダイナミックレンジが広ければ広いほど、より自然で人間の目で見た状態の映像を作り出すことができます(HDR/ハイダイナミックレンジと呼ばれるレンジの広い規格もありますが、あえてここでは割愛します)。

図11 正しく記録・表現できるレンジが決まっている

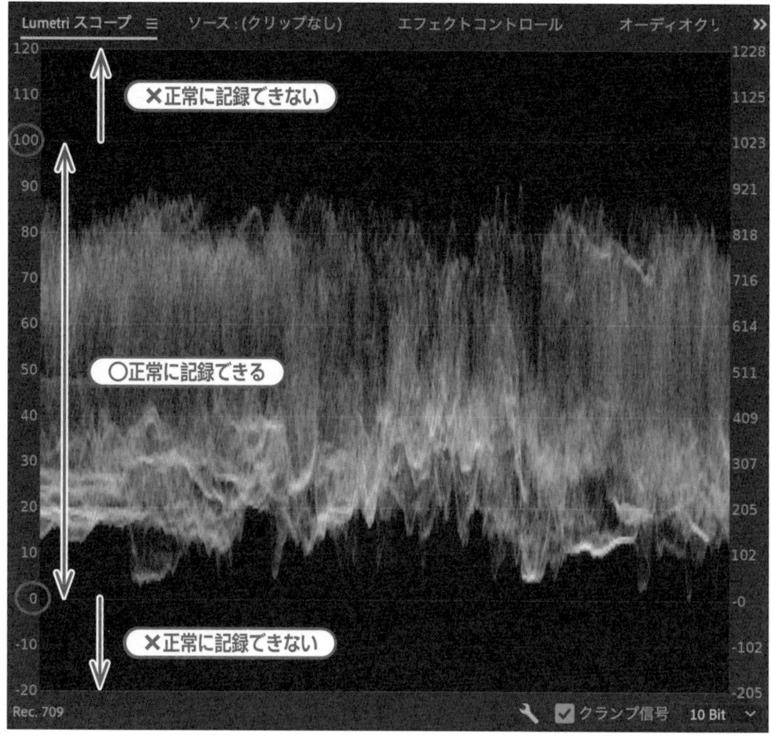

ルックアップテーブル(LUT)の活用

前述した通り「LOG形式」で撮影した映像は、元々広いダイナミックレンジのものを特殊な技術で凝縮してデータ内に格納しています。ですので、そのまま(撮影したまま)の状態では彩度とコントラストが低く、色の薄いフラットな眠い感じの映像になります 図12。

このLOGデータに対してLUTを使ってカラー調整することで、より自然な表現の映像にすることが可能になります。

今回はPanasonicのルミックス (DC-GH6) というカメラで撮影したLOG素材を編集してみます。通常、LOG素材をスタンダードな映像に調整するには「ルックアップテーブル」というデータを使用します。ちまたでは頭文字の「LUT」で表され「ラット」と呼ばれています。

図12 LOGデータ(コントラストが低い)

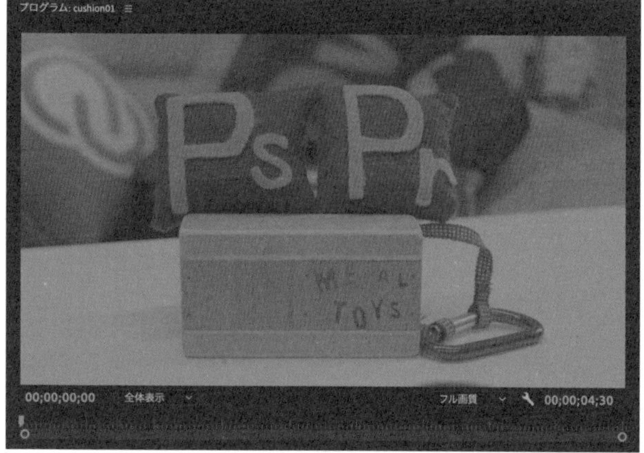

各カメラメーカーによってLOGの種類が異なるので、それぞれのメーカーが独自のLUTを提供していることがほとんどです。今回の素材に適応するLUTはPanasonicのホームページからダウンロードできます 図13 。

● Panasonic ルミックス用LUT 「VLog_to_V709_forV35_ver100.cube」
https://av.jpn.support.panasonic.com/support/dsc/download/lut/index.html

図13 LUTファイルダウンロードページ

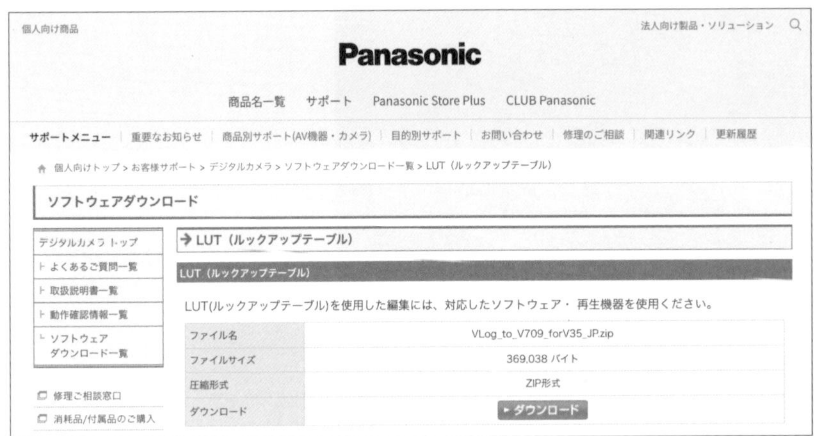

実際にこのLUTデータを使い、どのような効果があるのかを確認していきましょう。「cushion01」のシーケンスを開き、ワークスペースを「カラー」で表示します 図14 。

図14 シーケンス「cushion01」を開く

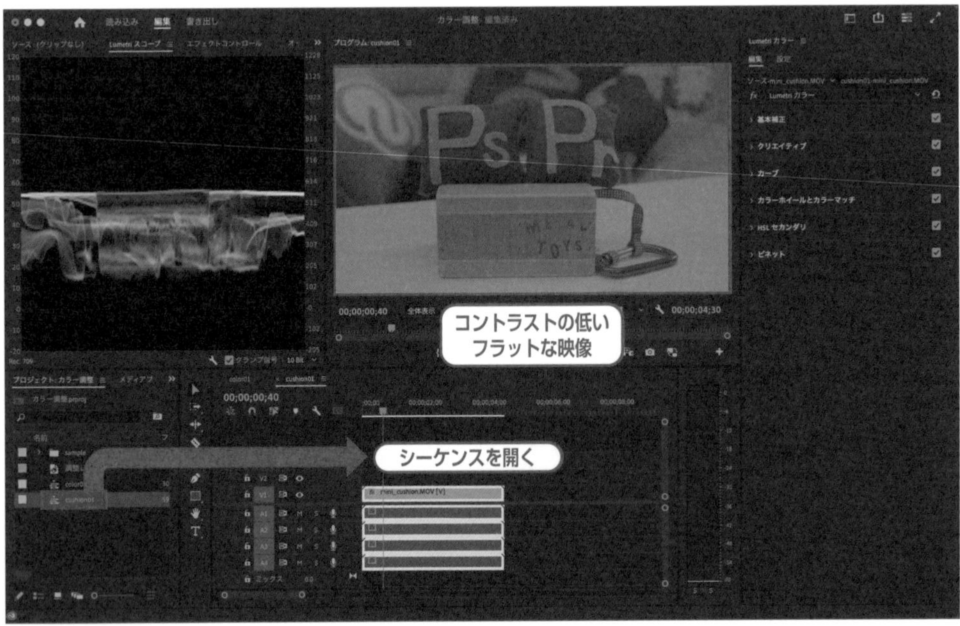

この映像はLOG撮影されたものなので、眠い感じのフラットな映像であることがわかります。波形を見ると縦軸の数値が 13〜57の範囲に収まっていて、コントラストが狭めになっていることが確認できます 図15。

図15 LOG素材の波形(輝度)

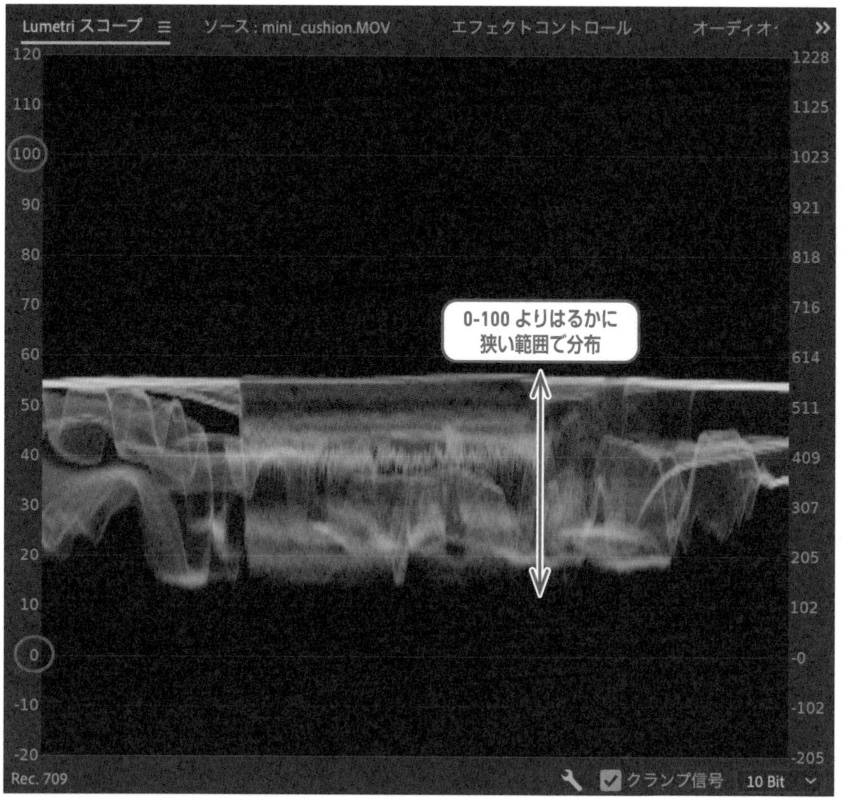

これに、ダウンロードしたLUTファイル「VLog_to_V709_forV35_ver100.cube」(Panasonic製)を適用します。

Lumetriカラーパネルの「基本補正」のセクションを展開します。一番上の「LUT設定」プルダウンを開いてみると、「なし」「カスタム」「参照...」と並び、その下にいくつかの項目が並んでいます。これらは初めからPremiere Proに搭載されている「LUT」になります。

今回はメーカーサイトからダウンロードしたものを使用するので「参照...」を選択し 図16、ダウンロードした「VLog_to_V709_forV35_ver100.cube」を指定します 図17。

図16 LUT設定で「参照...」を選択

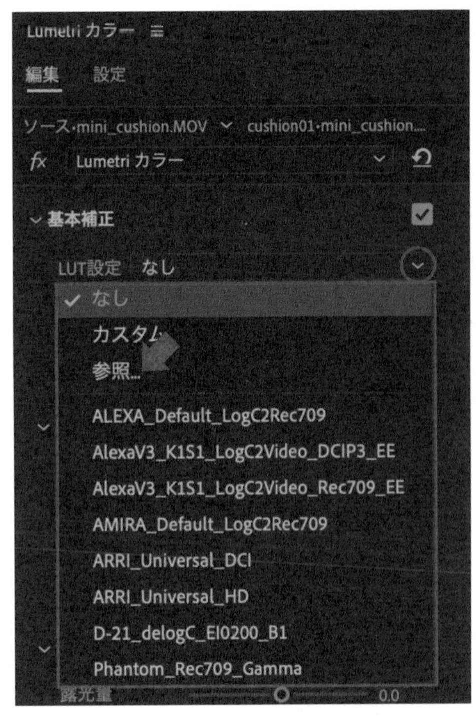

図17 「VLog_to_V709_forV35_ver100.cube」を適用

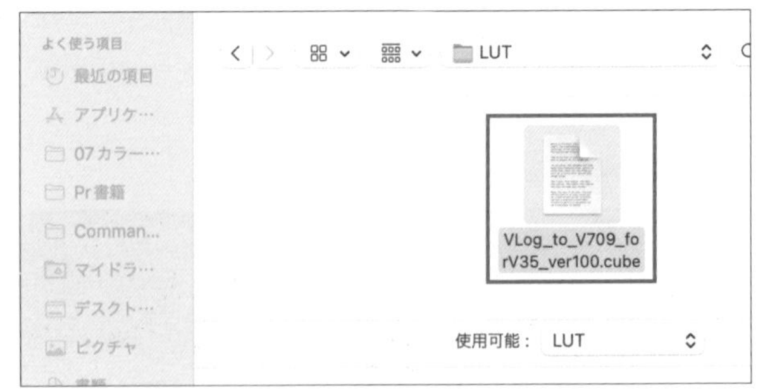

すると、コントラストが強くなり鮮明な映像になりました。波形を確認しても、輝度の幅が上下に大きく広がっています図18。

図18 LUT適用後

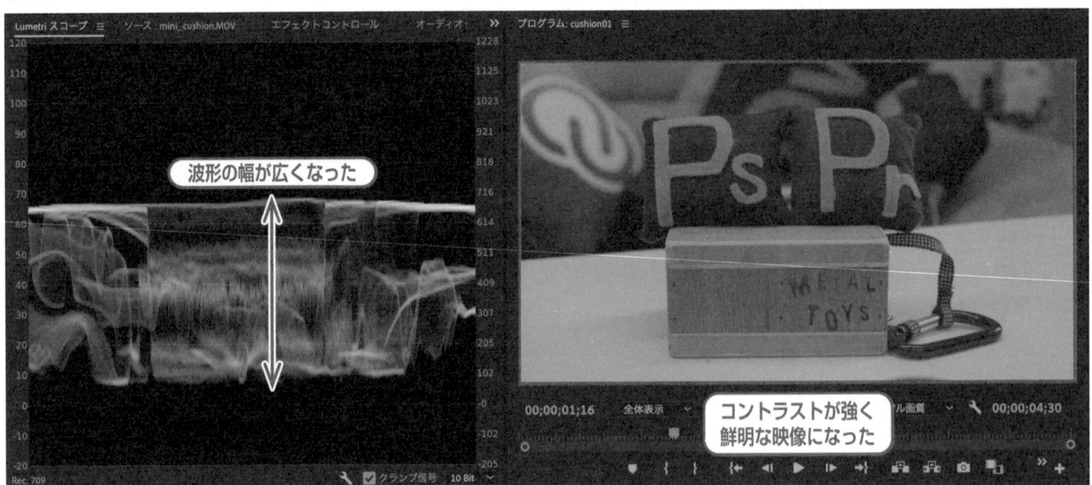

これらLOGやLUTは各メーカーによってさまざまな規格があり、それぞれ特徴が違います。自分自身の好みや、作品の演出プランによって、カメラや規格を選ぶのがベターだと思います。

また、「LOG」で撮影する時は、かなりコントラストの幅が狭い状態で収

memo

LUTには「1D-LUT（拡張子が.lutなど）」「3D-LUT（拡張子が.cubeなど）」があります。

録できるため、撮影時の黒つぶれや白とびを起こしにくくなります。もちろん、撮影現場で適正に撮ることが大前提ですが、現場の環境が撮影に適していない場合や、状況が目まぐるしく変化する場合など、この技術を利用して安全かつスピーディーに現場を進められることがあると思います。機能を十分に理解した上で、正しく活用していきましょう。

よく使用するLUTの登録

「基本補正」セクションの「LUT設定」は、「クリエイティブセクション」の「Look」と同じように、デフォルト以外のものもプルダウンメニューに登録できます。設定方法は、以下のフォルダにLUTファイルをコピーして再起動すればOKです(オリジナルLUTファイルの作成方法はP.220参照)。

memo

「LUT設定」のプルダウンメニューに表示させたい時は、以下のフォルダーにファイルを格納しましょう(フォルダーがない場合は、ご自身で作成してください)。
/Library/Application Support/Adobe/Common/LUTs/Technical

また、LUTデータは「クリエイティブセクション」の「Look」項目でも使用することが可能です。プルダウンメニューに登録したい場合は、以下のフォルダにLUTファイルをコピーして再起動してください。

memo

LUTデータをプルダウンメニューに登録したい場合は、以下のフォルダーにLUTファイルを格納しましょう(フォルダーがない場合は、ご自身で作成してください)。
/Library/Application Support/Adobe/Common/LUTs/Creative

LUT適用後の微調整

LUTを適用した後は「基本補正」や「クリエイティブ」などの調整項目でディティールを微調整しましょう。通常はLUTを適用するだけでもかなりディティールが再現されますが、さらにそこから調整を加えることでより良いビジュアルを作り出すことができます。

最初はLUTを適用するだけで満足してしまいがちですが、より細かく調整することで、細部のディティールを引き出して表現できるのがLOGの本当の凄さだと思います。

カラー調整の設定を他のクリップにも適用する方法

THEME テーマ

映像編集はカットごとにカラー調整を行うのが基本ですが、同じようなシーンを同じようなタイミングで撮影した際など、施したカラー調整を他のカットにも適用したい場合も多々あります。ここでは、一度施したカラー調整の流用方法をご紹介します。

コピー&ペースト

Lumetriカラーパネルで施したカラー調整は、実は1つのエフェクト(効果)のように扱うことができます。言葉だけだとちょっとピンとこないと思うので、エフェクトコントロールパネルを開いて確認してみましょう。

「カラー」のワークスペースで表示した時、左上のグループに「エフェクトコントロールパネル」があります 図1 (表示されていない場合はタブをクリックして表示してください)。

図1 エフェクトコントロールパネル

すると、そのエフェクトコントロールパネルの中に「Lumetriカラー」という項目が生成されていることに気づくと思います。これがさきほどカラー調整した内容が含まれたLumetriカラーの「効果」です。

試しに「Lumetriカラー」の横にある「fx」を押してみてください。これはその効果のオン／オフを切り替えるボタンです。適用したカラー調整がなくなり、元の映像に切り替わることが確認できると思います 図2。

memo

各パネルに表示されるこの「fx」ボタンは、Lumetriカラーだけでなくあらゆる効果のオン／オフを切り替えることができるボタンです。モーションや不透明度など全ての項目に共通するボタンなので、効果適用の差異を確認するのに上手に使い分けてください。また、そのオン／オフの結果は、書き出し時にも反映されます。

図2 エフェクトコントロールパネルの[Lumetriカラー]

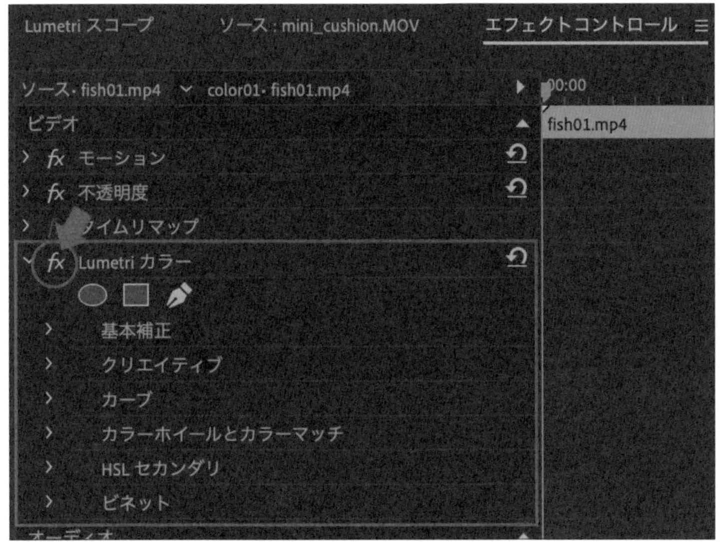

fxボタンが「オン」の状態

fxボタンが「オフ」の状態

このLumetriカラーの効果を、コピー＆ペーストで別のカット（クリップ）に適用してみましょう。

エフェクトコントロールパネルで、「Lumetriカラー」をクリックして選択状態にして「コピー（⌘＋C）」図3。

図3 Lumetriカラーを選択してコピー

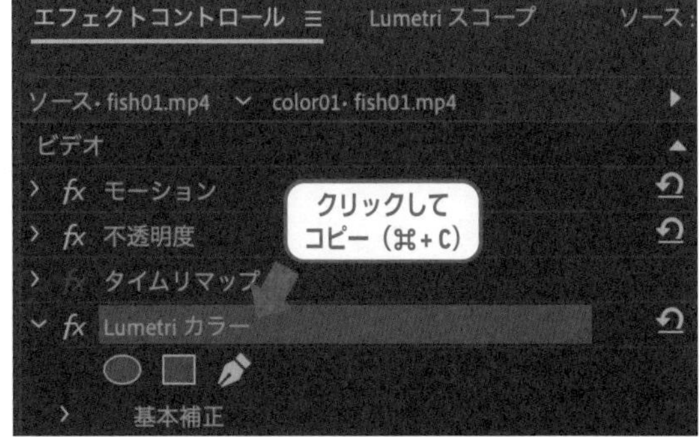

ペーストしたいカット(クリップ)をタイムラインで選択して、エフェクトコントロールパネルにそのクリップの詳細を表示させます 図4 。

図4 ペーストしたいクリップを選択

そのエフェクトコントロールパネルをクリックしてアクティブにして「ペースト(⌘+V)」してください。これでLumetriカラーの効果がペーストされます 図5 。シンプルで感覚的にもわかりやすい方法だと思います。「エフェクトコントロールパネルで管理する」というのがコツですね。

図5 エフェクトコントロールパネルにペースト(⌘ + V)

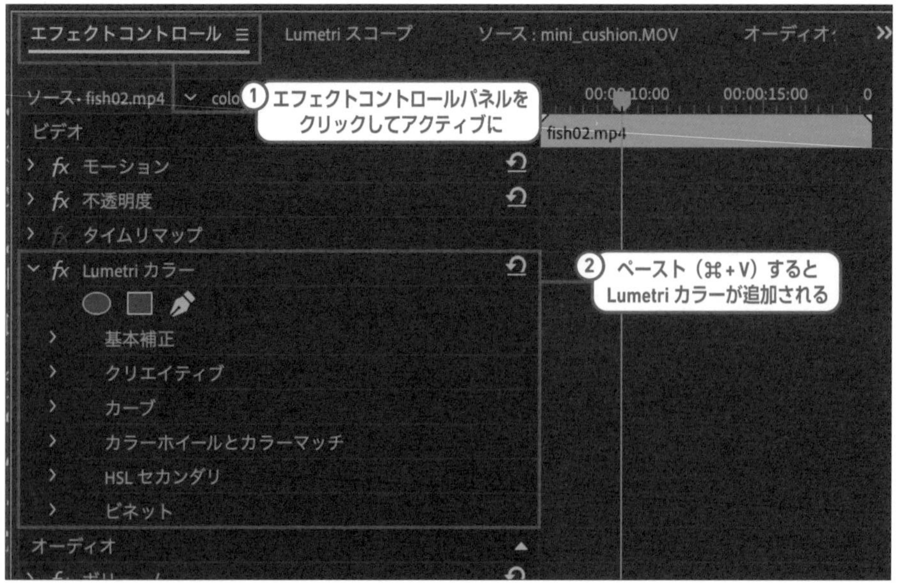

ペースト前　　ペースト後

属性をペースト

前述のコピー＆ペーストは、１カットずつ適用していくやり方ですが、それとは別に、複数カットに一度にペーストするやり方もあります。

先ほどはエフェクトコントロールパネルで「Lumetriカラー」をコピーしましたが、今度は、タイムラインで元となる「クリップそのもの」を選択して「コピー（⌘＋C）」してください 図6 。

図6 シーケンス上でクリップ選択してコピー（⌘＋C）

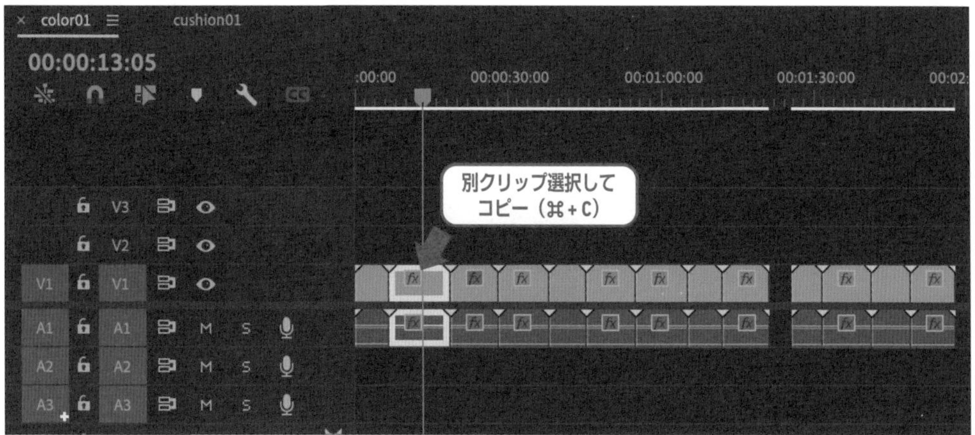

次に、ペーストしたい複数のクリップを選択し、編集メニュー→"属性をペースト..."を選びます 図7。

図7 複数クリップを選択して"属性をペースト..."

「属性をペースト」ダイアログが開いたら［ビデオ属性］の［エフェクト］の［Lumetriカラー］をオンにして［OK］を押すと 図8、選択した複数のクリップすべてにLumetriカラーの設定がペーストされます 図9。

また、「Lumetriカラー」以外の［エフェクト］や［モーション］、［不透明度］など、ダイアログに表示される項目のパラメーターはすべてのこの「属性をペースト」で一括ペーストできるので、かなり便利な機能です。ぜひ活用してみてください。

図8 「属性をペースト」ダイアログ

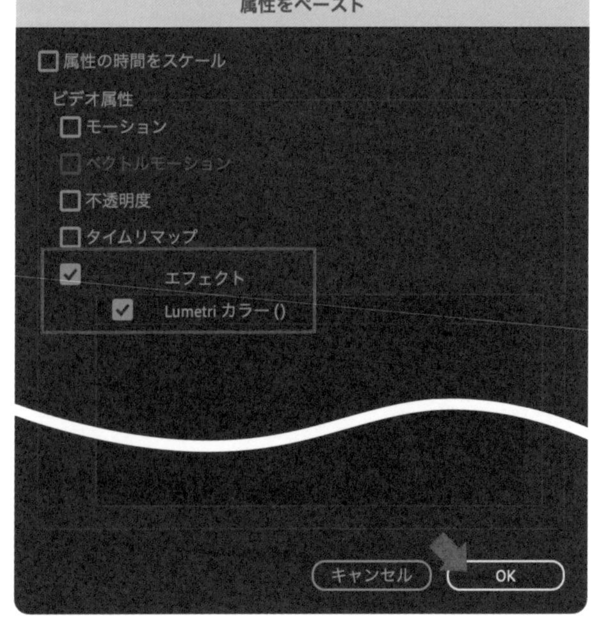

図9 複数クリップにペースト完了

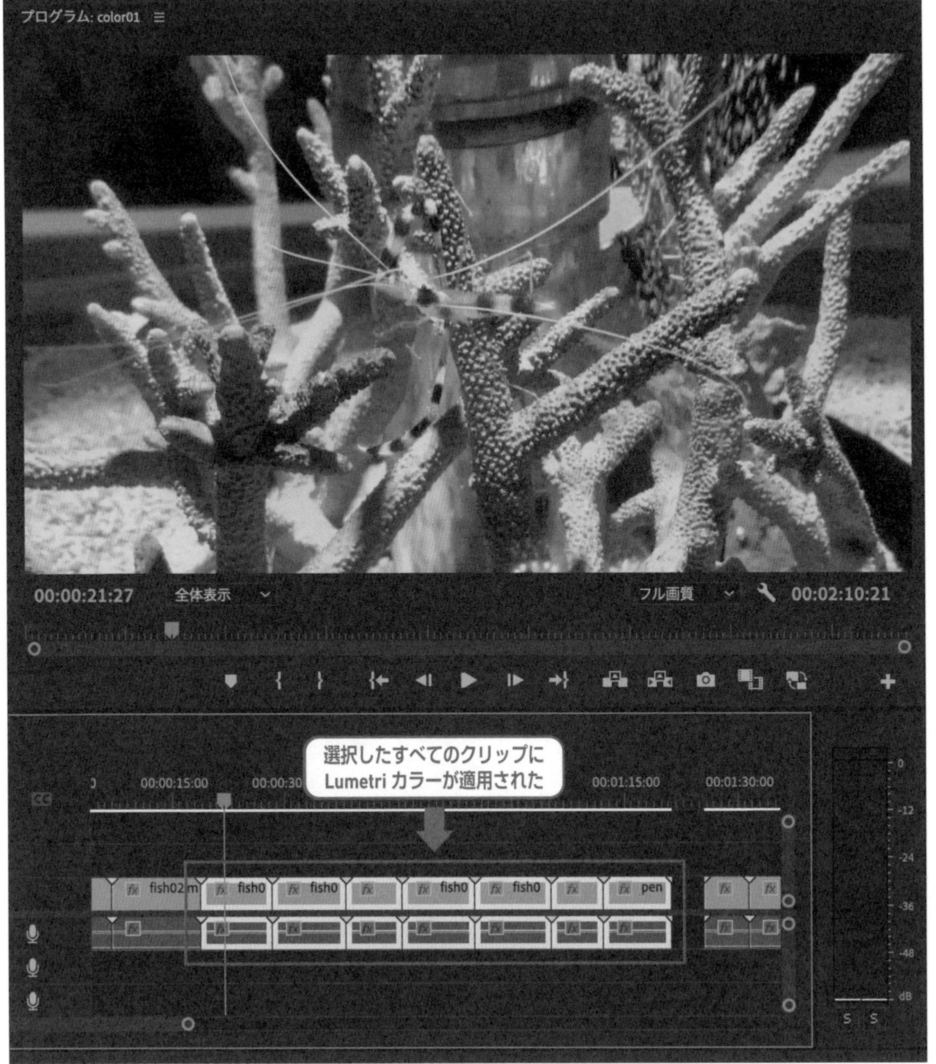

Lumetriカラーのプリセット保存

「LUT」や「Look」をファイルとして書き出す方法はすでにご紹介しましたが、それとは別で、「Lumetriカラーのプリセット」として保存することも可能です。

「LUT」や「Look」はそれぞれプルダウンから選んで保存された設定（内部の項目のパラメーターを変更することはできない）を反映させる機能でしたが 図10 、「Lumetriカラーのプリセット」はLumetriカラーのエフェクトとして記録されるので、適用時に各パラメーターそのものが変更される形で再現されます 図11 。

よって、変更されたパラメーターを確認したり、微調整しなおすことが可能です。フローによって使い分けてください。

図10 LUT適用時パラメーターは変わらない

図11 Lumetriプリセットは各パラメーターが変更される

保存方法は、カラー調整を施した後、Lumetriカラーパネル上部にあるプルダウンメニュー→“プリセットの保存…”を選択 **図12**。「プリセットの保存」ダイアログが表示されたら名前を入力して［OK］を押すだけです **図13**。

図12 Lumetriカラーのプリセット保存

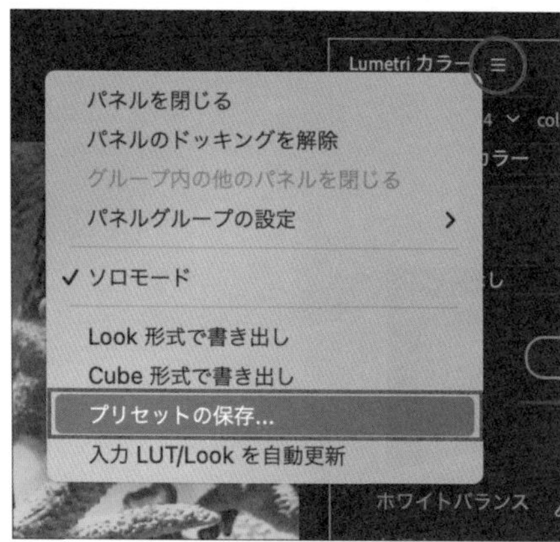

図13 プリセットの保存ダイアログ

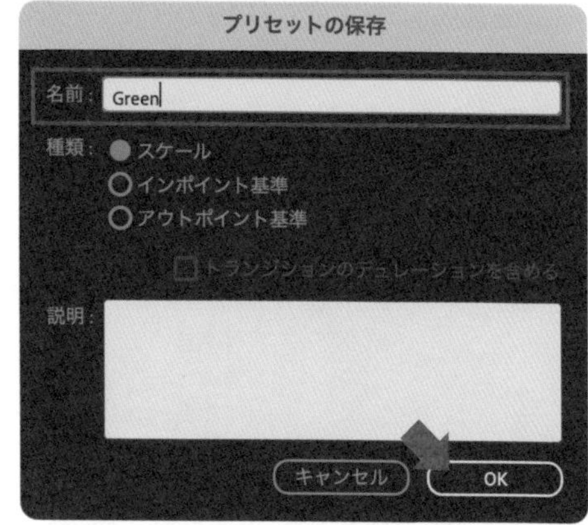

保存したプリセットはエフェクトパネルに格納されるので 図14、そこから適用したいクリップにドラッグするだけで、Lumetriカラーとして反映されます。

図14 エフェクトパネルの[プリセット]フォルダに格納される

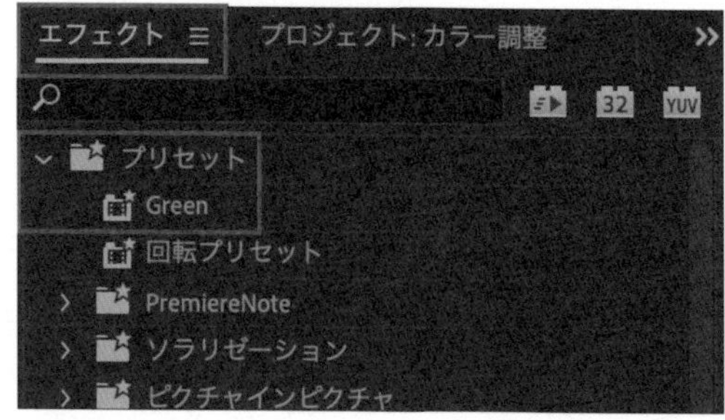

調整レイヤーで一括カラー調整

複数のクリップにカラー調整を適用する別の方法として「調整レイヤー」を使用する方法もあります。「調整レイヤー」はクリップのようにシーケンスに配置でき、配置した調整レイヤーより下のトラックにあるクリップすべてにその効果を適用することができる特別なクリップです 図15。こちらのやり方も確認していきましょう。

図15 調整レイヤー／下トラックのクリップに効果が適用される

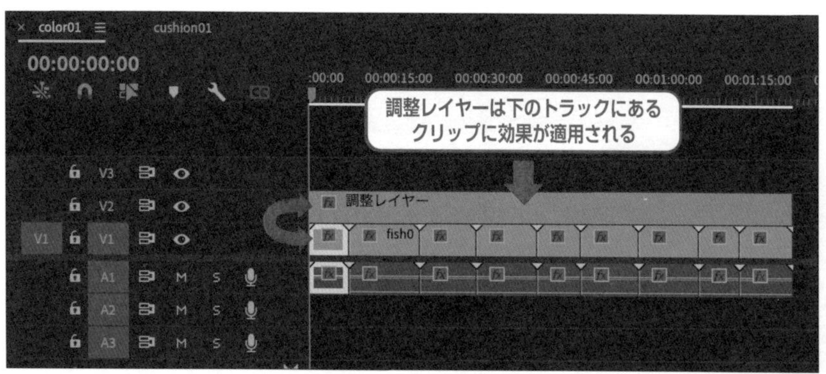

プロジェクトパネルを選択した状態で、ファイルメニュー→"新規"→"調整レイヤー..."を選択します 図16。「調整レイヤー」ダイアログが表示されますが、項目の［ビデオ設定］は展開しているシーケンスに合わせられているので、そのまま[OK]を押して下さい 図17。

図16 ファイルメニュー→"新規"→"調整レイヤー...を選択

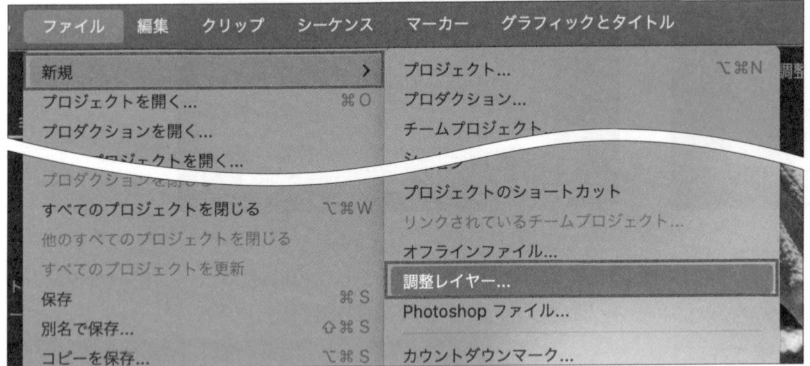

図17 調整レイヤーダイアログ

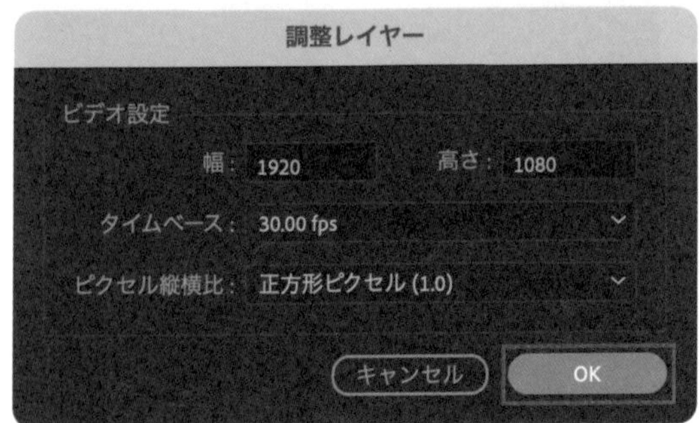

プロジェクトパネルに「調整レイヤー」が生成されます。それをシーケンスに配置されたクリップの上のトラックに配置してください。カラー調整を適用したいクリップを覆うように、調整レイヤーの長さを調整しましょう 図18。

図18 クリップの上のトラックに配置して広げる

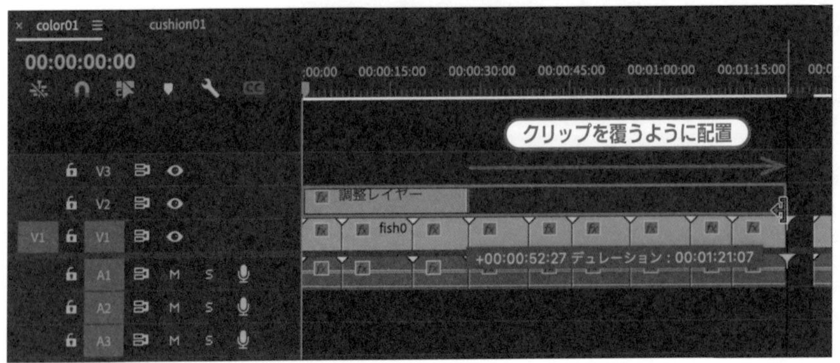

そして、調整レイヤーの一番のポイントは、「調整レイヤーそのもの」にLumetriカラーでカラー調整することです。調整レイヤーに適用したカラー調整は、下のトラックにあるクリップすべてにその効果が適用されます 図19。

図19 調整レイヤーに対してカラー調整を施す

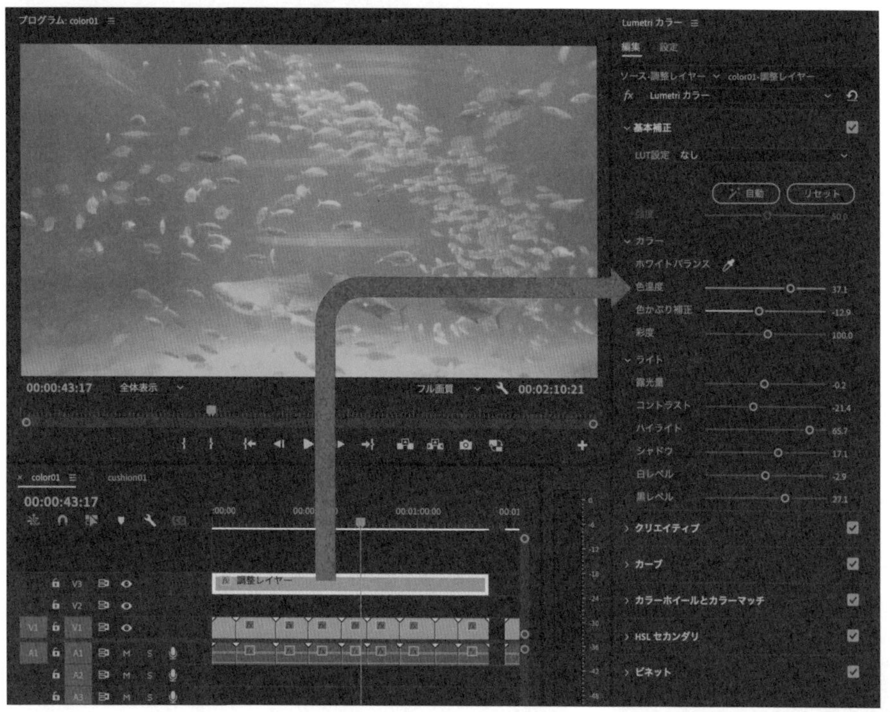

逆に適用したくないクリップがある場合は、そのクリップの上にある調整レイヤーをコントロールしてはずしましょう 図20。

図20 適用範囲を調整レイヤーで制御

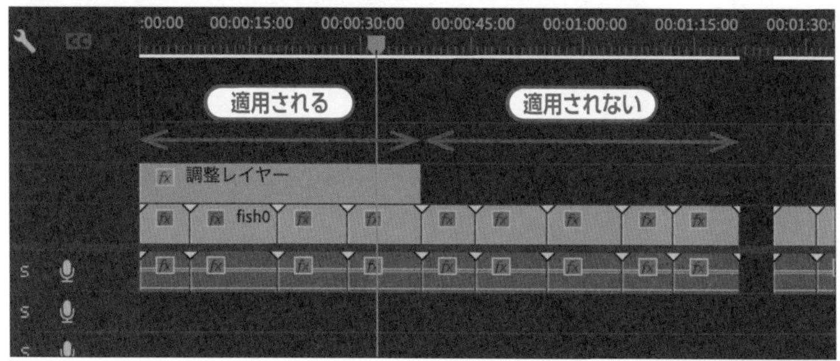

また、調整レイヤーは、Lumetriカラー以外にも同じ要領でさまざまなビデオエフェクトを複数クリップにまたがって適用することも可能です。効果の適用オン／オフが一括で管理できるので、上手に活用してみてください。

各設定のカラー項目を一元管理できる「設定」タブ

ver.24.0（2023年10月）からLumetriカラーパネルに搭載された新しいタブ項目です 図21。ここの項目はちょっと特殊で複雑なので注意しながら確認してください。各項目がそれぞれの「設定ダイアログ」と紐づいています。

図21 Lumetriカラーパネルの「設定」タブ

例えば①［環境設定］図22 は、Premiere Pro全体の「環境設定」の「カラー」の部分に紐づいています（同じ項目があります）図23。Lumetriカラーパネルの①［環境設定］を変更すれば、Premiere Pro全体の「環境設定」も変更されることになります。

図22 Lumetriカラーパネルの［環境設定］

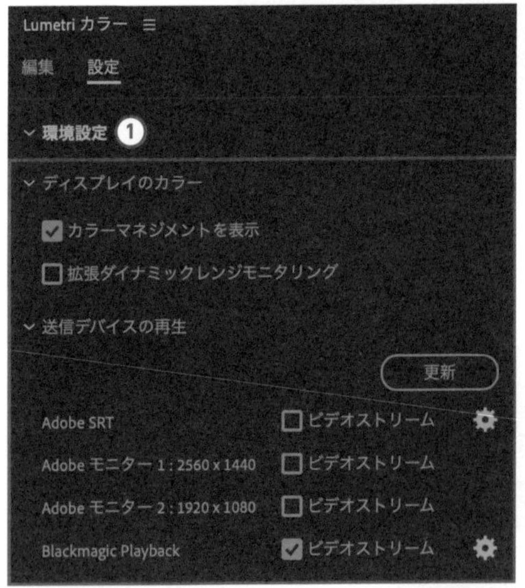

図23 通常の「環境設定」ダイアログ

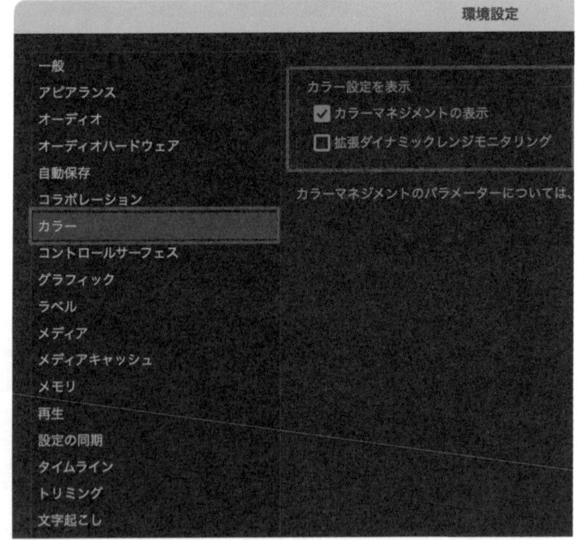

また同様に②［プロジェクト］図24 は、「プロジェクト設定」の「カラー」部分と、④［シーケンス］は「シーケンス設定」の「カラー」部分と紐づいています（同じ項目があります）。

図24 Lumetriカラーパネルの[プロジェクト]と[シーケンス]

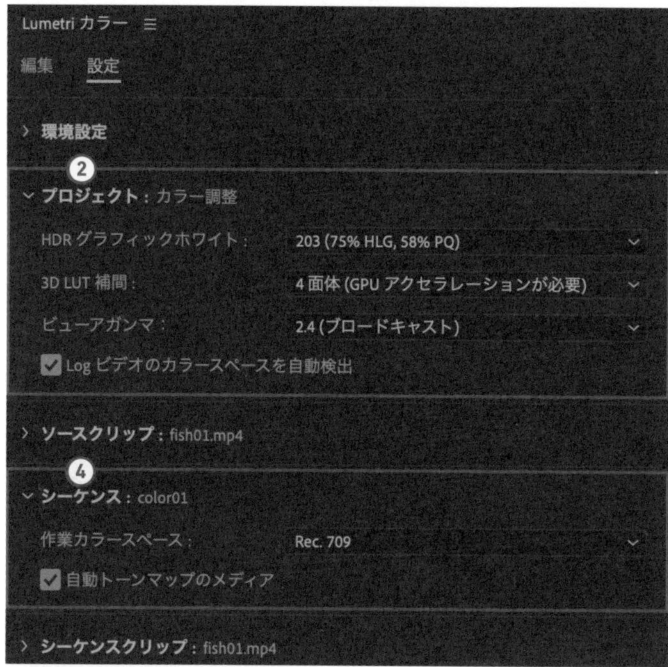

③[ソースクリップ] 図25 は、ちょっとわかりにくいですが、クリップそのもの(ソース)の設定項目になります。

プロジェクトパネルにあるクリップを選択して右クリックし、"変更"→"カラー..."で開く「クリップを変更」ダイアログと紐づいています 図26。クリップそのもの(ソース)に対して、任意のLUT(自動検出も可能)を適用したり、カラースペースを変更したりできます。

図25 Lumetriカラーパネルの[ソースクリップ]

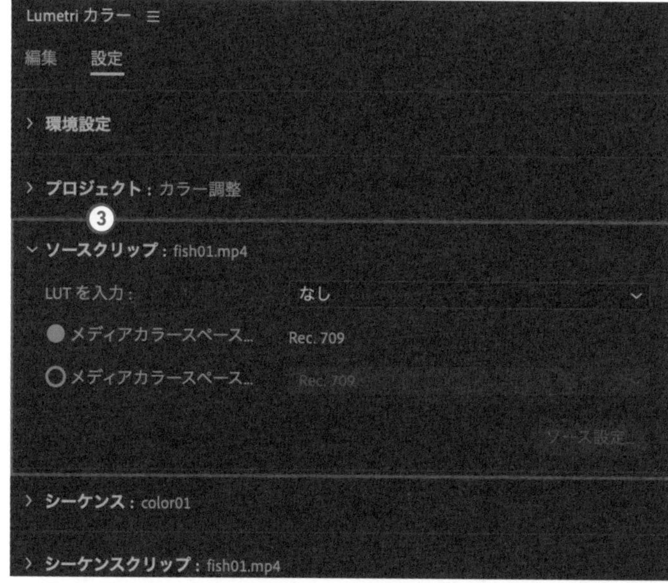

図26 「クリップを変更」の[カラー設定]

一番下の⑤[シーケンスクリップ]のみオリジナルの項目になります 図27 。選択したクリップに対して「カラースペースの変換」や「トーンマッピング」など、どのようなカラーマネージメントが行われているかを表示しています。

図27 Lumetriカラーパネルの[シーケンスクリップ]

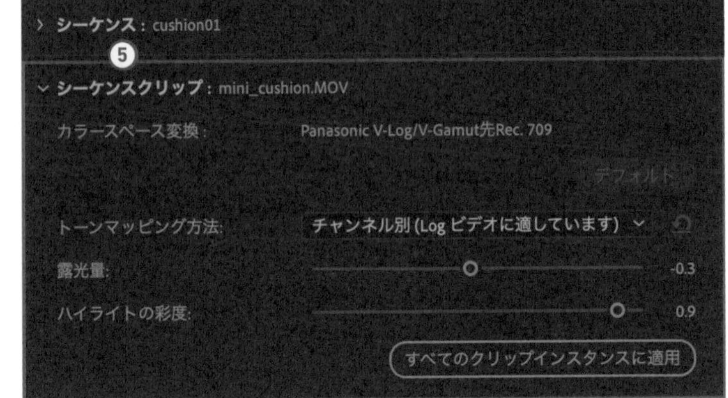

つまりは、それぞれバラバラになっている各種設定ダイアログの中の「カラー」に関する項目だけをここに集めて、一気にコントロールできるようになっているのです。カラー調整に特化して制御できるのでとても便利ですが、「環境設定」や「プロジェクト」「ソースクリップ」に関しては、作業中の他のシーケンスにも影響するため、よく理解して設定変更する必要があります。慣れるまではひとつひとつ確認しながら進めるようにしましょう。

memo

Lumetriカラーパネルの[設定]タブに関してはこちらの動画で詳細を説明しています。併せてご確認ください。

YouTube「【速報Part2】ついに実現！書き出したら色が変わる？ガンマシフト問題ここに完結！？MAXアップデート24.0大公開！【PremierePro】」
https://youtu.be/G-Cgod41Hmg

まとめ

以上が「カラー調整」の内容になります。Lumetriカラーには他にも「カーブ」や「セカンダリ」といった本格的な機能も搭載されていますが、まずはここで紹介した内容をマスターしてみてください。このカラー調整の基本を習得していただければ、次のステップに向かう時にもきっと大きな力になると思います。

Lesson 8

オーディオの編集

オーディオの編集については、Lesson 3で「ラウドネスの自動一致」や「オーディオノイズ除去」をご紹介しましたが、Premiere Proにはほかにもさまざまなオーディオ機能が搭載されています。基本的な使い方も含め、使用頻度が高い便利な機能を、このLessonでお伝えします。

基本　実践　資料編

キーフレームを使ったオーディオ調整

「キーフレームでのオーディオ調整」は、映像編集ソフトに古くからある基本的な編集方法です。「キーフレーム」はビデオのアニメーション化でも使用しましたが、同様にオーディオ編集もコントロールすることができます。

このLessonで学習すること

- キーフレームを使ったオーディオ調整
- 2種類のオーディオパネル
- Adobe Stockサービスを使用したBGM挿入（自動リミックス＋ボリュームの自動調整）
- Premiere Proを使ったナレーション収録

このLessonで使用するファイル

「インタビュー.prproj」	プロジェクトファイル
「interview.mp4」	カメラで収録した映像ファイル
「NY_11.mp4」	カメラで収録した映像ファイル
「work01.mp4」～「work06.mp4」	カメラで収録した映像ファイル
「interview_audio.wav」	オーディオレコーダーで収録した音声ファイル
「DogaTschool_LOGO.png」	ロゴ画像ファイル

オーディオトラックを拡大表示する

はじめに、タイムラインパネルのオーディオトラックを拡大表示させましょう。パネルの左側にたくさんボタンが並んでいますが、[マイク]ボタンの右側の少し空いたスペースをダブルクリックすると、そのトラックが縦に拡大表示されます 図1（元に戻すときは再度ダブルクリックします）。波形も大きく表示されて見やすくなりました。

memo

ビデオトラックも同様に、空きスペースをダブルクリックすると拡大表示されます 図2。

図1 トラックの幅を広く表示させる

図2 ビデオのトラック幅も変更できる

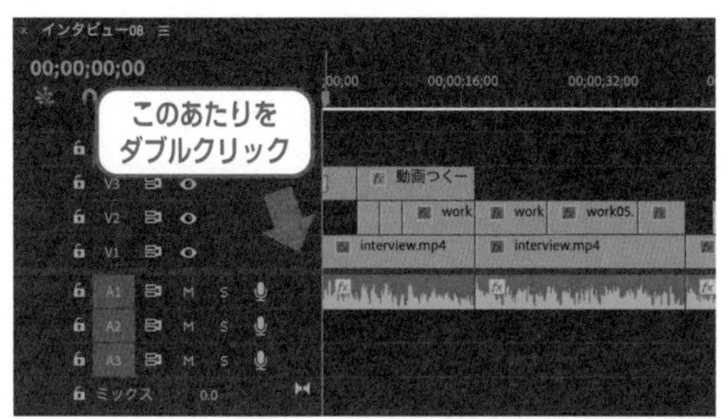

ラバーバンドをドラッグで調整

拡大したトラックに並んでいるオーディオクリップに注目してください。クリップの中央より少し上あたりに白いラインが入っています。この白いラインのことをラバーバンドと言い、これを使ってボリュームレベルを変更することができます 図3。選択ツールでラバーバンドをドラッグして上に上げるとボリュームが上がり 図4、下に下げるとボリュームが下がります 図5。

操作中に表示されるボリュームレベル「○○dB」という数値は、「0dB」が基本となる初期値で、それよりどのくらい調整したのかが確認できるようになっています。

WORD ラバーバンド

オーディオクリップに表示されるラインラバーバンド。ここでは上げ下げすることで「ボリューム」を調整しましたが、その他の項目も調整できる便利なツールです。次ページのColumnも併せて参考にしてください。

図3 オーディオクリップのラバーバンド

図4　ボリュームを上げる

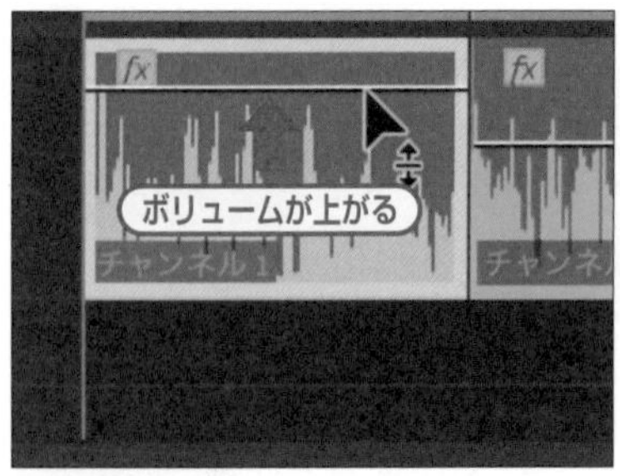

図5　ボリュームを下げる

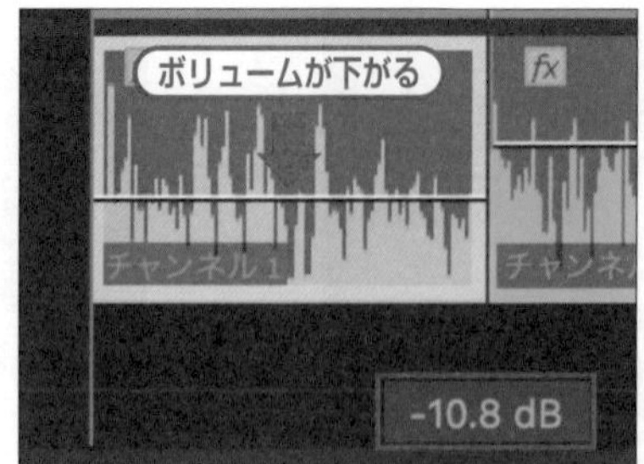

Column

便利なツール「ラバーバンド」

先ほどは、ラバーバンドを上げ下げすることで「ボリューム調整」をしましたが、その他の項目についても調整することができます。オーディオクリップを右クリックし、プルダウンメニュー一番下の“クリップキーフレームを表示”から、ラバーバンドでコントロールできる項目を選択できます。基本的には、エフェクトコントロールパネルに表示されるオーディオ要素がここで選べる仕様になっています。

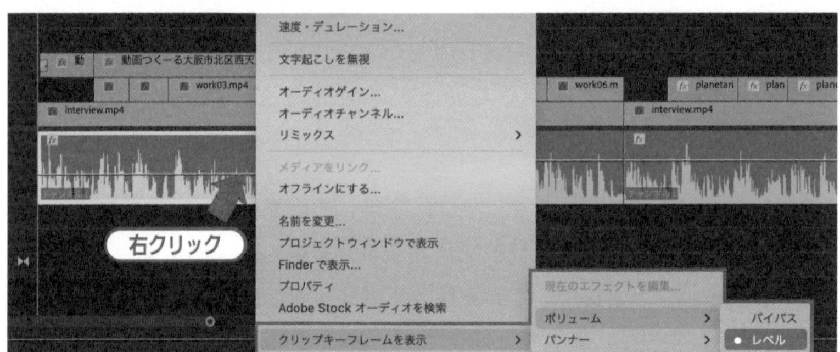

オーディオラバーバンドのコントロール項目

また、ビデオクリップにもラバーバンドはあります。同様にしてコントロール項目を選択できますので、活用してみてください。ちなみに筆者は、「不透明度」の調整として良く使います。

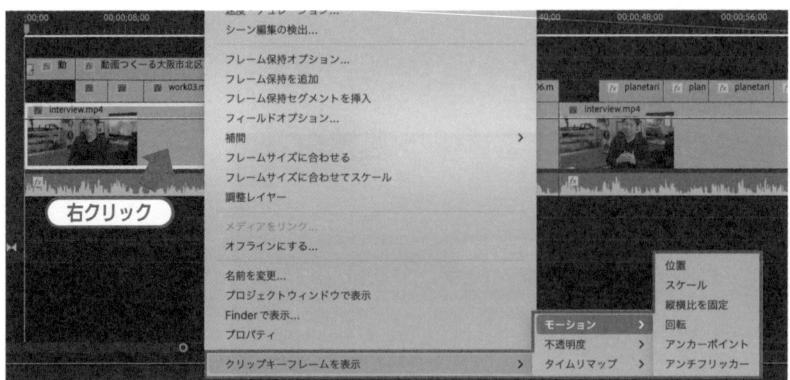

ビデオラバーバンドのコントロール項目

キーフレームでのボリューム調整

それでは一番使う頻度の高い「キーフレームでのボリューム調整」をやってみましょう。キーフレームを使用して、クリップの途中で音量を変化させてみます。⌘キーを押しながらラバーバンドをクリックすると、キーフレームが記録されます 図6。

図6 ラバーバンドにキーフレームを追加

同様にして、少し離れたところに2つ目のキーフレームを作成してみましょう。その2つ目のキーフレームを上にドラッグすると、2つのキーフレーム間のラバーバンドが斜めに上昇する表示になると思います。これでこの間は徐々にボリュームが上がる設定になりました 図7。

図7 キーフレームで音量を徐々に上げる

3つ目、4つ目のキーフレームを作成し、4つ目のキーフレームのみを1つ目と同じ位置まで下げてみましょう。これで、1つ目のキーフレームから2つ目のキーフレームまではボリュームが上がり、そこから3つ目まではそのボリュームを維持。そこから4つ目までの間に元のボリュームに戻る、という設定ができました 図8。

図8 複数キーフレームでのコントロール

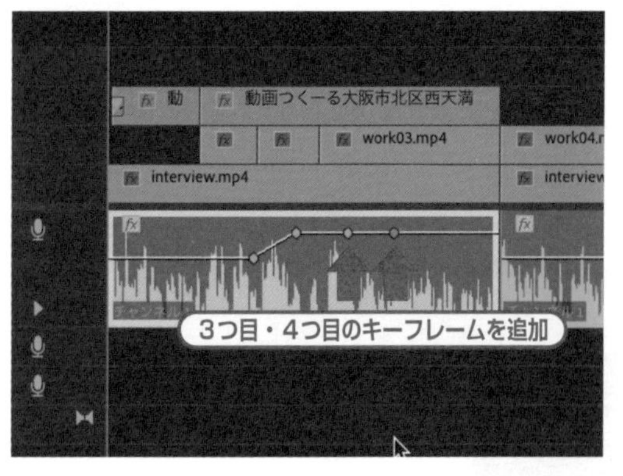

また、2つ目と3つ目の間のラインをつかんで上げ下げすることも可能です。ラインを動かすことで2つ目と3つ目のキーフレームが連動して動いてくれるので、操作しやすいと思います 図9。

図9 2つのキーフレームを同時にコントロール

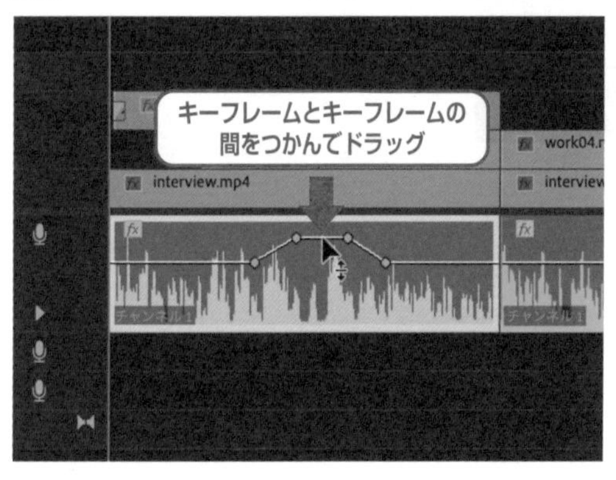

ちなみに、このキーフレームはクリックすることで単体で選択することができます。deleteキーでキーフレームを削除することもできるので、何度でも調整しなおすことができます。納得いくまでチャレンジしてみてください 図10。

図10 キーフレームを選択して削除

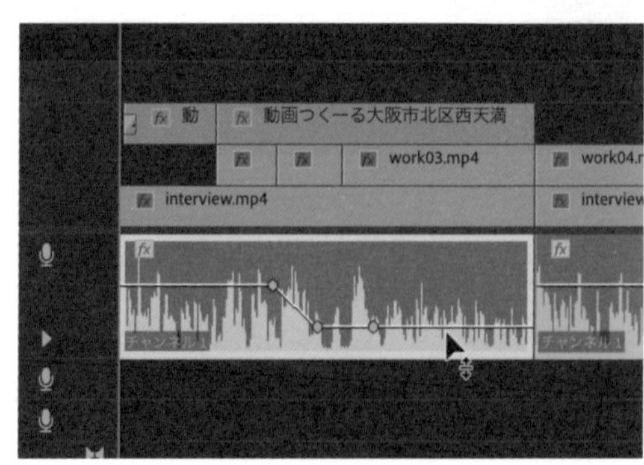

2種類のオーディオミキサーパネル

THEME テーマ

オーディオの専用パネルには「オーディオクリップミキサー」と「オーディオトラックミキサー」の2種類があります。パネルそのものは一見、どちらも似たような見た目なので混同しがちですが、役割が異なるパネルですので確認しておきましょう。

オーディオクリップミキサー

まずは、「オーディオクリップミキサー」パネルを見ていきましょう。このパネルは、その名の通り「クリップ単位」で調整するためのパネルです。先ほど行ったキーフレームでの操作も「クリップ」に対しての調整になります。

パネルを開くには、ウィンドウメニュー→“オーディオクリップミキサー”でオーディオクリップミキサーパネルを開きます 図1 。

このパネルには、タイムラインパネルに表示されているオーディオトラックの数だけメーターが表示されています。それぞれ、A1、A2などの名称で各トラックに対応するメーターが示されています。タイムラインを再生すると、配置されたオーディオクリップの音がリアルタイムにメーターで表示されます 図2 。

図1 ウィンドウメニュー→“オーディオクリップミキサー”

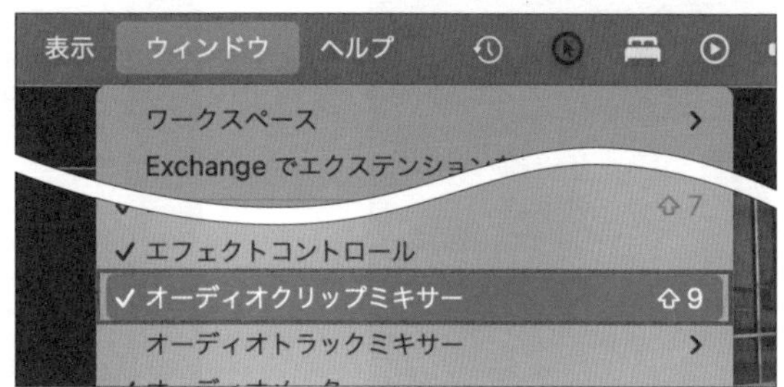

図2 オーディオクリップミキサーパネル

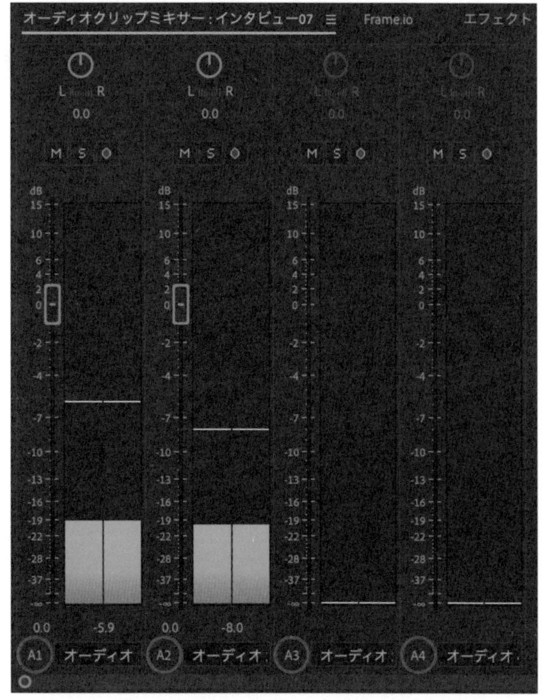

各メーターの左側にはメモリがあり、フェーダーのようにつまみを動かせる使用になっています。つまみを上下させると、クリップのラバーバンドが連動して上下します 図3 。

図3 **フェーダーでボリューム調整**

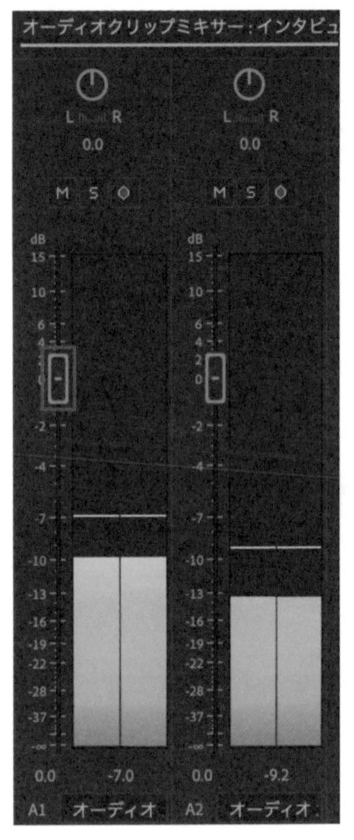

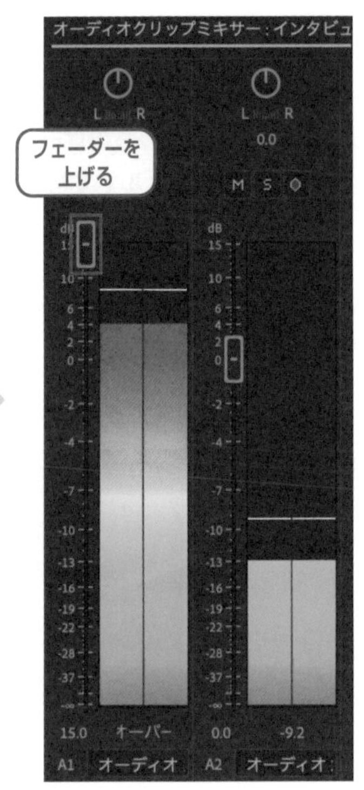

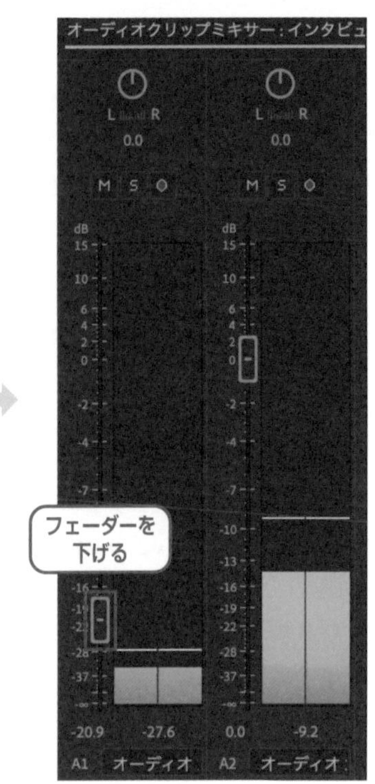

さらに、このフェーダーを使い、リアルタイムにボリュームを可変させ、その変化を記録することができます。上部にある[◎キーフレームに書き込み]ボタンをクリックして「オン」にし 図4 、タイムラインを再生させながらフェーダーを動かしてみましょう。

図4 **[キーフレームを書き込み]ボタン**

クリップにキーフレームが次々と打たれ、ボリュームのレベルを変動させながら記録されます 図5 。この方法だと、実際の音を聴きながらリアルタイムにボリュームを調整できるのでとても効率的です。また、トラック幅を広げなくてもクリップボリュームを調整できるので、画面の小さなパソコンで編集する時にも便利です。

図5 再生しながらキーフレームを記録

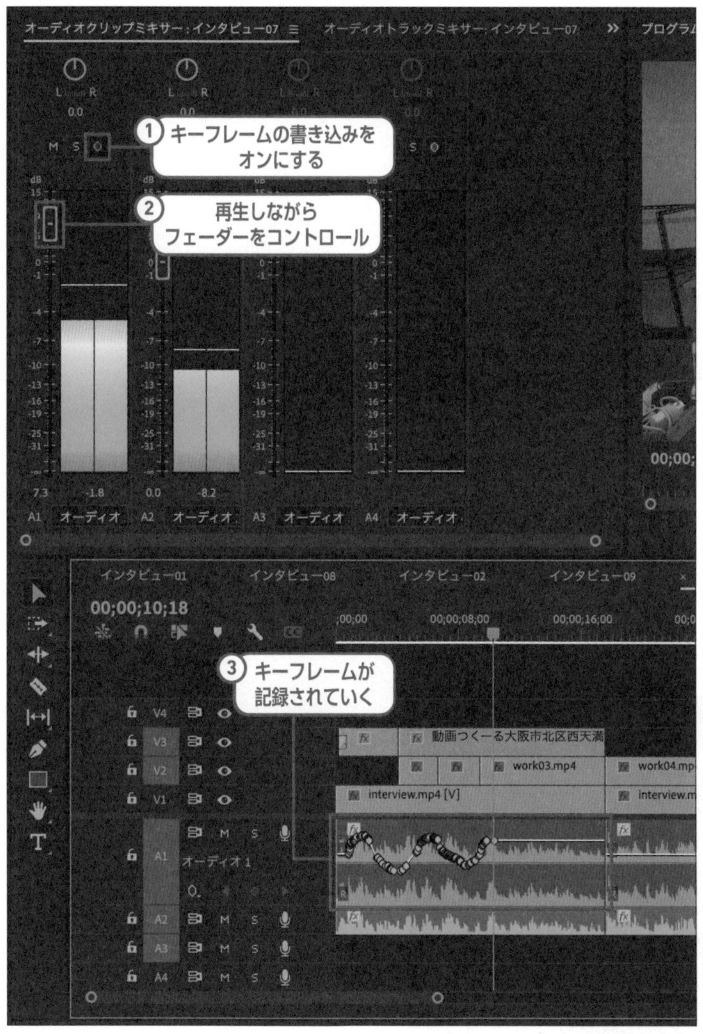

失敗しても、同じようにやり直せば、キーフレームは上書きされるので、何度でも挑戦できます。記録し終わったら、[キーフレームに書き込み]ボタンは「オフ」にしておきましょう。

オーディオトラックミキサー

次は「オーディオトラックミキサー」パネルを確認しましょう。

ウィンドウメニュー→"オーディオトラックミキサー"→"(任意のシーケンス)"を選択します 図6。

図6 ウィンドウメニュー→"オーディオトラックミキサー"→"(任意のシーケンス)"を選択

オーディオトラックミキサーパネルが開きました 図7。見た目はオーディオクリップミキサーパネルにすごく似ていますが、このパネルは「クリップ」ではなく「トラック」に対する調整になります。ちょっとわかりにくいですが、細かく見てみましょう。

図7 オーディオトラックミキサーパネル

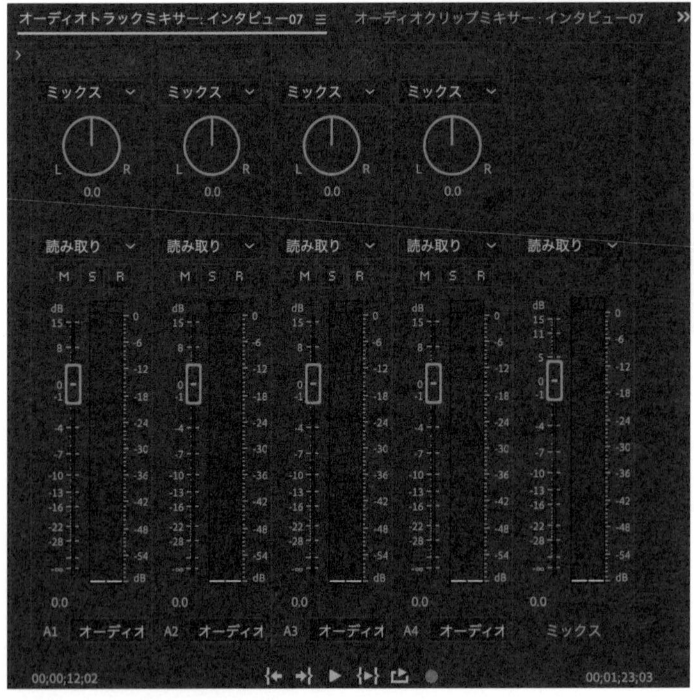

タイムラインパネルのA1トラックを、ダブルクリックで広く表示させます。A1トラックの「キーフレームを表示」をクリックし、「トラックのキーフレーム」の「ボリューム」を選択します 図8。

図8 「トラックのキーフレームの「ボリューム」を選択

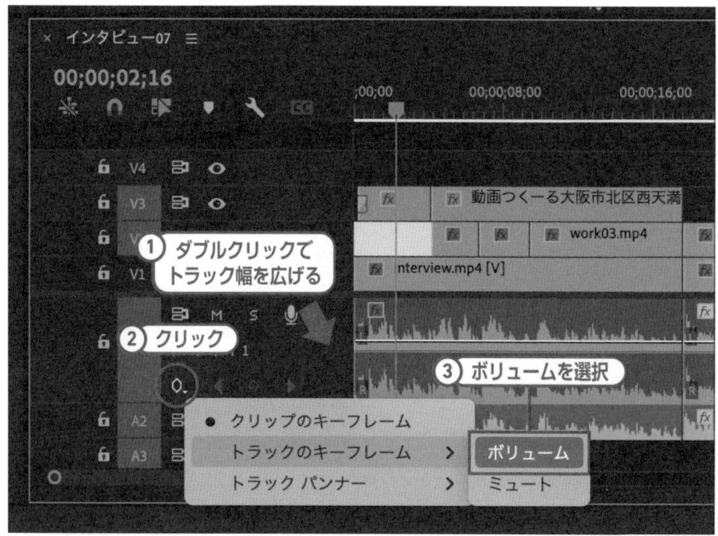

タイムラインの「ラバーバンド」の表示が切り替わり、クリップではなくA1トラック全体に対して表示されます 図9。

図9 オーディオトラックのラバーバンド

オーディオトラックミキサーパネルのA1のフェーダーを上下させると、このラバーバンド（トラック）が連動して動きます。この変更はトラックそのものに適用されるので、A1トラックに置いてあるすべてのクリップがこの変更に影響されます。

また、タイムラインパネルのA1のラバーバンドに⌘+クリックでキーフレームを打つこともできます。これはトラックそのものに設定されるキーフレームなので、クリップを動かしてもこのキーフレーム自体の位置(タイミング)は動かないので注意しましょう 図10。

図10 **トラックのキーフレームはクリップの移動に影響されない**

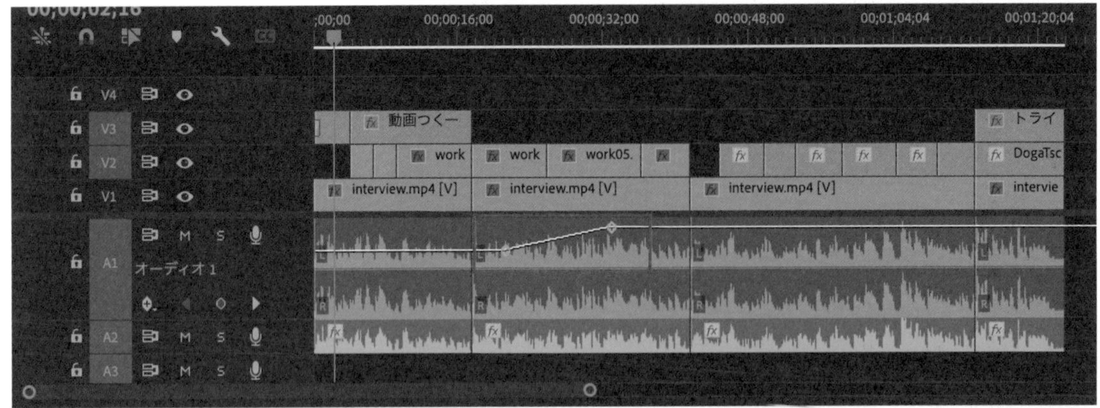

クリップを移動させても
キーフレームの位置は変わらない

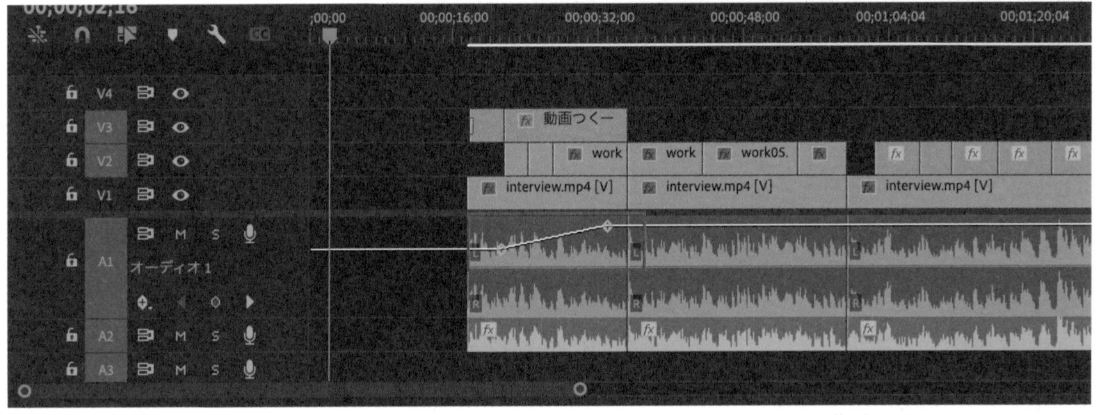

オーディオトラックミキサーの特徴

オーディオトラックミキサーの特徴として、オーディオに対するエフェクトをトラック単位でも適用することができます。クリップごとに適用する時は、エフェクトパネルからエフェクトを直接ドラッグ＆ドロップで適用できますが、オーディオトラックミキサーでの適用方法はちょっと独特なので、ここで確認しておきましょう。

オーディオトラックミキサーパネルの左上にある小さな「>」をクリックすると、次のような灰色のボックスが展開されます。これを「トラックエフェクトパネル」といいます。

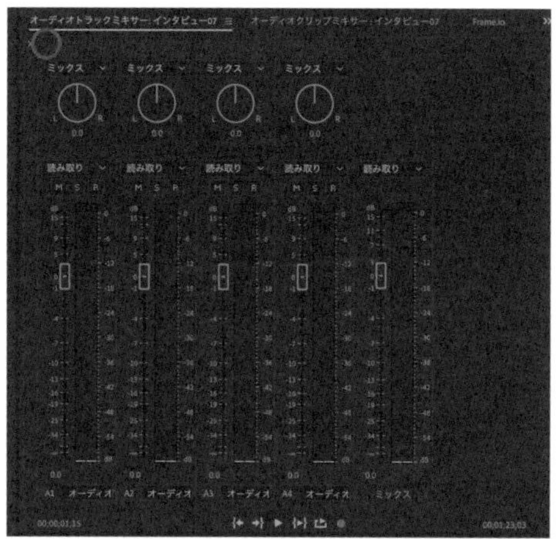

トラックエフェクトパネルを開く／オーディオトラックミキサーパネル

各トラックごとにエフェクト用のスロット（上部5つ）が用意されているので、このスロットの右端をクリックして、任意のエフェクトを適用することができる仕様になっています。

トラックごとに同じエフェクトを適用したい場合など、とても便利なので演出によって上手に使い分けましょう。

トラックにエフェクトを適用

Adobe Stockサービスを使用したBGM挿入

編集したシーケンスにBGMを入れてみましょう。今回は音源としてAdobe Stockオーディオサービスを使用してみます。基本的には有料のサービスですが、課金前でもサンプルファイルを使用して、試しに編集してみることが可能です。

BGMを挿入する

プロジェクトファイル「インタビュー」を開き、ワークスペースを「オーディオ」に切り替えます。

「インタビュー09」のシーケンスを開いてください。基本的にはインタビューコメントを繋いだ編集になっていますが、ところどころコメントの音声がない形の構成になっています。このファイルに対して、音のない部分ではBGMを聴かせるという演出に編集してみましょう。まずは、この状態で全体にBGMを乗せてみたいと思います 図1。

> **memo**
> Adobe Stockオーディオの表示・検索はインターネット接続が必要です。

図1 「オーディオ」ワークスペース／シーケンス「インタビュー09」

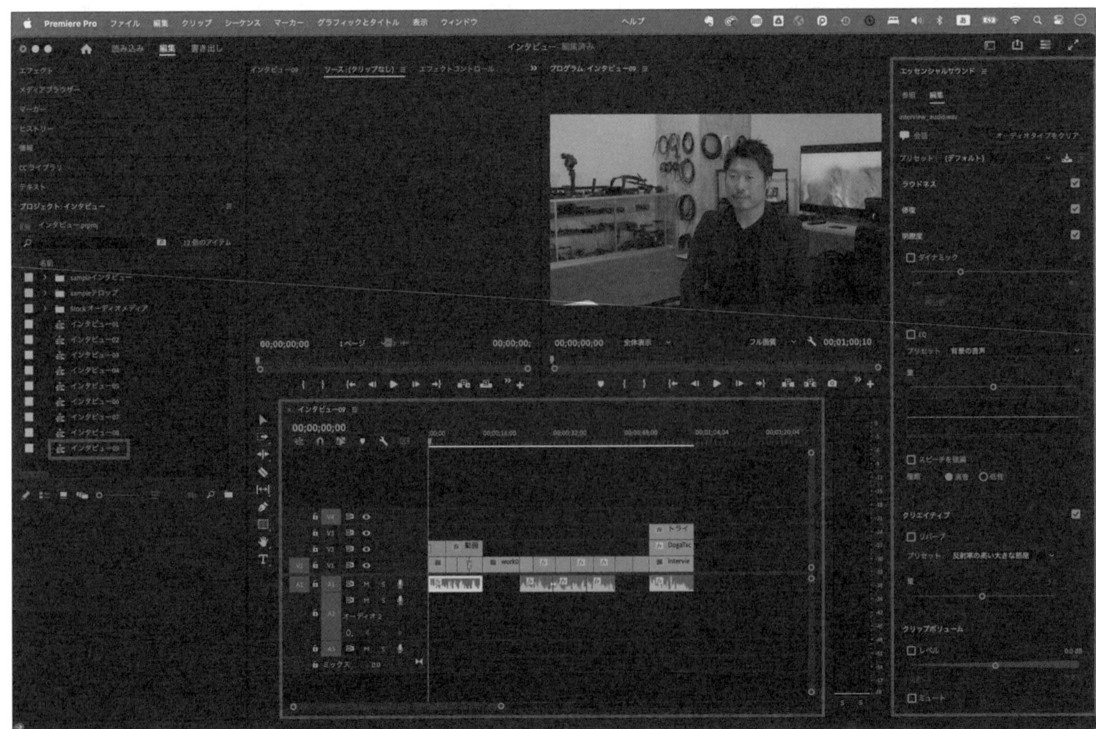

画面右側の「エッセンシャルサウンドパネル」で「参照」タブを選択すると、Adobe Stockのオーディオが波形と共にずらっと表示されます。およそ7万曲以上の楽曲が用意されていて、曲名の左にある再生ボタンを押すと曲を試聴でき、内容を確認できます 図2。

エッセンシャルサウンドパネルの一番下にある「タイムラインの同期」をオンにすると、編集中のタイムラインがリンクし、曲が再生されると同時に、タイムラインの再生ヘッドも一緒に動きます。これで、編集したものと楽曲がマッチするかどうか、両方を同時に見聞きしながら判断できます 図3。

図3 エッセンシャルサウンドパネルの［タイムラインの同期］

ここでは、検索ボックスに「POSITIVE LOUNGE MACHO」と入力して検索をかけてみましょう 図4。「POSITIVE LOUNGE BOSSA NOVA (MACHO CAMACHO)」というオーディオが表示されます。

図4 曲を検索する

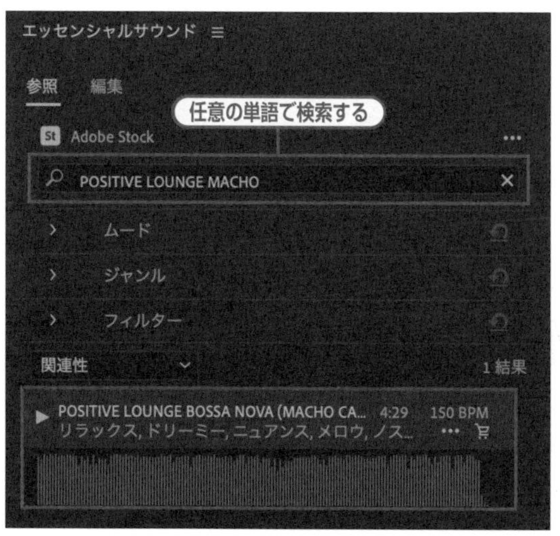

図2 エッセンシャルサウンドパネルでAdobe Stockオーディオが表示される

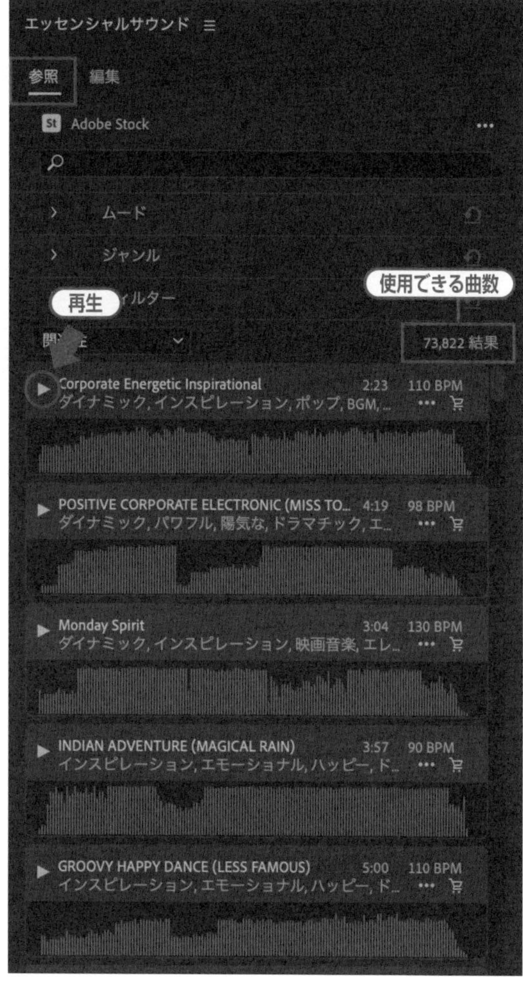

曲名部分をつかんでシーケンスにドラッグ＆ドロップするだけで、オーディオクリップとして簡単に配置できます 図5 。

図5 曲名部分をつかんでタイムラインへドラッグ

Column エッセンシャルサウンドパネルでの曲の検索

今回はあらかじめ任意に選んだ曲を割り当てましたが、実際には曲名で検索するだけでなく、「ムード」「ジャンル」「フィルター」などで楽曲の方向性を絞り込んで検索をかけることが可能です。

前述したように、簡単に再生して曲のイメージを確認できるので、曲選びもスムーズに行えます。

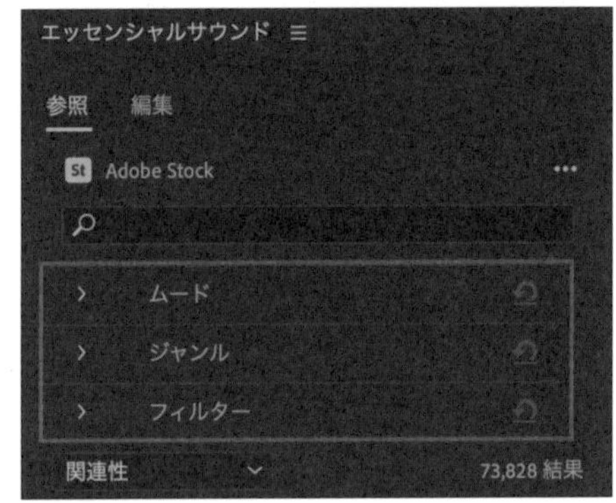

3種類の絞り込み方法

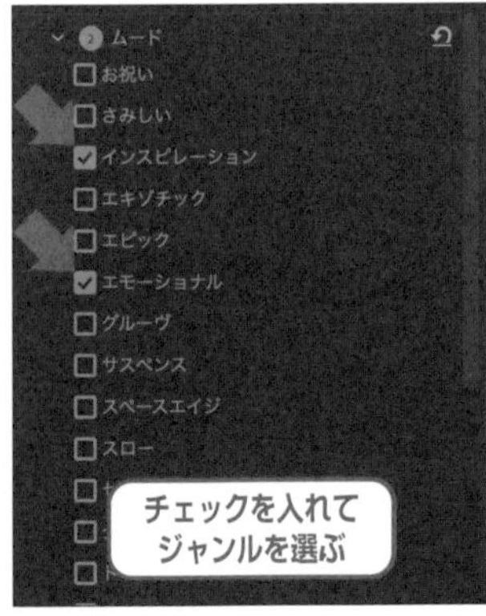

ムード

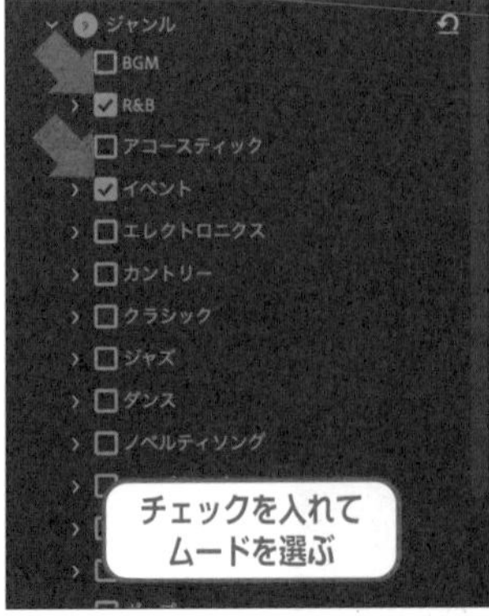

ジャンル

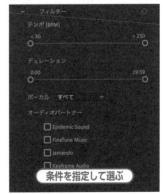

フィルター
テンポ (BPM)
デュレーション
ボーカル すべて
オーディオパートナー
Epidemic Sound
FineTune Music
Jamendo
Keyframe Audio
条件を指定して選ぶ

フィルター

ライセンス料の支払い

選んだ楽曲のサンプルファイルをダウンロードして配置しただけの状態では、ライセンス料は発生していませんが、実際に楽曲を使用するには、ライセンス料を支払う必要があります。

サンプルファイルをダウンロードすると、プロジェクトパネルに「stockオーディオメディア」というビン（フォルダ）が自動生成され、その中にこの楽曲が読み込まれています。アイコンの左側に表示されている「カート」アイコンをクリックすると、ライセンス取得のための「Adobe Stock」ダイアログが開きます。ダイアログの［続行］ボタンを押すと、自動的にインターネットブラウザーが開き、ライセンス料を支払うためのページが表示されるので、このページから手続きを行いましょう。

カートアイコン／プロジェクトパネル

「Adobe Stock」ダイアログ

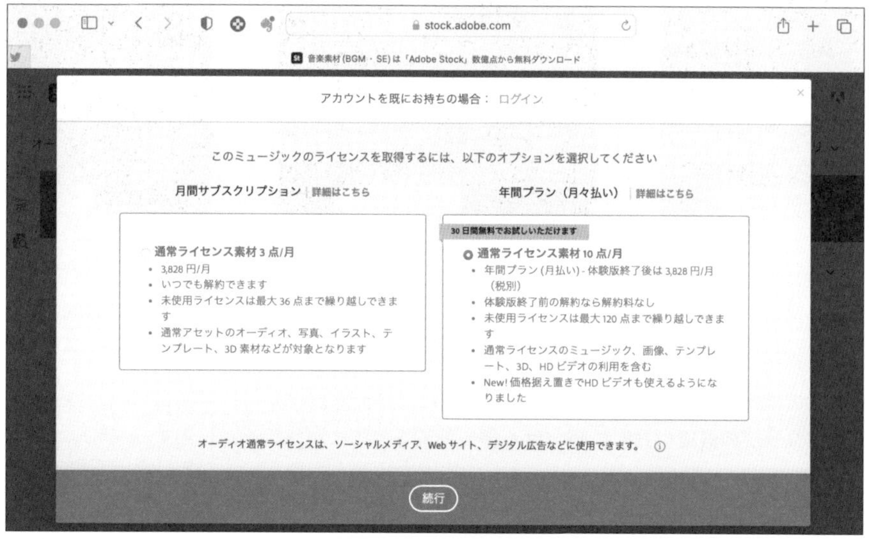

Adobe Stock ライセンス購入サイト

タイムラインに配置したオーディオクリップを確認すると、事前に編集したビデオクリップよりもオーディオの方が尺が長く、画像の様な状態になると思います 図6 。これをビデオクリップの尺(約1分)に合わせるようにオーディオを短く編集してみましょう。

図6 **楽曲の尺の方が長い**

まずはオーディオクリップの一番左(冒頭)を確認します。詳細を確認したいので、ズームツールでタイムラインの表示を拡大してください。この曲は冒頭に約1秒程度「無音」の部分があるようなので、選択ツールに切り替えてクリップの左端をつかみ、ドラッグで短くしましょう。

短くなった分、クリップそのものを左へ移動させ、スタート直後に音が鳴り出すように調整してみましょう 図7 。

図7 **楽曲の冒頭の無音を詰める**

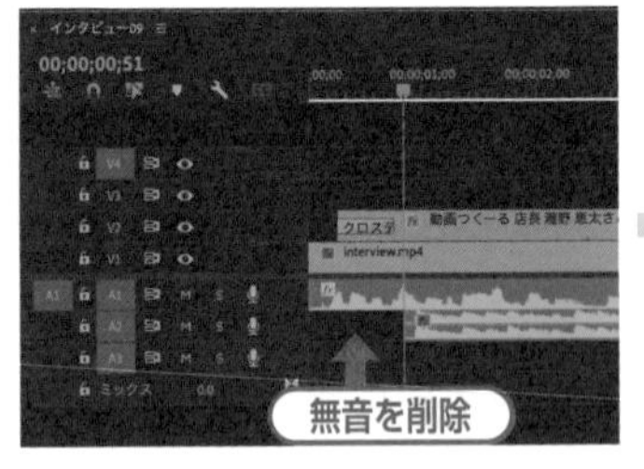

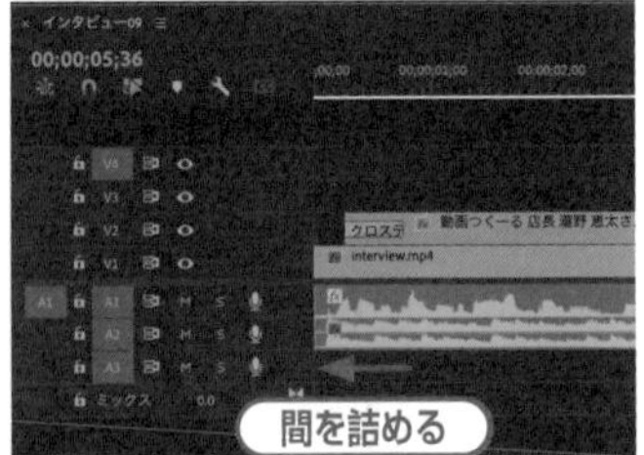

あまりギリギリにしても唐突感があるので、今回は2・3フレーム余韻を持たせてみました。この辺りの微調整は、実際に再生しながら聴きやすいタイミングを探ってみてください。

次に、曲の終わりタイミングを調整します。曲のクリップの右端をつかんで、ビデオクリップの最後(右端)に吸い付く様に伸縮させます 図8 。

memo

タイムラインの表示比率が見にくい場合は、一旦ズームツールで見やすい表示サイズにしましょう。Lesson 2でも触れましたが、ズームツールで「クリック」すると段階的に拡大表示、「option+クリック」で段階的に広域表示にできます。筆者は編集中、かなり頻繁にこの動作を行います。クリップの操作を素早く的確に行うには、操作に見合ったサイズ表示で行うことをお勧めします。

図8 楽曲の尺を調整する

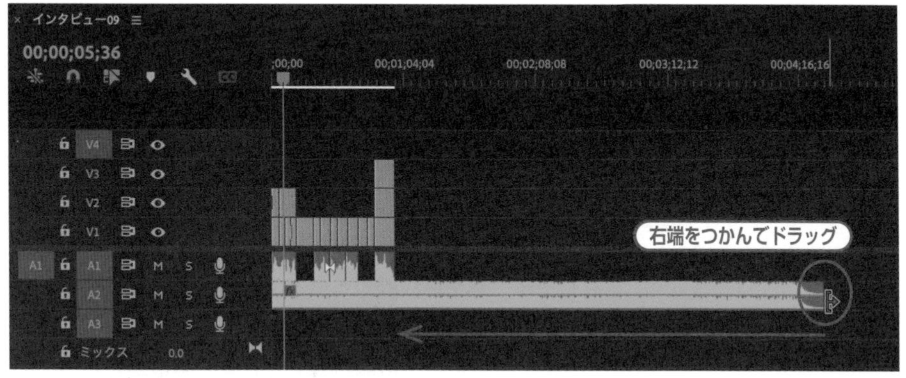

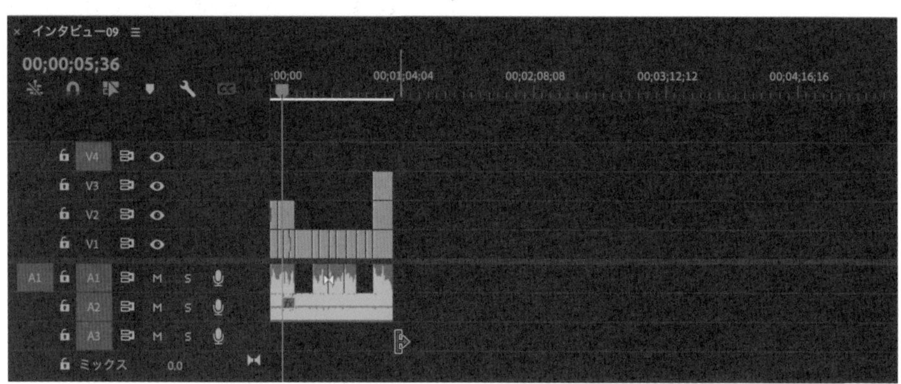

曲のオーディオクリップ、ビデオクリップと同じ長さになったら、一度再生してみてください。ビデオクリップが終わると同時に曲も終わっていますが、唐突に音楽が切れる感じになるので不自然に感じると思います 図9 。

図9 音楽は途中で途切れる感じになる

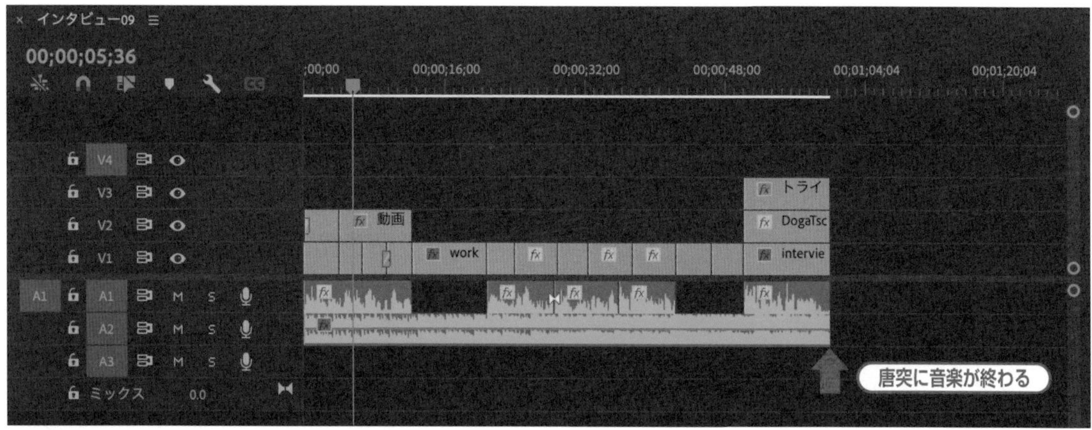

トランジションを使ってフェードアウトさせる

配置した音楽をだんだんフェードアウトして、徐々に音楽が消えるようにしてみましょう。前述した「キーフレーム」でのボリューム調整でも可能なのですが、ここではオーディオ専用のトランジションを使用してみたいと思います。

エフェクトパネルを開き、「オーディオトランジション」＞「クロスフェード」を確認してください。3種類のオーディオトランジションがあります 図10。

図10 3種類のオーディオトランジション

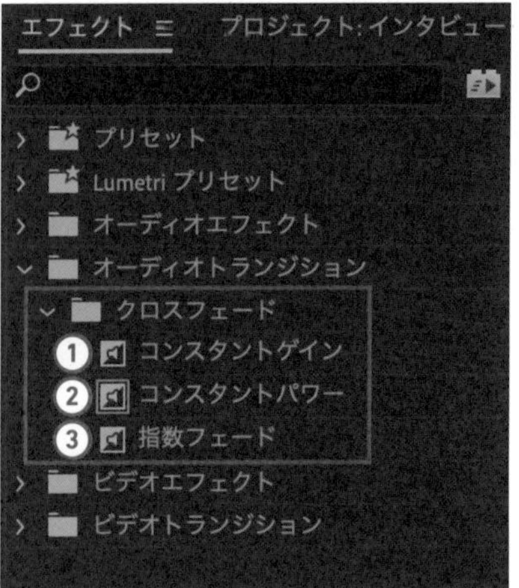

それぞれ、クリップの最後に適用した時のオーディオの変化を確認しましょう。

①コンスタントゲイン 図11

一定速度で小さくなります。

②コンスタントパワー 図12

最初は徐々に小さくなりつつ、後半に向けて変化の速度が速くなります。イーズアウトのようなイメージです。

③指数フェード 図13

最初は素早く小さくなっていき、後半に向けと変化の速度が遅くなります。イーズインのようなイメージです。

ちょっと複雑ですが、Premiere Proにデフォルトで搭載されているオーディオトランジションはこの3つだけです。音の変化の特徴を覚えて場合によって使い分けましょう。

筆者個人的には「コンスタントゲイン」が自然な気がしますが、これは演出内容や好みにもよるので、聞き比べてみてよりご自身のイメージに近いものを選んでお使いください。

図11 コンスタントゲイン

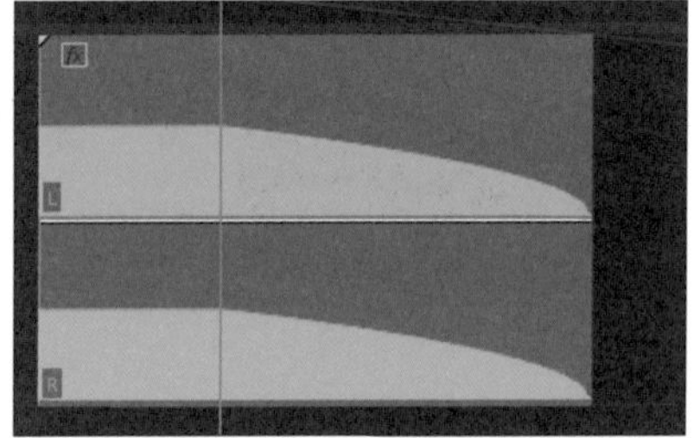

図12 コンスタントパワー

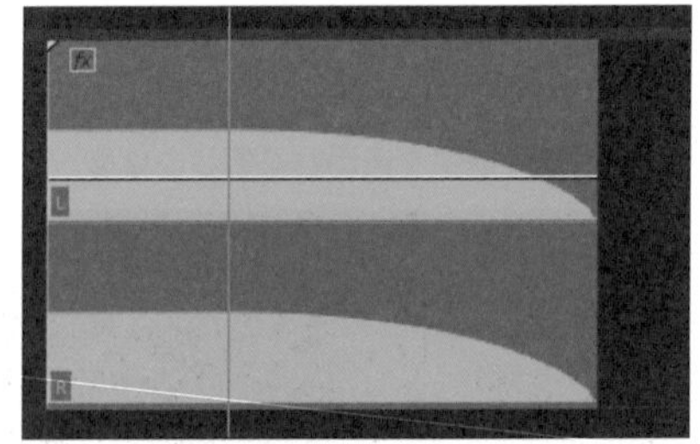

図13 指数フェード

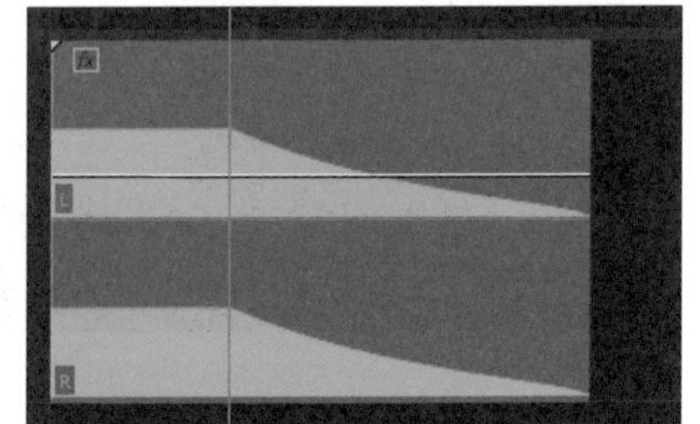

(※画像はイメージです))

BGMの自動リミックス

前述した「楽曲を徐々にフェードアウトさせて終わらせる方法」は、違和感なく終われるのでとても便利ですが、タイミングによってはサビなどの盛り上がりがあるところで終わってしまうこともあると思います。そんな悩みに対して、できるだけ自然に「終わった感」を演出できるPremiere Pro独自のスペシャルな機能をここでご紹介します。

Adobe SenseiというAIを使った「オーディオリミックス」という機能で、音楽クリップの長さを自由に調整し、かつ、編集したことに気づけないほど自然なリミックスができるすごい機能です。これは元々Premiere Proと同じAdobeファミリーの「Adobe Audition」という音編集専用のアプリケーションにある機能でした。あまりにも優れた機能のため、我々ユーザーからの強い要望で2022年2月のアップデートで、さらなる進化とともにPremiere Proにも搭載されたという経緯があります。世界中のユーザーからリクエストが出されていた待望の機能なので、ぜひお試しください（ここではAdobe Stockオーディオの音楽データを使用していますが、もちろん既存の音楽ファイルを使用することもできます）。

では、実際にやってみましょう。楽曲のクリップは、曲の最後（エンディング）まで表示された状態にしてください 図14（トランジションが適用されている場合は削除します）。

図14 楽曲クリップを最後まで配置する

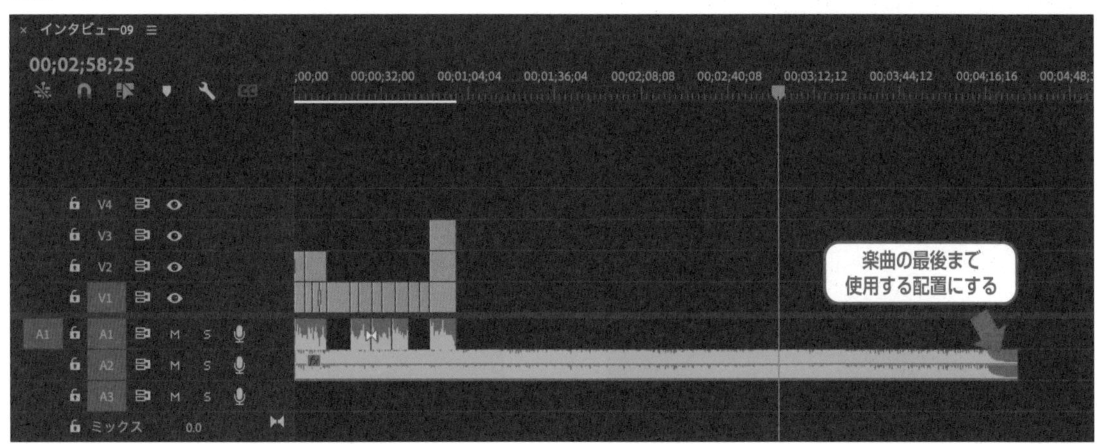

◎リミックスツール

このオーディオリミックス機能のために新しく搭載されたツールが「リミックス」ツールです。ツールパネルの「リップルツール（場合によっては、ローリングツール・レート調整ツールになっている時があります）」を長押しして展開させ、一番下の「リミックスツール」を選択します 図15。リミックスツールで楽曲のクリップの右端をつかんでドラッグし、ビデオクリップの長さに合わせるように短くしましょう 図16。

操作は選択ツールでやった時と同じ動きですが、結果が変わってきます。AIが自動的にそのオーディオクリップを分析し、リミックス作業を行ってくれます 図17（場合によっては数秒かかります）。

図15 ツールパネルにあるリミックスツール

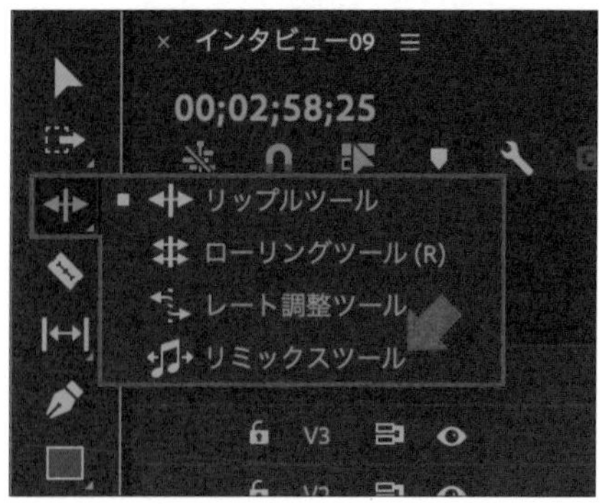

図16 リミックスツールでクリップの端を操作する

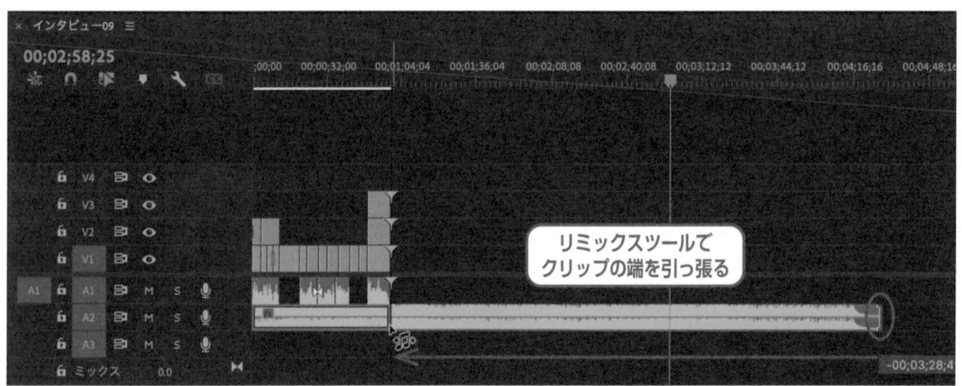

図17 AIが自動解析しリミックスされる

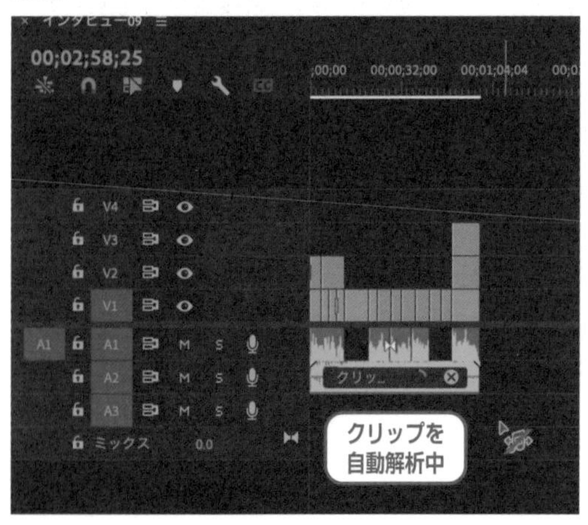

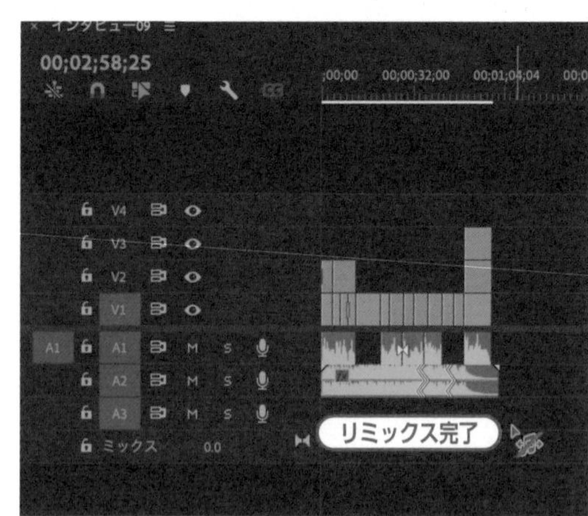

オーディオクリップには「ボリュームの波形」と、「波線」が表示されます。この「波線」部分がリミックスの編集点です。元のクリップがここで分割されて、尺に合わせて結合されているわけです。試しに再生してみてください 図18。

図18 **リミックス後のクリップ**

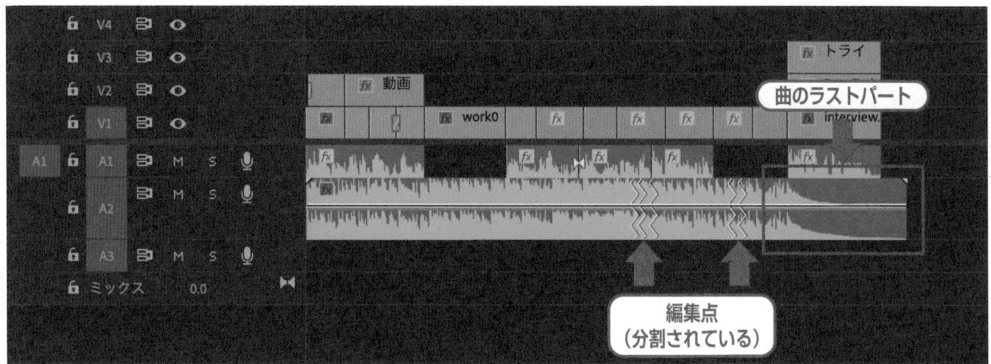

いかがでしょうか。波線部分で結合されているにもかかわらず、自然な音楽として違和感なく聴くことができると思います。そして音楽の最後の部分は、ちゃんと元の楽曲のラストパートが配置されていて自然な流れで曲を終わらすことができています。これが「オーディオリミックス」の真骨頂です。一瞬にして違和感なく音楽を繋ぎ合わせることができる、まさにAI時代の新機能です。

微調整は必要

リミックスの性質上、どうしても数秒の調整シロが発生し、設定した尺よりも少しズレることがあります。これはどうしても避けられないので、理想の近似値を探りながら何度か調整してみましょう。

クリップの端をつかんでクリップ幅を増減させてください。変更した長さに合わせてその都度、編集点を変更し高速で繋ぎ合わせてくれます 図19。

図19 **クリップ幅を増減させてリミックスさせてみる**

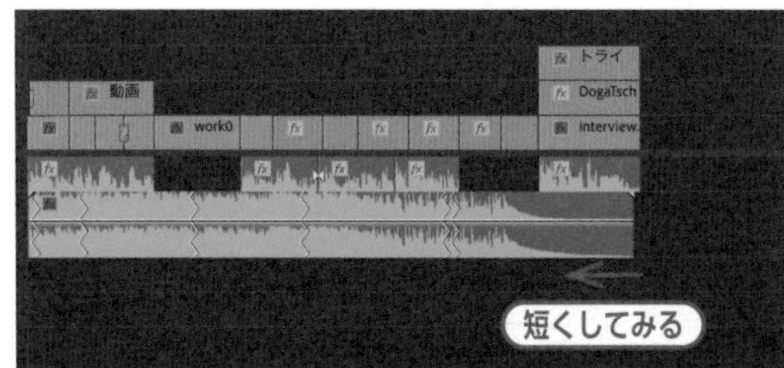

短くしてリミックスさせてみる

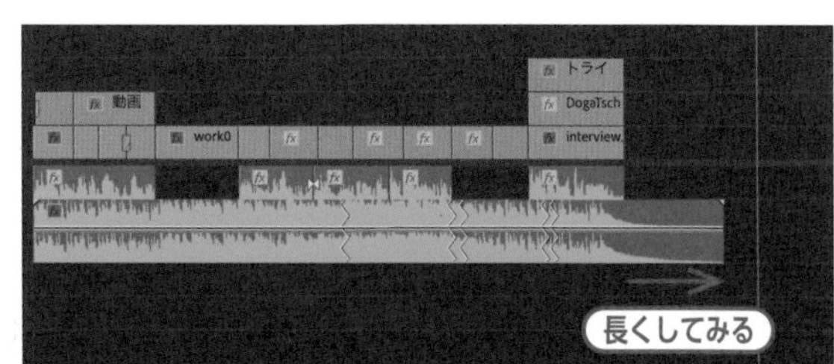

長くしてリミックスさせてみる

◎リミックスプロパティ

リミックスの具合によっては、楽曲の使いどころが思い通りにならないことがあると思います。リミックスによる曲の使いどころを調整する方法として「リミックスプロパティ」があります。

リミックスを適用したクリップを右クリックし、"リミックス" → "リミックスプロパティ"を選択します 図20 。

図20 リミックスしたクリップを右クリック

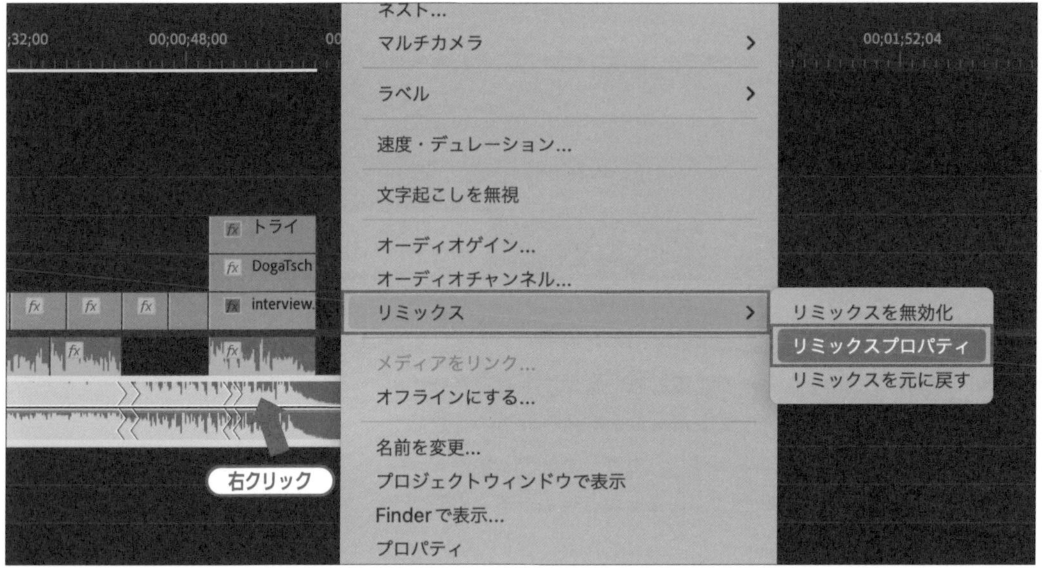

エッセンシャルサウンドパネルが「編集」タブに切り替わり、「デュレーション」の項目が表示されます 図21 。これが「リミックスプロパティ」です。[Custmize]を「>」をクリックして展開しましょう。

memo

この項目は「Custmize」と英語で表記されていますが、おそらくは翻訳漏れかと思われます。今後のバージョンによっては、日本語表記に変更されるかもしれないので、ご注意ください。

図21 リミックスプロパティ／エッセンシャルサウンド

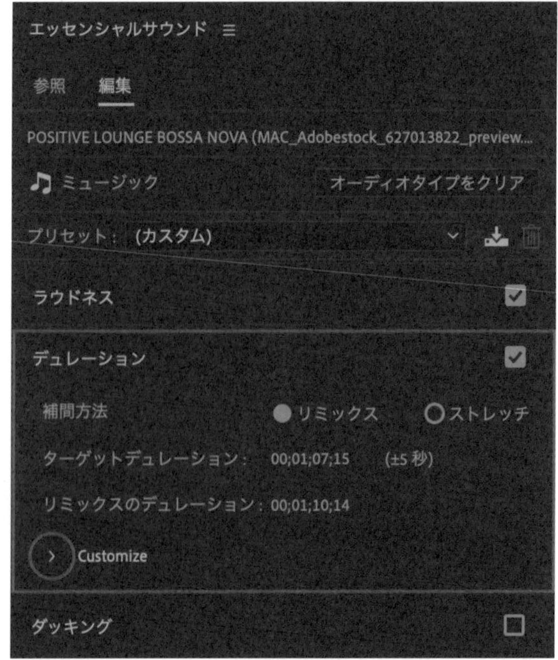

「セグメント」と「バリエーション」のスライダーが表示されます 図22 。

①セグメント

編集点によって分けられたひとつひとつのセグメントの数(少ない or 多い)で全体のバランスを調整できる。値を増やすと、編集点(分割点)が増えてリミックスされます。

②バリエーション

曲のさまざまな要素(メロディ or 倍音)に焦点を当てて編集点を調整する。

それぞれのスライダーを調整すると、編集点や尺が変化し、違うリミックスに編集し直されます。曲の使いどころを選びたい時や、歌声が含まれる楽曲などを使用する時などに便利です。何度か繰り返して理想のタイミングを探しましょう。

図22 [Customize]の項目

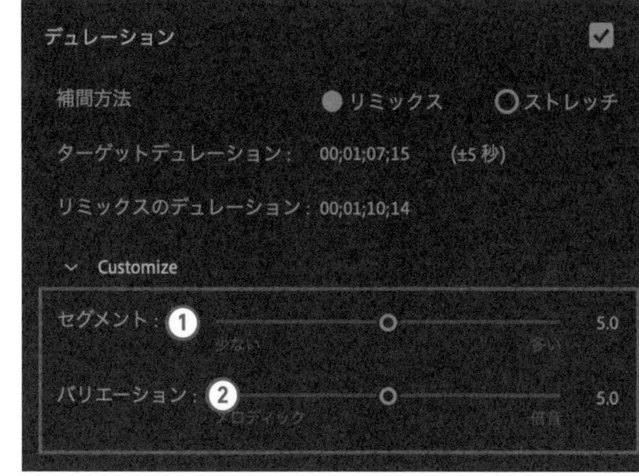

BGMの無限ループ

今回は、楽曲を映像に合わせて短くリミックスする方法をご紹介しましたが、逆に元の長さよりも長く伸ばすこともできます。どこまでも伸ばすことができるので、短い曲を長く使いたい時や、自然に途切れ目なくループ再生したいときにもとても有効です。意外に知られていない使い方だったりもするので、ぜひお試しください 図23 。

図23 リミックス機能で長尺の音楽クリップを作成

BGMをコメントに合わせて自動で音量調整する

ここまで、BGMの長さを調整するいろいろな方法をご紹介してきましたが、BGM以外にも聞かせたい音（会話など）がある場合、そのタイミングだけBGMの音量を下げて音量調整をする必要があります。前述した「キーフレーム使ったオーディオ調整」で、タイミングを見ながら調整することも可能ですが、ここではPremiere Proが自動で音量調整をしてくれる機能を使ってみましょう。

「インタビュー09」のシーケンスで確認していきます。画像のようにA1トラックに「インタビューのコメント」があり、A2トラックに「BGM」を配置した状態からご説明します 図24 。

図24 シーケンス「インタビュー09」

シーケンスを確認すると、「インタビューコメント」はところどころ音が途切れています。「コメントがない部分」ではBGMは通常のボリュームで問題ありませんが、「コメントがある部分」ではBGMのボリュームを下げないと「コメント」自体が聞こえにくいので、今回の**ダッキング**という機能を使ってみたいと思います。

まずは、ボリュームを下げるタイミングを認識させるため「対象となるオーディオクリップ（コメント）」を指定することから始めます。指定するために「オーディオタイプ」を利用します。A1に配置されているオーディオクリップ（コメント）を選択して、エッセンシャルサウンドパネルでオーディオタイプ属性を確認しましょう。おそらく「会話」になっていると思います。もしなっていなければ「会話」を選択して、オーディオタイプを設定してください 図25 。

WORD ダッキング

「ダッキング」とは、ある特定のオーディオクリップを指定し、そのクリップがあるタイミングでのみ、自動的にBGMのボリュームを下げるという機能です。

図25 **オーディオタイプを確認・選択**

次に、A2トラックのBGMのクリップを選択して、「ダッキング」のチェックボックスをオンにします 図26 。

図26 **エッセンシャルサウンドパネルで[ダッキング]をオンにする**

ダッキングターゲットを「会話」にして［キーフレームを作成］ボタンをクリックしてください 図27。

WORD ダッキングターゲット

部分的に音量を下げる「ダッキング」は判断する対象（オーディオタイプ）を「ダッキングターゲット」で選択します。①会話・②音楽・③効果音・④環境音・⑤タグ付けなしの音から選びます（複数選択も可能です）図28。

図27 ［ダッキングターゲット］を選んで［キーフレームを生成］

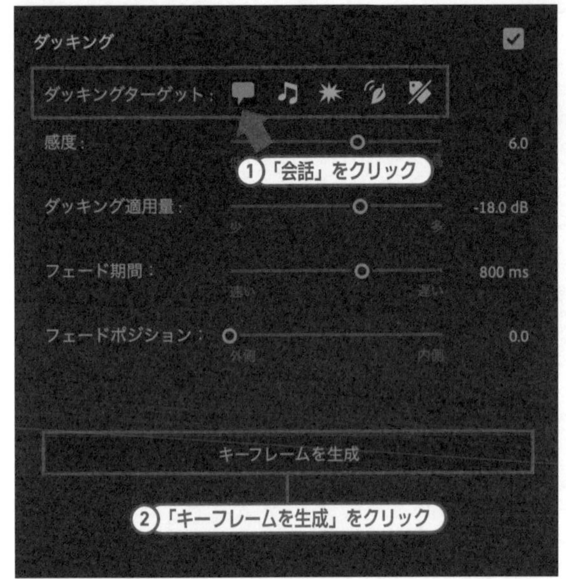

図28 ダッキングターゲット

図29 のように、オーディオクリップに自動的にキーフレームが設定されます。A1トラックのコメントクリップがある場所で、自動的に下降しています。これにより、コメントのある部分ではBGMが下がり、コメントがなくなるとBGMのボリュームが戻る、という設定が自動でできあがりました。再生して聞こえ方を確認してみてください。

図29 自動でキーフレームが生成される

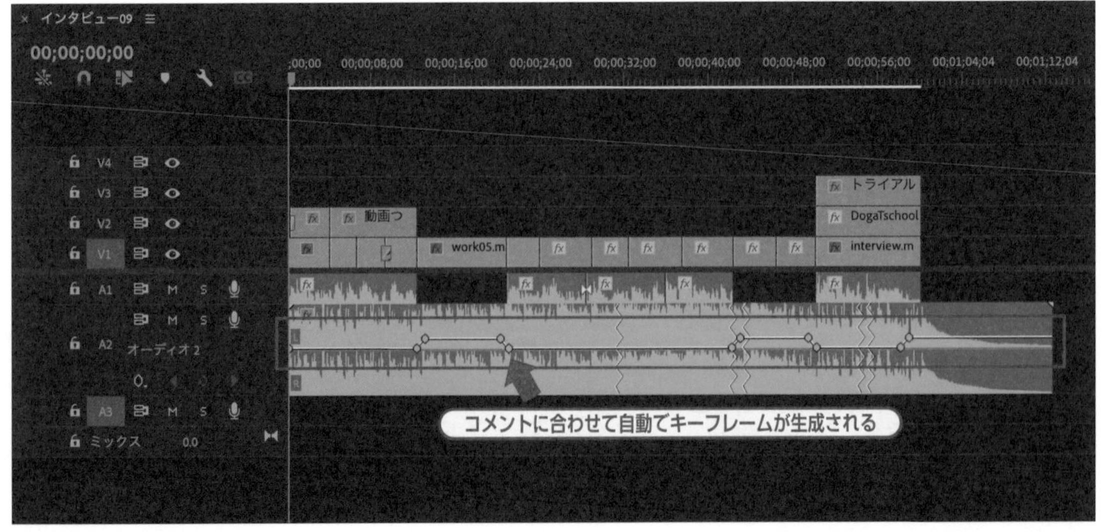

さらに微調整したい時には、ダッキングの各設定を調整してみてください 図30 。

図30 **エッセンシャルサウンドパネルでのダッキング設定**

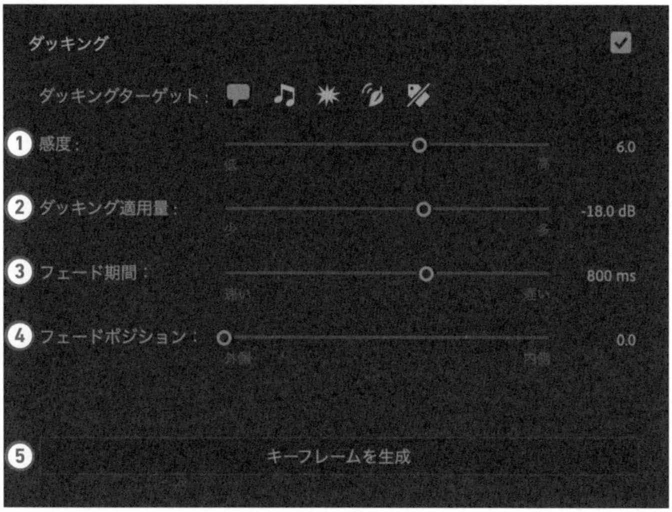

①感度

ダッキングターゲットの音声を認識する感度設定です。低くすれば調整が行われにくくなり、高くすればするほど細かく調整が行われます。

②ダッキング適用量

ダッキング調整する適用幅です。適用量が少ないと変更する音量も少なくなり、適用量が多いと変更する音量も大きくなります。

③フェード期間

音量を変化させる時の時間（スピード）を調整できます。「速い」とすぐに変化し、「遅い」と徐々に変化していきます。

④フェードポジション

フェードする間隔をダッキングターゲットに対して相対的に調整する機能です。フェードするタイミングを微調整するのに便利です。

変更した内容を適用するときは、再度［キーフレームを作成］ボタンをクリックします。

また、自動的に生成されたキーフレームは、手動で調整しなおすことも可能です。ざっくりとした設定をダッキング機能でやって、細かな微調整は自分の手でやるというのもありだと思います。

AIの能力をしっかり理解して使いこなすことで、効率的にクオリティの高い作品が作れます。ぜひチャレンジしてみてください。

ナレーションを収録する

THEME テーマ

作品によっては、「ナレーション」を入れることが必要な場合があります。人の声を別収録して編集で差し込む方法です。Premiere Proは編集だけでなく、リアルタイムに音声を直接収録する機能も備えており、とても便利です。ぜひ試してみてください。

マイクの設定

Premiere Proは編集アプリなので、これまでマイクの存在を気にすることはあまりなかったと思いますが、ここではどのような方法で録音するかの設定が必要になります。環境設定を確認しましょう。

メニューバーのPremiere Proメニュー〔編集メニュー〕→“設定...”→“オーディオハードウェア...”を選択。環境設定のダイアログが開きます 図1。

図1 オーディオハードウェアで選択

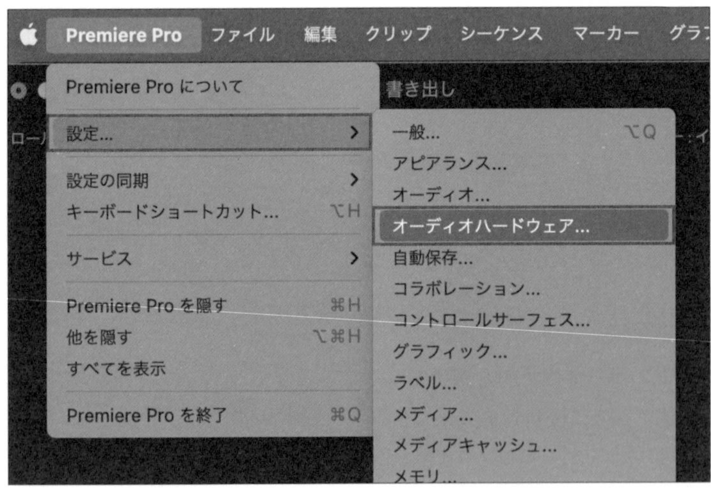

「デフォルト入力」のプルダウンメニューに、そのパソコンで使用できるマイクの種類が表示されます。お使いのパソコンシステムによって表示される項目はさまざまですが、ここでは「MacbookProのマイク」を選択しました 図2（対応するものであれば、外部マイクをパソコンに接続して使用することも可能です）。

図2 環境設定の[オーディオハードウェア]

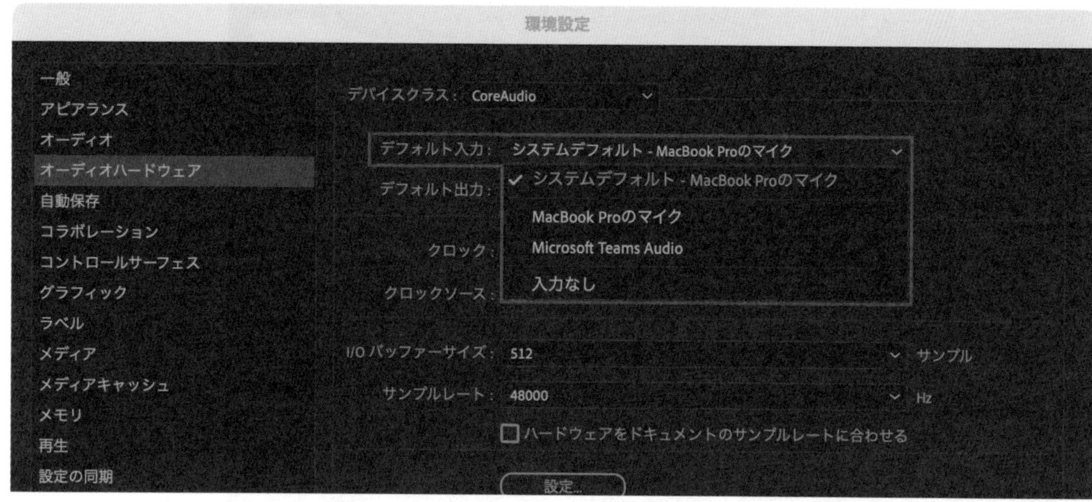

ボイスオーバー録音

Premiere Proで録音するには「ボイスオーバー」という機能を使用します。タイムラインの左側にさまざまなボタンがありますが、その中の一番右の列にトラックごとに配置されているマイクアイコンが［ボイスオーバー］専用ボタンになります。

タイムラインに直接録音クリップを生成する仕組みなので、ナレーションを入れたいところに再生ヘッドを移動してください図3。

図3 タイムラインで録音操作する

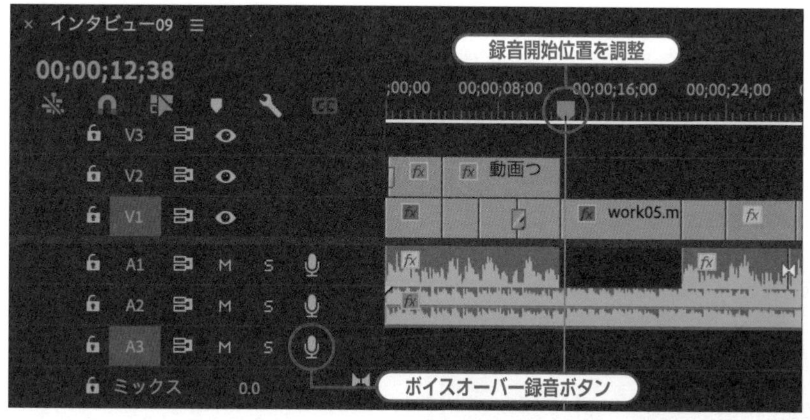

次に、クリップを配置したいトラック（今回はA3トラック）の［マイク］ボタンを押します。自動的に3秒前から再生が始まり、プログラムモニターにカウントダウンが表示されます図4。

カウントダウン後に、ナレーションを読んで録音しましょう。読み終えたらスペースキーで停止できます。

図4 カウントダウン後にナレーションを読む

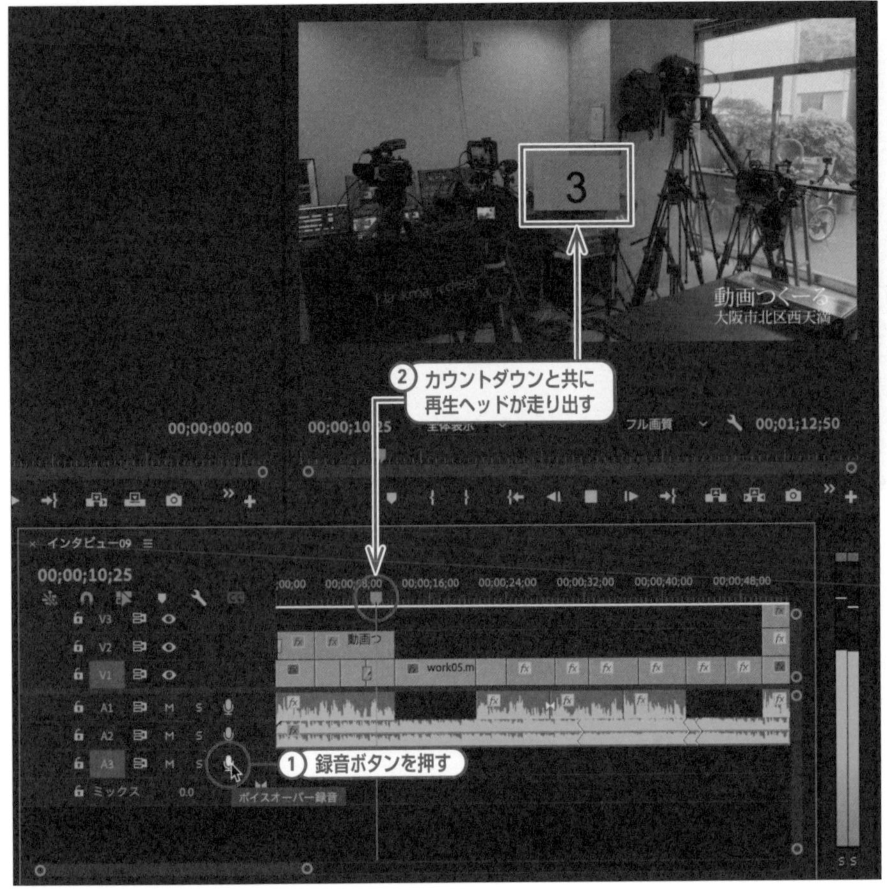

タイムラインに自動的にクリップが生成され、プロジェクトパネルにオーディオクリップが登録されました 図5 。

この作業だけでナレーションが完成です。とてもシンプルで使いやすい機能です。収録したデータはオーディオクリップとして扱えるので、ノイズ除去やボリューム調整も自由自在です。

図5 ナレーションクリップが自動的に生成される

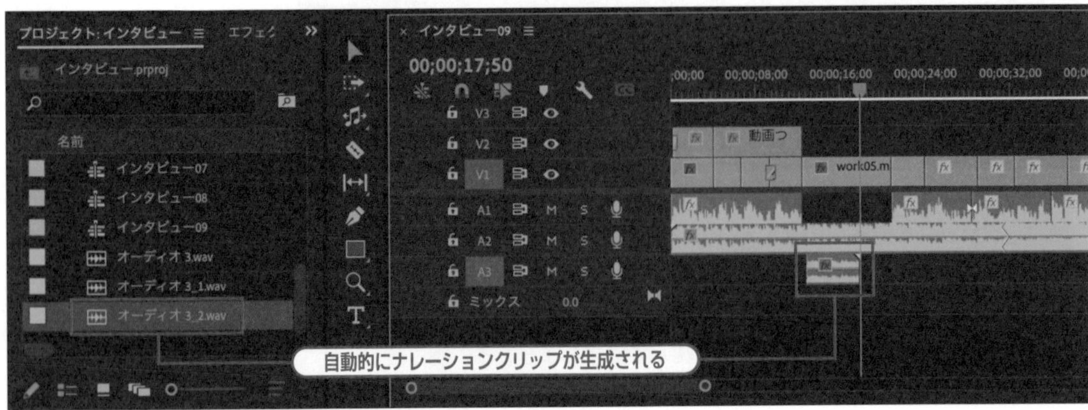

Column

ハウリングに注意

収録時、スピーカーから出た音が、再び同じマイクで収音・増幅され、ハウリング（大きなノイズがループする）を起こしてしまうことがあります。それを避けるために環境設定を正しく設定しましょう。メニューバーのPremiere Proメニュー〔編集メニュー〕→“設定...”→“オーディオ...”を選択。オーディオの環境設定ダイアログが開きます。表示された項目の中の「タイムラインへの録音中に入力をミュート」をオンにしてください。これでハウリングを防ぐことができます。

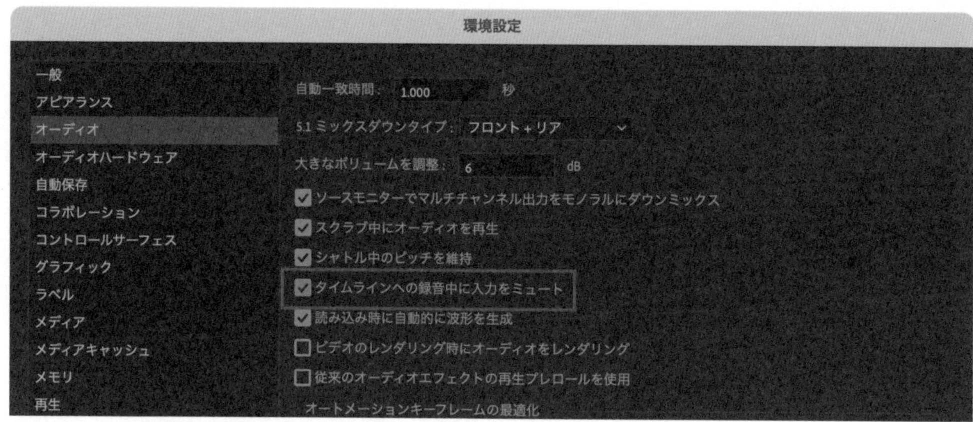

「タイムラインへの録音中に入力をミュート」をオン

オーディオデータの保存場所を確認

収録したオーディオデータは、既定の保存先に格納されます。保存先を確認するには、ファイルメニュー→“プロジェクト設定”→“スクラッチディスク...”を選択します 図6 。

図6 「スクラッチディスク」を開く

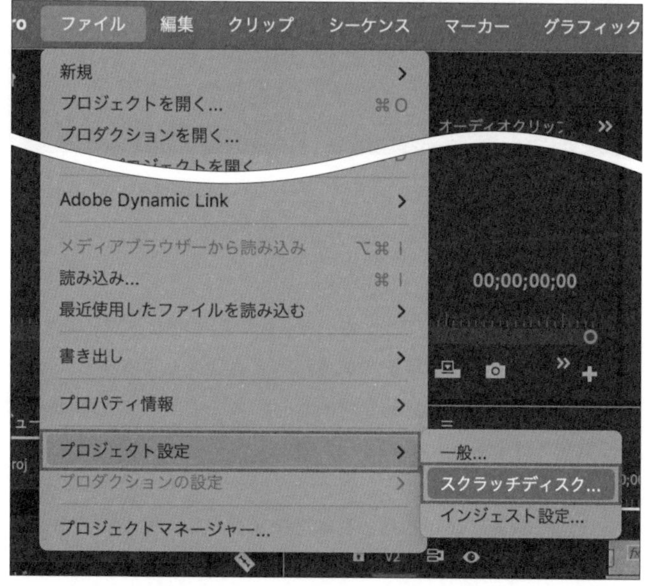

開いた「プロジェクト設定」ダイアログの「キャプチャしたオーディオ」を確認してください。初期設定では「プロジェクトファイルと同じ」に設定されています。これは、プロジェクトファイルを保存している場所にデータを保存しているという意味で、「Adobe Premiere Pro Captured Audio」という名前のフォルダが自動作成され、その中に保存されます 図7 （[参照]ボタンを押して、保存先を任意の場所に変更することも可能です）。

図7 「プロジェクト設定」ダイアログの[キャプチャしたオーディオ]を確認

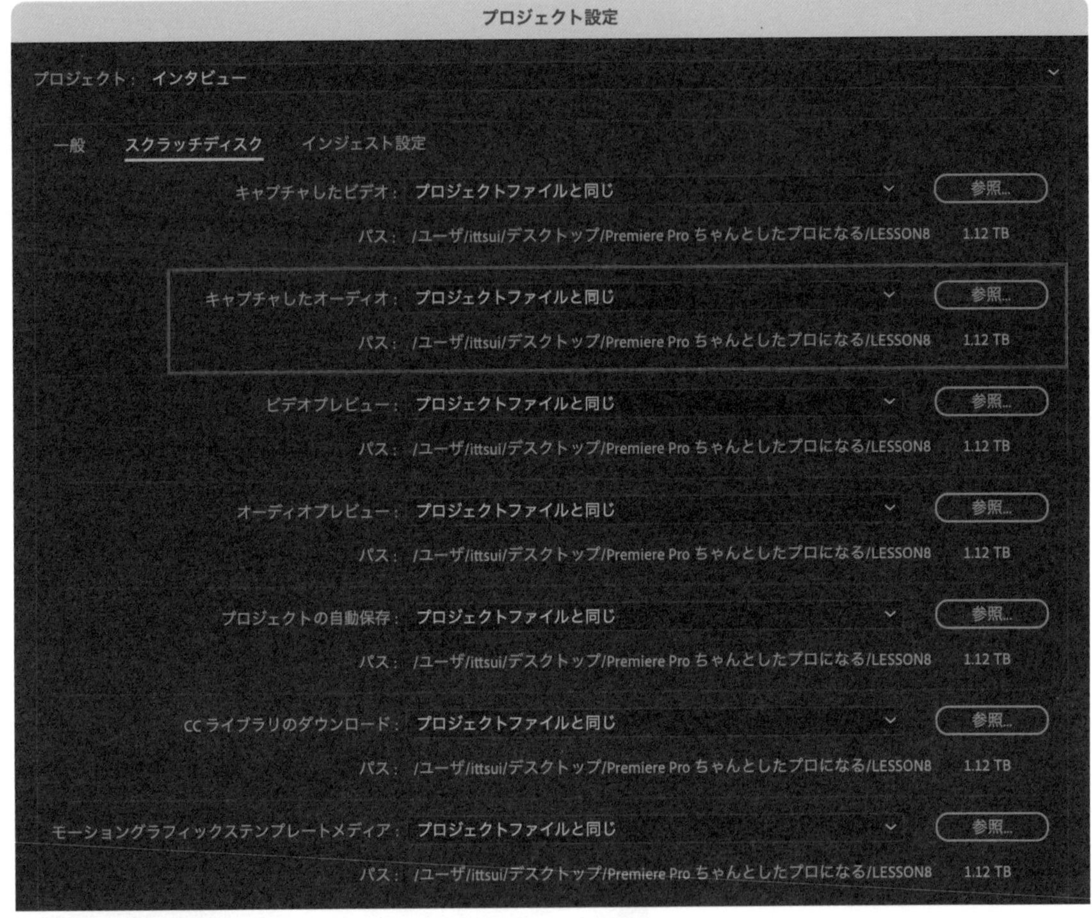

まとめ

いかがでしたでしょうか。オーディオの基本的な知識・操作方法から、独自のスペシャルな機能までいろいろとお伝えしてきました。オーディオはビデオと違って視覚的な判断がしにくいので、より細部まで気を配る必要があります。

Premiere Proにはまだまだたくさんのオーディオ機能が搭載されていますので、本書でがっちりと基本をマスターし、徐々にステップアップしてクオリティの高い作品を目指してください。

Lesson 9

トランジションとエフェクト

Premiere Proにはさまざまな「エフェクト(特殊効果)」があります。映像をより美しく見せたり、現実世界ではあり得ないようなトリッキーな映像表現も可能です。映像編集ならではの特徴であり、面白いところでもあるので、ぜひ活用しましょう。

トランジションとエフェクトの基本

THEME テーマ　まずはエフェクトの基礎として、Premiere Proでエフェクトにアクセスする方法を確認しましょう。また、エフェクトを適用した際に注意すべき「レンダリング」についても確認します。

このLessonで学習すること

- トランジションとエフェクトの基本的な使い方
- 使いやすいトランジションとエフェクトの確認
- カメラの手ぶれを編集で補正する(よく使うビデオエフェクト)
- クロマキーを使った映像の合成(よく使うビデオエフェクト)

このLessonで使用するファイル

「エフェクト.prproj」	プロジェクトファイル
「sakuranamiki.mp4」	カメラで収録した映像ファイル
「cushion_rotation.mp4」	カメラで収録した映像ファイル
「NY_04.mp4」	カメラで収録した映像ファイル
「Bottle.mp4」	カメラで収録した映像ファイル

※上記のファイルはセクション03の「手ぶれ補正」と「クロマキー合成」用です。それ以外のエフェクト確認はお好きなサンプル動画でお試しください。

エフェクト検索

Lesson 2でも少し触れましたが、Premiere Proのエフェクトへは、「エフェクト」パネルからアクセスできます 図1。エフェクトパネルには、

①オーディオエフェクト
②オーディオトランジション
③ビデオエフェクト
④ビデオトランジション

のビン（フォルダー）があります（そのほかにもプリセット用のビンがあります）。

このLessonでは「③ビデオエフェクト」と「④ビデオトランジション」を確認していきましょう。

図1 エフェクトパネル

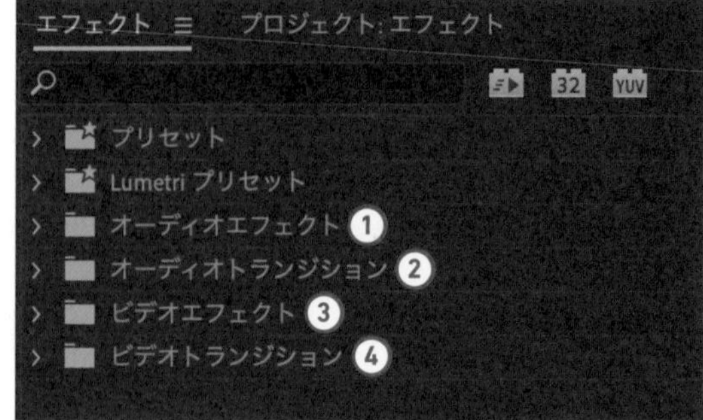

それぞれのフォルダーの先頭にある「>」をクリックして展開すると、格納されているエフェクト（またはそのフォルダー）が表示されます 図2 。種類別に格納されているので、丁寧にフォルダーを開いていく方法もありますが、エフェクトパネル上部にある検索窓でエフェクト名を入力して検索する方法もあります。エフェクト名がわかっている場合はその方が見つけやすいのでお試しください。

図2 エフェクトパネルにてエフェクト名で検索できる

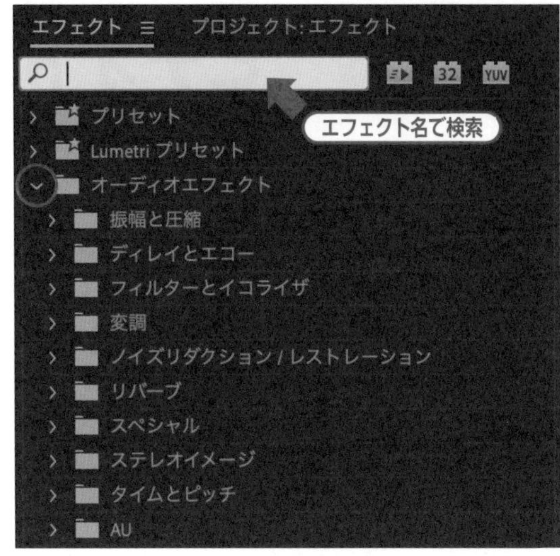

「レンダリング」が必要な場合がある

Premiere Proに搭載されているエフェクトを紹介する前に、1点注意があります。エフェクトを使用すると、再生する時にある程度の負荷がかかります。エフェクト適用後に、タイムライン上部のルーラー部分（レンダリングバー）が赤く表示された時は、再生がカクカクしたり、再生自体ができなかったりします 図3 。そんな時は、タイムライン上で該当のクリップを選択し、シーケンスメニューの「選択範囲をレンダリング」をクリックしましょう。**レンダリング**を行うと、赤い部分の映像が計算処理されて緑のバーに変わり、正常に再生できるようになります。

また、黄色で表示されている時は、パソコンのグラフィックパワーで「なんとか再生できる」状態です。レンダリングバーで状況を確認しながら、必要に応じてレンダリングを実行してください。

WORD レンダリング

エフェクトなどの効果を計算処理し、計算結果を「レンダリングファイル」として保存します。再生時、そのレンダリングファイルを利用して、映像を正常に再生できるしくみになっています。

図3 タイムラインパネルのレンダリングバー

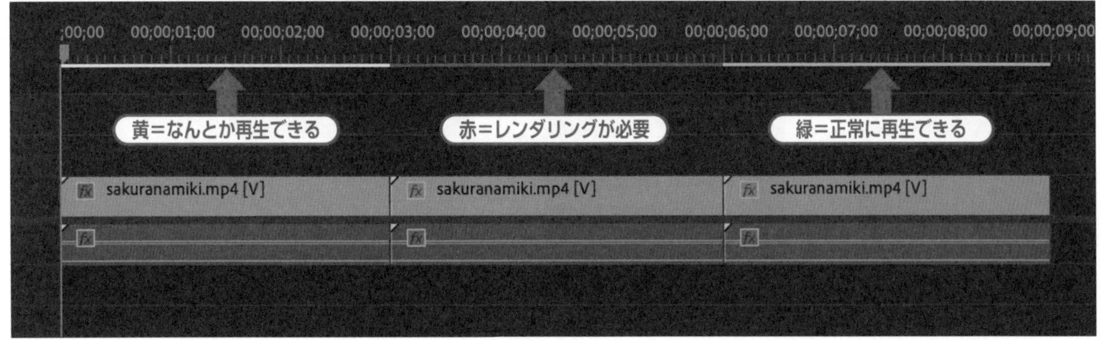

ビデオトランジション

THEME テーマ

まずは「ビデオトランジション」から見ていきましょう。「トランジション」はクリップの端（編集点）に適用するエフェクトです。クリップが現れたり消えたりする時に効果をかけたり、クリップとクリップの移り変わりを演出したりします。

トランジションの適用方法

トランジションの適用方法は、おおまかにわけて2通りあります。「単独クリップへの適用」と「連結するクリップの接合部分への適用」です。どちらもよく使用する方法なのでひとつずつ見ていきましょう。

単独クリップへの適用

Lesson2では、単独のクリップの端に「クロスディゾルブ」を適用しました。エフェクトパネルでトランジションを選択し、クリップの端（編集点）へドラッグ＆ドロップするだけです 図1。「ビデオトランジション」は、隣り合うクリップが存在しない単独クリップの場合、適用したクリップよりも下のトラックにあるビデオクリップ（ここでは「sunflower01.mp4」）と合成されます 図2。

図1 単独クリップの端に適用

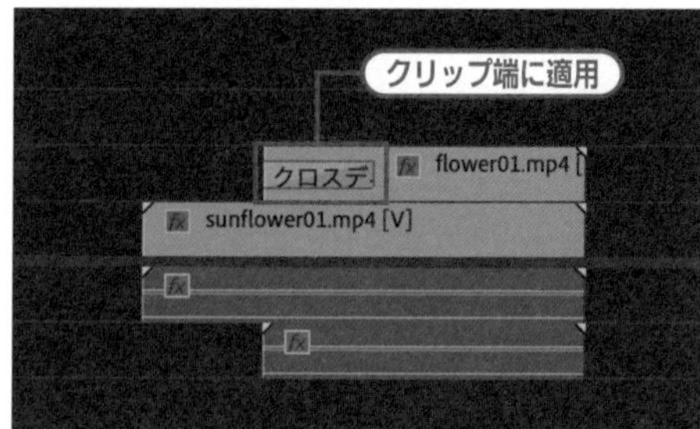

図2 下のトラックのクリップとのオーバーラップになる

また、トランジションを適用したクリップよりも下のトラックに何もない場合は、「黒味」との合成になります 図3 図4（Lesson 2を参照）。

図3 下に他のビデオクリップが無い場合

図4 黒味から徐々に映像が現れる

トランジションの尺調整

クリップに適用したトランジションをダブルクリックすると、「トランジションのデュレーションを設定」するダイアログが現れます。このデュレーション数値でトランジションの尺を任意に設定できます。また、適用したトランジション自体の端を掴んでドラッグすることでも尺を変更することができます。筆者的にはドラッグの方が直感的で操作しやすいのでおすすめです。

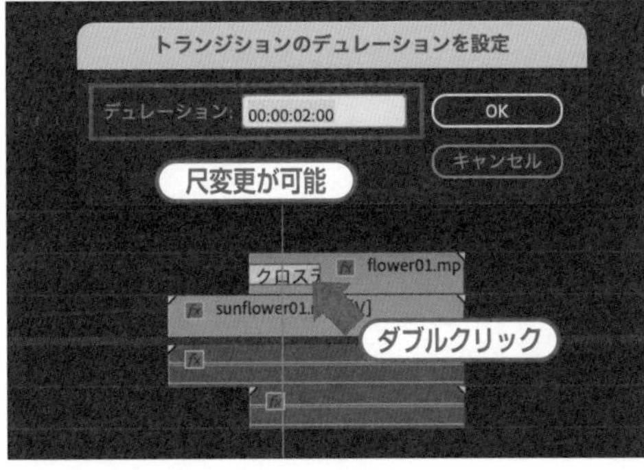

トランジションのデュレーション設定

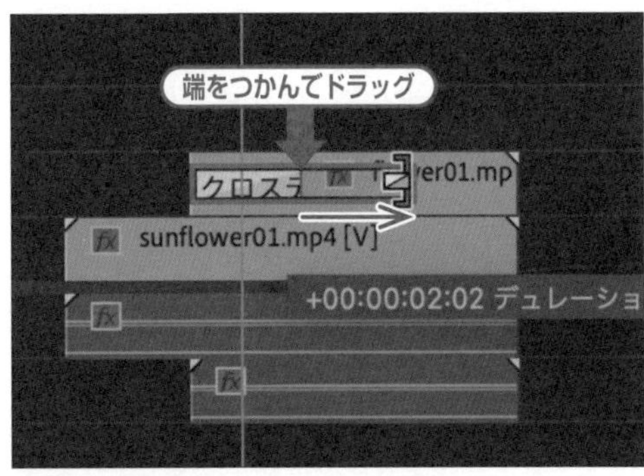

トランジションの端をドラッグでも尺変更可

連結するクリップの接合部分への適用

続いて、連結しているクリップとクリップの間に「トランジション」を適用する方法です。エフェクトパネルで任意のトランジションを選択し、クリップの接続部分（編集点）にまたがるようにドラッグで適用します 図5 。このとき、Lesson 2で紹介したように、それぞれのクリップに「のりしろ」が必要になります 図6 。

図5 トランジションを接続部分にドラッグ適用

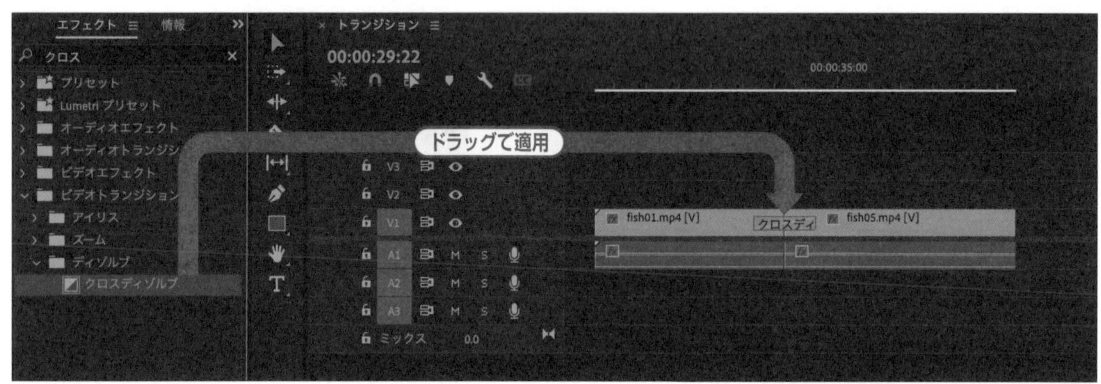

図6 両クリップののりしろを含めた映像で合成される

トランジションを選択して、エフェクトコントロールパネルを表示すると、もっと細かな調整が可能です 図7 。デュレーションなど各エフェクトの設定項目や、トランジションのタイミングに特化した「タイムライン」が表示されます。

このタイムラインではトランジションが視覚的に大きく表示されるので、微調整したい時にはとても便利です。尺を伸縮させることはもちろん 図8 、トランジションの真ん中あたりをつかんでドラッグすれば、タイミングそのものを前後させて微調整することも可能です 図9 。

図7 エフェクトコントロールパネルでの調整

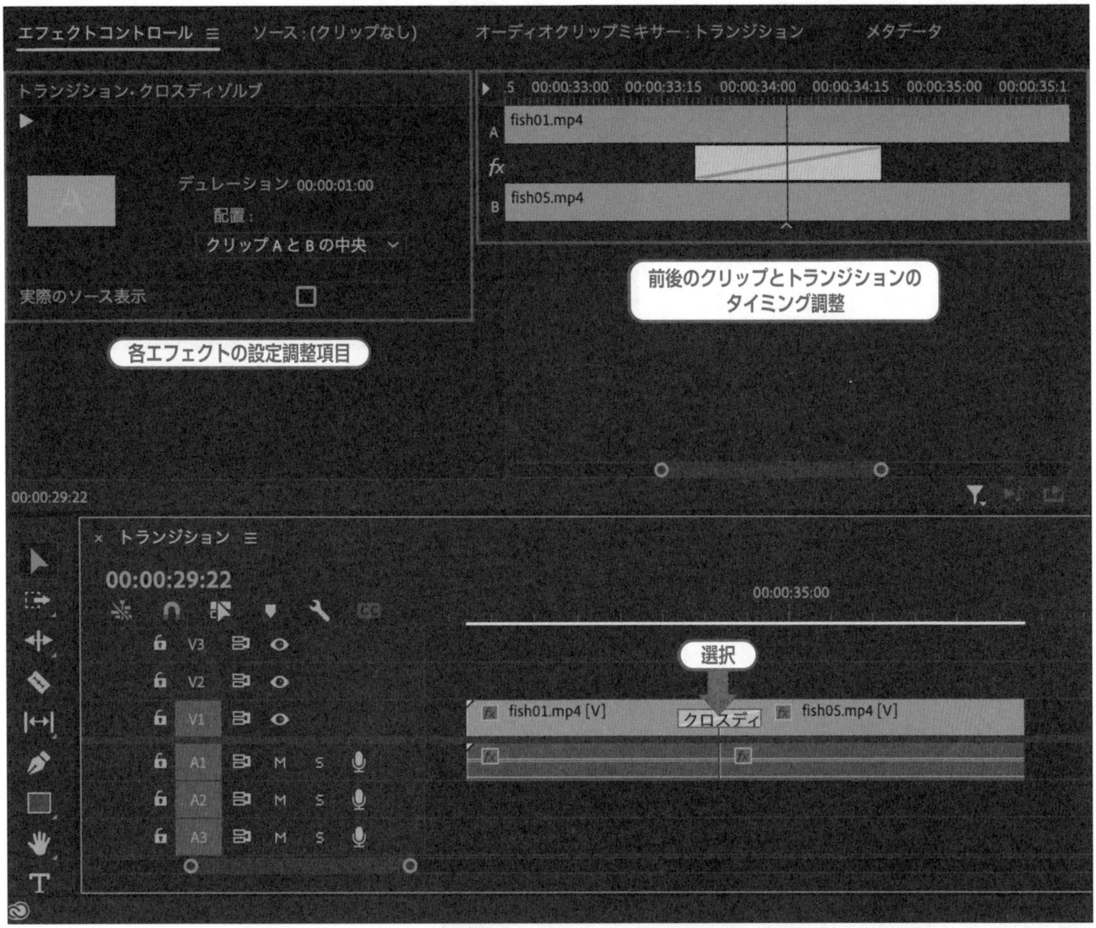

図8 トランジションの尺調整

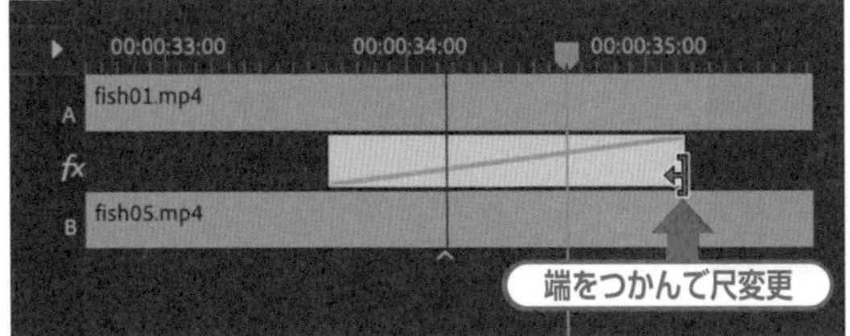

図9 トランジションのタイミング調整

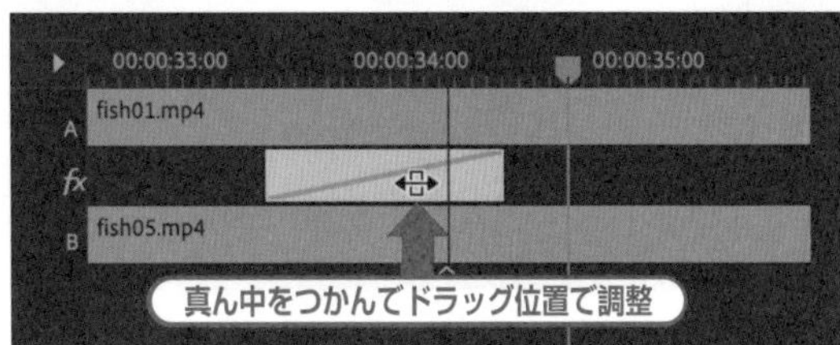

memo

ビデオエフェクトは「トランジション」「エフェクト」ともに「エフェクトコントロールパネル」での操作が主になります。それぞれのエフェクトの詳細はその都度このパネルを使用することになるので、覚えておきましょう。

トランジションをショートカットキーに割り当てる

Lesson 3では、ショートカットキー(shift + D)で「クロスディゾルブ」を適用しました。実はこのトランジションのショートカットキーは、別のトランジションにカスタム変更することができます(一度に設定できるのは1つだけ)。初期設定では「クロスディゾルブ」が登録されていますが、変更したい場合は、エフェクトパネルで任意のトランジションを選択し「選択したトランジションをデフォルトに設定」を選びます 図10。

図10 エフェクトパネルで登録したいトランジションを右クリック

また、トランジションの適用直後の尺は、初期設定で1秒(30フレーム)に設定されていますが、この長さも変更が可能です。メニューバーのPremiere Proメニュー〔編集メニュー〕→“設定...”→“タイムライン...”を選択し 図11、環境設定ダイアログを開きます。「ビデオトランジションのデフォルトデュレーション」で変更してください 図12。上手にカスタムして自分自身が使いやすい設定にしましょう。

図11 環境設定を開く

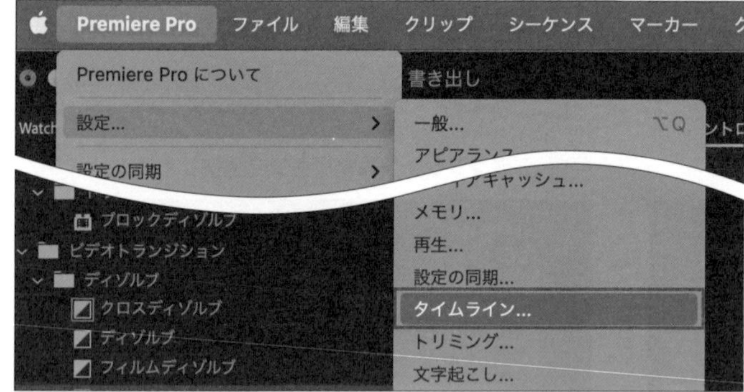

図12 ビデオトランジションのデフォルトデュレーション

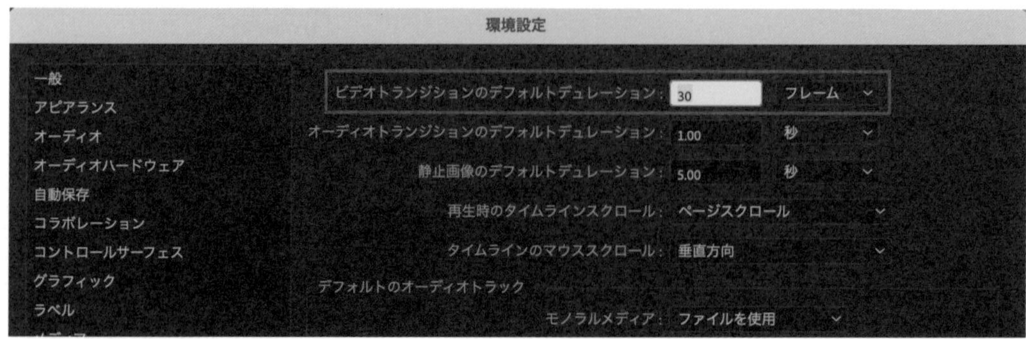

よく使うビデオトランジション

ビデオトランジションの中でも使用頻度の高いおすすめトランジションをご紹介します。

◎クロスディゾルブ

クリップAが徐々に消え、クリップBが徐々に現れます 図13。Lesson 2でも紹介しましたが、映像業界では「オーバーラップ」とも呼ばれ、一番使用頻度の高い有名なトランジションです。情緒的な演出に向いています(初期設定でショートカットキーにデフォルト設定されています)。

図13 クロスディゾルブ

◎ホワイトアウト

クリップAが徐々に白くなり、真っ白になった後にクリップBが徐々に現れます 図14。また、エフェクトコントロールパネルでの調整次第で、「いきなり白くなって徐々に映像が現れる」ような表現も可能です。時間軸を過去に戻したり、妄想の世界に入り込んだりするような演出にも使えるトランジションです。

図14 ホワイトアウト

◎暗転

クリップAが徐々に黒くなり、真っ黒になった後、クリップBが徐々に現れます 図15。場面転換や時間経過などに使用されます。

図15 暗転

◎押し出し

クリップAが外にスライドして押し出されると同時に、クリップBが入り込んでくるトランジションです 図16。エフェクトコントロールパネルでスライドインしてくる方向を指定することもできます。映像クリップ同士でももちろん使えますが、筆者はよくテロップの単独クリップで使用し、テロップがスライドインしてくる感じで使っています。テロップは右から左へ入り込んでくるのが筆者の好みです 図17。

図16 押し出し

図17 テロップを押し出し(右から左)

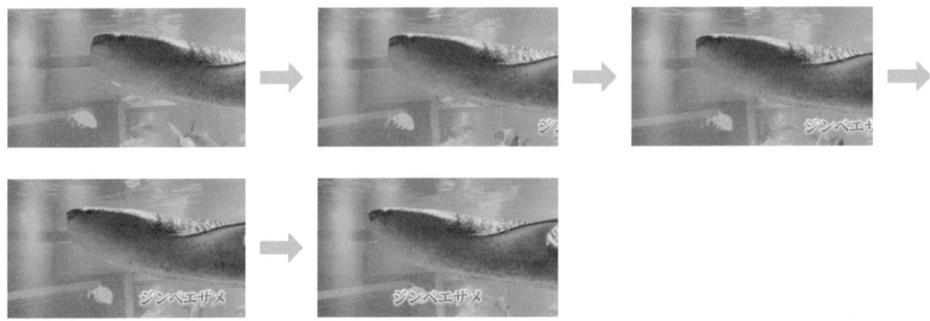

ビデオエフェクト

THEME テーマ

ビデオエフェクトは「クリップ全体」に効果を適用するエフェクトです。映像の色・質感・形・動きなど、多種多様なエフェクトがあり、演出の幅がかなり広がります。さまざまな要素をアレンジして、ご自身の演出イメージに合わせて使用してください。

エフェクトの適用方法

トランジションはクリップの端（編集点）へドラッグで適用しましたが、エフェクトは「クリップそのもの（中央あたり）」にドラッグして適用します 図1。

また、タイムライン上のクリップを選択して、エフェクトパネルで、適用したいエフェクトをダブルクリックすることでも適用できます 図2。

図1 エフェクトパネルからドラッグで適用

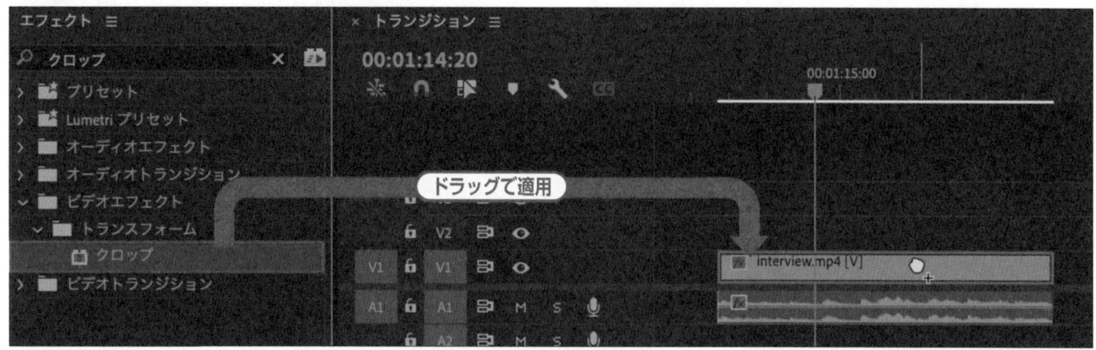

図2 クリップ選択後にエフェクトをダブルクリックで適用

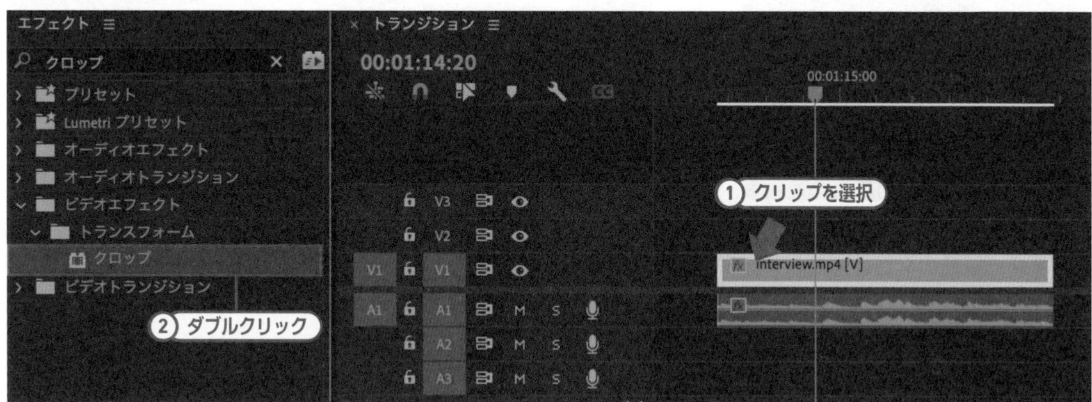

よく使うビデオエフェクト

ビデオエフェクトは、トランジションのように短い尺で転換するのとは違って、継続的にさまざまな効果を適用できます。その分、映像のビジュアルを変えるだけでなく、変形させたり、光らせたりと多種多様です。ここでは筆者が一番よく使うビデオエフェクトをピックアップしました。

◎クロップ

映像の上下左右を「切り取る」ことができるエフェクトです 図3。とてもシンプルな機能ですが、使い勝手がよく、筆者が一番使用頻度の高いエフェクトです。「上・下・左・右」の各辺に対して数値で切り取り量を設定できます。また、切り取るだけでなく「エッジをぼかす」機能を使うと、切り取った境界線をふわっとぼかすことができます 図4。

図3 画面を切り取る

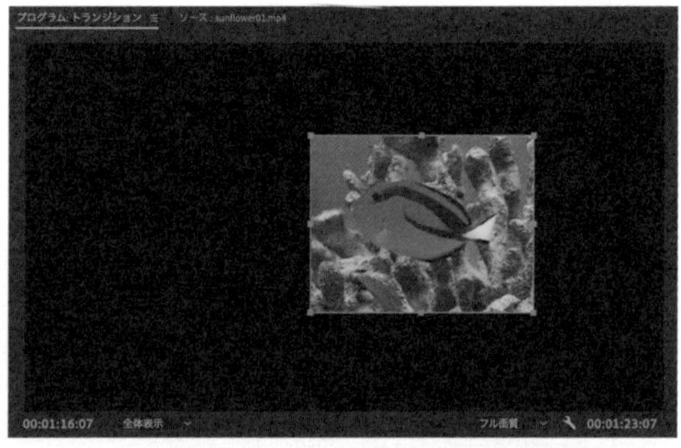

図4 エッジをぼかす

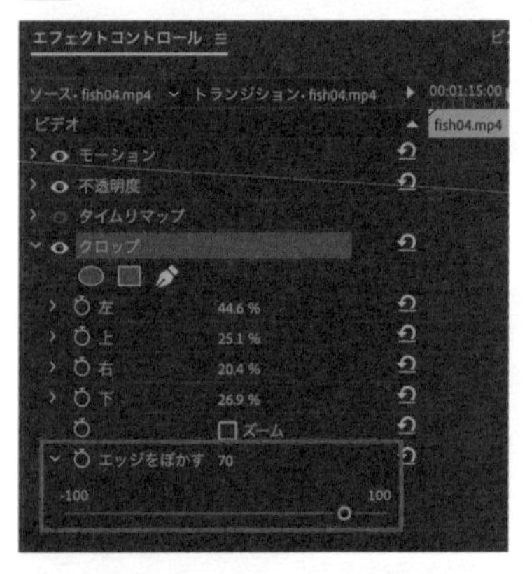

さらに、複数のクリップをトラックに重ねて配置することで、ワイプ画面を作成したり 図5、たくさんの映像クリップを分割して同時に表示させたり 図6 と、その使い方はさまざまです。

「クロップ」はPremiere Proではビデオエフェクトの1つとして独立し

た機能ですが、そのほかの編集ソフトでは、デフォルトでエフェクトコントロールパネル（のようなパネル）に入っているくらい、映像編集には必須の機能です。

図5 ワイプ画面

図6 マルチ画面

◎プロセスアンプ

明るさを調整したい時におすすめなのが「プロセスアンプ」です 図7。Lumetriカラーパネルでも明るさの調整は可能ですが、プロセスアンプの「明度」はかなり広い範囲まで調整が可能なので、極端に明るさを変化させたい時に便利です。その項目は、「明度」「コントラスト」「色相」「彩度」と、Lumetriカラーよりシンプルな構成なのでとても使いやすいと思います。

「分割比」をオンにすると調整前との比較が容易なので気軽にサクッと調整したいときにおすすめです 図8。

図7 明るさ／プロセスアンプ

図8 「分割比」で適用前後をプログラムモニターで確認できる

また、キーフレームを利用すれば 図9 、 図10 のように、テロップを光らせる変化（通常→明るい→通常など）ができたりするので、テロップを印象的に演出したい時とかにも便利です。

図9 明度をキーフレームでコントロールする

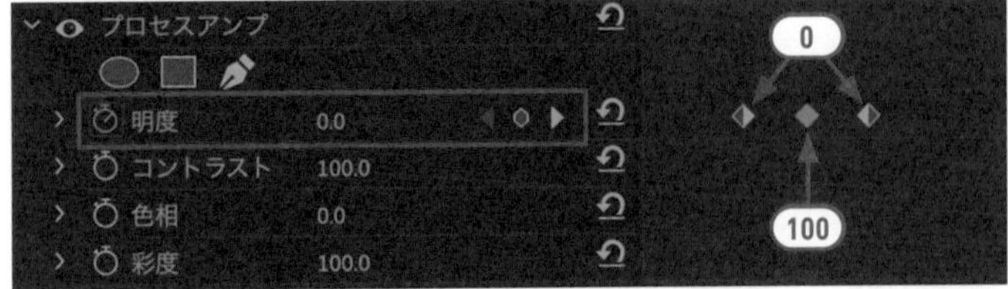

図10 テロップの明るさをキーフレームを使ってコントロール

◎VRグロー

映像やテロップを光の輪郭でにじむように輝かせるエフェクトです。本来「VR」と名のつくエフェクトは360°映像用のエフェクトですが、通常の画角（フレームサイズ）の映像にも使用できます。

各項目の数値 図11 を上手に組み合わせないと、なかなか思い通りのビジュアルが作り出せないのですが、ソフトなイメージで輝きを付け足すにはぴったりのエフェクトなので 図12 、ぜひチャレンジしてみてください。

①ルミナンスしきい値

映像の中の光る領域を設定します。数値が低ければ低いほど広い範囲で明るくなります。

②グロー半径

光るハロー（光の輪）の半径を設定します。

③グローの明るさ

グローの明度の強さを設定します。

④グローの彩度

グローの彩度（色）の強さを設定します。

⑤色合いのカラーを使用＆色合いのカラー

ブレンドするグローカラーを設定します。

図11 VRグロー／エフェクトコントロールパネル

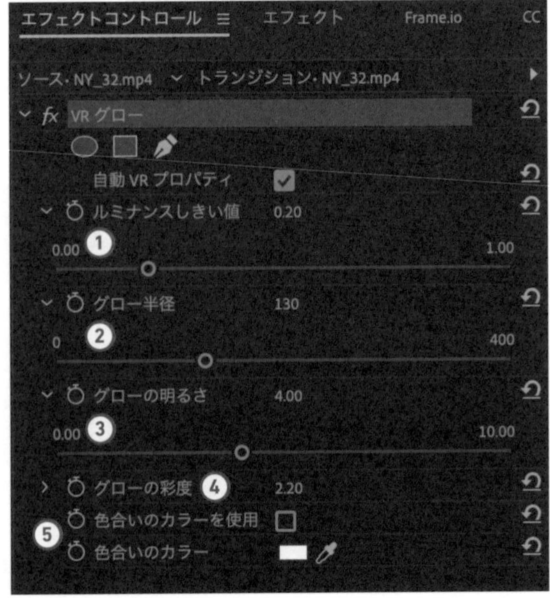

図12 VRグロー結果

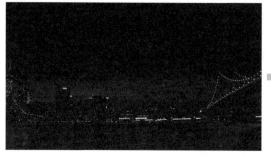

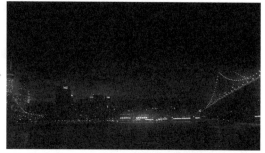

[①ルミナンスしきい値：0.20]、[②グロー半径：130]、[③グローの明るさ：4.00]、[④グローの彩度：2.20]、[⑤色合いのカラーを使用：オフ]

◎基本3D

映像を「立体的」に傾けたり、回転させたりすることができるエフェクトです 図13。

「スウィベル」で横回転 図14、「チルト」で縦回転 図15、「画像までの距離」で奥行方向への距離を調整できます 図16。また、「鏡面ハイライト」をオンにすると、映像に斜め上から光が当たっているかのような「反射」が描写されます 図17。

キーフレームを使って回転などでアニメーションをさせると、より効果的に立体感が表現できるので、ぜひ試してみてください。

図13 エフェクトコントロールパネルの[基本3D]

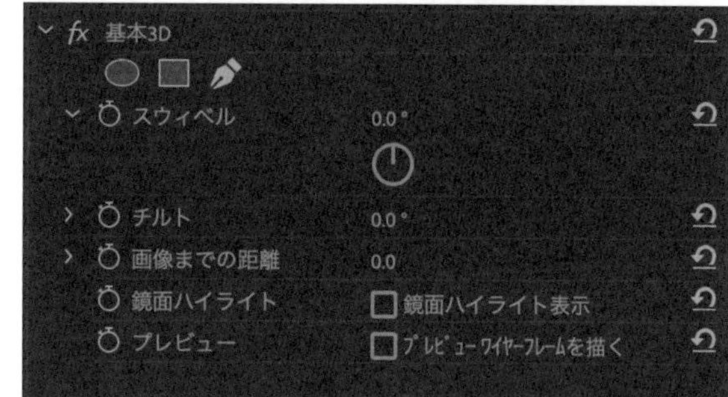

図14 スウィベル

図15 チルト

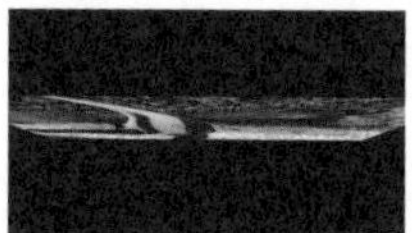
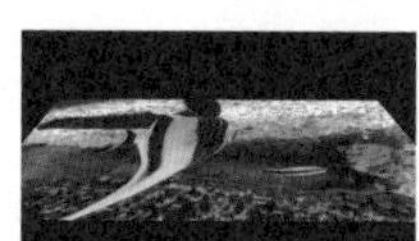

図16 画像までの距離

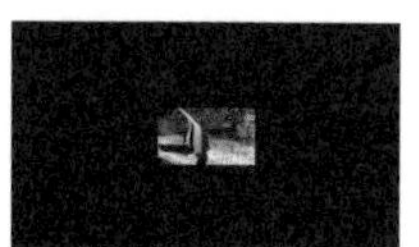

図17 鏡面ハイライト

[鏡面ハイライト]をオンにして、[チルト：-5] [画像までの距離：50]で、スウィベルをアニメーションさせた場合

●ワープスタビライザー

カメラを手持ちで撮影した時、手ブレなどでどうしても映像が不安定になることがあります。その揺れを編集で軽減するためのエフェクトが「ワープスタビライザー」です。Premiere Proのビデオエフェクトの中でも筆者イチ押しの優秀なエフェクトなので、サンプルのプロジェクトファイルを使用しながら、詳細を確認していきましょう。

プロジェクトファイル「エフェクト」を開き「ワープスタビライザー」シーケンスを展開します 図18 。タイムラインを再生すると、桜並木を手持ち撮影した手ブレ映像が確認できると思います。

図18 プロジェクトファイル「エフェクト」の「ワープスタビライザー」シーケンス

エフェクトパネルで「ワープスタビライザー」を検索し、ドラッグでクリップに適用しましょう 図19。

図19 ワープスタビライザーをドラッグで適用

このエフェクトを適用すると、プログラムモニターに「バックグラウンドで分析中」と表示され、分析が開始されます 図20。映像の揺れを1フレームずつ計算するので少し時間がかかりますが、終わるまでしばらく待ちましょう。

図20 適用後自動で分析が始まる

基本的には、これだけで適用終了です 図21 。ただ、かなり重たい計算になるので、ほとんどの場合、レンダリングが必要になります(レンダリングはP.275参照)。タイムラインを確認すると、レンダリングバーが赤く表示されています。レンダリングをしてバーが緑になったのを確認して再生してみましょう。

図21 **ワープスタビライザー適用前後**

注意点として「ワープスタビライザー」は映像を拡大・トリミングして揺れを軽減しているので、その分、解像度が失われ、画質がある程度劣化してしまいます。そのための微調整を「エフェクトコントロールパネル」で行いましょう。

エフェクトを適用したクリップを選択し、エフェクトコントロールパネルで「ワープスタビライザー」の項目を確認します 図22 。

図22 **エフェクトコントロールパネルの[ワープスタビライザー項目]**

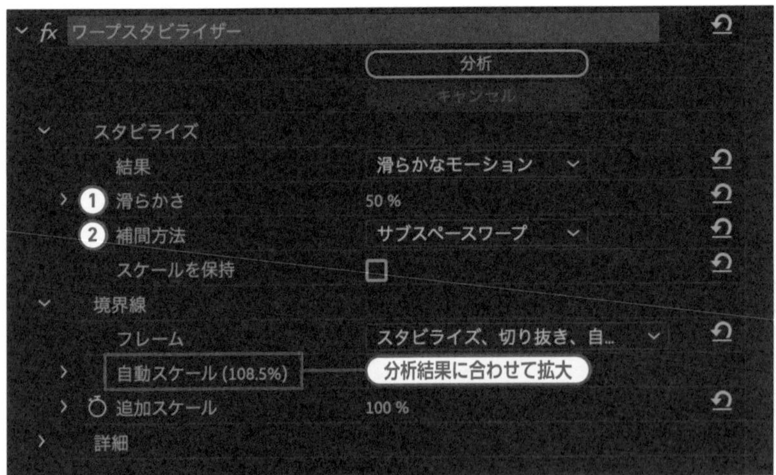

①滑らかさ

エフェクト適用後の映像の「滑らかさ」を調整する項目です。数値を大きくすると滑らかさが増しますが、切り取られる部分が増えるため解像度が低下します。元映像の揺れ具合と解像度の劣化加減を見て、バランス良く数値を設定しましょう。

②補間方法

手ぶれ補正の効果は「位置」「スケール」「回転」「遠近」などの情報を調整して適用されています 図23。

初期設定では「サブスペースワープ」に設定されていて、これらすべての要素を使用して手ぶれ補正の計算・処理を行っています。ローリングシャッターの歪みなどまで除去してくれるかなり精度の高い計算方法です。ただ、動きのある被写体の場合、画面全体を歪ませてしまい、被写体そのものが違和感のある映像に仕上がってしまうこともあります。その場合は、ほかの項目(「位置」など)を選択することで、歪み効果を使わないスタビライズ処理が可能なので、適宜映像に合わせて試してみてください。

図23 補間方法

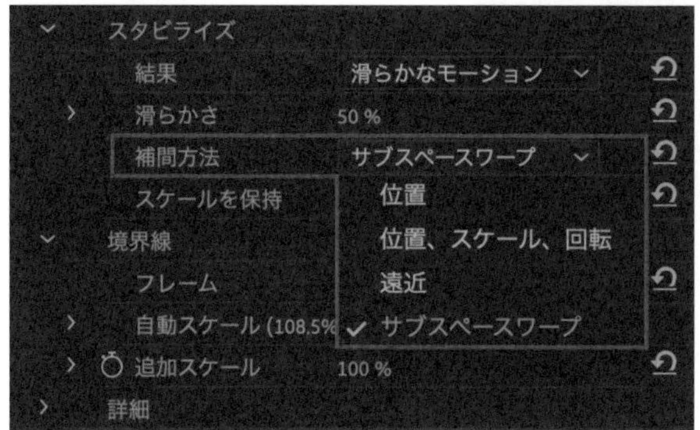

Column

手ぶれ補正効果を最大に

さらに精度の高い手ぶれ補正を適用したい場合、「詳細」項目の「詳細分析」をオンにしてみてください。映像の分析精度を上げ、より綺麗に映像を出力できるようになります。その分、処理時間がかかってしまうので、時間に余裕があり最終仕上げのクオリティを上げたい時にオンにしてみてください。

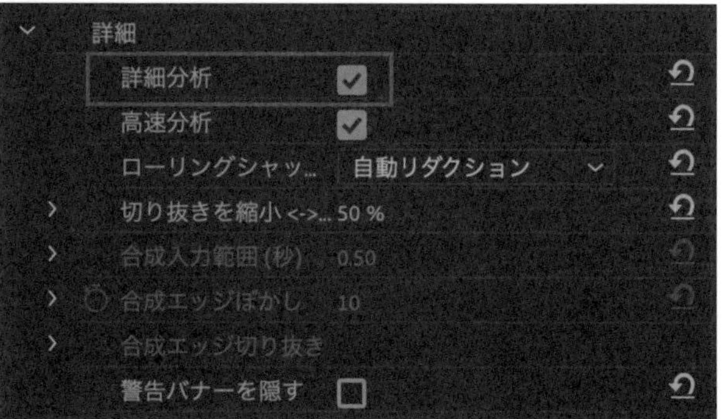

◎Ultraキー

特定の色成分を透過させて合成するためのエフェクトです。グリーン背景で撮影した素材のグリーンの部分だけを透過し、別の背景と合成させます 図24。この「**クロマキー合成**」は、テレビやYouTubeなどあらゆるメディアで使用されている技術です。効果的で使用頻度の高い演出方法なので、このエフェクトもプロジェクトファイルを確認しながら詳細をご説明します。

WORD クロマキー合成
映像中の特定の色を指定して透過させ、別の映像と合成する手法です。

図24 **クロマキー合成**

Column

クロマキー合成は「グリーン背景」が多い

クロマキー合成では、背景となるカラーはほとんど「グリーン（緑）」が選ばれます。グリーンの色成分は、技術的な理由から、他の色よりもより微細な変化を捉えるのに適しているので、理想的な合成結果が得られやすいと言われています。

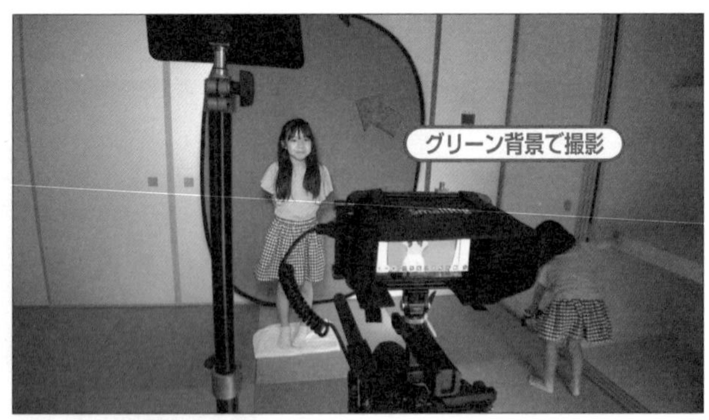

先ほどと同じプロジェクトファイル「エフェクト」を開いてください。シーケンス「クロマキー合成」を使用します。このエフェクトを使用する時は、素材の並べ方に注意が必要です 図25。

上のビデオトラック(トラック2)にグリーン背景の素材を配置し、下のビデオトラック(トラック1)に最終的に背景となる素材を配置しています。これは上のトラックが優先して表示される仕様のためで、上のビデオトラックの一部分が透明化した時、その透過した部分に下のビデオトラックのクリップが表示される形になります。

図25 合成時のクリップ配置

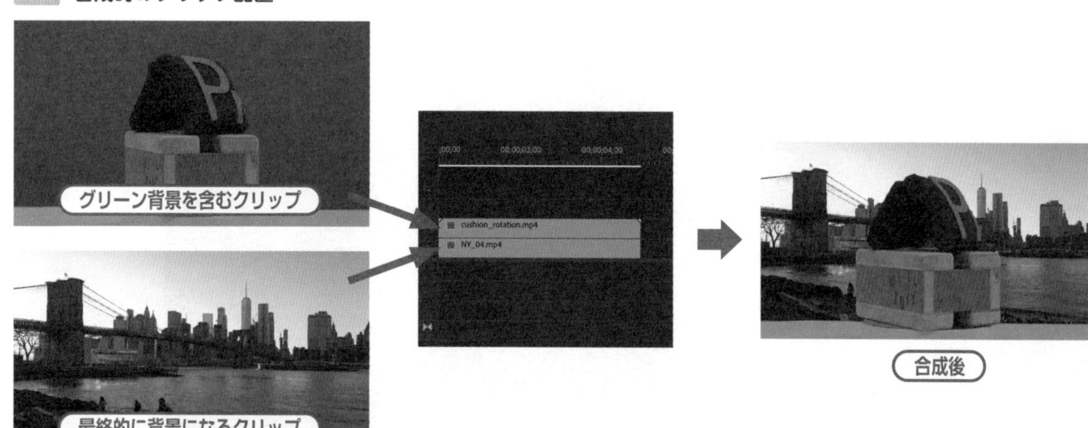

今回は下のトラックに「NY_04.mp4」クリップ、上のトラックに「cushion_rotation.mp4」クリップ(グリーン背景)を配置しています。エフェクトパネルで「Ultraキー」を検索して、「cushion_rotation.mp4」にドラッグで適用します 図26 。

図26 「Ultraキー」をドラッグで適用

「cushion_rotation.mp4」を選択し、「エフェクトコントロールパネル」を開き、「Ultraキー」の項目を確認しましょう。

まずは透過したい色を「キーカラー」として設定します。[スポイト] ボタンをクリックすると、キーカラーの取得モードになります。プログラムモニター上のグリーンの部分をクリックしましょう 図27。

図27 「キーカラー」を取得

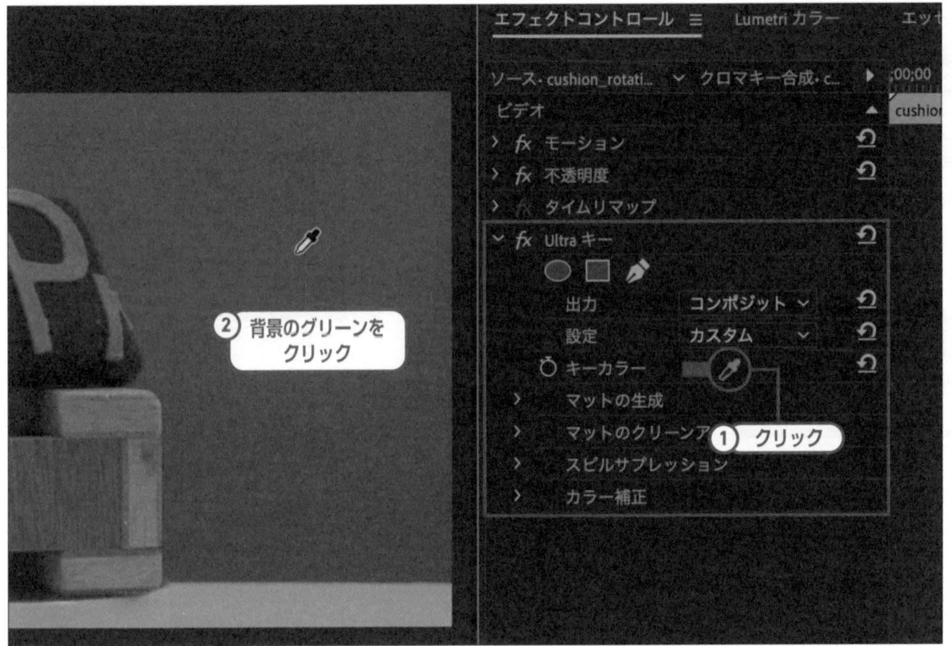

「キーカラー」に取得したグリーンが登録されます。「cushion_rotation.mp4」のグリーンの部分が透過され、下のトラックの映像と合成されました。すごくシンプルで使いやすい機能です。

ただ、合成された映像の境界線部分をよく見ると少し違和感があります。クッションの右下あたりが青と緑が混ざったようなエッジになり、背景の映像と馴染んでいないように見えます 図28。これを修正してみましょう。

図28 合成の境目に違和感がある

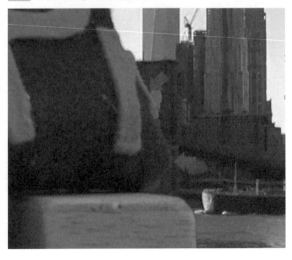

エフェクトコントロールパネルの「マットのクリーンアップ」左側の「>」をクリックして展開し、さらに「チョーク」と「柔らかく」を展開します 図29。

図29 エフェクトコントロールパネルの[マットのクリーンアップ]

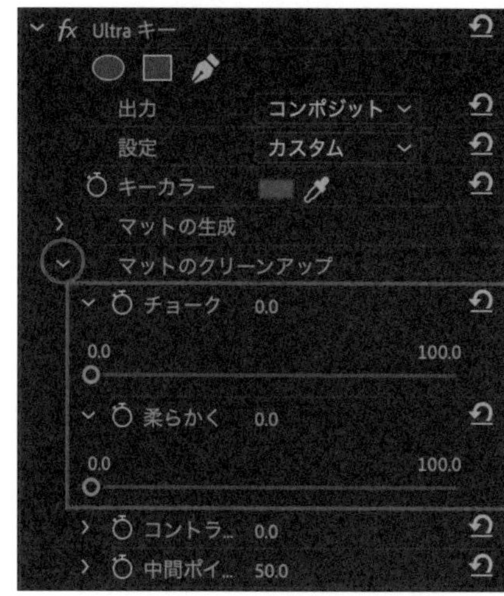

まずは「チョーク」のスライダーを調整します。スライダーを右に動かして数値をあげると、クッション側のエッジ部分が削れていきます 図30。

図30 「チョーク」の数値を上げてエッジを削る

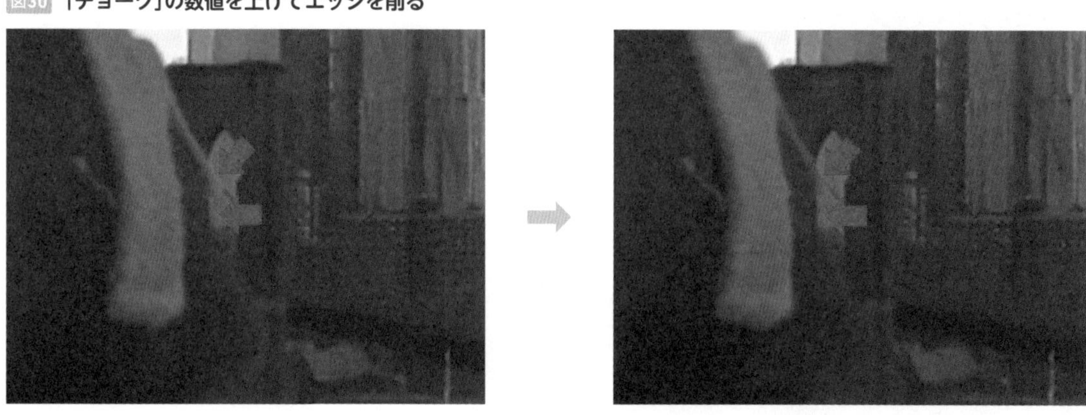

続いて、「柔らかく」のスライダーでエッジをぼかしてなじませます 図31。やりすぎない程度に調整し、背景と被写体が自然に馴染むポイントを探りましょう。かなり違和感がなくなってきたかと思います。

図31 「柔らかく」の数値を上げてエッジをぼかす

ただ、注意しなければいけない点は、この「チョーク」と「柔らかさ」による調節は、エッジを削る加工をすることになるので、必要な部分まで削れてしまうことがある点です。

エッジを削られたくないときは「スピル」機能を使ってみましょう。グリーン背景の反射などで、残したい被写体自体にもグリーンがかかってしまった場合、そのグーリンの色成分を修正・調整することができる機能です。

サンプルとして、わかりやすくペットボトルを撮影した素材で試してみましょう。この素材も「クロマキー合成」シーケンスに配置しています。エフェクトコントロールパネルの「スピルサプレッション」項目の「スピル」を調整します 図32。それぞれ「>」で展開してください。

図32 エフェクトコントロールパネルの[スピルサプレッション]の[スピル]

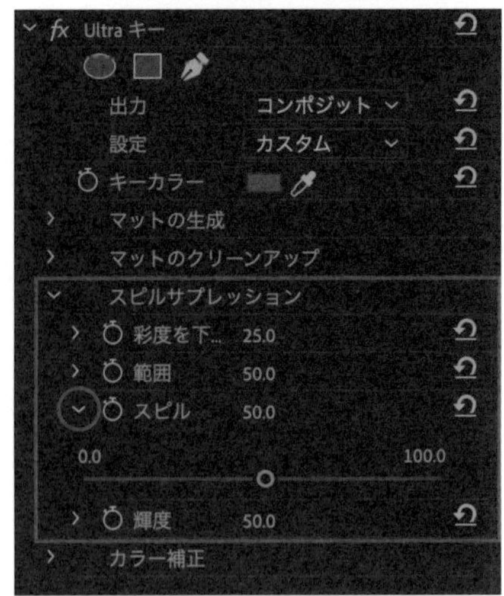

「スピル」のスライダーを左にするとグリーンの成分が強くなり 図33、右にするとマゼンタの成分が強くなります 図34。

つまり、被写体にグリーン成分が載っている場合、マゼンタに成分をふることで色味を打ち消し合い、自然な色合いに調整することが可能です。

図33 スピルが「0.0」の場合、緑成分が強くなる

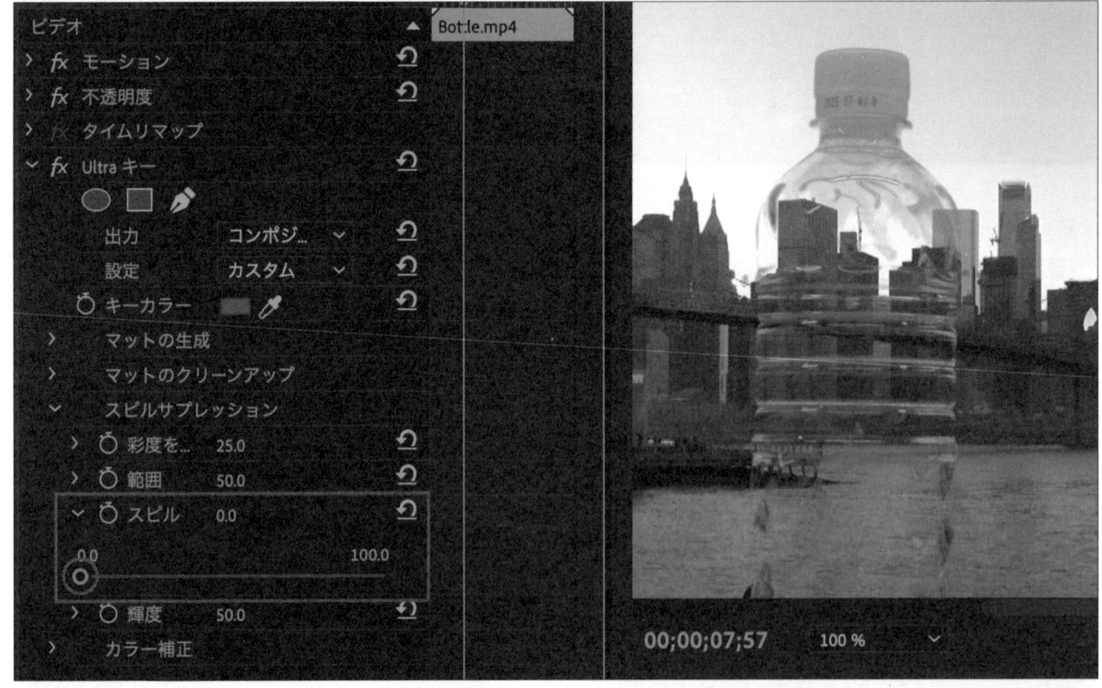

図34 スピルが100.0の場合、マゼンタ成分が強くなる

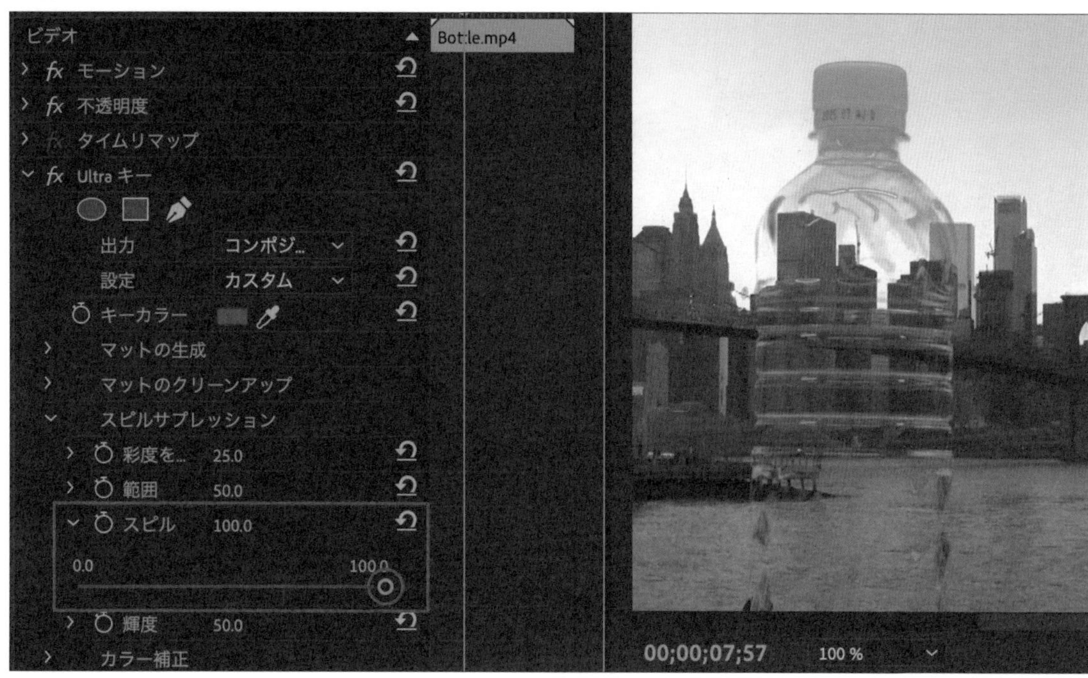

これでかなり自然な合成が完成しました 図35 。後ろの背景（ビデオトラック1）を別の映像に差し替えても綺麗に合成できています 図36 。

いろいろとアレンジしてクロマキー合成に挑戦してみてください。

図35 スピルの調整でより自然な合成に

図36 背景クリップを変更したもの

Column

クロマキー合成の注意点

クロマキー合成を使用する時、撮影データのビットレート（1秒間にどれだけの情報が詰め込まれているか）に注意しましょう。カメラの種類にもよりますが、撮影データのフォーマットを選択できる場合（50Mbpsや100Mbpsなど）があります。ビットレートが低い場合、透過処理が荒くなることがあります。左側の画像は髪の毛周辺の影の合成が荒くなっています。充分なデータ量を確保することでより綺麗な合成処理が可能になります。

ビットレートが低め

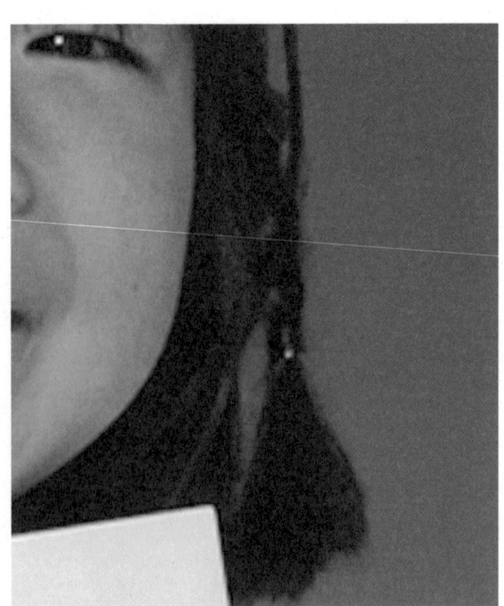
ビットレートが高め

まとめ

本書では、使用頻度の高いおすすめのエフェクトを紹介しましたが、Premeire Proにはまだまだたくさんのエフェクトが用意されています。それらは「効果の適用量」をキーフレームで変化させて、効果そのものをアニメーションさせることもできます。また、複数のエフェクトを掛け合わせることでさまざまなアレンジが可能なので、アイデア次第で無数の特殊効果を実現できます。

サンプルファイルの中に筆者が作成したエフェクトプリセットデータ（10種）を同梱しているのでぜひ使ってみてください。

また、読み込み方法や使用方法をこちらの動画でご紹介しているので合わせてご覧ください。

「【完全保存版】すぐ使えるエフェクトプリセット集！初心者でも簡単にできる！【PremierePro】」
https://youtu.be/TfQ0L7fTv48

また、筆者のサイトでエフェクトプリセットデータ（71種・今回のサンプルデータも含む）を販売していますので、よろしければそちらもお試しください。

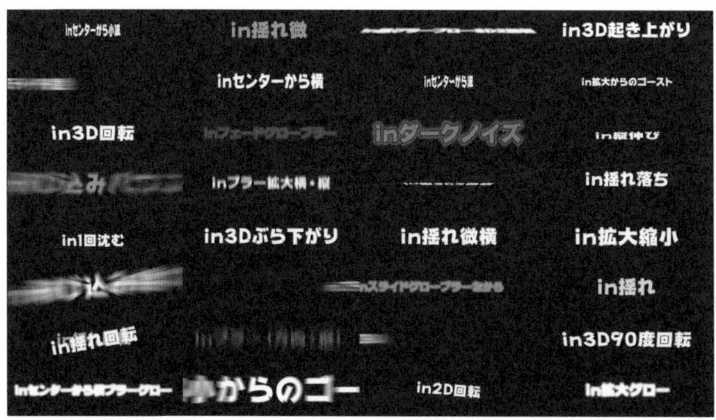

プリセット販売サイト
https://commandc.base.shop/

Lesson 10

速度変更

映像にはさまざまな「効果」を適用することができますが、中でも基本的でありながら応用力のある演出効果が「速度変更」です。映像の速度を変えることで、印象的にしたり、アクセントを加えたりすることができます。このLessonでは「速度変更」の3つの手法をご紹介します。

速度・デュレーションによる手法

THEME テーマ

まずは、Premiere Proで速度変更する時の一番オーソドックスな方法をご説明します。倍速・スローモーションだけでなく、逆再生や、速度変更時の注意点、補間方法など技術的な部分もここで確認しましょう。

このLessonで学習すること

- スローモーション・早送り・逆再生の基本的な操作
- 簡単かつ感覚的に速度変更できる便利なツール
- クリップの途中で速度が変化する高度な速度変更

このLessonで使用するファイル

「速度変更.prproj」	プロジェクトファイル
「water60.mp4」	カメラで収録した映像ファイル
「water240.mp4」	カメラで収録した映像ファイル

速度変更の基本「速度・デュレーション」

実際のクリップに「速度変更」を適用しながら変化を確認していきましょう。速度変更はタイムラインに並べたクリップに対して行います。プロジェクトファイル「速度変更」を開いて、シーケンス「water01」を展開してください 図1。

図1 プロジェクト「速度変更」のシーケンス「water01」を使用

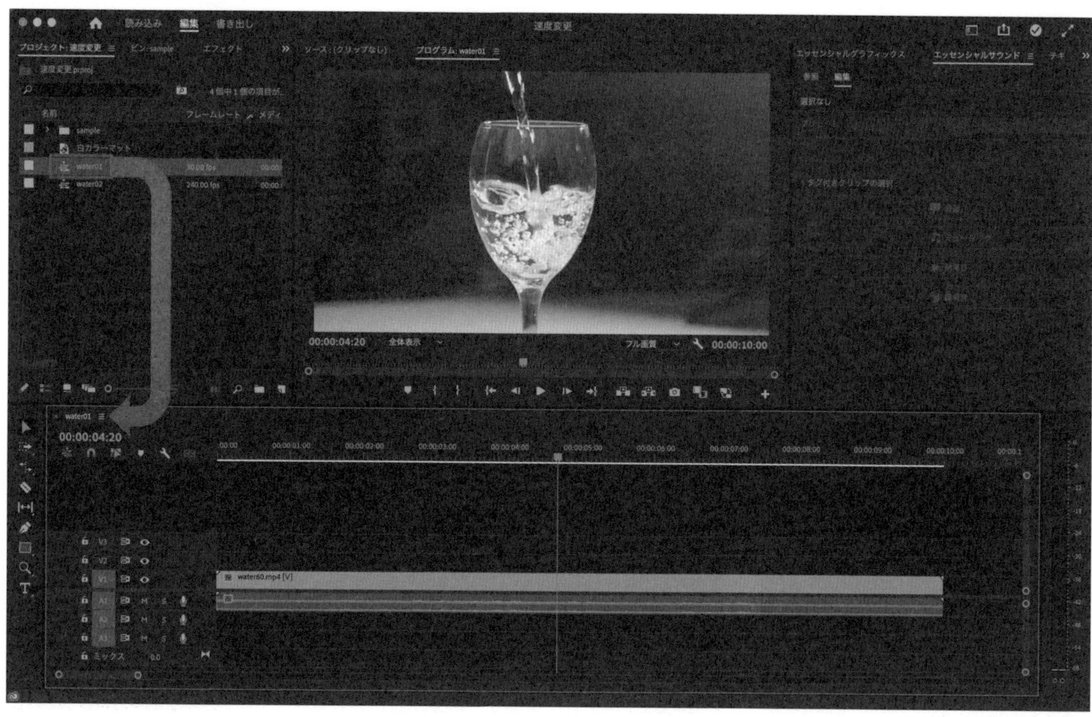

配置されているクリップを右クリックし、"速度・デュレーション…"を選択 図2、「クリップ速度・デュレーション」のダイアログを開きます 図3。

図2 右クリックで"速度・デュレーション…"選択

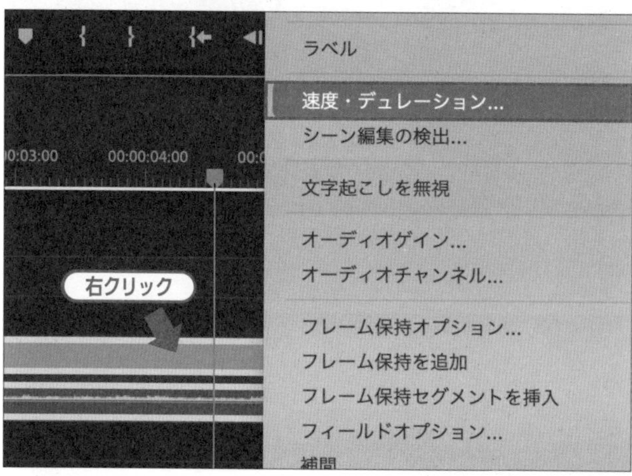

図3 「クリップ速度・デュレーション」ダイアログ

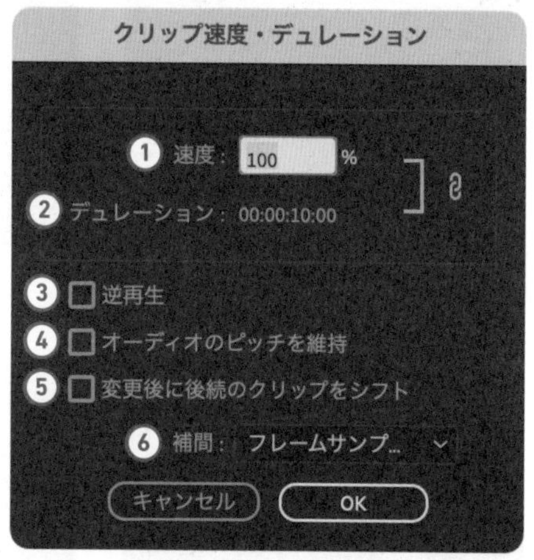

このダイアログの上部にある① [速度] と② [デュレーション]、どちらの項目でも速度変更が可能です。どちらか一方を変化させると、もう一方もそれに応じて変化します。

①速度

まずは①[速度]を使ってみましょう。通常は「100%」になっていますが 図4 、この数値を上げると速度が上がり、下げると速度が下がります。200%にするとちょうど2倍速 図5 、50%にすると半分のスローモーションになるというわけです 図6 。

速度が変わるのでクリップの長さ(尺)そのものも変化します。速度が2倍になるとクリップの尺そのものは半分、スローモーション(50%)にした場合はクリップの長さ(尺)は長く(2倍)なります。

図4 通常の速度「①速度：100%」

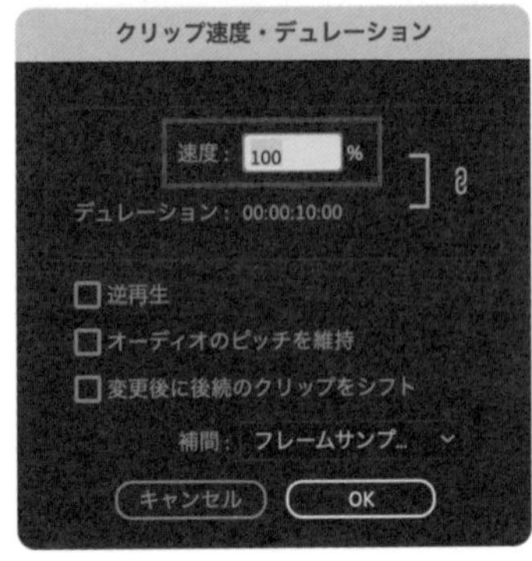

図5 2倍速の速度「①速度：200%」

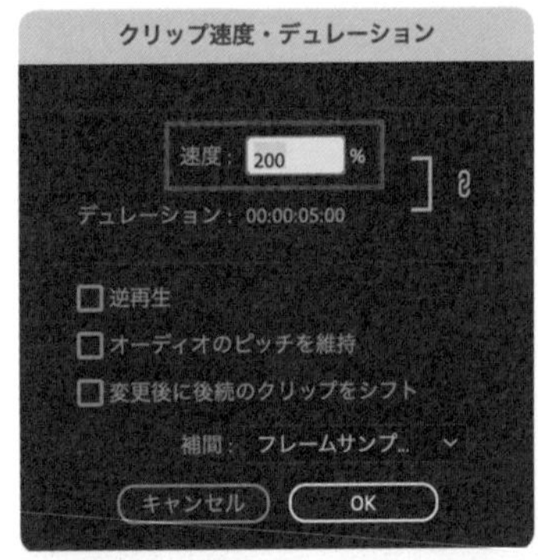

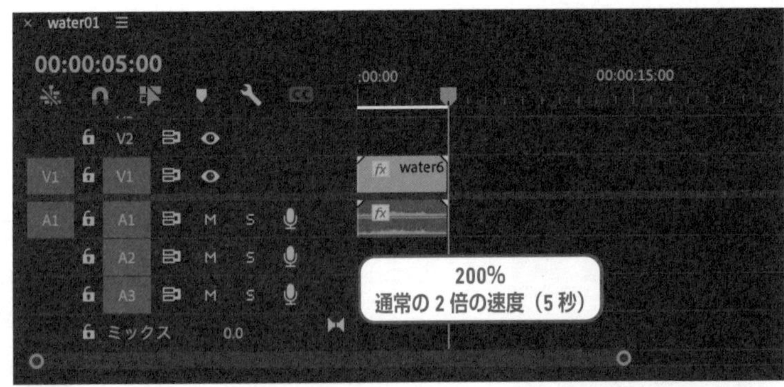

図6 スローモーション「①速度：50%」

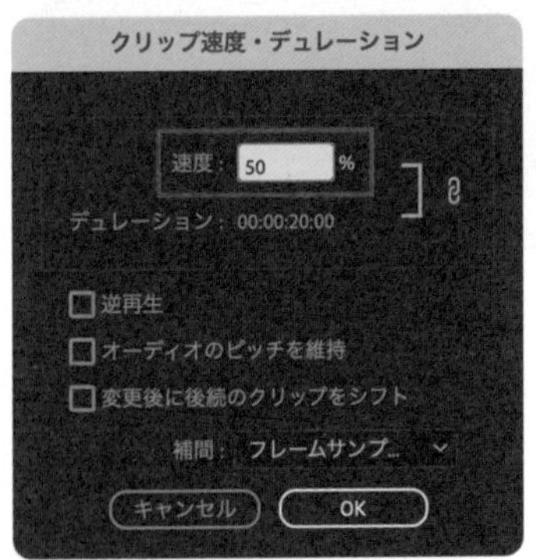

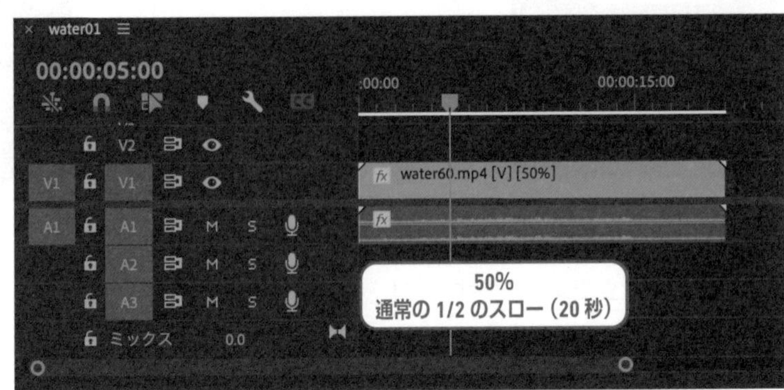

②デュレーション

次に② [デュレーション] です。この項目には、現状のクリップの長さ（尺）が表示されています。この数値を変更することでクリップ全体の長さが変わり、それに合わせて速度も変更されます。現状は10秒のクリップですが 図7、これを半分の尺の5秒にすると2倍の速度になります 図8。また、20秒にすると速度半分のスローモーションになります 図9。

図7 デュレーション／通常

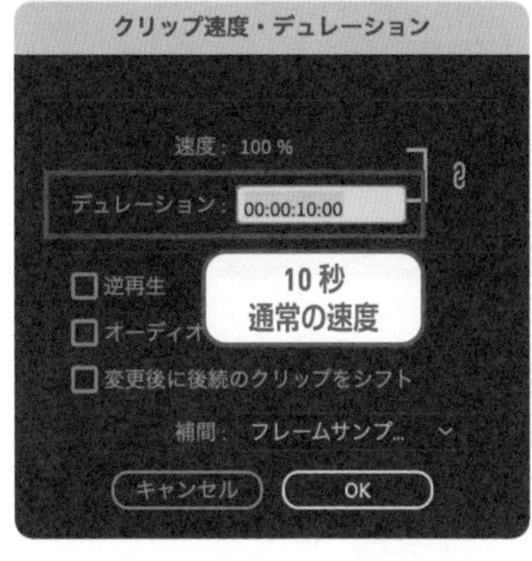

図8 デュレーション／5秒に変更

図9 デュレーション／20秒に変更

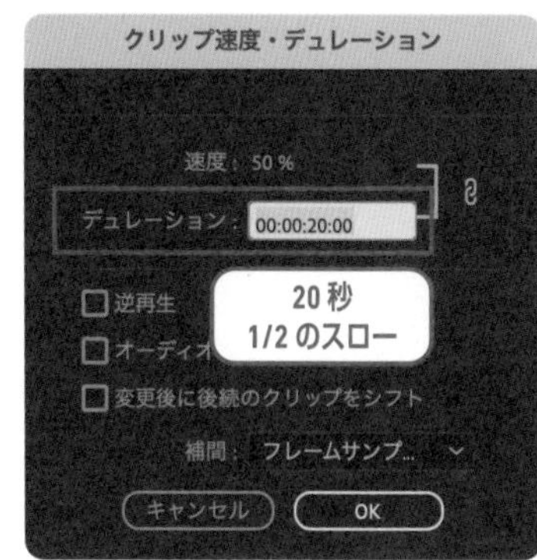

クリップの使いどころが決まっていて、あらかじめ使いたい尺が決まっている場合は、「デュレーション」で指定するほうが使いやすいかと思います。そのほかの項目も確認していきましょう。

③逆再生

③ [逆再生] のチェックをオンにすると、再生される時間軸が反対になり、逆再生の映像が作成できます 図10。

時間が戻る感覚になる映像はSFさながらで、さまざまな演出に使えます。要所要所で使ってみると面白いかもしれません。

図10 通常再生と逆再生

通常再生

逆再生

④オーディオのピッチを維持

速度変更後に「音の高さ」が変わらないように調整する機能です。オーディオを速度変更すると、どうしても「音の高さ」が変わってしまいます。その対策としてできるだけナチュラルに元の音の状態(高さ)を維持してくれる機能です。ただし、簡易的な機能なので、音の内容によってはなかなかうまくはまらないこともあります。試しながら使ってみてください 図11。

図11 クリップ速度・デュレーションダイアログの[オーディオのピッチを維持]

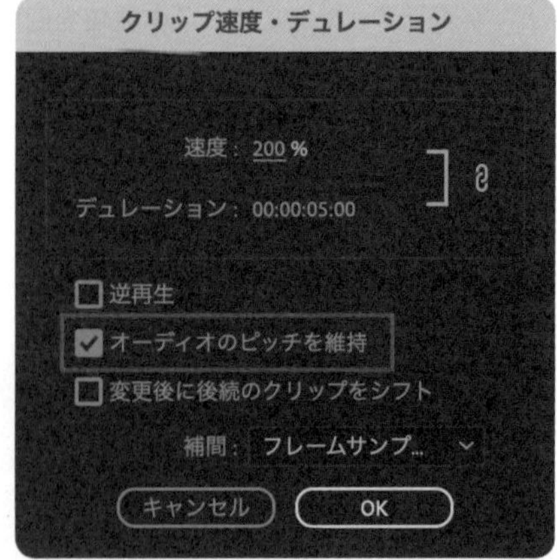

⑤変更後に後続のクリップをシフト

⑤[変更後に後続のクリップをシフト]をオンにすると、「速度変更」によるクリップの伸縮に対して、後続のクリップが連動して動いてくれます 図12。

スローモーションにすれば、尺が増えた分後続のクリップも後ろにずれ 図13、速度を上げれば、尺が短くなった分後続のクリップも前にずれます 図14。

図12 クリップ速度・デュレーションダイアログの[変更後に後続のクリップをシフト]

図13 スローモーション→後続のクリップも一緒に後ろへ下がる

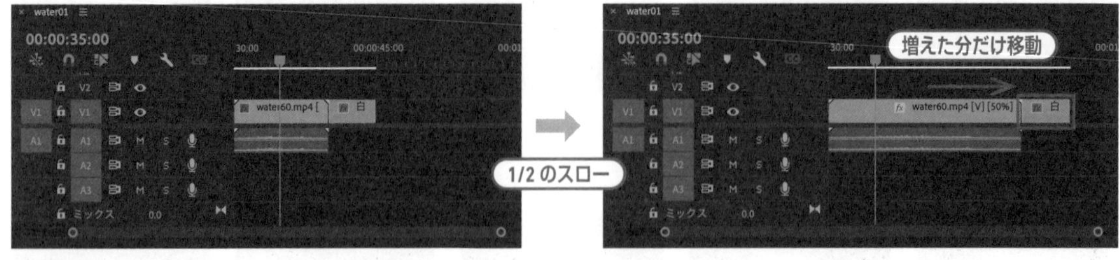

図14 倍速→後続のクリップも一緒に前に詰める

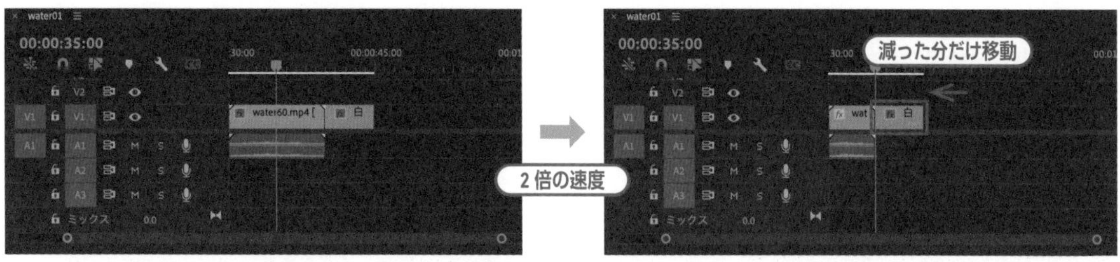

オフの場合は後続のクリップは動きません。スローモーションにすると本来はクリップが長くなりますが、後続クリップがあるとスペースがないので現状より長くすることができません。映像自体はスローになりますが、途中で終わってしまい、クリップの尺そのものは変化しません 図15。また、速度を上げると、クリップが短くなった分ギャップ(隙間)が生まれます 図16。

ケースバイケースではありますが、基本はこの項目を「オン」にしておくと便利だと思います。

図15 スローモーション→スローにはなるが映像の途中までになる

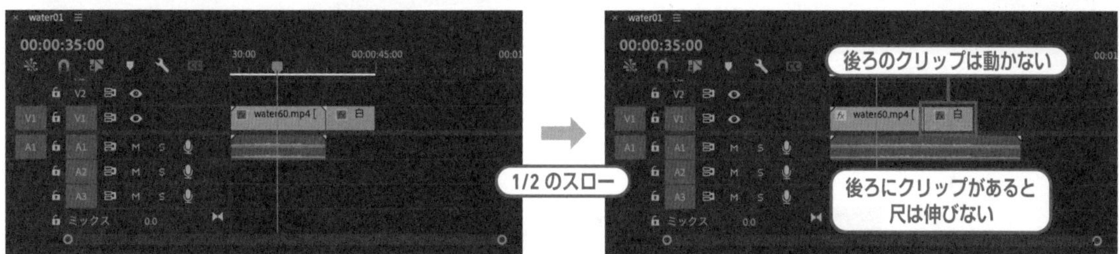

図16 2倍速→ギャップができる

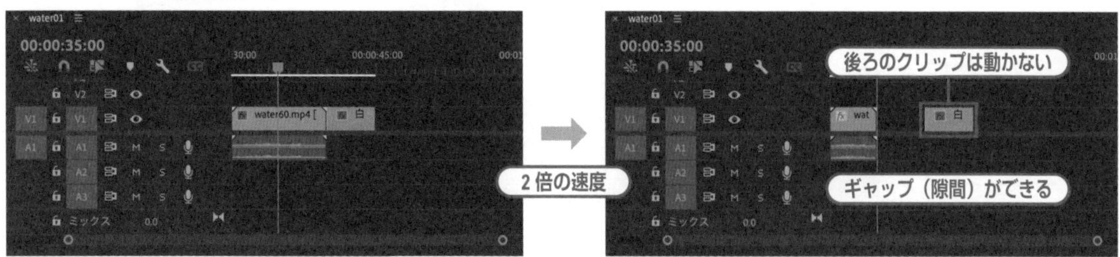

⑥補間

最後に⑥[補間]の項目です。「スローモーション」にする場合の適用後のクオリティに大きく関わってくる項目です。ちょっと技術的な話になりますが、丁寧に確認していきましょう。

Lesson 1でも説明しましたが、通常は1秒間に30枚の画像(フレーム)を詰め込んで動きのある映像(動画)として表現しています。それを「50%スローモーション」にする場合、1秒30枚の画像を2秒間に渡り映すことでスローモーションにするため、1秒あたり15枚の画像しかなく、隙間が空いてしまうことになります 図17。これを埋めるため、実在するフレームそれぞれの間に「補間フレーム」を生成し、連続した動画として成立させています（この場合1秒あたり15枚を生成）。これを⑤［補間］といいます 図18。

図17 30枚の画像で2秒間描画する／50%スローモーション

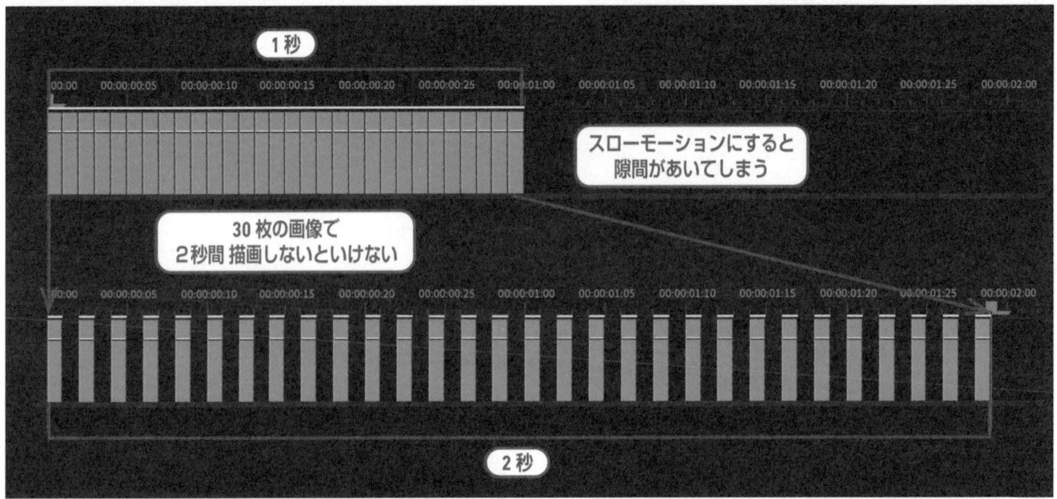

図18 間のフレームを埋めるために補間フレームが生成される

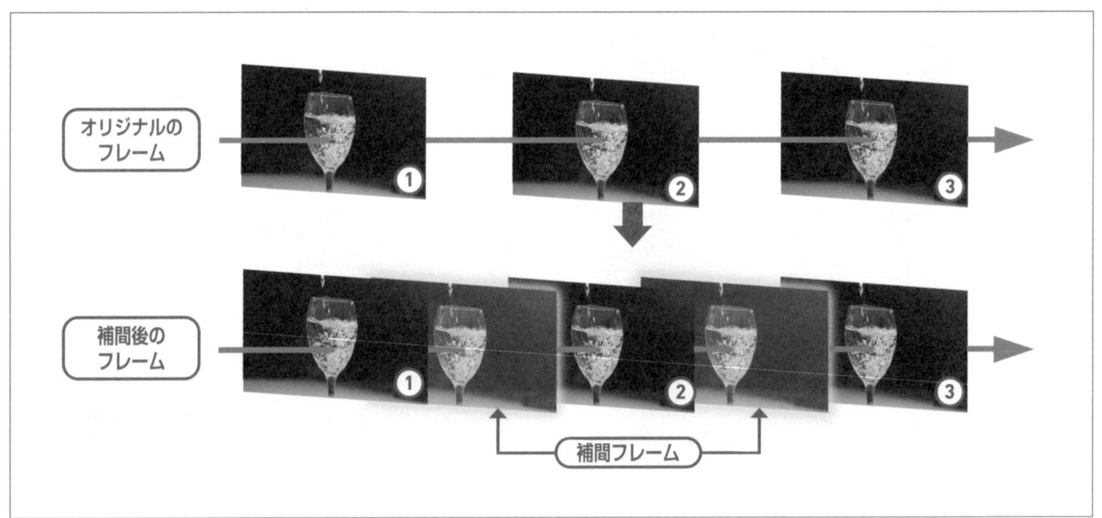

⑤［補間］は、プルダウンメニューになっていて、3つの種類があるのでそれぞれ確認して行きましょう。

memo

補間方法を切り替えると、編集システムへの負荷も高くなり、レンダリングが必要になることがあります。レンダリングについてはLesson 9（P.275）をご覧ください。

◎フレームサンプリング

初期設定では通常、この「フレームサンプリング」が選択されています。元の1枚の画像をコピーして2枚目の補間フレームを生成し、それを繰り返す処理方法です。つまり、同じ画像が2フレーム続いて再生する形です。一番オーソドックスな方法ですが、通常30枚／1秒に慣れている我々には、実質15枚／1秒の映像はカクカクして見えると思います 図19 。

図19 フレームサンプリング（同じフレームを繰り返す）

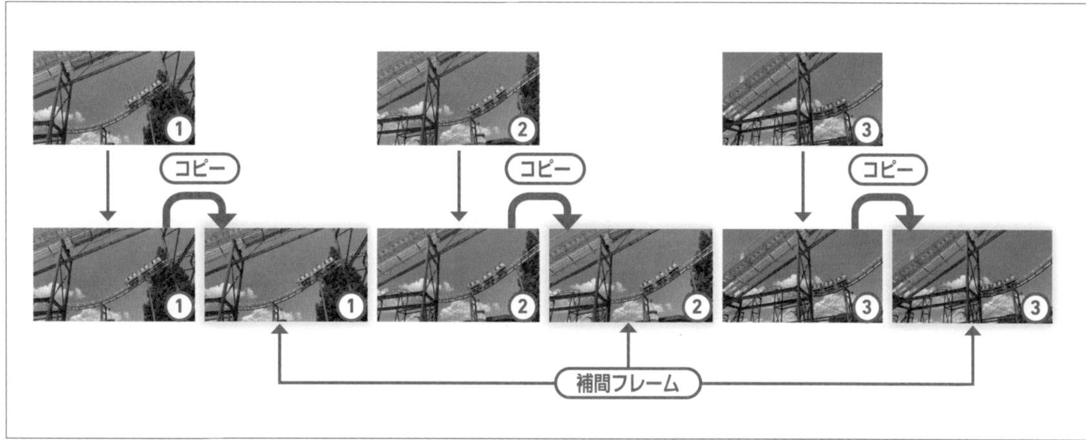

◎フレームブレンド

対して「フレームブレンド」は、実在する2枚の画像の間に、前後の画像をディゾルブのようにブレンドして「補間フレーム」を作成します。これにより、フレームサンプリングに比べ、よりなめらかな動きを再現することができるようになります。ただし、前後のフレームをブレンドしているので、少しぼやけた印象の映像になることがあるので注意しましょう 図20 。

図20 フレームブレンド（前後のフレームをブレンドする）

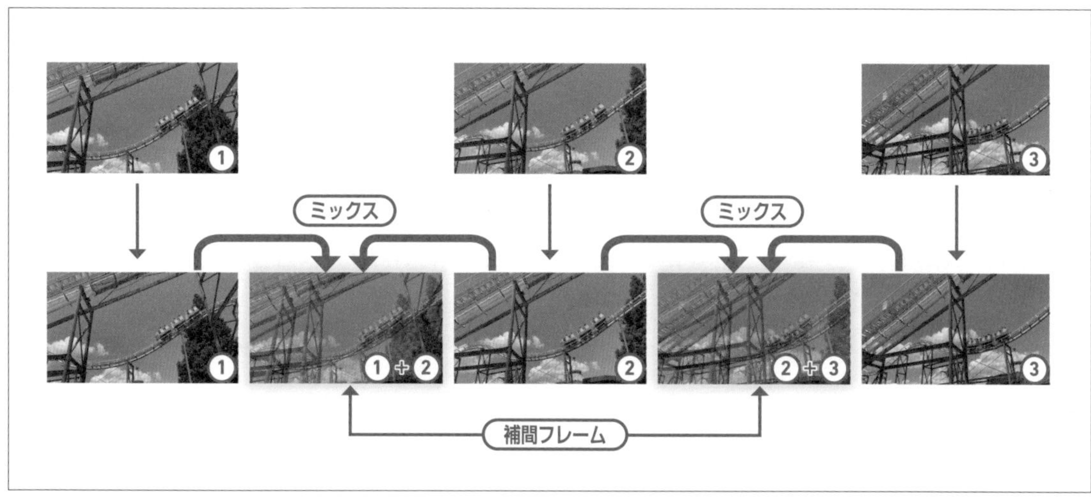

オプティカルフロー

3つ目の「オプティカルフロー」は、フレームブレンドと同じく、実在する2枚の画像から「補間フレーム」を作成しますが、単純にブレンドするのではなくフレーム間の動きを分析し、前後のフレームから「物体の動きを推測」して「補間フレーム」を生成します。そのため、とてもなめらかな映像を作り出すことが可能になります。しかしながら、あくまで「推測」によるものなので、元映像の動き次第では部分的に自然界にありえないような崩れ方をしてしまうので、生成後の映像をしっかり確認することが大切です。どうしてもうまくいかない場合は他の補間方法を選択しましょう 図21。

図21 オプティカルフロー（前後のフレームから動きを予測）

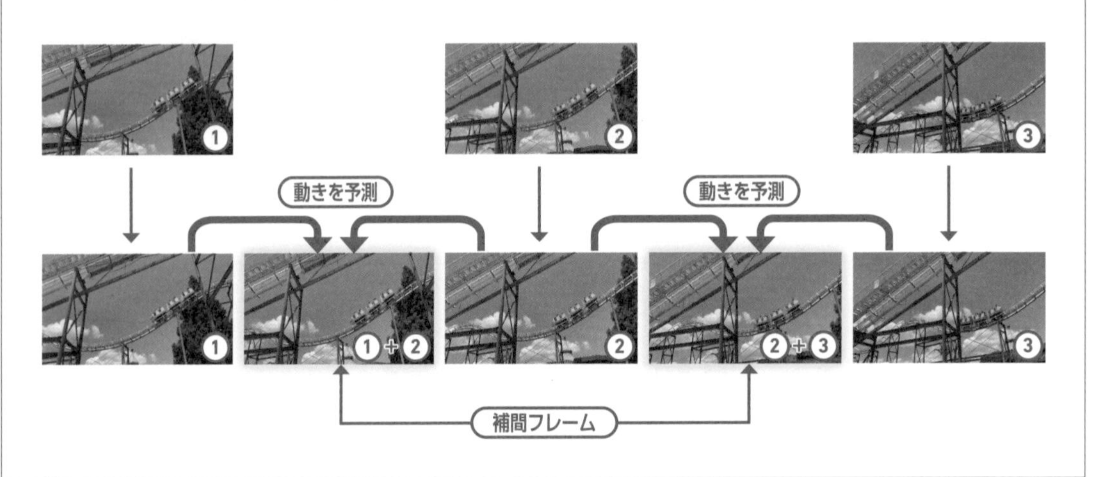

Column スローモーション用の撮影設定

ここでは「1秒間に30枚の画像を収録した素材」という前提でお話ししました。しかし、カメラによってはスローモーションにすることを前提に、1秒間にもっと多くの画像を記録する方法が存在します。シーケンス「water02」には「1秒間に240枚の画像を収録する設定」で記録した素材を配置しています。単純計算で、1/8のスローモーションにしても、1秒30枚になる計算なので（240÷8=30）、滑らかなままのスローモーションが生成できています。筆者的には1秒60枚ぐらいが好みなので、「water02」はその設定で速度調整しています。一度再生してご確認ください。もちろん、計算以上のスローにすると、補間方法次第ではなめらかさが失われることになります。どのような演出・編集をしたいかによって、撮影設定・機材選定まで遡ることがとても大切です。

レート調整ツールを用いた手法

THEME テーマ　ここまでは、オーソドックスな「速度変更」についてご紹介してきましたが、もっと感覚的に速度変更を行ってみましょう。筆者イチ押しの方法で、「マウス操作」のみでクリップの速度を変更できる簡単な操作方法です。

レート調整ツール

ツールパネルの「リップル」ツールを長押しして他候補を表示させ、上から3つ目にある「レート調整」ツールを選択します 図1。

このツールで、タイムライン上にあるクリップの端をつかみ、伸縮させてみてください。普通にクリップの長さが変化しているだけに見えますが、クリップの使いどころ(イン点・アウト点)は変化せずに速度が変更されています 図2。クリップを縮めれば速度が上昇し、引き伸ばせばスローモーションになります。

図1 ツールパネルのレート調整ツール

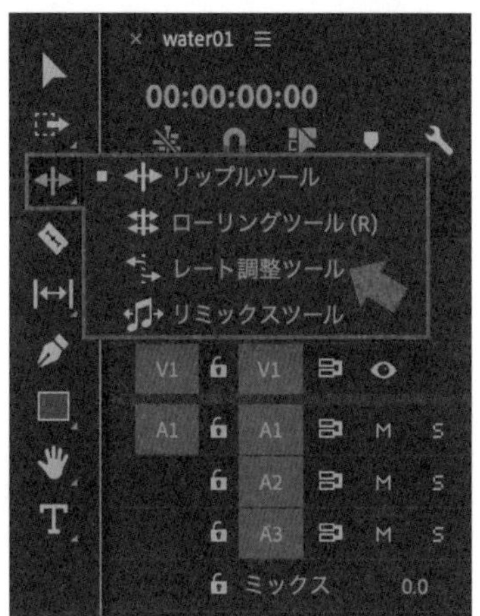

図2 クリップの端をつかんで伸縮させる

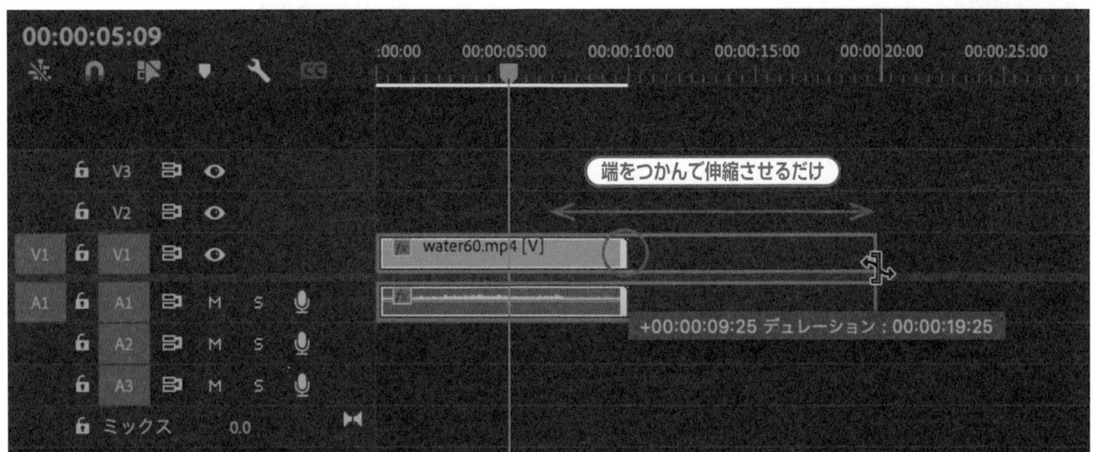

タイムライン上のクリップに表示されている、クリップ名の右側の「%」で変化の具合を確認できると思います 図3。

図3 **クリップの比率表示**

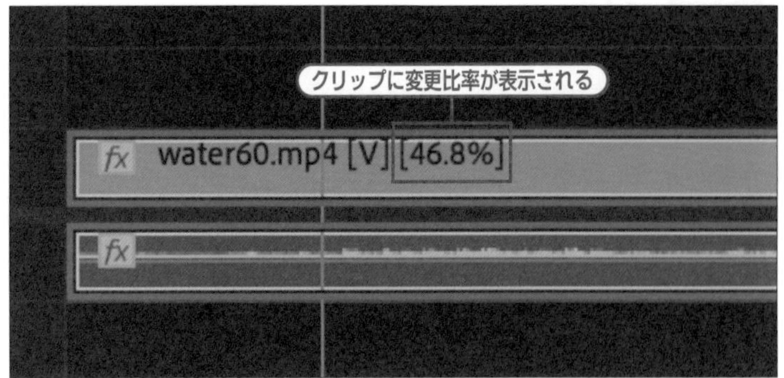

いかがでしょうか。かなり直感的に速度変更ができるので、めちゃくちゃ便利なツールです。

補間方法は初期設定の「フレームサンプリング」になっているので、変更したい場合は、ツールで尺の変更を加えた後に、クリップを右クリックして表示されたメニューの“補間”から変更してください 図4。

図4 **クリップを右クリック→“補間”**

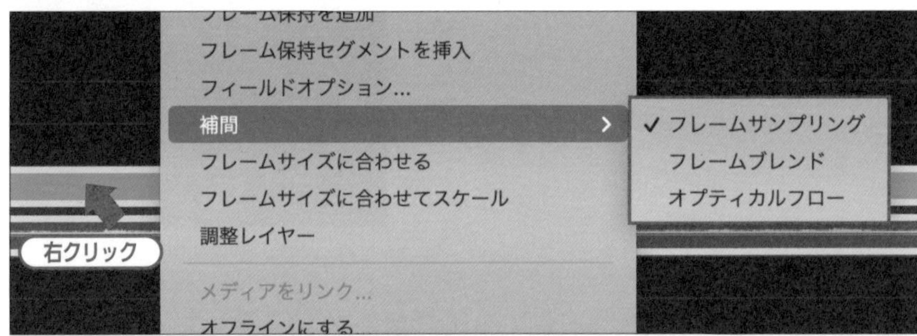

スピードランプによる繊細な速度変更

THEME テーマ 最後に、もっと繊細な速度変更を行う方法をご紹介します。ここまではクリップそのものの速度が「均等に変化する」方法をご説明しました。今度は、1つのクリップ内で「速度自体が変化する」方法を試してみたいと思います。

クリップの中で自在に速度を変更する

先ほどまでの方法だと、クリップ内の途中で速度を変化させたい場合、「一度クリップを分割して、別々に速度変更を行う」などの工夫をする必要がありました。しかし、この「スピードランプ」という方法を使うと、1つのクリップの中で、自在かつ、なめらかに速度変更が行えます 図1。

ちょっと操作方法が複雑ですが、丁寧に見ていきましょう。

図1 1つのクリップを分割して途中で速度を変更する場合

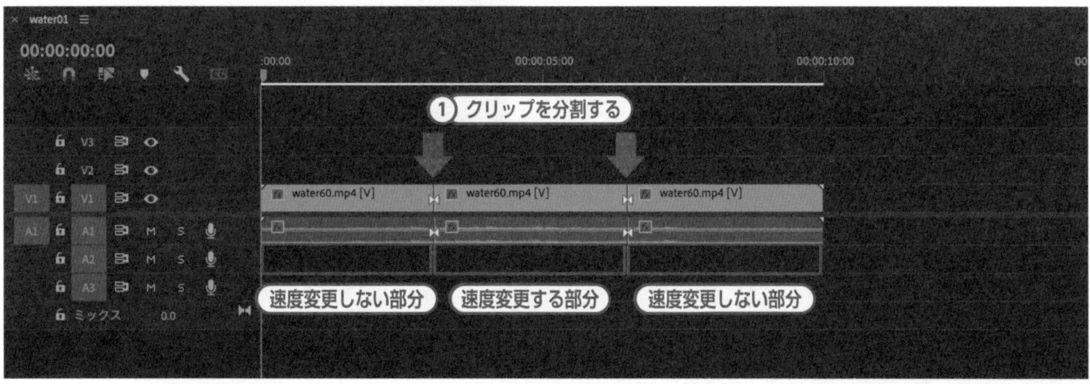

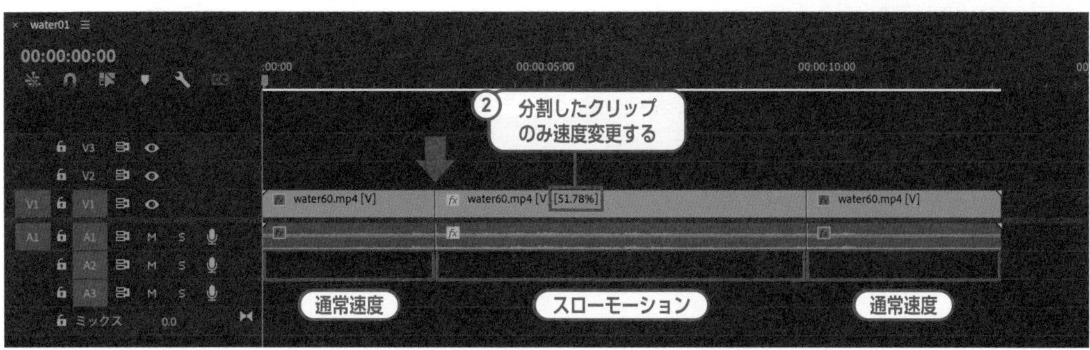

「スピードランプ」の操作は「タイムライン」で行います。

まずはクリップを配置しているビデオトラックの縦幅を広げましょう。画像のように、タイムラインパネルの「 トラック出力の切り替え」の右あたりをダブルクリックします 図2。

図2 ビデオトラックの縦幅を広げる

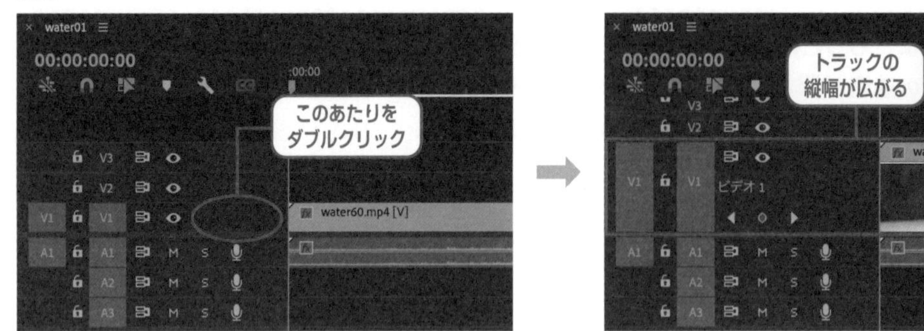

次に、選択ツールでクリップの左上に表示されている「fx」を右クリックします。表示されたメニューから"タイムリマップ"→"速度"を選択します 図3。

図3 "タイムリマップ"→"速度"を選択

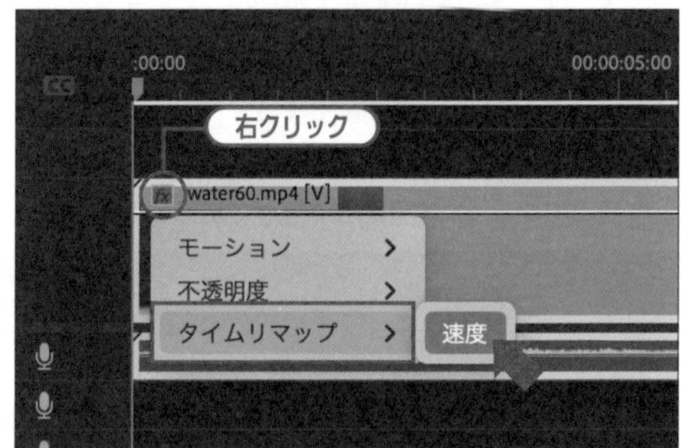

表示が切り替わり、クリップの真ん中あたりに「速度専用のラバーバンド」が表示されます 図4。

図4 速度変更用のラバーバンド

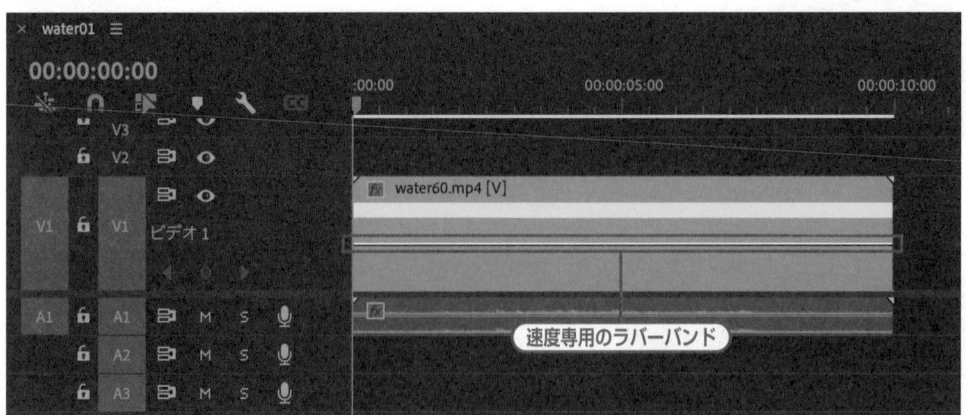

クリップを選択した状態で、速度を変更したいタイミングに再生ヘッドを配置し、タイムラインパネルの[◎キーフレームの追加/削除]ボタンを押します。クリップに薄いマーカーのようなものが表示されました。これが「速度キーフレーム」です 図5。

図5 速度キーフレームを追加する

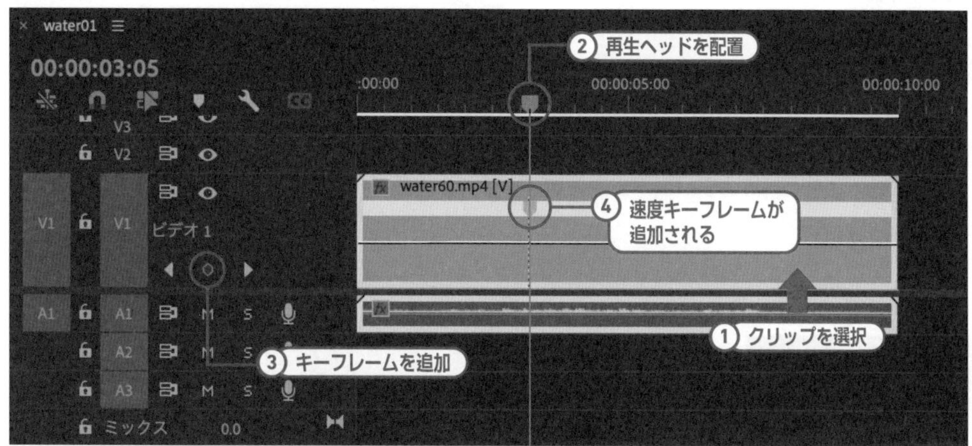

この状態で、速度キーフレームよりも右側でラバーバンドをつかみ、上にドラッグして上げてみましょう。ドラッグし終わるとクリップが短くなったのがわかると思います。これは、速度キーフレームよりも後ろ(右側)のみが、速度変更(上昇)されたということです。

再生して確認してみましょう。速度キーフレームまでは通常速度で再生され、その後急に速度が上がっていると思います 図6。

図6 ラバーバンドの上下で速度調整

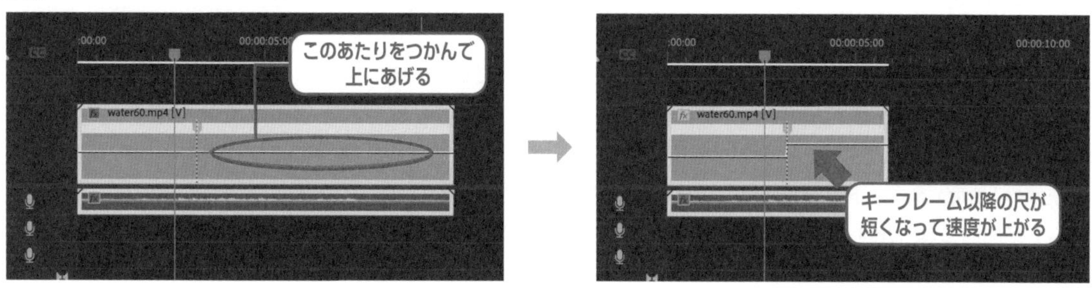

さらに、速度キーフレームをつかみ、右にドラッグしてみてください。キーフレームが分割され、その間はラバーバンドが斜めになっていることが確認できると思います。このキーフレーム間で速度が徐々に変化しているということを示しています 図7。

図7 キーフレームを分割

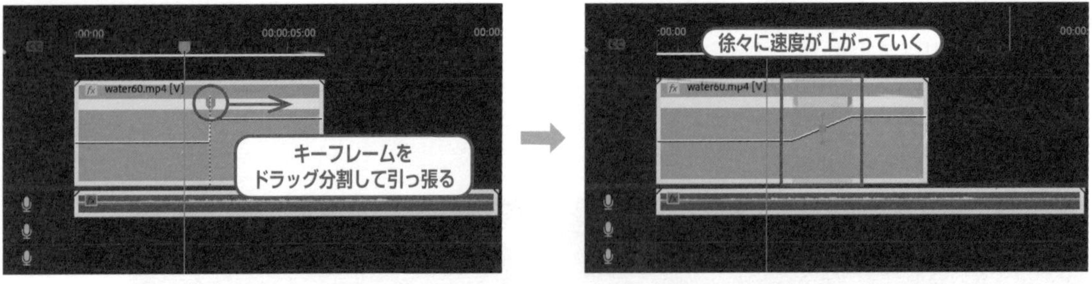

また、斜めになったラバーバンドの中央あたりに表示されている「ハンドル」の端をつかんで動かすと、斜めのラバーバンドの緩急がさらに詳細に調整できます 図8。

図8 ハンドルで緩急を調整

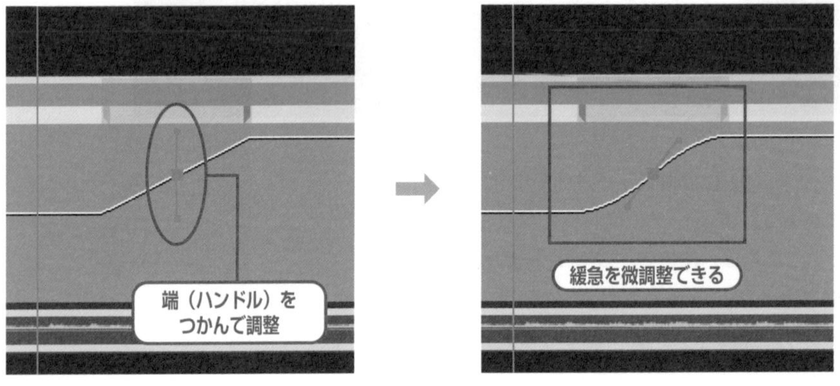

まとめ

いかがでしょうか。これで、急にスローモーションになったり、速度をあげたりと、おしゃれでカッコいい映像が自在に作れるようになりました。

映像の「速度」をコントロールすることは、非日常的かつ、神秘的なリズムを意図的に作り出すことが可能です。ぜひマスターして欲しい機能なのでチャンレンジしてみてください。

Lesson 11

重要な各種設定の詳細

「プロジェクトファイルの作成」「シーケンスの作成」「書き出し」については、既にLesson 2で解説しましたが、これらは専門性が高く、技術的な内容が多いので、Lesson 2ではPremiere Proの「はじめの一歩」として基本的な部分のみの説明にとどめました。このLesson 11ではこれらをさらに深掘りし、それぞれの詳細と気を付けるべきポイントをまとめています。またここでは、チームでの制作に有用な「Frame.io」についても紹介します。

基本　実践　資料編

プロジェクト設定の詳細

THEME テーマ

「プロジェクトファイル」ごとに紐づけられている「プロジェクト設定」を確認します。ある意味、そんなに個人で変更する必要性が少ない項目と言えるかもしれませんが、重要なポイントがいくつかあるので、ここでは要点を絞って紹介したいと思います。

このLessonで学習すること

- プロジェクト設定の重要なポイント
- シーケンス設定の重要なポイントと各機能
- 書き出し設定の重要なポイント
- 究極のプレビューツール「Frame.io」の使い方

プロジェクト設定ダイアログを開く

プロジェクトの設定は、Premiere Proの少し前のバージョンまでは、プロジェクトを作成するときにダイアログが表示される、一番はじめに設定する項目でした。ver22.3（2022年4月）で「読み込みページ」が新しく搭載されたときに、プロジェクト作成時での設定項目が表示されなくなり、設定を変更するときは、わざわざ設定ダイアログを開く必要がある仕様になりました。

ファイルメニュー→“プロジェクト設定”→“一般...”で「プロジェクト設定」ダイアログを開きます 図1。

一番上にプロジェクト名が表示され、その下に［一般］［カラー］［スクラッチディスク］［インジェスト設定］がタブで切り替えられるようになっています 図2。

図1 ファイルメニュー→“プロジェクト設定”→“一般...”

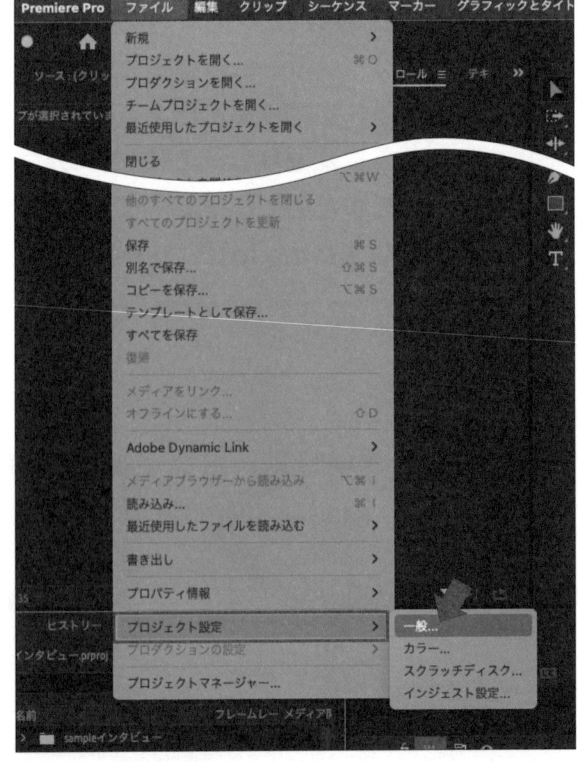

図2 プロジェクト設定ダイアログ

プロジェクト設定
プロジェクト：速度変更
一般 カラー スクラッチディスク インジェスト設定
ビデオレンダリングおよび再生
レンダラー：
プレビューキャッシュ：

一般

まずは「一般」タブから見ていきましょう 図3。さまざまな設定がありますが、基本的には変更する必要はないでしょう。

図3 プロジェクト設定の[一般]タブ

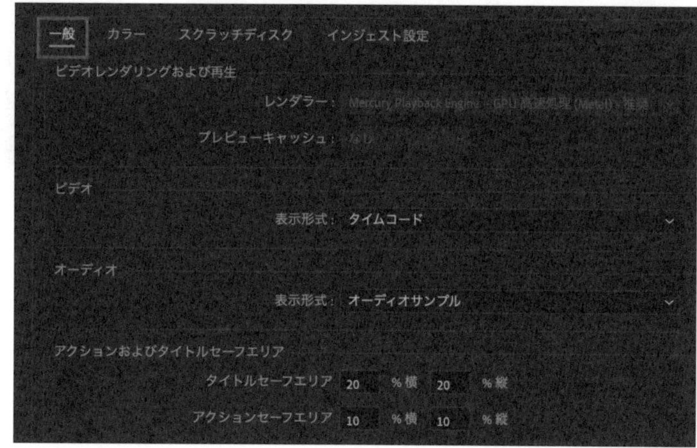

カラー

この[カラー]タブはver.24.0で新しくできたダイアログです 図4。内容はLumetriカラーパネルの設定タブと共通の項目ですが、カラーに関する設定がここでも変更できます。ここでは［Log（対数）ビデオのカラースペースの自動検出」に注目しましょう。

図4 プロジェクト設定の[カラー]タブ

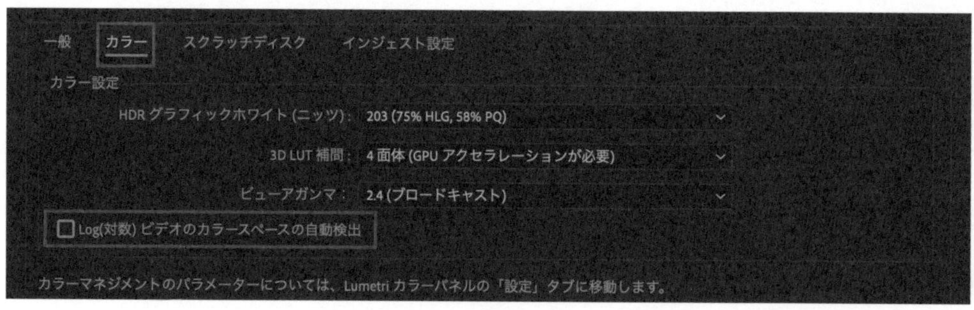

Log（対数）ビデオのカラースペースの自動検出

この項目は、LOG撮影されたデータに自動的にLUT適用処理を施す機能です。Lesson 7でも紹介したように、通常はLOGデータの種類（カメラメーカー）に合わせて専用のLUTを用意して適用する必要があるのですが、より簡単にLUTを適用するこの新機能が2023年2月のアップデート（ver.23.2）で搭載されました。この新機能は、クリップやシーケンス、プロジェクトファイルに対して施すものではなく、プロジェクト単位で管理・設定するものになります。

この項目の先頭のチェックをオンにすると、シーケンスに配置されたLOGクリップを自動判別し、各メーカーのLOGに対応したLUTが適用された状態になります 図5。

> **memo**
> この新機能に対応するLOGデータは、以下３社のカメラメーカーのものに限られます（2023.7月現在）。
> ・Sony S-Log
> ・Panasonic V-Log
> ・Canon C-Log

図5 LUTの自動適用

設定オフ状態

設定オン状態

クリップの元の状態を確認したい場合は、プロジェクトパネル内のLOGクリップをダブルクリックしてソースモニターで展開してください 図6（この時、ソースモニターではLUT適用前の状態が表示されます）。

図6 ソースモニターでLUT適用前の状態が確認できる

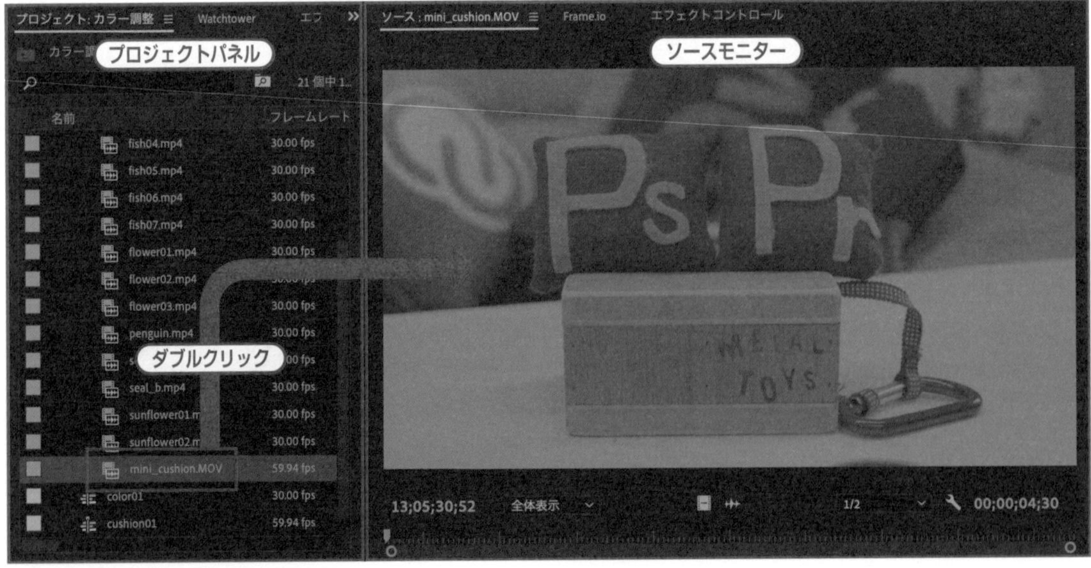

この機能により、ユーザーはどのカメラのどのLOGなのかを気にする必要もなく、また、その専用LUTを用意する必要もなく、すぐに編集作業に取りかかれます。複雑な知識がなくとも、素材に合わせてPremiere Proが自動で調整してくれるので、かなり効率的に作業がすすめられますね。

スクラッチディスク

上部にあるタブで[スクラッチディスク]に切り替えましょう。ここは、編集中に自動生成されるメディアや関連ファイルの保存先を決める設定です 図7。

図7 プロジェクト設定の[スクラッチディスク]タブ

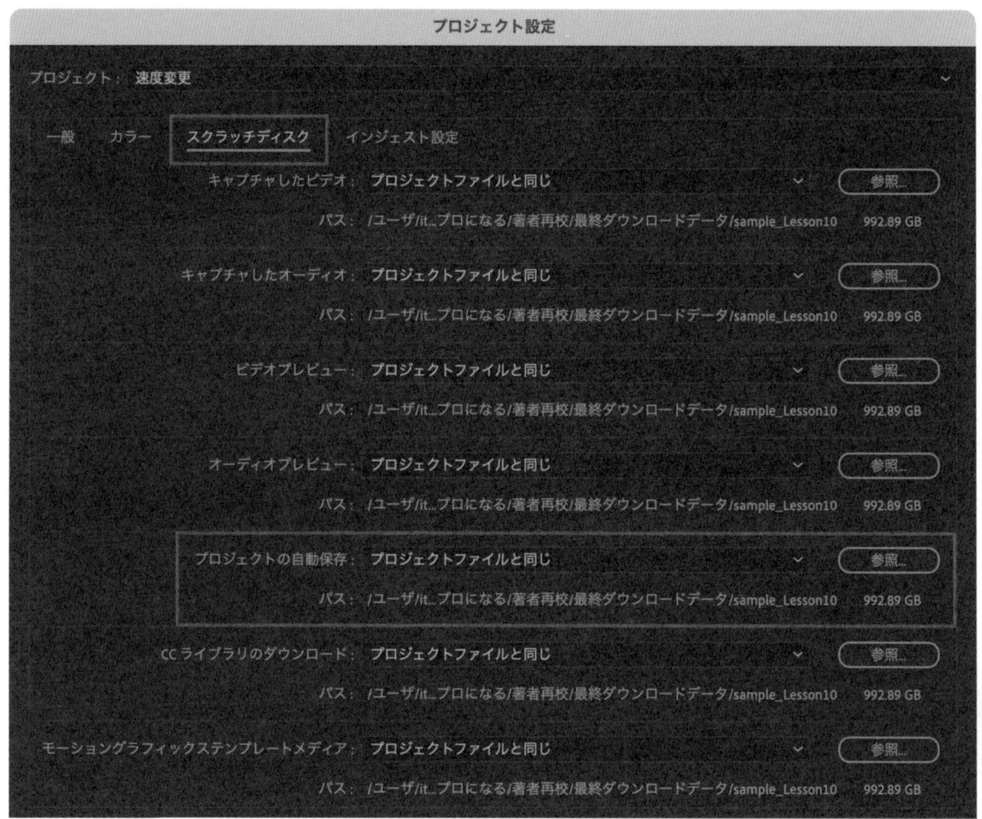

これもほぼそのままの設定で良いと思いますが、[プロジェクトの自動保存]だけは変更することをおすすめします。

Premiere Proには、プロジェクトファイルが一定時間保存されていない場合、自動でバックアップ保存する機能がありますが、そのバックアップファイルの保存先が、初期設定では「プロジェクトファイルと同じ」場所になっています。もちろんそれで問題ないと言えばないのですが、万が一発生したトラブルが、プロジェクトファイル単体ではなく「ディスクの不調」が原因の場合、バックアップファイルごと使用できなくなる可能性があります。そうなると復旧は不可能です。それを避けるために、メインのプロジェクトファイルが保存されているディスク以外の場所（別の外付けストレージ、または内蔵ストレージなど）に設定しておきましょう。あくまでリスクヘッジですが、いざという時に役に立つ「やっておいてよかった」設定なので、ぜひご確認ください。

参照ボタンを押して保存先を選び直すだけで、保存先の設定切り替えができます 図8 。

図8 別ストレージを保存先に指定

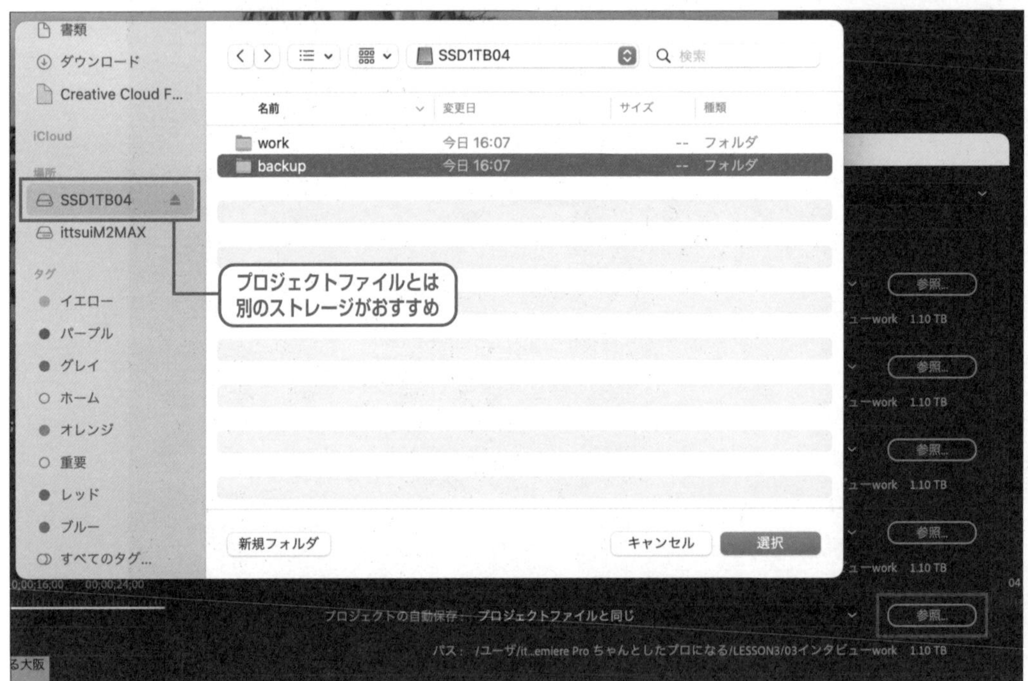

インジェスト設定

3つ目のタブは「インジェスト設定」です 図9。これは読み込み時に、素材を読み込むだけでなく、別の作業も同時に実行させるための設定です（そのまま変更せずにおいても、通常の編集作業は可能です）。

図9 プロジェクト設定の［インジェスト設定］タブ

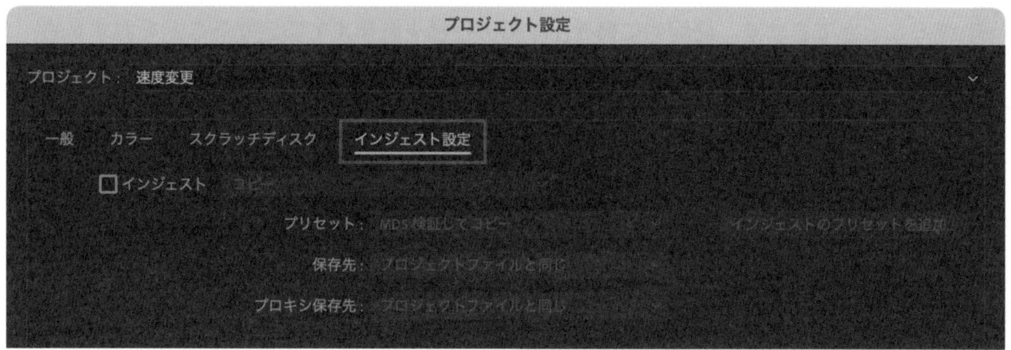

この設定で、「素材のコピー」や「プロキシ」と呼ばれる再生しやすくするためのファイルを自動生成する機能が選択できるのですが、ちょっと複雑になってしまうので、本書では割愛します（インジェストをオンにすると、読み込みをするたびに専用ファイルが生成されます 図10）。通常はオフで大丈夫です。

図10 インジェストで生成するものを選択できる

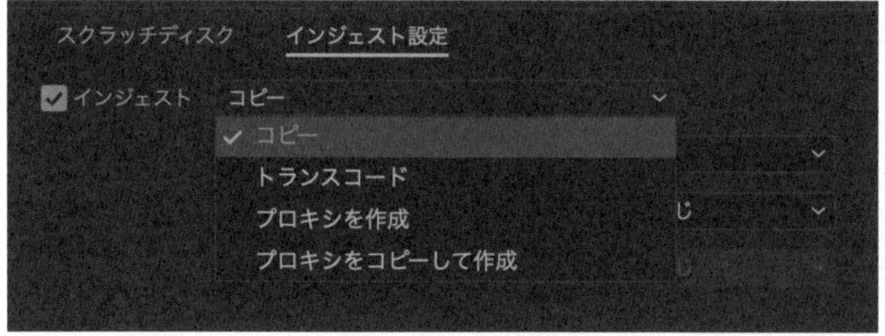

シーケンス設定の詳細

シーケンスの設定は、基本的にシーケンス作成時に決められますが、後からでも変更することができます。最終的に書き出す時の仕様を踏まえて設定することをおすすめします。ここでは各項目と、それらの変更の仕方を確認していきましょう。

シーケンス設定を開く

プロジェクトパネルで設定変更したいシーケンスを選択するか、またはタイムラインに展開してアクティブな状態にしましょう 図1。

図1 設定変更したいシーケンスを準備する

次に、シーケンスメニュー→“シーケンス設定...”を選択し 図2、設定変更のダイアログを開きます 図3。

図2 「シーケンス設定...」を選択

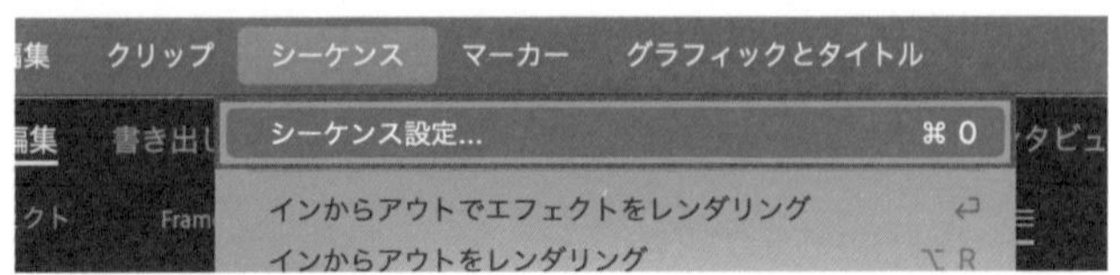

図3 シーケンス設定

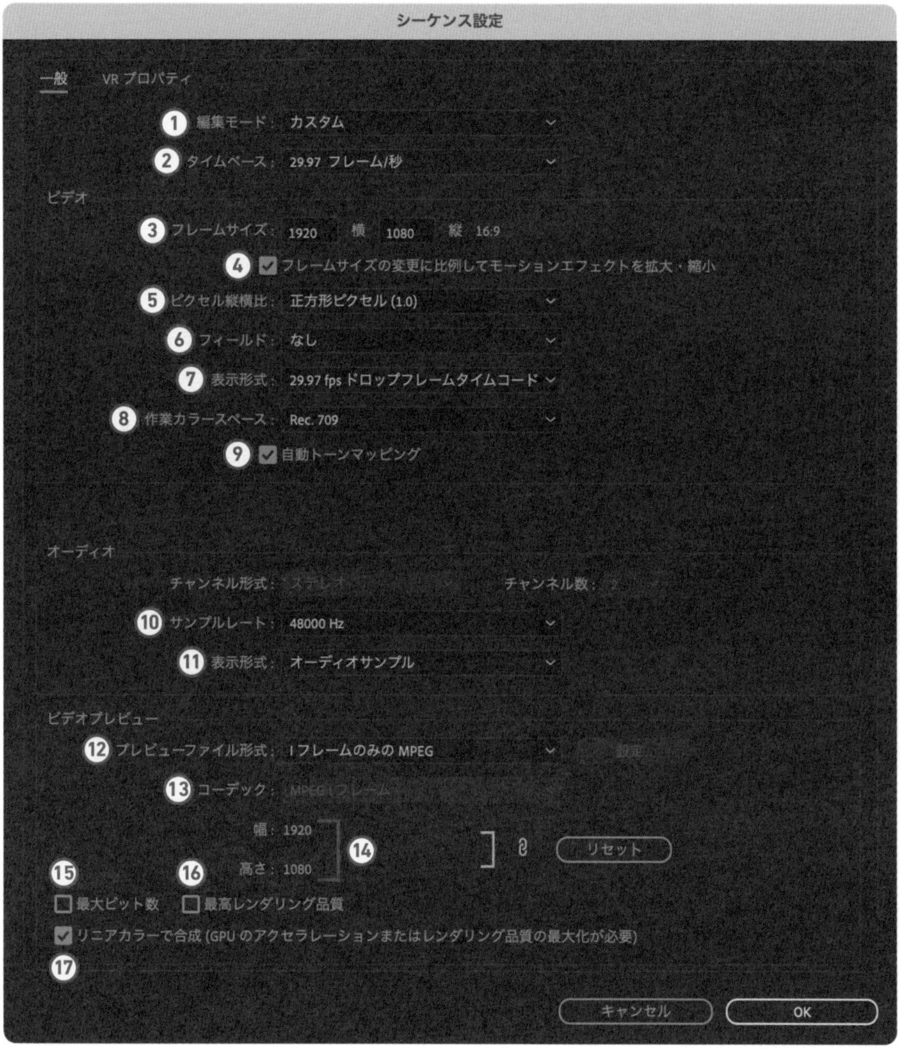

各項目を見ていきましょう。

①編集モード

現在設定されているシーケンスのプリセットが表示されています。シーケンス設定を変更する場合は、プルダウンから「カスタム」を選択することをおすすめします 図4。プリセット表示のままでは、表示されない項目もあります。

②タイムベース

1秒間に表示するフレームの数を示しています 図5。Lesson1でもご紹介したように、表示するフレーム数が大きければ滑らかな映像として、小さければカクカクした映像として表示されることになります。

通常テレビ放送は「29.97フレーム/秒」、映画は「23.976（または24.00）

フレーム/秒」が使用されます。テレビ放送以外の、YouTubeなどの場合は「30.00フレーム/秒」や「60.00フレーム/秒」が多いように感じます。

また、映画っぽい演出としてあえて「23.976（または24.00）フレーム/秒」にすることもあるようです。そのあたりは演出によって使い分けましょう。

図4 編集モード

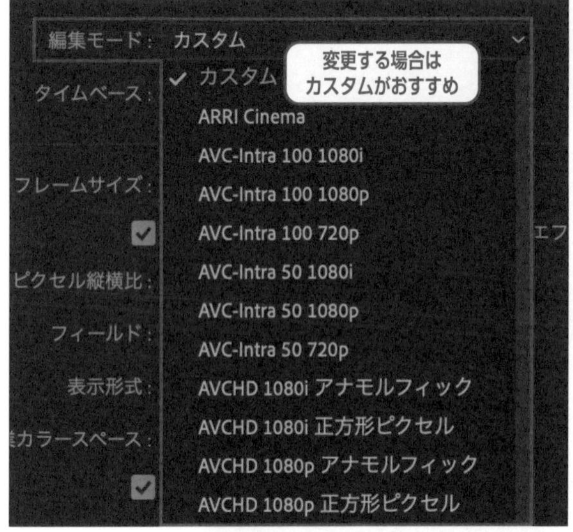

図5 タイムベース

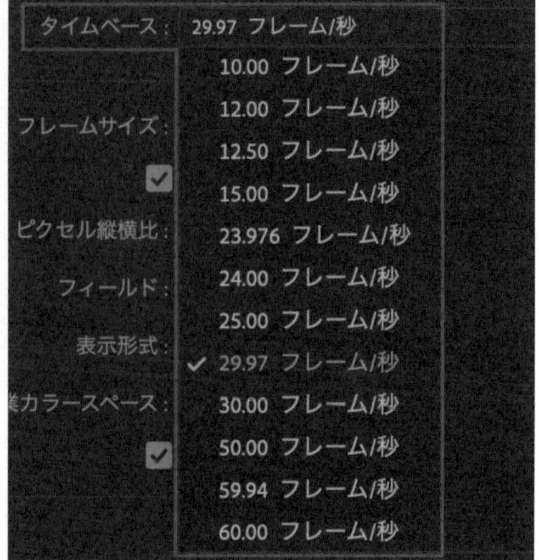

「ビデオ」項目

③フレームサイズ

いわゆる「解像度」の設定です。一番多いのはフルHD（1920×1080）かと思いますが、最近では4K（3840×2160）も増えてきています。ここで設定する数値（サイズ）によって縦横比も自在に変えられるので、縦長動画や正方形動画の設定も可能です 図6。

④フレームサイズの変更に比例してモーションエフェクトを拡大・縮小

この項目をオンにすると、すでに設定しているモーションエフェクトが、シーケンスのサイズ変更に比例して拡大・縮小してくれます 図6。必要に応じて使い分けましょう。

図6 フレームサイズ

⑤ピクセル縦横比

素材の縦横比を切り替える設定です 図7。撮影環境によって、縦横比率を変更した状態で記録される場合があるので、その素材を使用する時に使用します。プルダウンでいろいろな選択肢がありますが、通常は「正方形ピクセル(1.0)」のままで問題ないと思います。

図7 ピクセル縦横比

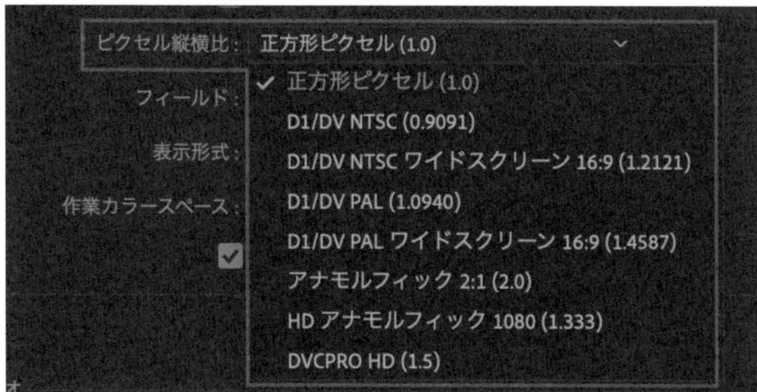

⑥フィールド(優先フィールド)

通常は「なし」で大丈夫だと思いますが、テレビ放送など「インターレース方式」で作成する時は「奇数フィールドから」を選択する必要があります。「偶数フィールドから」は昔のテレビ放送(4:3のSD規格)やDVD作成時に使われますが、最近は使用される頻度がかなり減っています 図8。

図8 フィールド

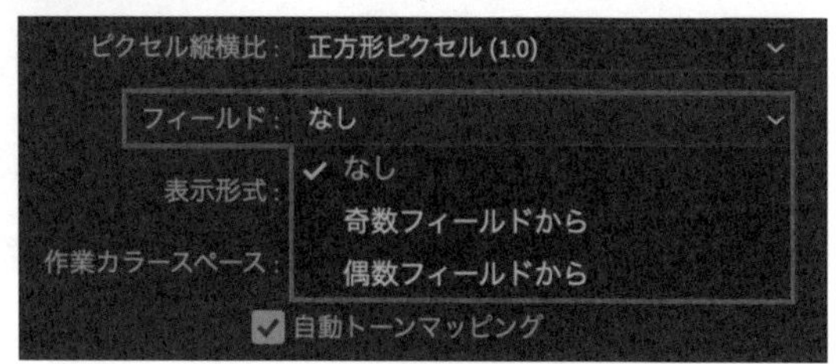

⑦表示形式

タイムコードの表示形式を選択できます 図9。ここでは技術的な詳細は割愛しますが、いくつかの項目があり、通常は「ノンドロップフレームタイムコード」で良いと思います。テレビ放送の場合は「ドロップフレームタイムコード」を選びましょう。

図9 表示形式／ビデオ

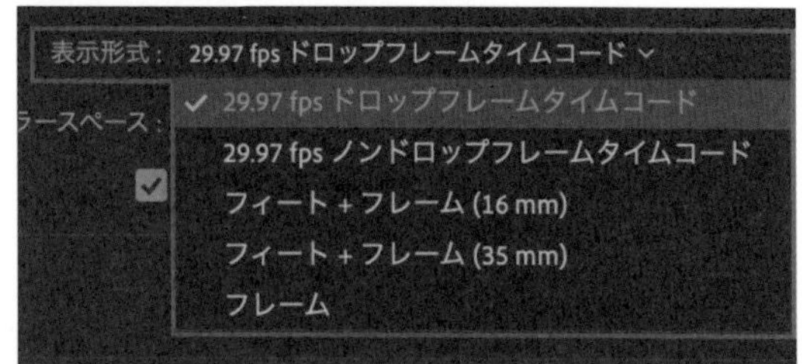

⑧作業カラースペース

ビデオの色域や色の表現の幅を規定した「カラースペース」を選択する項目です 図10。通常は「Rec.709」で大丈夫だと思います。その他の項目はHDR(ハイダイナミックレンジ)など、色域や輝度を広くした作品を作る時に使用します。Premiere ProはHDR作品にも対応していますが、もっと専門的な知識が必要となる規格なので、本書では割愛します。

図10 作業カラースペース

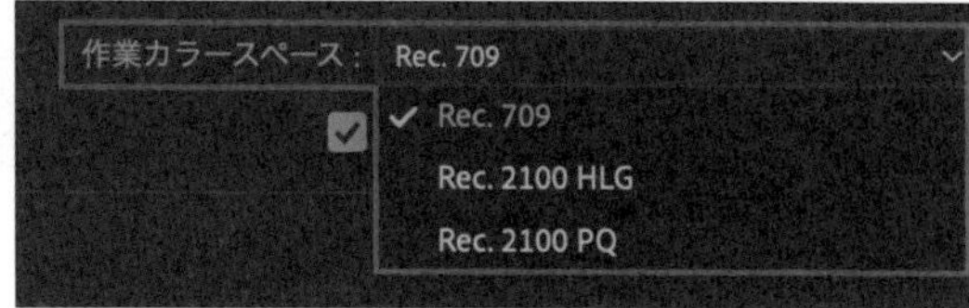

⑨自動トーンマッピング

シーケンスの「作業カラースペース」と、素材の「カラースペース」が一致していない場合、シーケンスに合わせて自動調整してくれる機能です 図11。

これは2023年2月（ver23.2）で搭載された新機能で、一時期スマートフォンで撮影した素材が、意図せずHDR仕様で撮影されてしまい、シーケンスの設定とあわずに、白飛びなど予期せぬ映像になってしまう問題がありました。スマートフォンによってはデフォルトでHDR形式での撮影になるものもあるので注意が必要です。こうした問題への対策として生まれた機能です。これがオンになっていると、HDR仕様で撮影された素材も、スタンダードな「Rec.709」に合わせて表示されます。それでも幾分画質が落ちるので、HDR作品を作りたいとき以外は、可能な限り撮影時の設定をHDRにしないことをおすすめします。

図11 自動トーンマッピング

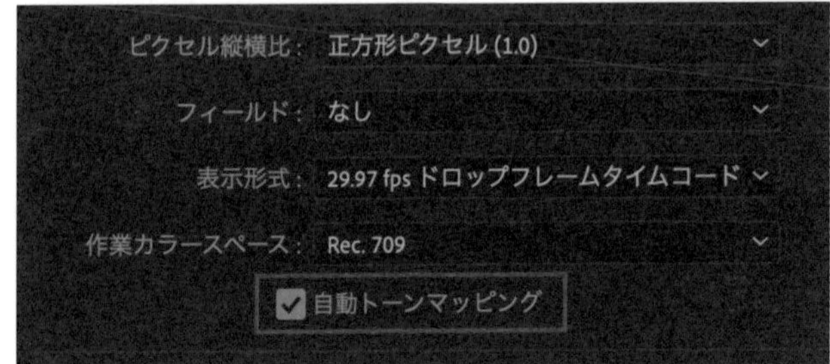

「オーディオ」の項目

「オーディオ」の「チャンネル」に関する設定は、現状を確認することはできますが、途中で変更ができません。通常は項目がグレーアウトしています 図12。

図12 チャンネル形式&チャンネル数は途中から変更できない

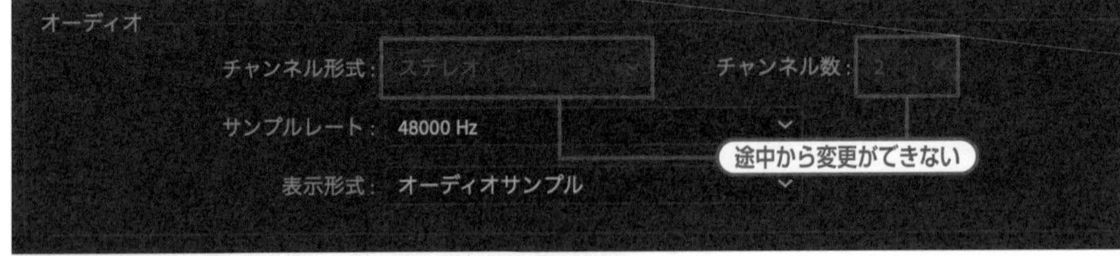

⑩サンプルレート

オーディオの品質です。通常は「48000Hz」が良く使用されます。目的によって適宜切り替えてください 図13。

⑪表示形式

オーディオの時間表示の単位の選択です。通常は動画と同じくフレーム単位（オーディオサンプル）で表示されますが、「ミリ秒」を選択するともっと細かい単位で表示することができます 図14。

図13 サンプルレート

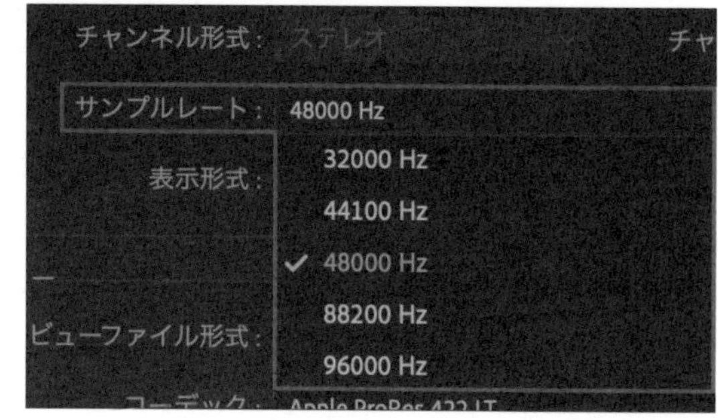

図14 表示形式／オーディオ

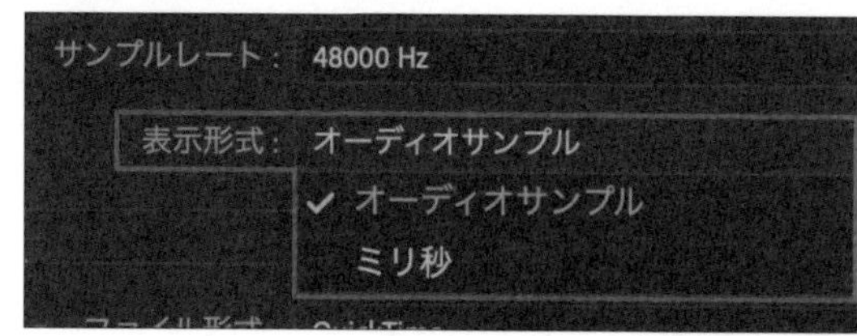

「ビデオプレビュー」の項目

ここは、再生時の環境に関する設定です。レンダリングした時に生成されるファイルもここの設定に依存します 図15。

図15 ビデオプレビュー

⑫プレビューファイル形式／⑬コーデック

再生時の形式・コーデックを選択できます。通常「Iフレームのみの MPEG」に設定されていることが多く、そのままで問題ないと思います。

⑭幅と高さ

表示するサイズです。何か意図がない限りは、フレームサイズと同等で問題ないと思います。

⑮最大ビット数

色深度を最大化することができます。bit数が高いファイルを含んでいる場合、オンにすることで元のbit数を反映させることができます。

⑯最高レンダリング品質

元素材とは異なるフレームサイズに拡大・縮小する場合に、ディテールを保持しやすくするための機能です。必要な場合はオンで良いと思いますが、元素材とシーケンスが同じ場合は、必要のない負荷がかかるのでオフにしましょう。

⑰リニアカラーを合成

合成の方法を切り替える項目です。ディゾルブなどのエフェクトを使用するとわかりやすいのですが、オンとオフの時で微妙に合成結果が違います。

Column

「リニアカラーを合成」について

エフェクト使用時やテロップの合成処理において「リニアカラーを合成」のオン／オフが影響してきます。ちょっとわかりにくい仕様なので、詳しくはこちらの動画をご覧ください。使い分け方について丁寧に説明されているのでおすすめです。

YouTube「PremiereProのディゾルブは汚い!?ディゾルブを綺麗にする方法_032」
https://youtu.be/8VVvMqR5HgA?si=SdOVrIsaXy0BJIv6

上記の動画を紹介しているYouTubeチャンネル「SG EDIT ～Premiere Proと仲良くなろう～」では、このほかにもさまざまなPremiere ProのTIPSを紹介されています。興味のある方はぜひご覧ください。

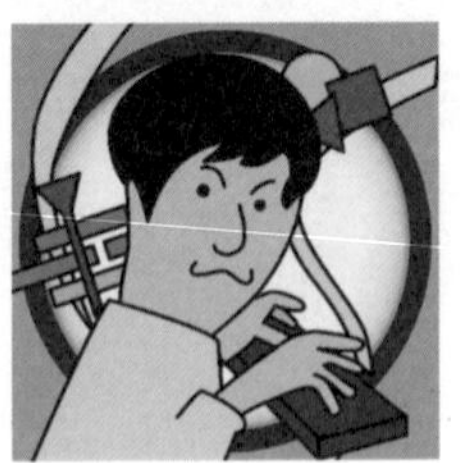

書き出し設定の詳細

編集した映像を動画ファイルとして書き出す際、テレビ番組やYouTube、SNSなどそれぞれ用途に合わせた設定が必要です。Lesson 2では汎用性の高い設定で書き出しをしました。ここでは、さらにバリエーション豊かに設定を学んでいきましょう。

「書き出し」ページに切り替える

「書き出し」は基本的に「書き出し」ページで行います。「編集ページ」のプロジェクトパネルで書き出したいシーケンスを選択するか、もしくはタイムラインに展開し、アクティブにした状態で「書き出しページ」に切り替えましょう 図1。

図1 書き出しページに切り替える

memo

書き出し対象となるのは「シーケンス」だけではありません。プロジェクトパネルで「メディアファイル」を選択している場合、そのメディアファイルが書き出されます。また、何も選択していない状態で書き出しページに移行した場合は、最後に選択していたシーケンスが書き出される対象になります。

一番左に「宛先（書き出し先）」の項目が並んでいます。ここでは「メディアファイル」をオンにして選択状態にしましょう。その右側にある「設定」ウィンドウで、各種設定を確認・変更できます 図2。

図2 書き出しページ

ビデオ設定

「設定」ウィンドウの「ビデオ」の項目の「>」をクリックして詳細を表示させます。ここでは「形式」で「H.264」を選択している場合でご説明します（選択している項目によってそれより下に表示される内容が異なります）。

「基本ビデオ設定」に「シーケンス設定」で説明した「フレームサイズ」「フレームレート」「フィールドオーダー」「縦横比」の項目が並んでいます。「ソースに合わせる」をクリックすると、すべての項目のチェックボックスがオンになり、シーケンス設定と同じ設定が適用されます 図3。

編集時（シーケンス）と設定を変更する必要がない場合はオンで良いと思います。

図3 ビデオ項目／設定

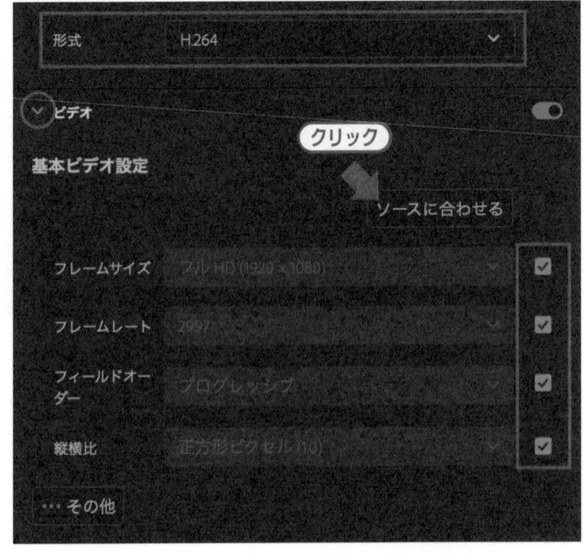

設定を変更したい場合は、チェックボックスをオフにしましょう 図4。プルダウンメニューがアクティブになり、別の設定に切り替えられるようになります。各項目の詳細は、P.324「シーケンス設定」でご確認ください。

図4 チェックボックスをオフにすると各項目を切り替えられる

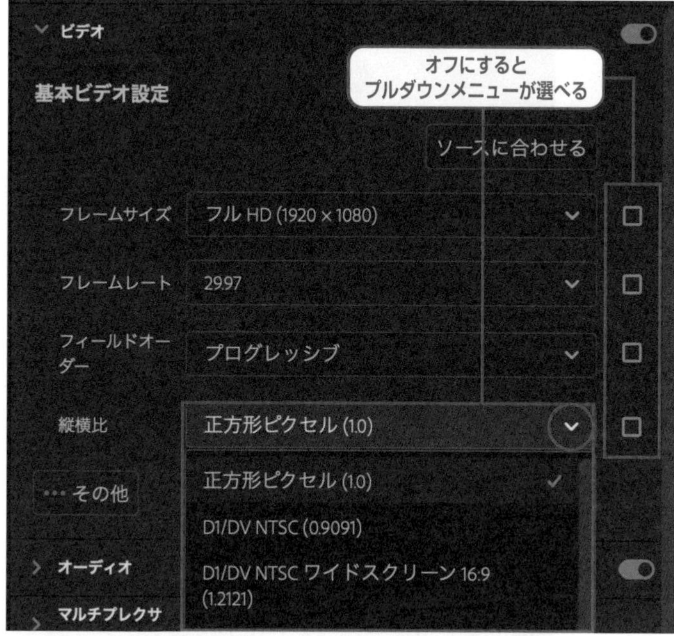

ビットレート設定の変更

左下にある「…その他」をクリックすると、さらに詳細なビデオ設定の項目が表示されます 図5。

図5 「…その他」をクリック

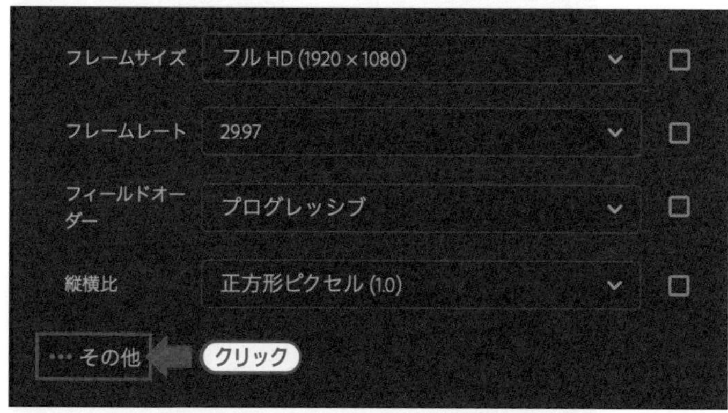

ちょっと複雑な項目が多いのですべては紹介しきれませんが、設定変更頻度の高い「ビットレート設定」はここでしっかり確認しておきましょう 図6。

書き出す際の「ビットレート（1秒あたりのデータ量）」を設定する項目の値によって、書き出した映像の品質や総データ量が変わってきます（ビットレートが高い方が映像が綺麗で、総データ量が大きくなります）。

作品によっては、どこまで綺麗な映像で出力するか、どこまでファイル容量を許容できるかなど、調整が必要な場合があると思います。ここで設定・調整して何度か書き出しを試して、バランスの良いビットレートを探るのがおすすめです。

「ビットレート設定」が可能なのは、ビットレートが定められていない形式（コーデック）に限られます（H.264やHEVC（H.265）など）。ビットレートが変更できない形式の場合は、「ビットレート設定」の項目そのものが表示されません（Quicktimeなど）。

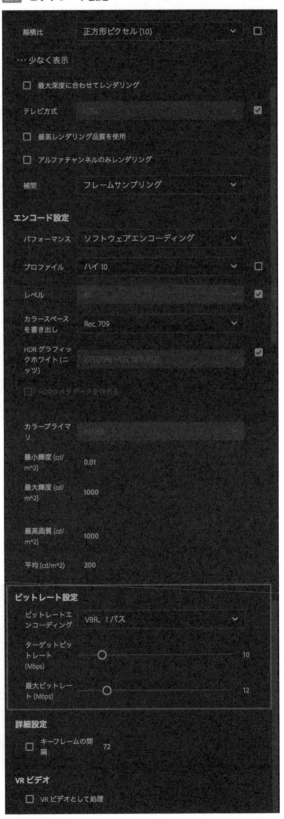

図6 ビットレート設定

縦横比　正方形ピクセル (1.0)
少なく表示
最大深度に合わせてレンダリング
テレビ方式
最高レンダリング品質を使用
アルファチャンネルのみレンダリング
補間：　フレームサンプリング
エンコード設定
パフォーマンス　ソフトウェアエンコーディング
プロファイル　ハイ 10
レベル
カラースペースを書き出し　Rec. 709
HDR グラフィックホワイト（ニッツ）
カラープライマリ
最小輝度 (cd/m^2)　0.01
最大輝度 (cd/m^2)　1000
最高画質 (cd/m^2)　1000
平均 (cd/m^2)　200
ビットレート設定
ビットレートエンコーディング　VBR、1パス
ターゲットビットレート (Mbps)　10
最大ビットレート (Mbps)　12
詳細設定
キーフレームの間隔：　72
VR ビデオ
VR ビデオとして処理

現在の形式設定は「H.264」なので、「ビットレートエンコーディング」のプルダウンに「CBR」「VBR、1パス」「VBR、2パス」の3つの項目があります 図7。目的によって任意のものを選びましょう。

図7 「CBR」「VBR、1パス」「VBR、2パス」／ビットレート設定

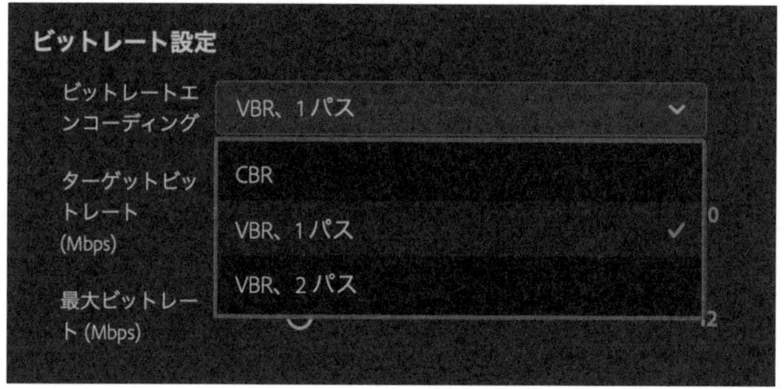

◎ **CBR（固定ビットレート）**

常に一定のビットレートを保って記録します。動きの激しい映像ではブロックノイズが出やすく、動きのない映像ではデータを無駄に消費してしまうことになります。

◎ **VBR（可変ビットレート）**

画質を担保するため映像の要素を自動で解析して無駄を省く方法です。動きの激しい映像ではビットレートを自動的に高く設定し、動きの少ない映像ではビットレートを低く記録します。Premiere Proには「1パス」と「2パス」の2種類のVBR書き出しが用意されています。

- **1パス** ファイル内容を予測しながらエンコードしていきます。「2パス」に比べると処理スピードが半分くらいで済みますが、その分画質が担保できません。
- **2パス** エンコードする前に、一度全体をスキャンして必要なビットレートを確認してからエンコードします。事前にスキャンしてどこでどのくらいデータ量が必要かを把握し、事前に容量を割り当ててエンコードできるので、よりデータバランスの良い高画質な結果が期待できます。ただ、スキャンする時間が必要になるので「1パス」に比べて2倍くらいの時間がかかることがあります。

上記のようにそれぞれ特徴がありますが、再生する機器によっては「CBRでないと再生できない」など技術的要件が異なるため、用途を確認してからビットレート設定を選択することを心がけましょう。

「ビットレートが低い＝編集負荷が低い」ではない

「H.264」や「HEVC（H.265）」はとてもファイルサイズが軽い（ビットレートが低い）ため、編集時の負荷も軽いだろうと思い違いをしやすいのですが、一概にそうとは言えません。実際にはファイルサイズが10倍以上重い（ビットレートが高い）「ProRes」の方がサクサク編集できたりすることがあります。これはコーデックによって再生時（データ読み出し）の負荷が違うために起こる事象なので、ビットレートのみで再生負荷が決まるわけではないということを理解して編集にのぞみましょう。

素材の再生レスポンスが悪い時は別のコーデックに変換してみるという作戦はありですが、変換するコーデックに「H.264」や「HEVC（H.265）」を選択する場合は、レスポンスのさらなる悪化の可能性と、圧縮による画質の劣化も十分考慮する必要があります。

Column

書き出しの「形式」の項目はちょっと独特

Premiere Proの書き出しの「形式」では、プルダウンでいくつかの項目の中から任意のものを選べるようになっています。この項目には「コンテナ」と「コーデック」が混在して表示されています。Lesson1でお伝えした通り、本来「コンテナ」と「コーデック」は別のものなので、ちょっと困惑しやすい仕様かと思いますが、「コンテナ」を選んだ時には「ビデオコーデック」を選択する項目が出てくるので、改めてそこで「コーデック」を選択するようにしましょう。

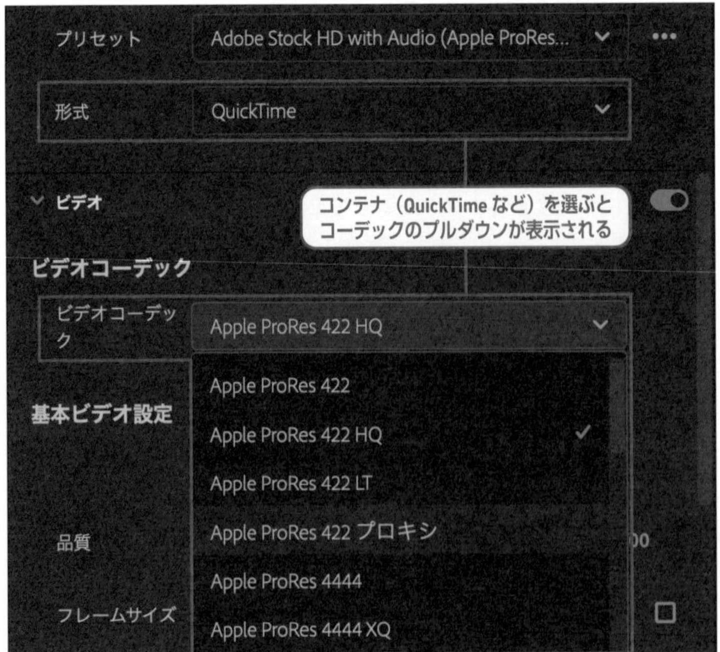

「形式」の選択項目には特徴がある

プリセットの活用

詳細設定を見ると、複雑な項目が多くてちょっと心が折れそうになることがあるかもしれませんが、現実的にはいつも似たような設定で書き出すことが多いと思います。筆者もだいたい3パターンぐらいです。

一度ちゃんと設定してしまえば「プリセット」として保存できるので、次回からはそれを選択するだけですぐに書き出せます。！忘れずにプリセット保存しておきましょう。

図8 プリセットに保存される内容

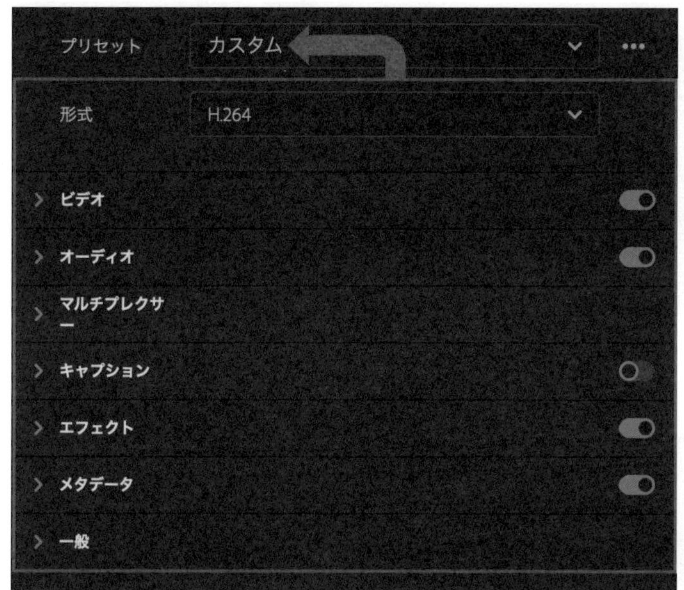

POINT

「プリセット」には、プリセット以下にあるすべての項目の情報が保存されます 図8。

プリセットの作成

目的に合わせて「形式」と「詳細設定」を任意の状態に設定したら、プリセット項目の一番右にある「…」をクリックしてプルダウンメニューから“プリセットの保存…”を選びます 図9。

図9 「プリセット保存…」／設定

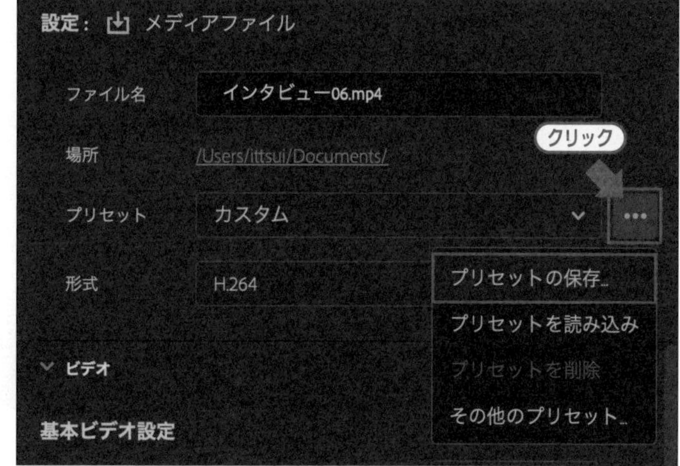

プリセット名を入力し[OK]を押すだけで、プリセットのプルダウンに新しいプリセットを作成できます 図10 。

図10 プリセット名をつけて保存

◎ プリセットマネージャー

さらに、プルダウンメニューの一番下にある“その他のプリセット...”をクリックし 図11 、「プリセットマネージャー」を開きましょう。プリセットマネージャーでプリセットを管理することができます 図12 。

図11 「その他のプリセット...」

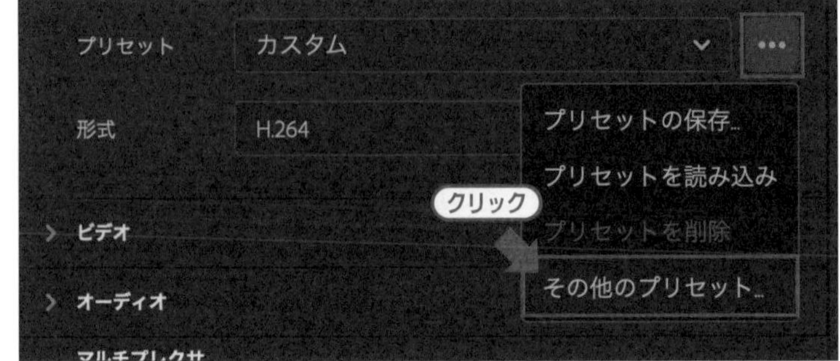

図12 プリセットマネージャー

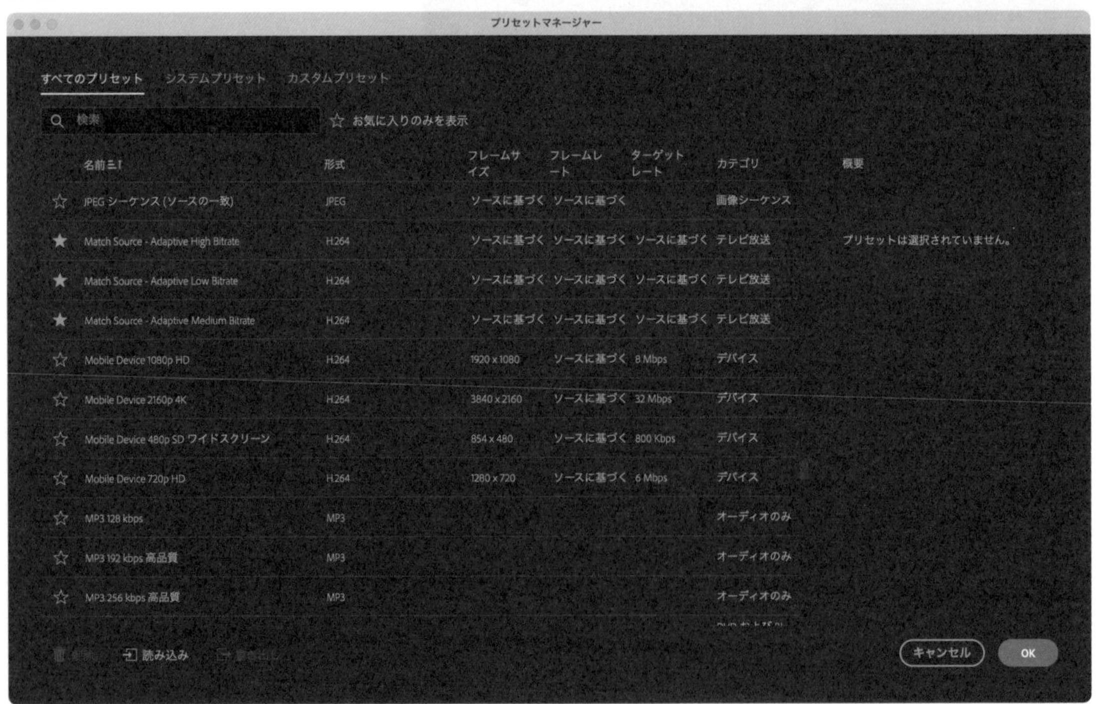

初期設定では数えきれないくらいのプリセットが表示されますが、検索ウィンドウの横にある「お気に入りのみを表示」の「☆」をクリックして 図13 オン（★）にすると、お気に入り登録されたプリセットだけが表示されます 図14。お気に入りの登録は、各プリセット名の左側にある「☆」をオン／オフすることで切り替えが可能です 図15。

図13 お気に入り表示の切り替え

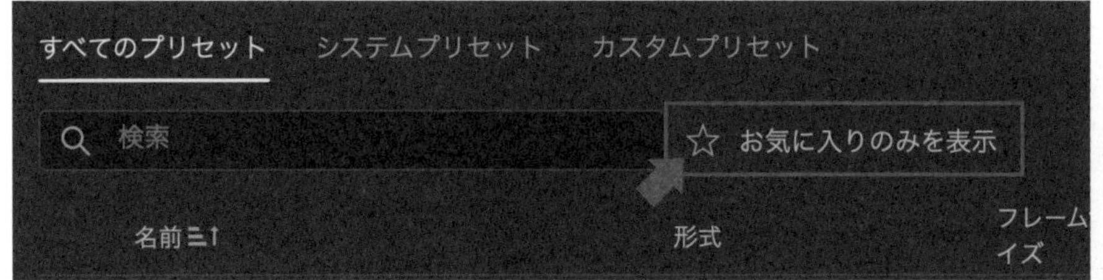

図14 お気に入りのみ表示

すべてのプリセット　システムプリセット　カスタムプリセット

検索　★お気に入りのみを表示

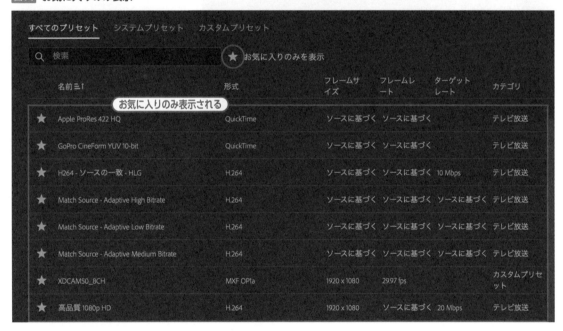

お気に入りのみ表示される

	名前	形式	フレームサイズ	フレームレート	ターゲットレート	カテゴリ
★	Apple ProRes 422 HQ	QuickTime	ソースに基づく	ソースに基づく		テレビ放送
★	GoPro CineForm YUV 10-bit	QuickTime	ソースに基づく	ソースに基づく		テレビ放送
★	H264 - ソースの一致 - HLG	H.264	ソースに基づく	ソースに基づく	10 Mbps	テレビ放送
★	Match Source - Adaptive High Bitrate	H.264	ソースに基づく	ソースに基づく	ソースに基づく	テレビ放送
★	Match Source - Adaptive Low Bitrate	H.264	ソースに基づく	ソースに基づく	ソースに基づく	テレビ放送
★	Match Source - Adaptive Medium Bitrate	H.264	ソースに基づく	ソースに基づく	ソースに基づく	テレビ放送
★	XDCAM50_8CH	MXF OP1a	1920 x 1080	29.97 fps		カスタムプリセット
★	高品質 1080p HD	H.264	1920 x 1080	ソースに基づく	20 Mbps	テレビ放送

図15 お気に入り登録方法

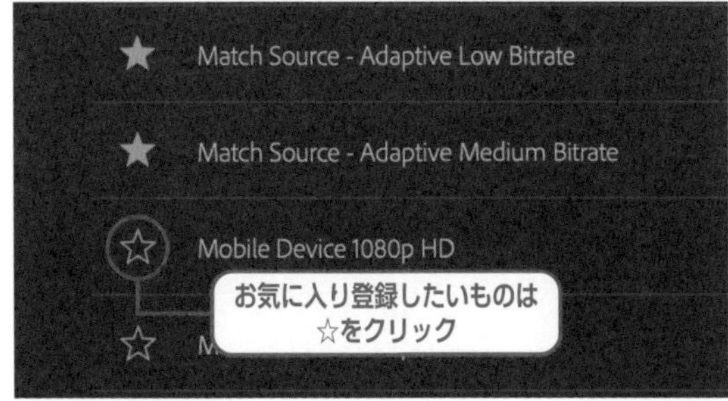

このプリセットマネージャーの「お気に入り登録」は、実際のプリセットのプルダウンメニューとリンクしていて、登録したものだけがプルダウンメニューに表示される仕組みになっています 図16。

必要なものだけを登録することで、プリセットを選択するときの「項目が多すぎる煩わしさ」から解放されるので、ぜひ活用してください。

図16 **お気に入りはプルダウン項目とリンクしている**

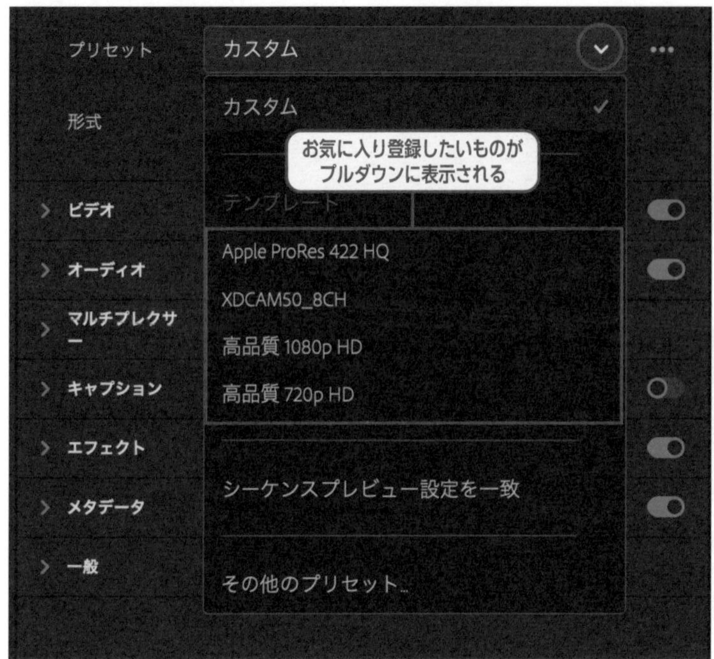

以上が書き出し設定の中で、筆者がおすすめする重要ポイントです。映像作品を書き出す上で、このビデオ設定はかなり重要な部分なので上手に使いこなしてください。

他にも項目がありますが、基本的にはデフォルトのままで問題ないかと思います。

宛先(書き出し先)の設定を上手に活用

書き出しページ左側にあるのが「宛先(書き出し先)」を表示したウィンドウです 図17 。Lesson2でご紹介した通り、一番上の「メディアファイル」以外は、書き出しと同時に各プラットフォームへ直接アップロードするシステムです。

実はこの機能のもう一つの特徴として、任意の項目を複製して増やし、同時に複数の書き出しを実行することが可能です。ご紹介した通りMedia Encoderを使用すると複数同時書き出しが可能ですが、ソース(シーケンス)が同じもので良いのであれば、Premiere Proだけでも複数同時書き出しが可能です(正確には順々に書き出しているだけですが、ユーザーのアクションはひと手間で済みます)。

例えば、「H.264」と「ProRes」など、コーデック違いのファイルを書き出し・生成したい場合は、「メディアファイル」の右側にある「…」をクリックして「複製」を選択します 図18 。すると、一番下に新しく別の「メディアファイル」の項目が生成されます(右側にあるオン/オフ切り替えをオンにします)。それぞれをH.264用とProRes用に設定し、「書き出し」ボタンを押せば自動的に2種類のメディアファイルを生成してくれるという流れです 図19 。

これだけでも、今まで別々に書き出しを実行していた作業が1アクションで実行できるので、かなり効率的だと思います。

図17 宛先/書き出しページ

図18 「メディアファイル」項目を複製する

図19 新規で「メディアファイル」項目ができる

究極のプレビューツール「Frame.io」

THEME テーマ
グループで映像制作する場合、編集したデータを転送してリモートで確認することが増えてきています。こうした作業を安全性高く、そしてシームレスに実現させた、優れたプレビューツールが「Frame.io」です。興味のある方はぜひ使ってみてください。

Frame.ioとは

映像制作を個人で行う時は問題ありませんが、グループや組織で取り組む場合、発注者やディレクターに立ち会って確認してもらうことが難しい場合もあります。もちろん、一緒に編集作業を確認しながら進められるにこしたことはありませんが、時代の流れ的にも、編集作業したものをリモートでデータ転送して確認してもらう、ということが増えてきていると思います。

しかしながら、インターネット経由だとセキュリティ上のリスクや、ワークフローの複雑化がどうしても避けられません。それらを安全性高く、できるだけシームレスに実現させたサービスが「Frame.io」です。

元々は完全に独立した、Adobe外部のソリューションだったのですが、2022年4月のアップデートでAdobeの中に完全に組み込まれました。Premiere ProやAfter Effectsの中の1つの機能として使用することができます。興味のある方はぜひ使ってみてください。

Frame.ioにサインインする

Premiere Proの編集ページで、ワークスペース「レビュー」を選択すると、「Frame.io」専用のパネルが表示されます 図1 （ウィンドウメニュー→“Frame.ioで確認”でも表示できます）。Frame.ioパネルの真ん中に表示される「Continue with your Adobe ID」をクリックするだけで、ご自身のAdobe IDでサインインができます 図2 。これで準備OKです。

Premiere Proで編集した結果を、このパネルからインターネット上のサーバーにアップロードし、その動画を閲覧できるURLが発行できます。そのURLを発注者にメールなどで共有してアクセスしてもらえば、Webブラウザに専用ウィンドウが開き、動画を確認できる仕様になっています。

英語メニューなのでちょっとわかりにくいですが、詳細なところは省略しつつ説明するので、まずは実際にやってみましょう。

図1 ワークスペースで「レビュー」を選択

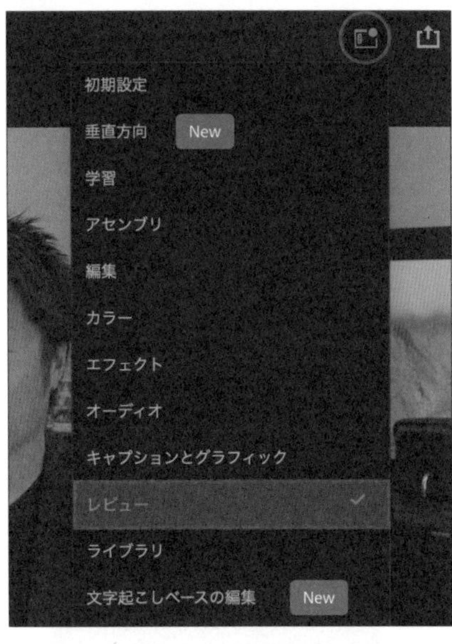

図2 Adobe IDでサインイン

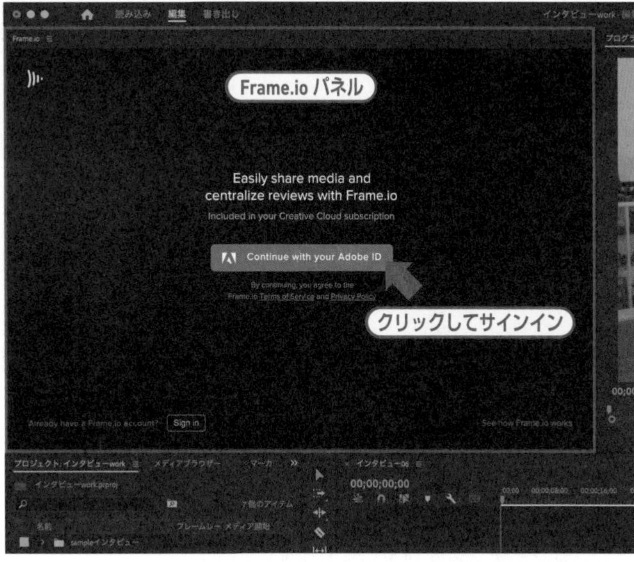

Frame.ioで動画をアップロード

Frame.ioパネルの左上にある アイコンをクリックし、「Add Project」でFrame.ioプロジェクトを新規作成します（ここでの「プロジェクト」はPremiere Proのプロジェクトとは関係がありません）図3。

図3 Frame.ioプロジェクトを作成／Frame.ioパネル

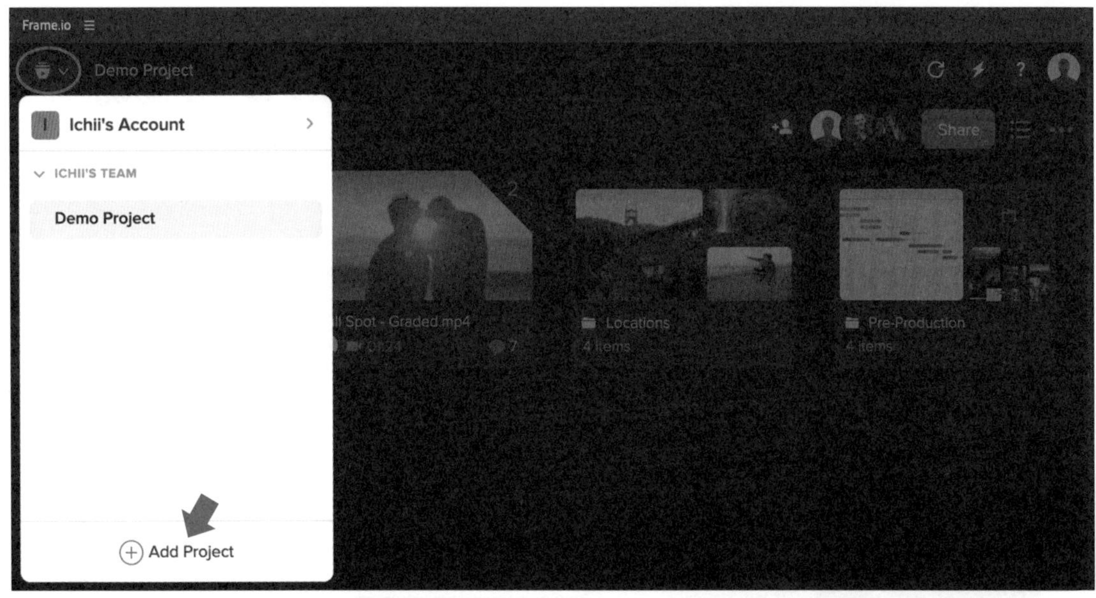

プロジェクト名を決めて一番下にある「Create」ボタンを押します 図4。Frame.ioパネル に作成したプロジェクトが開かれました 図5。

図4 新規プロジェクトを作成

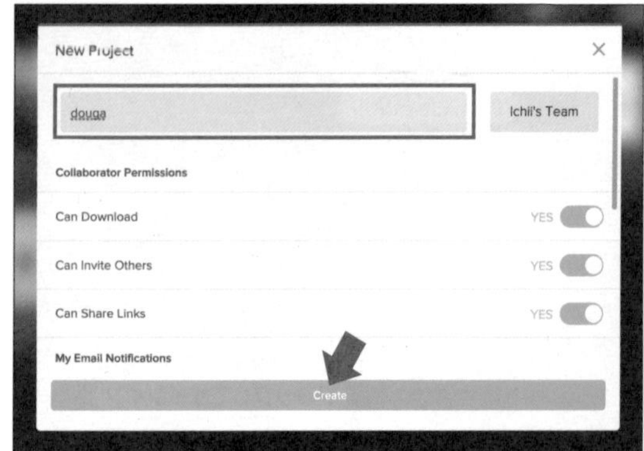

図5 新規プロジェクト画面

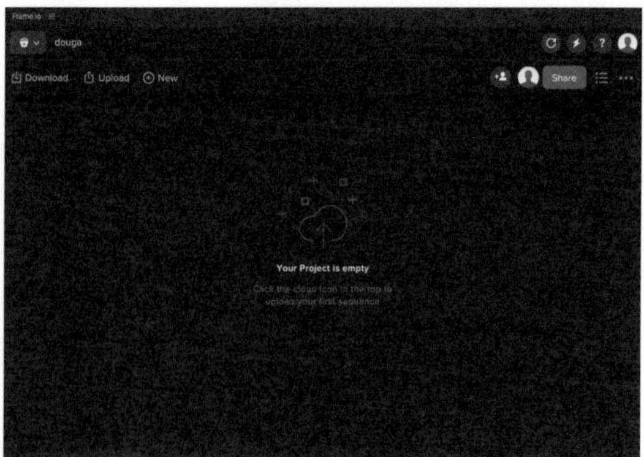

次に、現在編集作業をしているシーケンスの内容を1つのファイルにしてFrame.ioのサーバーにアップロードしていきます。左上にあるボタンの中から「Upload」を押して「Active Sequence」を選択します 図6。現在開いているシーケンスが対象になります。

図6 Active Sequenceを選択

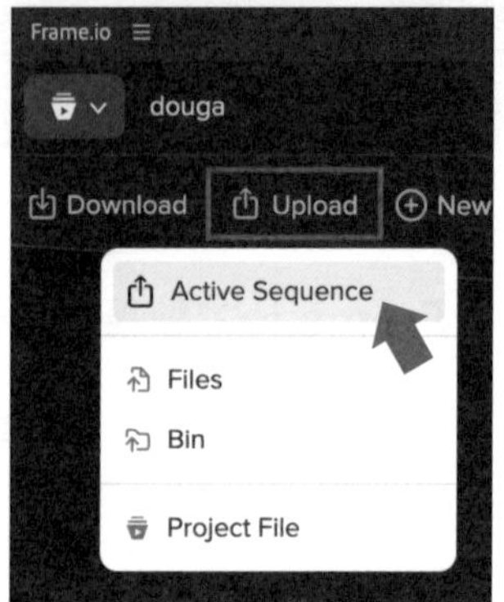

Column

書き出し済みの動画ファイルもアップロード可能

ここではシーケンスからアップロードしていますが、「Upload」で「Files」を選択すれば、すでに書き出された動画ファイルを選択してアップロードすることも可能です。

Filesで動画ファイルを選択

シーケンスを書き出す時の設定画面が現れます 図7 。それぞれの項目を見ていきましょう。

図7 シーケンス書き出し設定

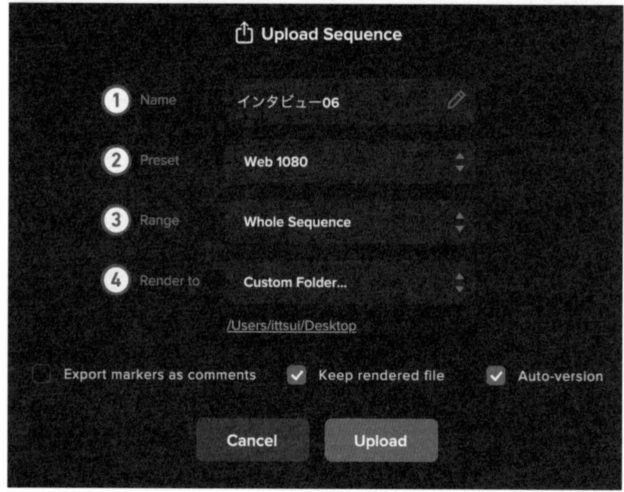

①「Name」で書き出す動画の名前を入力します 図8 。②「Preset」で解像度を選択します 図9 。

図8 Name

図9 Preset

③「Range」で書き出し範囲を選択します 図10 。④「Render to」では、サーバーに上げる前に、動画ファイルとして一旦ストレージに書き出す必要があるので、その保存先を指定します 図11 。

図10 Range

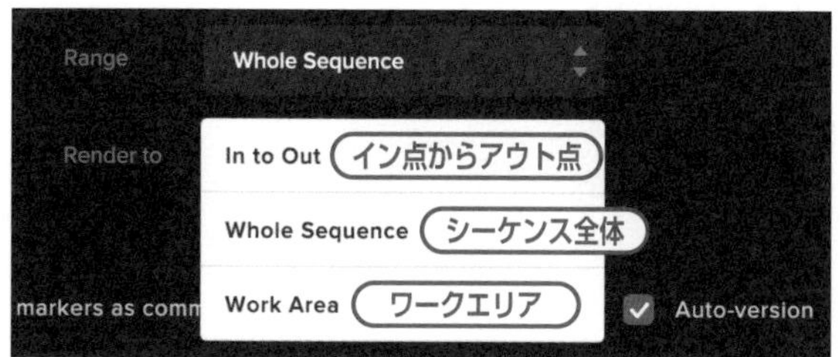

図11 Render to

最後に［Upload］ボタンを押します 図12。自動的にMedia Encoderが立ち上がり動画ファイルが書き出され、そのまま自動的にサーバーへのアップロードが行われます。

図12 「Upload」をクリック

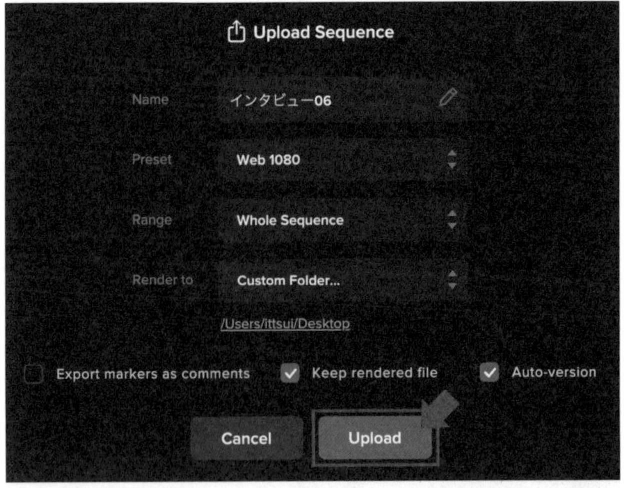

作業が完了すると、Frame.ioパネルに動画のサムネイルが表示されます 図13。これでシーケンス上の編集結果が、Webサーバーにアップロードされたことになります。

図13 動画のサムネイルが表示される／Frame.ioパネル

アップロードした動画を共有する

サムネイルの右下あたりにマウスカーソルを持っていくと、「…」が表示され、プルダウンメニューが表示されます 図14。一番上の「Share for Review」を選択すると、自動的にURLが生成されて表示されます。「Copy Link」をクリックするとURLがコピーできます 図15。このURLを発注者などの確認してもらう人にメールしましょう。

図14 Share for Review

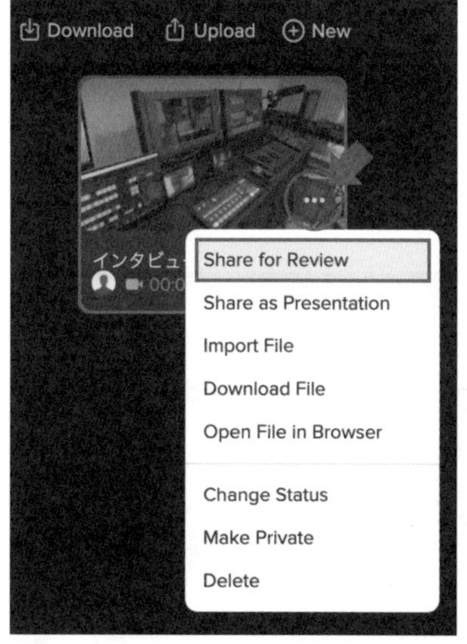

図15 URLをコピー

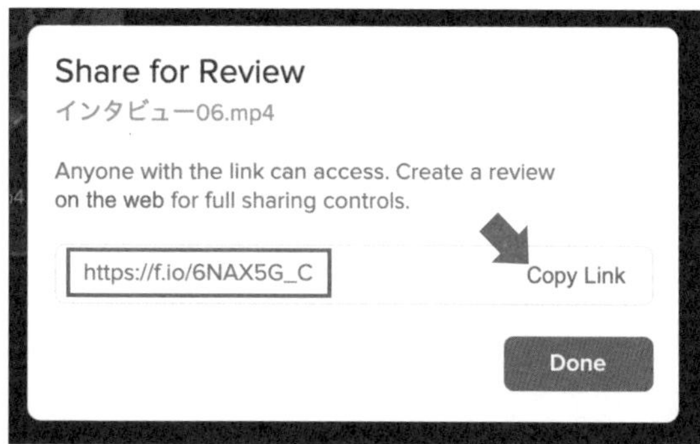

　メールを受け取った発注者などに、送られてきたURLへWebブラウザからアクセスしてもらいましょう。書き出しした動画が専用ウィンドウでプレビューできるようになっています**図16**。いかがでしょうか。

　データがアップロードされる「サーバー」はAdobe独自のもので、自分専用の領域なので安全ですし、Premiere Proから直接アクセスできるのでとてもシームレスです。

図16 Webブラウザでurlにアクセス／プレビュー画面

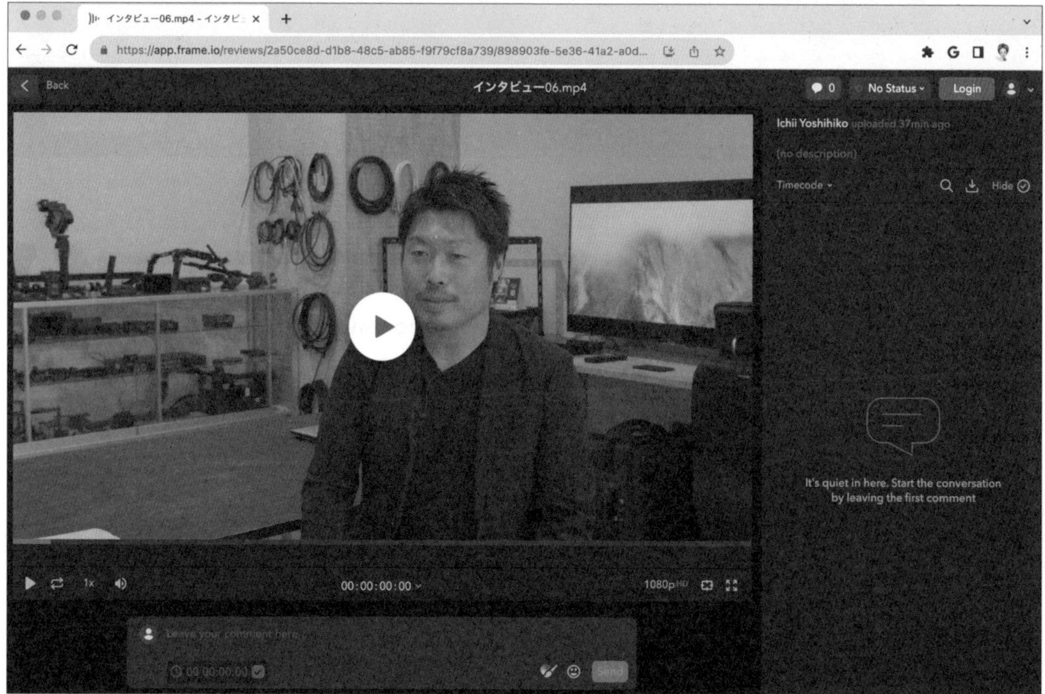

さらに、便利なのはこれだけではありません。閲覧者側はこのWebブラウザーの専用ウィンドウ上で、動画の任意のタイミングにチェックを入れることができます。気になるところで再生を止め、ウィンドウ下部にあるコメント入力スペースに文字を打ち込みます。同時に再生バーに、マークがつくことも確認できると思います 図17。

図17 気になるポイントでコメント入力／Webブラウザー上

コメント入力後に「Send」ボタンを押すと、ダイアログが表示されるのでメールアドレスを入力してもらいましょう 図18（このメールアドレスの入力作業は初回だけです）。

図18 メールアドレスの入力

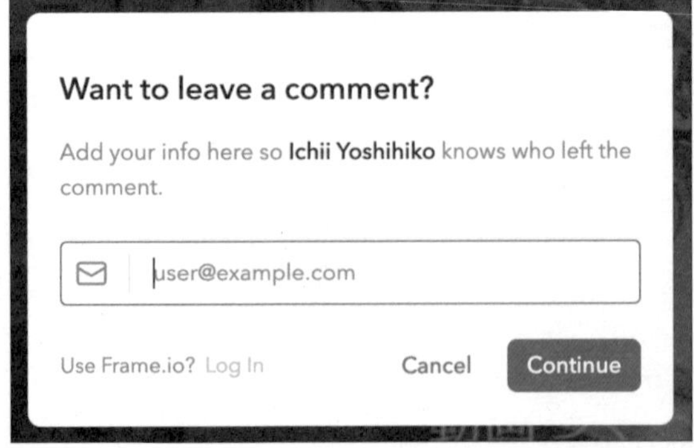

これで、サーバー上の動画にコメントが設定できました図19。

もう一度Premiere Pro（編集者側）の画面を確認してみてください。アイコンをダブルクリックすると、動画の画面が大きく表示されます図20。

図19 コメント設定完了／Webブラウザー

図20 プレビューできる／Premiere Pro画面

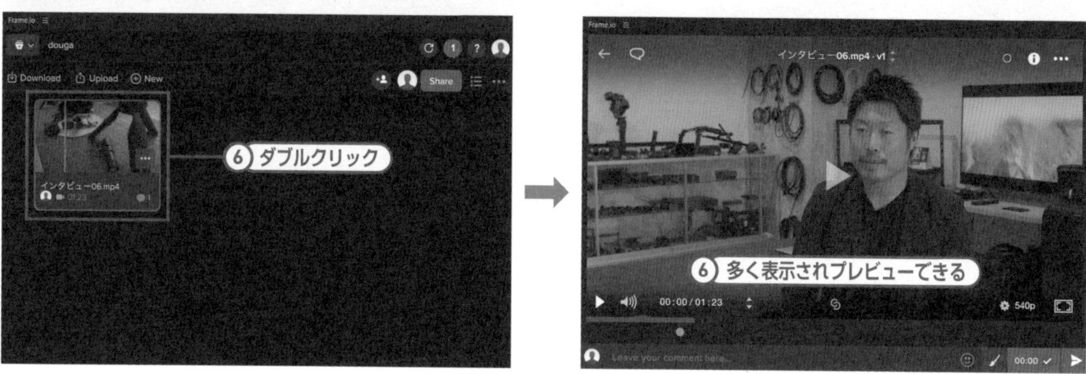

さきほど閲覧者側が入力したタイミングにPremiere Pro側でもマーカーがつけられ、そのマーカーをクリックすると閲覧者が入力したコメントが表示されます 図21（画面もそのタイミングの映像が連動して表示されます）。これにより、どのタイミングでどのような指示がなされたのか、編集者側もPremiere Pro上で簡単に確認できるため、意思疎通がとてもスムーズにできました。

図21 マーカーをクリックでコメント表示／Premiere Pro画面

memo

Frame.ioがPremiere Proに搭載されたばかりの頃、一部のWebブラウザーで日本語の入力がうまくできないバグが発生していました。そのせいもあり、日本ではなかなか広がりを見せなかったFrame.ioですが、現在ではそれらのバグが修復され、ほとんどのWebブラウザで日本語入力が可能になりました。とても便利なツールなのでガンガン使っていきましょう。

さらに、閲覧者側のWebブラウザーでは、コメントだけでなく、画面に直接手書きで四角や矢印などのビジュアル的な指示を書き込むこともできます 図22。

図22 手書き入力も可能／Webブラウザー

もちろんそれらはPremiere Pro側にも反映されます。とてもユニークで画期的なツールです。

このFrame.ioは、Adobeアカウントを契約している人であれば、無料で使用することができるサービスです（小・中・高および高等教育機関向けに販売されるすべてのプランは除く）。動画をアップロードするためのサーバー領域も、Adobeアカウントに紐づく形で100GB提供されるので、安心して使用できます。

「Frame.io」を大解剖！

「Frame.io」のより詳しい使い方は、筆者のYouTubeページにもアップロードしているので、そちらも合わせてご確認ください。

YouTube「「Frame.io」を大解剖！
PremiereProに最強のプレビューツール搭載！2022.4アップデート！」
https://youtu.be/rqpq5RYDqBI

まとめ

このLessonでは、各種の設定部分を深掘りしつつ、重要なポイントだけ説明してきました。もちろん、他にもいろいろな役に立つ設定がありますが、まずはここで説明した内容をマスターした上で、次のステップへお進みください。それによってPremiere Proの機能をより深くご理解いただけると思います。

Appendix 1

トラブルシューティング

すでに映像編集を始めている人はお分かりだと思いますが、編集ソフトにはトラブルがつきものです。トラブルなしで予定通りに進むことの方が珍しいくらいです。中でもPremiere Proはアップデートが頻繁で、新しい機能が次々と搭載されるため、バグやエラーに遭遇することがあると思います。ここでは、よく起こりそうなエラー、遭遇しやすいバグの対策をいくつかご紹介します。

● プロジェクトファイルが開かない

何かの拍子に、急にプロジェクトファイルが開けなくなったことありませんか？そんな時に無理矢理プロジェクトファイルのデータを復活させる対策を紹介します。

まずは、開かなくなったプロジェクトファイルは置いておいて、Premiere Proで「新規プロジェクト」を作成します 図1。ファイル名を決めて、メディアを何も読み込まず[作成]ボタンを押して、空のプロジェクトを作成しましょう 図2。

図1 新規プロジェクトを作成／ホーム画面

図2 プロジェクト名を入れて作成

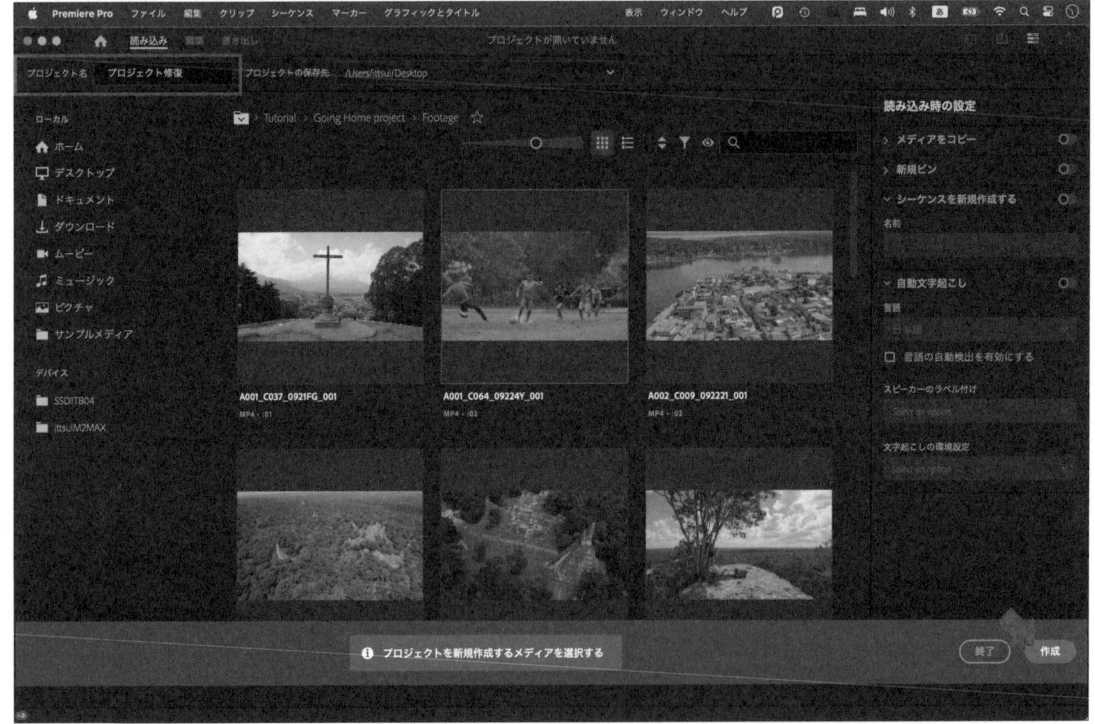

次に、ウィンドウメニュー→“メディアブラウザー”を開きます 図3。

図3 「メディアブラウザー」を開く

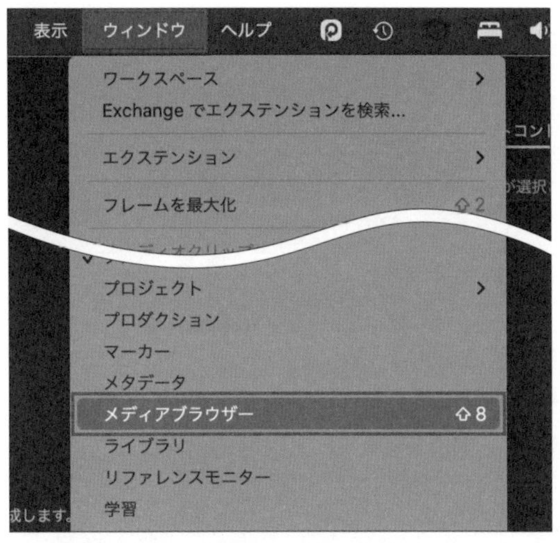

memo

開かなくなったプロジェクトファイルへの対策として、筆者自身が動画でもご紹介しています。よろしければ合わせてご覧ください。

YouTube「開けなくなったプロジェクトファイルを無理やりひらく裏技！！【Premiere Pro】」
https://youtu.be/wKfOEIEtTjk

メディアブラウザーの検索で、開かなくなった問題のプロジェクトファイルを選択し、ダブルクリックします 図4 。

図4 メディアブラウザー内でプロジェクトファイルをダブルクリック

すると、そのプロジェクトファイルの中にある、メディアやシーケンスが表示されます（表示されるまで少し時間がかかることがあります）。その中から必要なものを選択して、現在開いている新規のプロジェクトのプロジェクトパネルにドラッグでコピーしましょう 図5 。

これで問題のプロジェクトファイルを開かなくても、中身だけを抽出して使用することができます。かなり強引な方法なので、うまくいく時とうまくいかない時があるかと思いますが、非常時の対応策としてはかなり効果的な方法だと思います。

図5 メディアブラウザーから新規プロジェクトのパネルにドラッグ

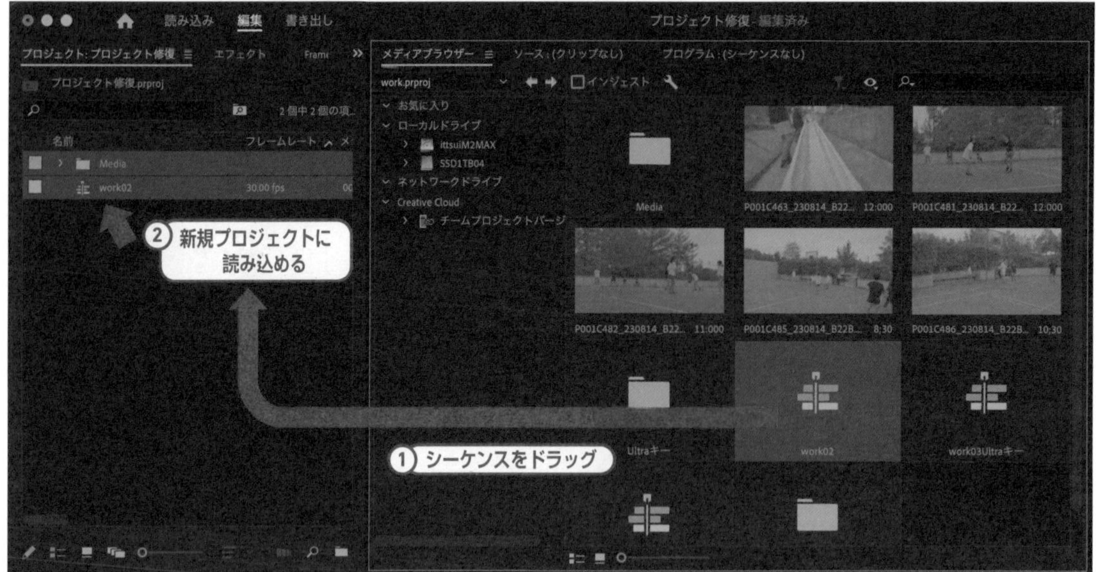

テキストの入力レスポンスが悪い

エッセンシャルグラフィックステキストを入力している時、キーボードを打鍵しているスピードと、入力されていくテキストのスピードに違和感を感じることはありませんか？

タイムラインにクリップがたくさん並び、表示負荷が高くなってくると入力レスポンスが極端に遅くなってくることがあります。そんな時の対処方法を3つご紹介します。

01 テキストパネルでの入力

エッセンシャルグラフィックステキストは、プログラムモニターに直接打ち込む入力方法が主流ですが、「テキストパネル」でテキストを打ち替えることもできます。最初だけプログラムモニター側で打ち込み、クリップ（テキストレイヤー）が生成されたら、あとはテキスト入力パネルで打ち替えてテキストを作成する方法です。

テキストパネルで入力

02 起動方法の変更

Premiere Proを立ち上げる時、「プロジェクトファイルそのもの」をダブルクリックして起動していたりしませんか？できるだけ負荷を下げる起動方法として、まず、Premiere Proアプリ本体のアイコンをダブルクリックして起動させ、その後、プロジェクトファイルを選択して開いてください。この順序で起動させることで、負荷が低くなり、テキストのレスポンスが良くなることがあります。

アプリを先に起動させてからプロジェクトファイルを開く

03 クリップの有効／無効の切り替え

編集時、タイムラインにはたくさんのクリップが並んでいると思いますが、実際に編集作業をしているのは全体の一部分だと思います。タイムライン上の負荷を減らすために、現状での編集に関係のないクリップを、ざっくり「無効」にしてみましょう。

ドラッグで一気に複数のクリップを選択し、右クリックから「有効」を選択し、チェックを外してください。クリップがグレーアウトして、無効になります。こうやって必要のないクリップを一旦非表示にすることで、テキストのレスポンスが良くなることがあります。編集後には「有効」をオンにして元に戻してください。

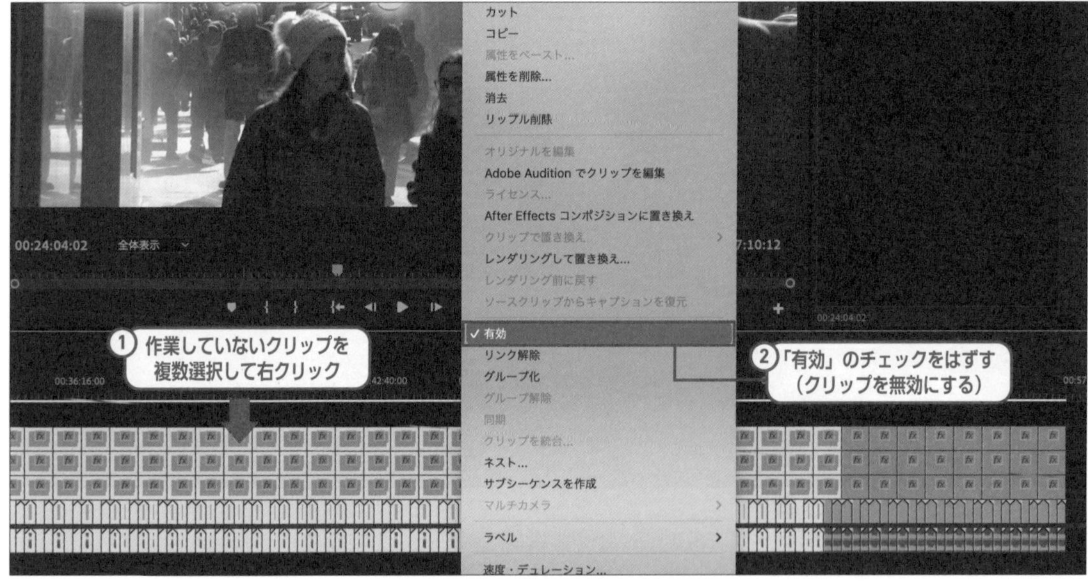

作業していないクリップを「無効」にする

「01」の方法は、ちょっと手間かもしれませんが、「02」と「03」は慣れさえすればサクッとできるので、テキスト入力で困った時は、ぜひお試しください。

一部の音だけ聞こえなくなる

長尺のものを編集中、オーディオクリップの波形上は音があることが表示されているのに、一部だけ音が聞こえなくなる、という現象が起こった時の対処方法です。原因は不明ですが、その問題のオーディオクリップだけを、別のトラックに縦移動させ配置しなおしてみてください。これで音が復活することがあります。

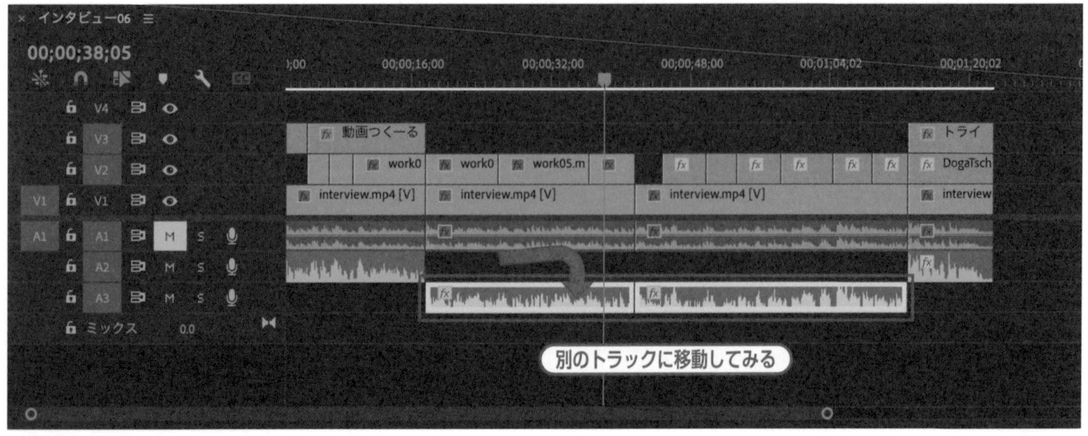

問題のオーディオクリップを別のトラックに移動する

スマートフォン撮影の素材が白飛びしてしまう

これはLesson 11のシーケンス設定でも触れましたが、スマートフォンでHDR収録した素材の場合（気づかない間にそうなっていることがあります）、通常のシーケンスでは白飛びしてしまうことがあります。理想を言うと、撮影時のスマートフォンの設定を「HDR」ではなく、通常の設定に切り替えて撮影するのがベストですが、すでに撮影された素材の場合は、やはりPremiere Pro側の設定をする必要があります。

そんなときは、シーケンス設定で「自動トーンマッピング」をオンにしましょう 図1。これで通常素材に合わせた色味に自動変換されます 図2。

書き出し時にもビデオ設定でカラースペースを「Rec.709」にするのを忘れないようにしてください。

図1 自動トーンマッピング／シーケンス設定

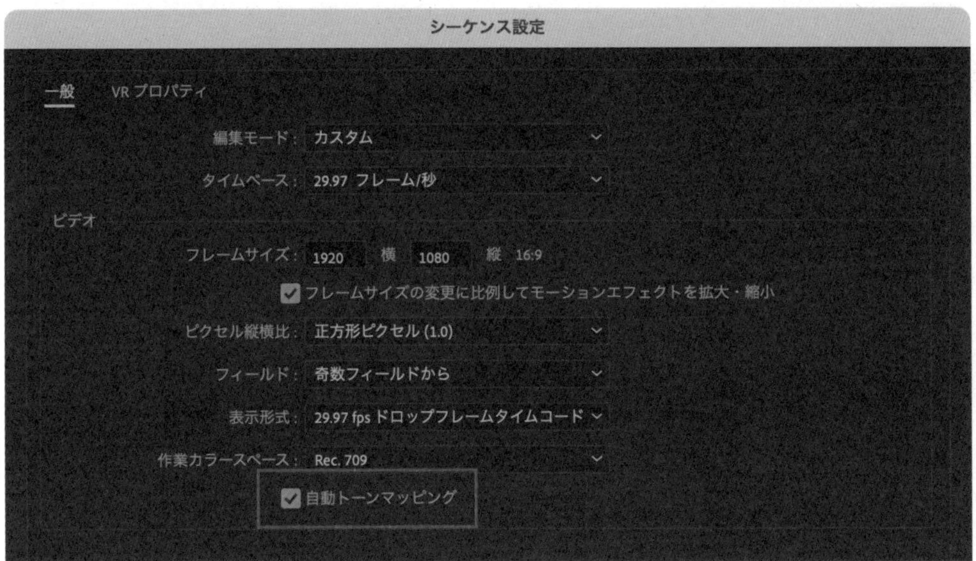

図2 自動トーンマッピング比較（左：オフ　右：オン）

普通に再生しているのに倍速で再生されてしまう

タイムラインを普通に再生する際に、なぜか倍速のようなスピードで再生されてしまう現象があります。この場合は、環境設定の「オーディオハードウェア」の「デフォルト入力」を「なし」に設定してみてください。

原因は不明ですが、この方法で正常化することが多いようです。

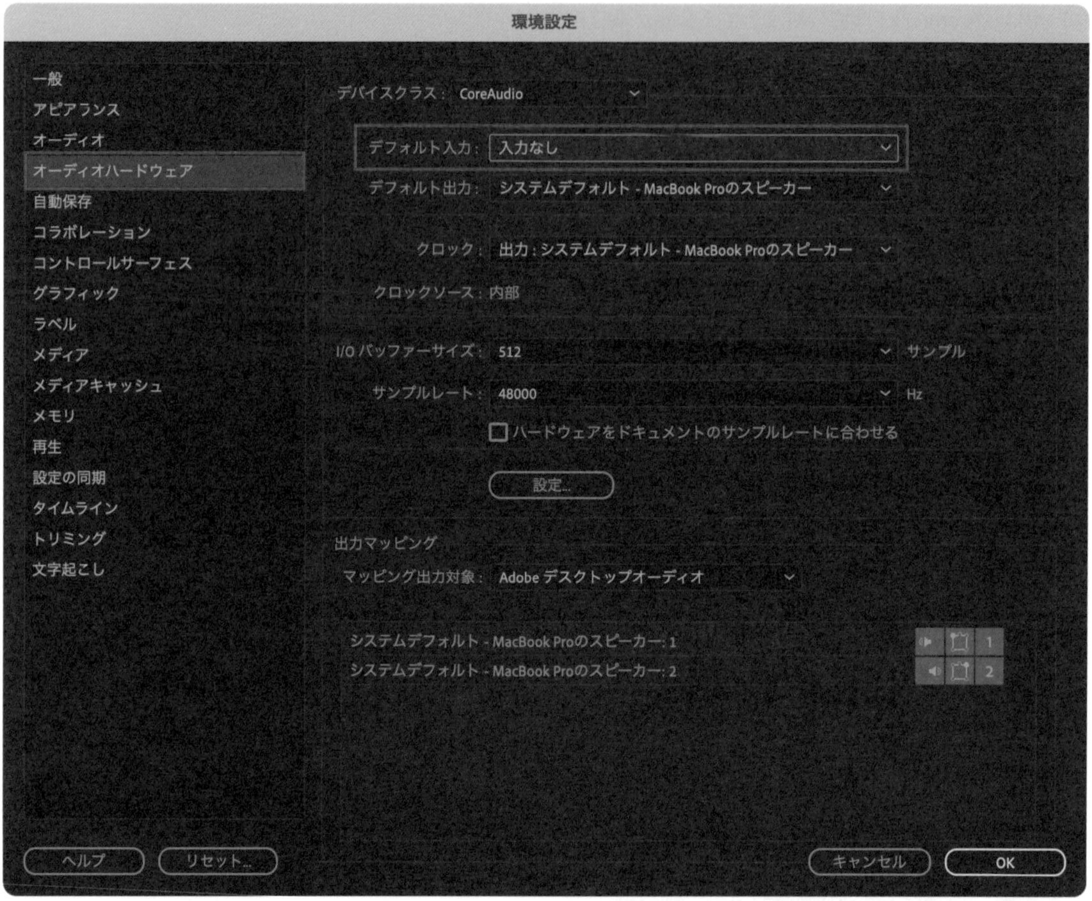

オーディオハードウェア／環境設定

音声波形が表示されなくなった

タイムラインに並んでいるオーディオクリップの音声波形が表示されなくなる現象があります。いくつか原因があるようですが、まずはタイムラインの設定を確認しましょう。

タイムラインパネルのスパナアイコンから“オーディオの波形を表示”を確認してください。チェックが外れていると表示されないので、チェックを「オン」にします 図1 。

図1 オーディオ波形を表示／タイムライン設定

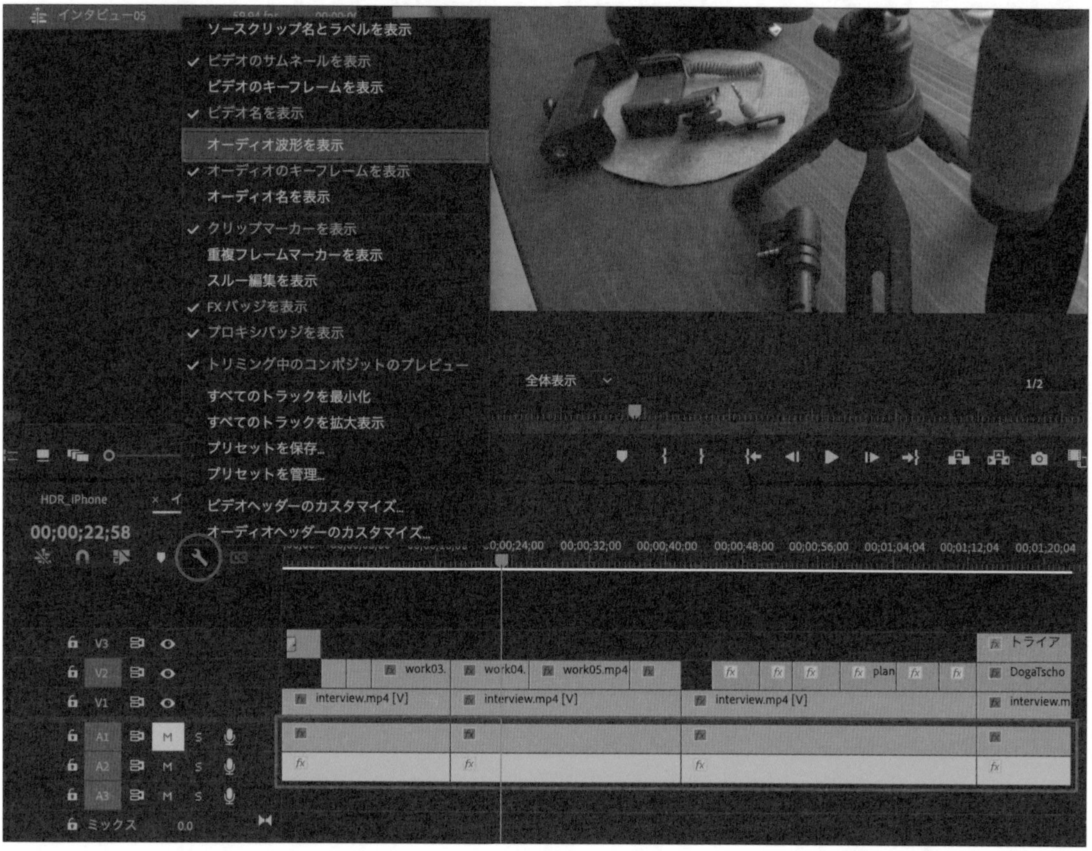

それでも表示がされないときは、オーディオ波形用のキャッシュファイルが壊れていることがあります。その場合は、以下の手順でキャッシュファイルの削除を行ってください。

一旦、Premiere Proを終了し、再起動します。この時、optionキーを押しながら起動すると「オプションをリセット」というダイアログが現れます。[メディアキャッシュファイルをクリア]を選択して[続行]しましょう 図2 。これでオーディオクリップの表示を確認してください。

図2 メディアキャッシュファイルをクリア／オプションをリセット

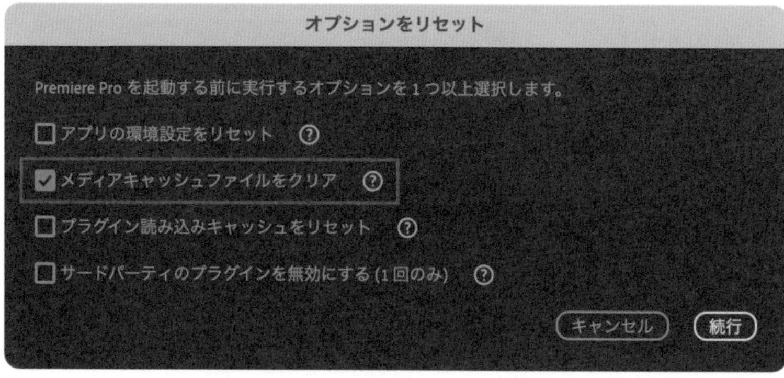

レンダリングしたはずなのに勝手に外れてしまう

Premiere Proで、エフェクトなどを使用した際にレンダリングを行うと思いますが、プロジェクトを開き直したときや、何かの拍子にクリップのレンダリングが外れてしまい、未レンダリングの状態になってしまう現象があります。この場合は、「テキスト入力レスポンスが悪い」で紹介した対策方法「起動方法の変更(P.357)」を試してください。

Premiere Proを完全起動してからプロジェクトファイルを開くことで、回復することがあります。

レンダリングしたはずのものが未レンダリング状態に

アプリケーションメモリが不足していると表示される

メモリ関係のエラーはよく起こりがちです。原因はさまざまなので、いくつか試していただきたい方法があります。

01 Premiere Proに割り当てるメモリを減らす

「メモリ不足」と聞いて、Premiere Proに割り当てるメモリ量を増やす人は多いのですが、多くの場合「減らす」方が良い結果が得られることが多いです。ここ言う「アプリケーションメモリ」とは、Premiere Proではない他のアプリケーション(Finderなど)のメモリが足りていないことを指している可能性があるので、別のアプリケーションが使えるメモリを増やしてあげることがコツです。

アプリケーションメモリ不足のアラート

別アプリケーションのメモリ割り当てを増やすには、メニューバーのPremiere Proメニュー〔編集メニュー〕→“設定...”→“メモリ...”で環境設定を開いて、「他のアプリケーション用に確保するRAM」の数値を増やしてください。

他のアプリケーションへ割り当てられるメモリを増やす

02 メモリの空き容量を増やす

複数のアプリを同時に立ち上げている場合は、マルチタスク状態でメモリの使用量を圧迫している可能性があります。その時には、他のアプリを終了し、メモリの空き容量を増やしてください。

アクティビティモニタ
自分のプロセス
CPU　メモリ　エネルギー　ディスク　ネットワーク

プロセス名	メモリ	スレッド	ポート	PID	ユーザ
Adobe Photoshop 2023	7.18 GB	84	1,355	21094	ittsui
Adobe Premiere Pro 2023	3.74 GB	76	772	23011	ittsui
Microsoft Word	1,023.6 MB	24	1,255	12357	ittsui
Adobe Illustrator 2023	1,002.9 MB	97	568	23317	ittsui
Adobe After Effects	684.2 MB	76	814	23403	ittsui
Brave Browser Helper (Renderer)	577.5 MB	27	1,776	23438	ittsui
メール	536.5 MB	8	1,000	495	ittsui
Brave Browser Helper (GPU)	418.3 MB	27	274	667	ittsui
PProHeadless	407.9 MB	24	191	23140	ittsui
Brave Browser	371.0 MB	45	1,312	491	ittsui
Acrobat	322.8 MB	41	544	13231	ittsui
Evernote Helper (Renderer)	321.8 MB	21	151	12844	ittsui
Evernote Helper (GPU)	311.3 MB	22	202	12841	ittsui
Evernote Helper (Renderer)	295.8 MB	17	239	12847	ittsui

メモリプレッシャー

物理メモリ:	96.00 GB
使用済みメモリ:	54.89 GB
キャッシュされたファイル:	23.10 GB
スワップ使用領域:	0 バイト
アプリケーションメモリ:	49.75 GB
確保されているメモリ:	2.99 GB
圧縮:	0 バイト

アプリを同時に立ち上げすぎると負荷が高くなる

03 ストレージ(HDD or SSD)の容量の確保する

システム上使用できる物理メモリには限りがあるため、Premiere Proは空きストレージを利用して「仮想メモリ」として運用することがあります。Premiere Proの使用しているメモリを確認した際に、物理メモリよりも多い容量になっている時は、仮想メモリを使用していると考えて良いと思います。ストレージ内の必要のないデータを、他のストレージへ移動させたり削除するなどして、ストレージに余裕を持たせましょう。

04 新規シーケンス(or 新規プロジェクト)を作成する

新規でシーケンスを作り直し、編集中のシーケンス内のクリップすべてをコピー&ペーストしてみてください。

または、プロジェクトファイルそのものを新規で作成し、その中に新規シーケンスを作成して試してみるのも効果的だと思います。

新規シーケンスにコピー&ペースト

いかがでしょうか。Premiere Proのシステム要件では、HDメディアの場合「16GB以上が推奨」と言われていたりしますが、筆者の肌感覚では16GBはかなりギリギリのラインかと思います。メモリは多いにこしたことがないので、可能な範囲で増量することをおすすめします。

カスタマイズしたプリセットや設定がなくなってしまった

「プリセット」や「設定」はユーザー自身でカスタマイズしていくことができますが、それらの情報は決められた場所にファイルとして格納されています。そのプリセット・設定ファイルを流用して自分が使いやすい環境を整えて効率化を図れるわけですが、予期せぬ出来事で突如として使えなくなったり初期化されてなくなったりすることがあります。そんな時の対応策とデータバックアップについてご説明します。

保存先

ユーザーがカスタマイズできる「プリセット」や「設定」にどのようなものがあるかと言うと、「エフェクトプリセット」「ワークスペース設定」「ショートカットキー設定」「タイムコード設定」「トラックの高さ設定」などなどです。

それぞれの情報はファイルとしてPCの中に保存されています。保存先は以下の通りです。

Mac：Users/[ユーザー名]/Documents/Adobe/Premiere Pro/[バージョン]/Profile-[ユーザー名]/
Win：Users¥[ユーザー名]¥Documents¥Adobe¥Premiere Pro¥[バージョン]¥Profile-[ユーザー名]¥

例えば筆者の場合（Mac）は、
Macintosh HD＞ユーザ＞ittsui＞書類＞Adobe＞Premiere Pro＞24.0＞Profile-ittsui
としています。

ittsuiM2MAX › ユーザ › ittsui › 書類 › Adobe › Premiere Pro › 24.0 › Profile-ittsui

バックアップ

ある程度Premiere Proを自分好みにカスタマイズ設定をしたら、この「Profile-[ユーザー名]」を別の場所にもバックアップコピーしておきましょう。こうすることで、何らかのトラブルで設定が変わってしまったり、プリセットが初期化されてしまった場合でも、バックアップしたデータを元の同じ場所にコピーすることで簡単に復活することができます。

memo

ここまでにご紹介した、「プリセットや設定ファイルの復元方法」に関しても、筆者が動画で説明をしています。
よろしければこちらも合わせてご覧ください。

YouTube「必見！アップデートでプリセット・設定ファイルが消えた！？復元できる可能性あり！【PremierePro】」
https://youtu.be/_oQf5b1qnUY

AVCHDファイルが正常に読み込めない

撮影するカメラの種類や設定によって「AVCHD」というパッケージファイルで収録されることがあります。Lesson 2でも少し触れましたが、中身を展開して見ていくと、撮影した複数のデータが「.MTS」の拡張子で格納されています 図1 。

この規格のファイルは取り扱いにとても注意が必要です。ポイントは「パッケージごと扱う」ことです。中身のMTSファイルは単体でも読み込むことが可能なのですが、長時間録画し続けた時、そのMTSファイルは自動分割された状態で保存される仕様になっています。つまり、本来1つの動画データであるべきはずのものが、複数のファイルに分かれて存在している形になります 図2 。

図1 AVCHDパッケージの中にMTSファイルが含まれる

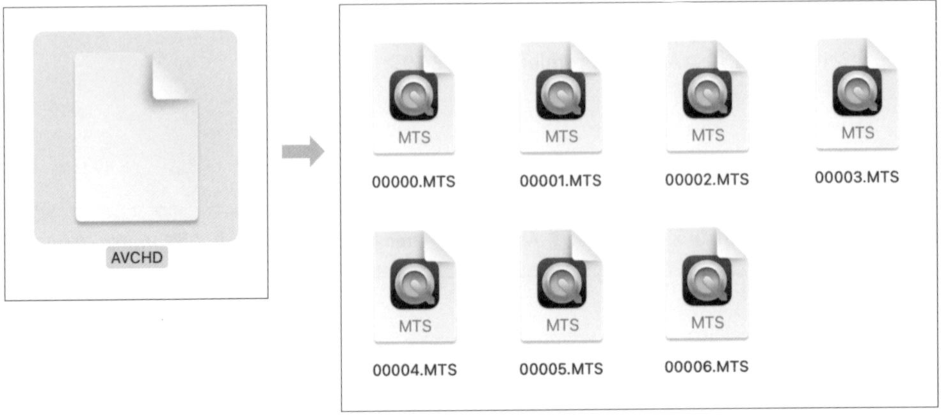

図2 1クリップが長尺の場合は、複数のMTSのファイルで構成される

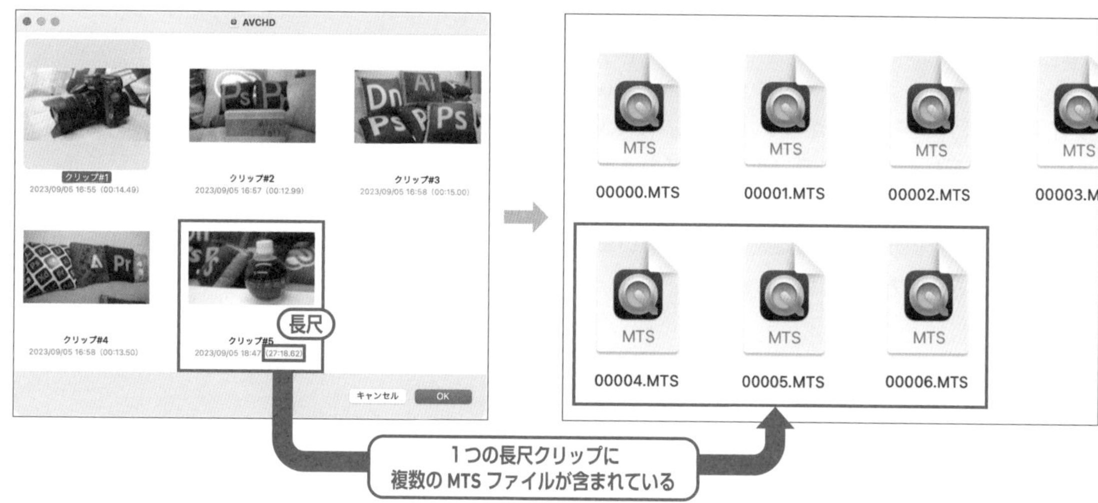

本来1つの動画であるMTSファイルを別々のファイルとして読み込むと、動画の接続部分で微小なズレが生じたり、音声が微妙にずれたりと、予期せぬエラーが発生したりします。Premiere Proでは、この問題の対応策として「読み込みページ（またはメディアブラウザー）」を使用して読み込むことを推奨しています。「読み込みページ」でAVCHDパッケージを選択してダブルクリックすると、そのまま中にアクセスしてメディアクリップが表示されます図3。ここで表示されるクリップは、長時間録画して分割されたファイルも、1つの長いクリップとして認識されます。AVCHDのファイルを編集する時は、この方法で読み込む必要があることを忘れないようにしましょう。

図3 1クリップとして表示される／読み込みページ

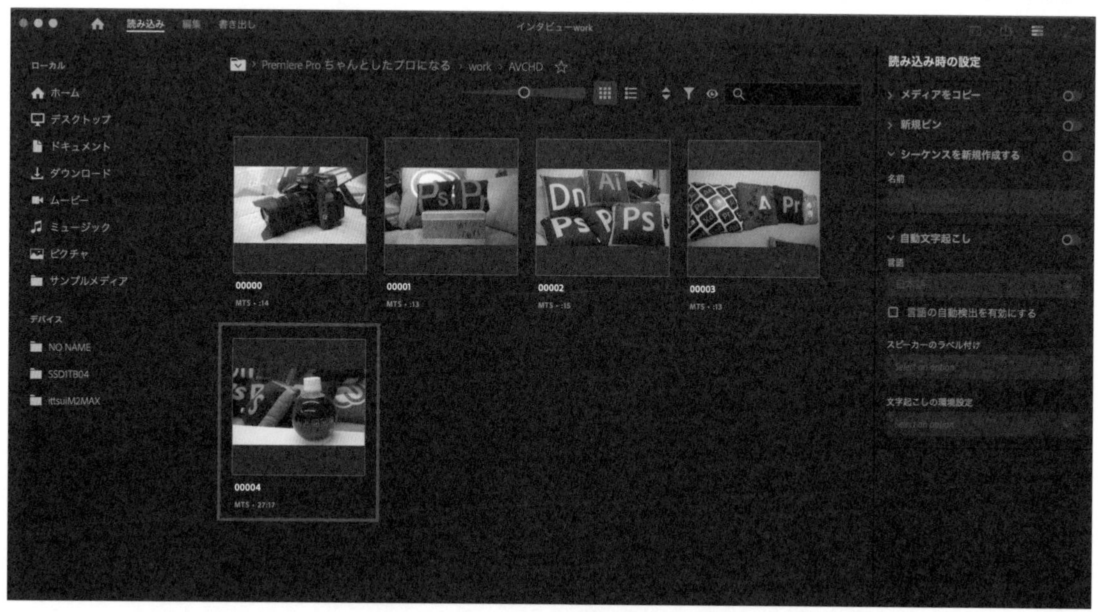

原因不明のエラー

よくありがちなトラブルをいくつかご紹介しましたが、そのほかにも「ノイズが入る」「正常に表示されない」「再生できない」「書き出せない」などなど、原因がわからないエラーが起こることがあると思います。もちろん、ひとつひとつ検証して原因を突き止めて改善するのが得策ですが、それもままならない状況に陥ることもあると思いますので、そんな時に試していただきたい方法をご紹介します。

オプションのリセット

さきほど「音声波形が表示されなくなった」の項目でご紹介しましたが、Premiere Pro本体を起動する時にoptionキーを押しながら起動すると「オプションをリセット」というダイアログが表示されます。ここに表示される項目をひとつひとつ試してみてください。

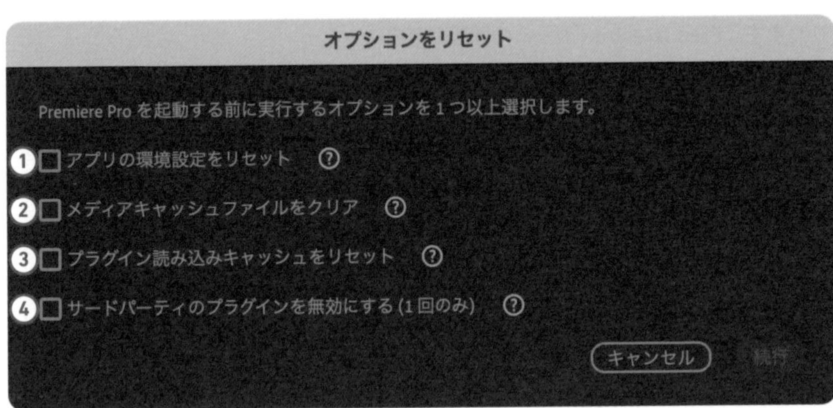

オプションをリセット

①アプリの環境設定をリセット

Premiere Proの環境設定ファイルをリセットする項目です。効果的な方法ではありますが、独自で設定したものが初期状態にリセットされるので注意して下さい。

②メディアキャッシュファイルをクリア

編集時に生成される「メディアキャッシュファイル」を削除します。キャッシュファイルは、ふとしたことで壊れたりするので、音声波形に限らず、さまざまな症状に対して効果的です。

③プラグイン読み込みキャッシュをリセット

プラグインはPremiere Pro起動時に読み込まれますが、初回の読み込みを終えると、その情報はある程度キャッシュとして保存されます（2回目以降の起動は、起動時間が短くなります)。それらをリセットする項目です。

④サードパーティのプラグインを無効にする(1回のみ)

サードパーティのプラグインを一旦無効にした状態で起動する方法です。追加したプラグインに原因があるのかどうか、原因の切り分けになります。この項目は1回のみの適用なので、次回起動時は通常通りプラグインは読み込まれます。

WORD サードパーティのプラグイン

ユーザー自身が追加(購入など)したプラグインを、サードパーティのプラグインといいます。

Column ビデオエフェクトマネージャー

ver.24.0 (2023年10月)の新機能として、「追加インストールしたビデオエフェクト(デフォルトにはない、購入したエフェクトなど)」を管理する機能が搭載されました。

エフェクトパネルのプルダウンメニュー→ “ビデオエフェクトを管理...” を選択 図1 すると「ビデオエフェクトマネージャー」ダイアログが表示されます。追加インストールしたビデオエフェクトが一覧で表示され、チェックボックスをオフにすることで、そのエフェクトをピンポイントで外すことができます 図2。

これによって、問題のある「ビデオエフェクト」だけを外したり、不具合原因の切り分けテストがしやすくなります。クラッシュの原因が明確だった場合などは、原因となるプラグインを教えてくれたりもするようです。ぜひ課題解決に役立ててください。

図1 エフェクトパネルのプルダウンメニュー→“ビデオエフェクトを管理...”

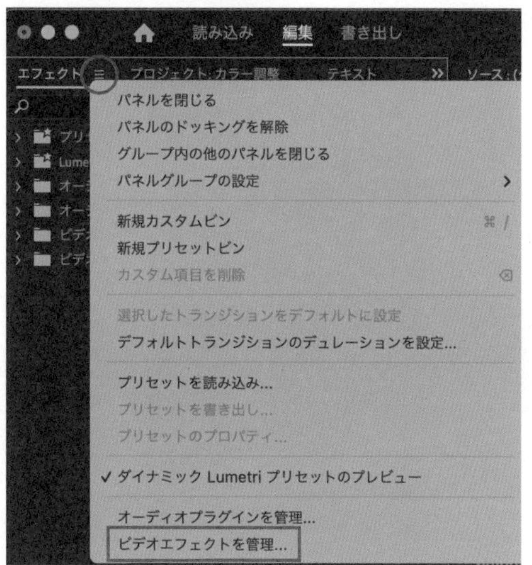

図2 「ビデオエフェクトマネージャー」ダイアログ

ビデオエフェクトマネージャー

検索　すべてを有効化　すべてを無効化

有効	名前	カテゴリ	ファイルパス
✓	uni.Chromatic Glow	RG Universe Glow	/Library/Application Support/Adobe/Common/Plug-ins/7.0/MediaCore/Red Giant Unive
✓	uni.Clock Wipe	RG Universe Transitions	/Library/Application Support/Adobe/Common/Plug-ins/7.0/MediaCore/Red Giant Unive
✓	uni.Color Mosaic Transition	RG Universe Transitions	/Library/Application Support/Adobe/Common/Plug-ins/7.0/MediaCore/Red Giant Unive
✓	uni.Color Stripe	RG Universe Transitions	/Library/Application Support/Adobe/Common/Plug-ins/7.0/MediaCore/Red Giant Unive
✓	uni.Compound Blur	RG Universe Blur	/Library/Application Support/Adobe/Common/Plug-ins/7.0/MediaCore/Red Giant Unive
✓	uni.Cube	RG Universe Transitions	/Library/Application Support/Adobe/Common/Plug-ins/7.0/MediaCore/Red Giant Unive
✓	uni.Diamond Wave	RG Universe Transitions	/Library/Application Support/Adobe/Common/Plug-ins/7.0/MediaCore/Red Giant Unive
✓	uni.Dolly Fade	RG Universe Transitions	/Library/Application Support/Adobe/Common/Plug-ins/7.0/MediaCore/Red Giant Unive
✓	uni.Ecto	RG Universe Stylize	/Library/Application Support/Adobe/Common/Plug-ins/7.0/MediaCore/Red Giant Unive
✓	uni.Edge Glow	RG Universe Glow	/Library/Application Support/Adobe/Common/Plug-ins/7.0/MediaCore/Red Giant Unive
✓	uni.Electrify	RG Universe Stylize	/Library/Application Support/Adobe/Common/Plug-ins/7.0/MediaCore/Red Giant Unive
✓	uni.Exposure Blur	RG Universe Transitions	/Library/Application Support/Adobe/Common/Plug-ins/7.0/MediaCore/Red Giant Unive

レンダラーの設定を変更する

書き出しやレンダリング、再生に関する重大な設定として「レンダラー」の選択があります。ファイルメニュー→“プロジェクト設定”→“一般...”で環境設定のダイアログを開いてください。

「ビデオレンダリングおよび再生」の「レンダラー」の設定を変更しましょう。ここの選択肢は使用しているPCのシステムによって変化するので一概にはいえませんが、通常「GPU高速処理」から「ソフトウェア処理」に変更することで問題が解消されることが多い印象です。場合によっては逆に「ソフトウェア処理」から「GPU高速処理」に変更することで問題が解消されるパターンもありますので、まずは設定されている状態から切り替えて試すことをおすすめします（グレーアウトして触れない場合は、変更できないPCのシステムなので切り替えることができません）。

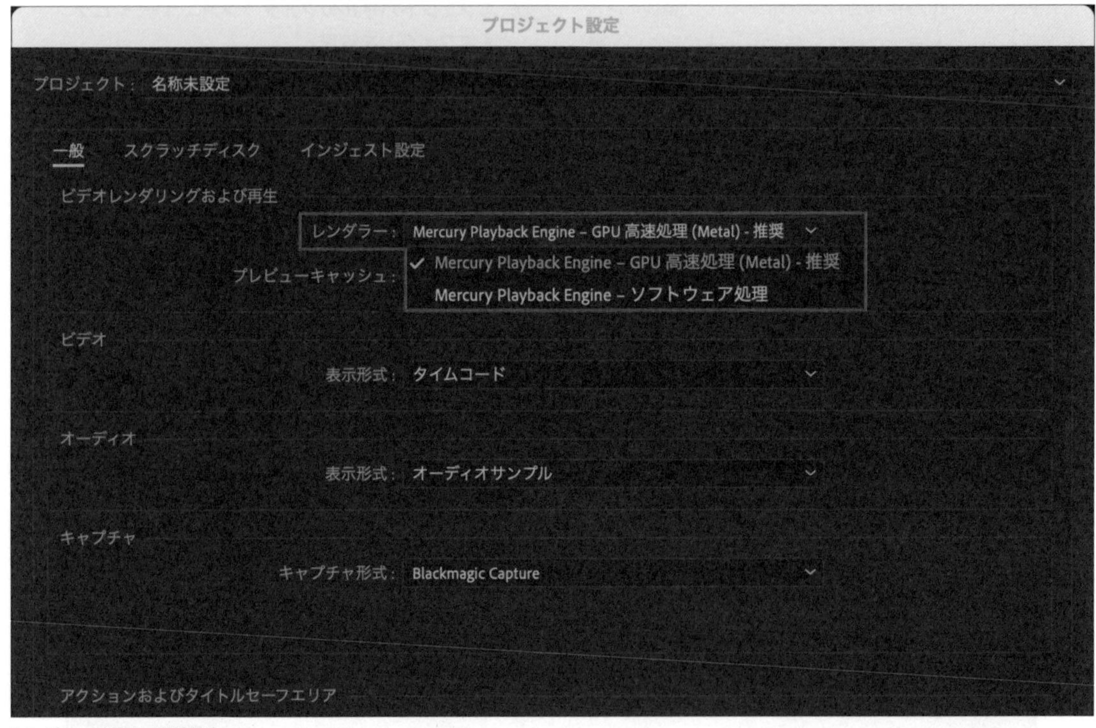

レンダラーの選択／環境設定

Premiere Proを再インストールする

ご紹介した方法を試しても改善されない場合の最終手段としては、一度Premiere Proをアンインストール(削除)して、再インストール(もう一度入れ直す)ことをおすすめします。ここではアンインストールの方法をご紹介します。

Creative Cloudアプリを起動し、左上の「アプリ」タブを選択、左側の項目から「すべてのアプリ」をクリックしてください。「Premiere Pro」の右側にある「…」プルダウンメニューから「アンインストール」を選択します 図1 。ダイアログが現れ、プラグインや各種設定を削除するかどうかを聞いていきます。まずは「保持」のままアンインストール&再インストールを試してみましょう 図2 。

それでもダメな場合、今度はアンインストール時のダイアログで環境設定の「削除」を選んで試してみるというのが順当な方法だと思います。

図1 アンインストール／Creative Cloudアプリ

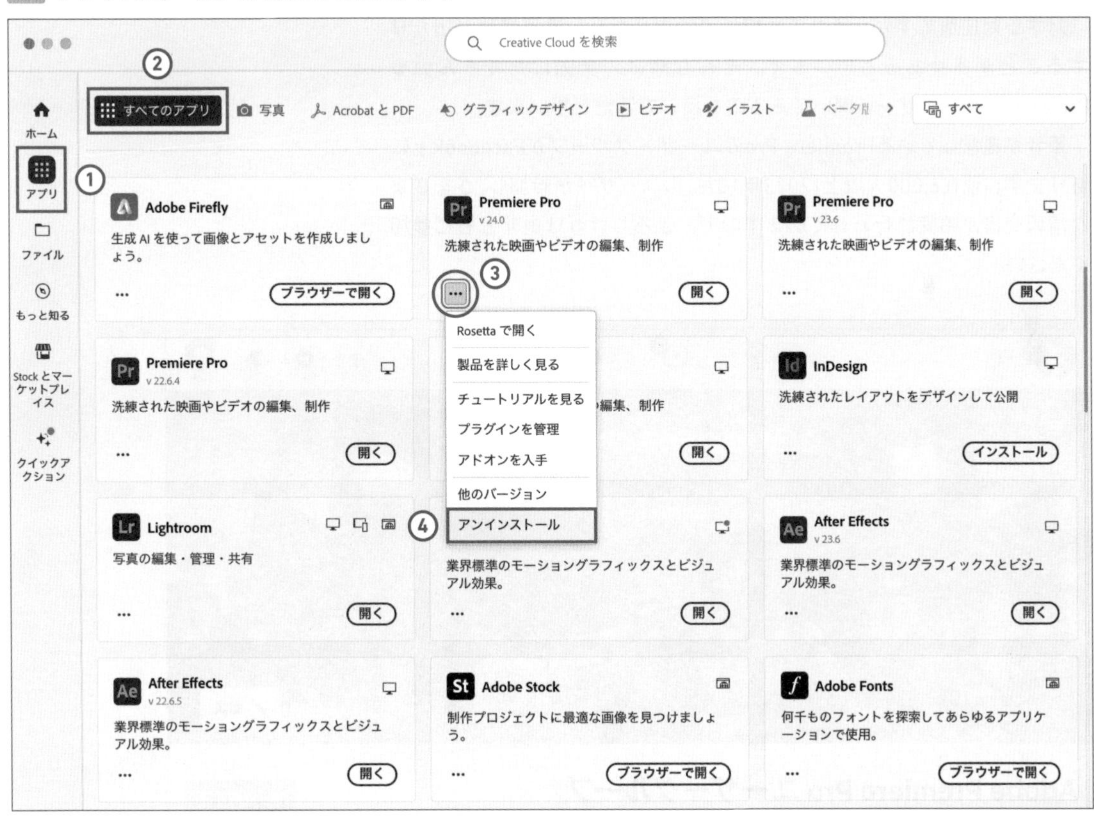

図2 アンインストール時の設定保持の選択

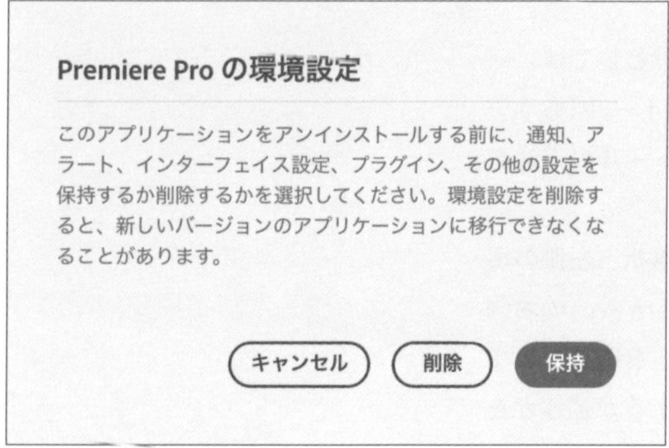

Premiere Pro の環境設定
このアプリケーションをアンインストールする前に、通知、アラート、インターフェイス設定、プラグイン、その他の設定を保持するか削除するかを選択してください。環境設定を削除すると、新しいバージョンのアプリケーションに移行できなくなることがあります。
キャンセル
削除
保持

まとめ

いかがでしたでしょうか。今回ご紹介したのは、よくあるバグ・エラーに対する対応策ですが、それでも壁にぶつかったり、違う症状が出たりすることが多々あると思います。そんな時は、全国にたくさんいるPremiere Proユーザーに聞いてみるのも良い方法だと思います。

筆者が運営しているPremiere ProのユーザーグループがFacebook上にあります。現在6,000人以上(2023年10月)のユーザーが参加し、さまざまな情報交換が頻繁に行われていますので、よろしければ是非ともご参加ください。

Facebook Adobe Premiere Pro ユーザーグループ
https://www.facebook.com/groups/379333852250377

Appendix 2

効率アップ！ おすすめのショートカットキー

映像編集の時短スキルとして必要不可欠なのが「ショートカットキー」です。もちろん、マウス操作でほとんどのことができるのですが、キーボードのショートカットでたくさんの機能を瞬時に実行できるのはめちゃくちゃ作業がはかどります。ここでは、「デフォルトショートカットキー」の中からおすすめのものを紹介し、さらに「カスタマイズすべきショートカットキー」もご紹介します。

おすすめのデフォルトショートカットキー

まずはデフォルトで用意されているショートカットキーの中でもおすすめのものを一覧でご紹介します。これらは使う頻度が高い機能のショートカットキーなので、ぜひ覚えて活用してください。

おすすめのデフォルトショートカットキー一覧表

項目名	Win	Mac
インをマーク	I	I
アウトをマーク	O	O
1フレーム前へ戻る	左	左
1フレーム先へ進む	右	右
前の編集点へ移動	上	上
次の編集点へ移動	下	下
編集点を追加	ctrl + K	⌘ + K
編集点をすべてのトラックに追加	shift + ctrl + K	shift + ⌘ + K
リップル削除（※タイムラインパネル内）	shift + backspace	option + 削除
前の編集点を再生ヘッドまでリップルトリミング	Q	Q
次の編集点を再生ヘッドまでリップルトリミング	W	W
リンク	ctrl + L	⌘ + L
速度・デュレーション	ctrl + R	⌘ + R
有効	shift + E	shift + ⌘ + E
オーディオゲイン	未設定	G
ズームイン（※シーケンス内）	^	^
ズームアウト（※シーケンス内）	-	-
シーケンスに合わせてズーム（※シーケンス内）	¥	¥
マーカーを追加	M	M
クリップボリュームを上げる	[	[
クリップボリュームを下げる	]	]
フルスクリーン表示の切り替え	shift + ctrl + F	shift + ⌘ + F

デフォルトで用意されているショートカットキーの中でも使用頻度の高いもの

●ショートカットキーのカスタマイズ方法

Premiere Proには、デフォルトで用意されているもの以外にもたくさんの便利なショートカットが存在しています。まずはそれらを設定するためのカスタマイズ方法を確認しておきましょう。

Premiere Proメニュー〔編集メニュー〕→“キーボードショートカット...”を選択して 図1 、専用ダイアログを開きます 図2 。

図1 キーボードショートカットダイアログを開く

図2 キーボードショートカットダイアログ

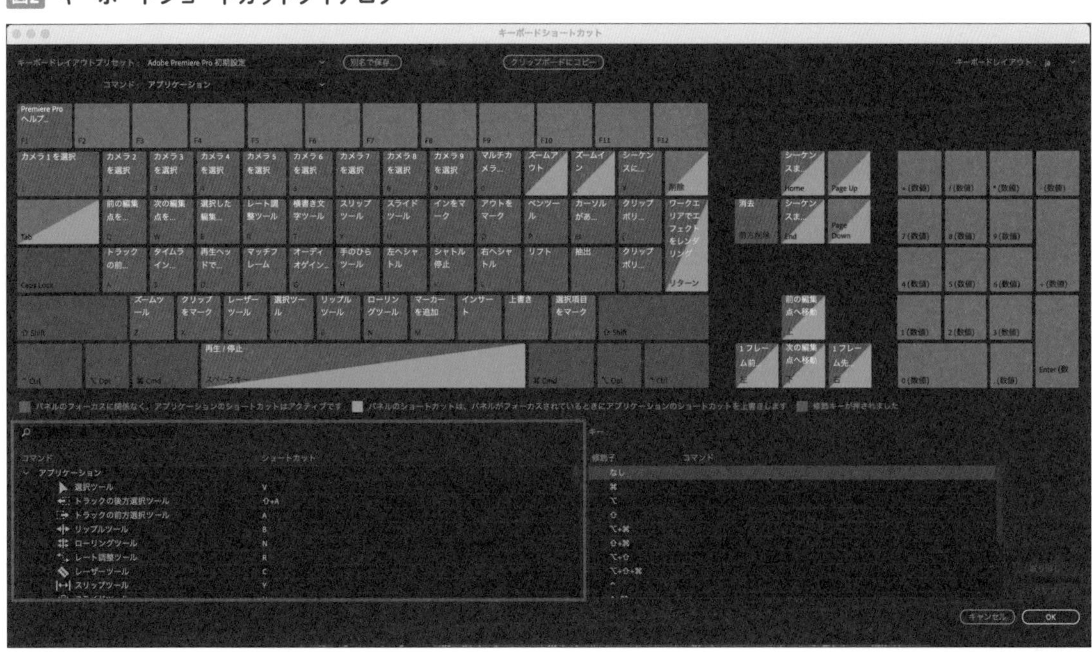

「キーボードショートカット」ダイアログの左下の「コマンド」エリアにさまざまなショートカットの項目が用意されています。この項目が「キー」を押した時に発動する内容です。縦にスクロールすると数え切れないくらいのショートカット項目が並んでいます。

また、そのすぐ右隣のエリアが、割り当てる「キー」を登録するエリアになります 図3 。

図3 ショートカットキー登録エリア

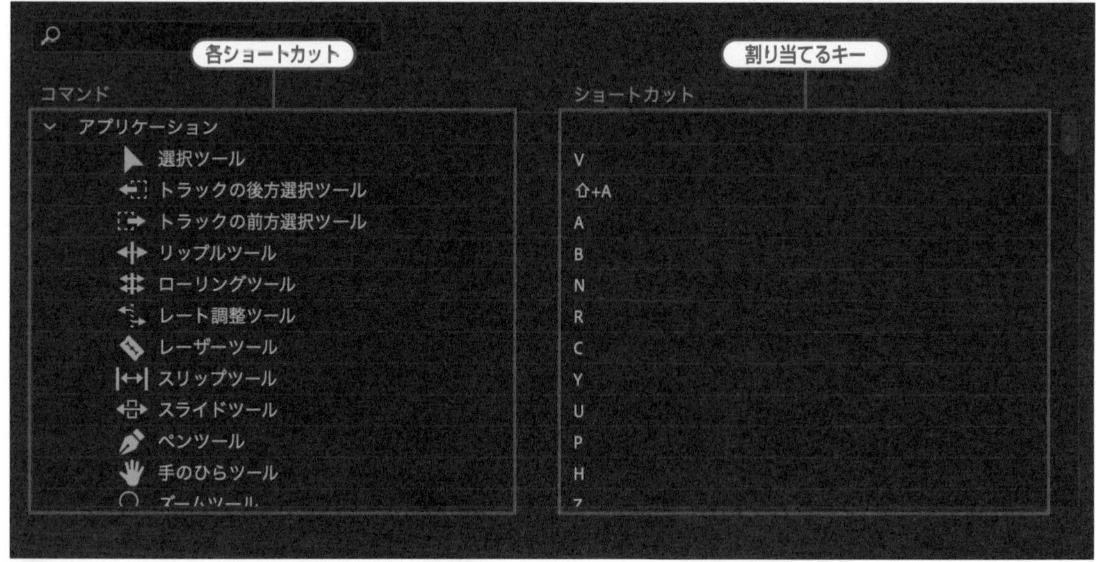

試しに１つ登録してみましょう。「カーニングを50ユニット単位で増加」という機能をショートカットに登録してみます。

「コマンド」の上に検索ウィンドウがあります。ここに「カーニングを」と入力してください 図4。関連のショートカットの項目が表示されます。

図4 「カーニング」で検索

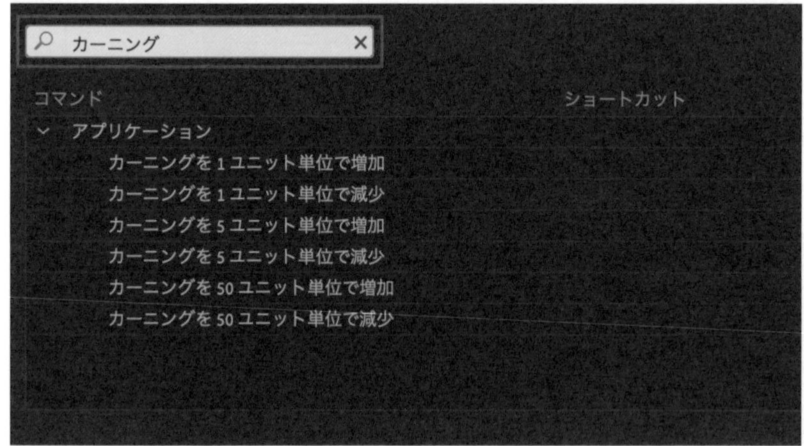

この中から「カーニングを50ユニット単位で増加」を探し、項目の右側の「ショートカット登録欄」をクリックします 図5（初期設定では設定されていないので空欄になっています）。

登録欄がアクティブになったら、登録したいキーを実際に打鍵します。ここでは、「option」と「右」を押して「option + 右」となるように入力します 図6。あとはパネルの右下にある[OK]を押せば登録完了です。

図5 ショートカット欄の空白をクリック

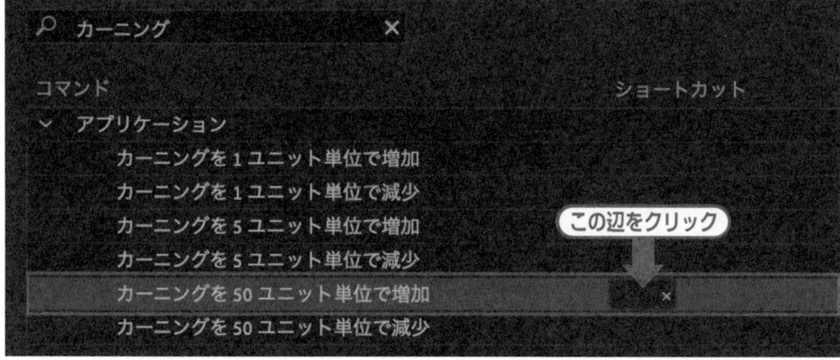

図6 登録したいキーを実際に打鍵して入力

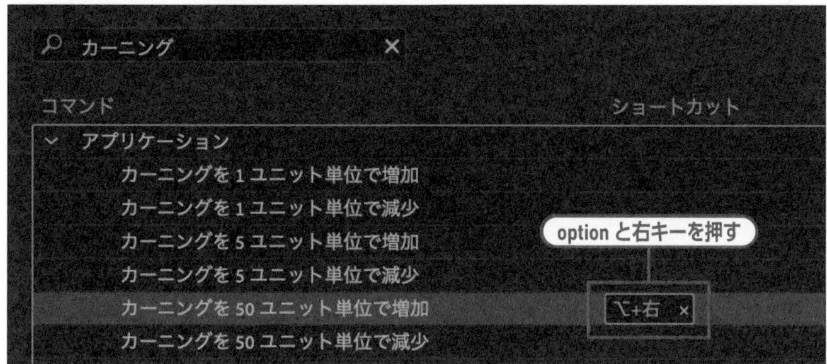

カスタマイズしたキーボードショートカットの設定は「別名で保存...」からプリセットとして保存できます 図7 。自分好みのショートカット設定を作って、保存＆バックアップしておきましょう。設定ファイルを流用すれば、別のPCシステムでも簡単に再現できます。

図7 「別名保存」でプリセットとして保存できる

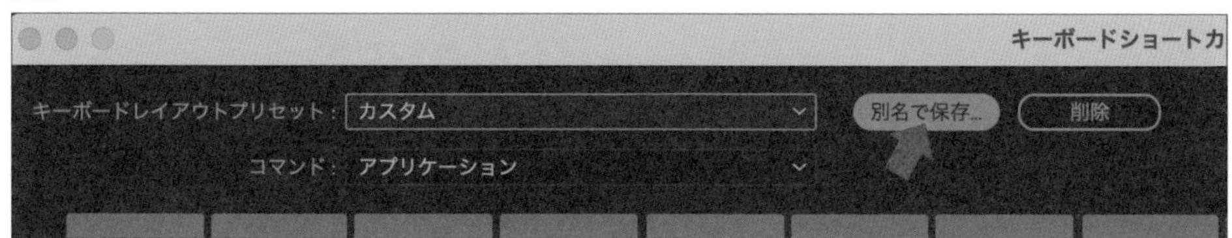

●おすすめのカスタムショートカットキー

それでは、デフォルトで用意されていない便利なショートカットキーを登録していきましょう。自分の使い方に合わせて、よく使いそうなものを登録するのが良いと思いますが、ここでは筆者イチ押しのものを紹介します。これらをカスタム設定するだけで、編集の効率化がかなりはかれると思いますので、参考にしてみてください。表の右側には、筆者が登録しているキーを示しています。お使いの環境や好みに合わせて自由にキー設定してください。

おすすめのカスタムショートカットキー一覧表

項目名	筆者の例
カーニングを 50 ユニット単位で増加	option + 右
カーニングを 50 ユニット単位で減少	option + 左
フォントのサイズを 5 単位大きくする	shift + ⌘ + .
フォントのサイズを 5 単位小さくする	shift + ⌘ + ,
フレームを書き出し	⌘ + P
水平方向中央に配置	C
ギャップを詰める	shift + G
プログラムモニターで直接操作を有効にする	shift + H
フレームサイズに合わせる	,
フレームサイズに合わせてスケール	shift + ,
(色) マーカーを追加	option + (数字)
(色) にマーカーを設定	shift + (数字)
選択範囲をレンダリング	⌘ + R
ワークエリア全体をレンダリング	option + R
Adobe Photoshop で編集	P
オーディオゲイン	G ※

カーニングを50ユニット単位で増加

エッセンシャルグラフィックスのテキストツール（横書き文字ツール）を使用する時に便利なショートカットです。Photoshopのショートカット同様、文字と文字の間にカーソルを配置し、ショートカットキーを押すとカーニング（文字と文字の間隔）が広がります。デフォルトで用意されていてもおかしくないくらい便利な機能なので、ぜひ登録してください。

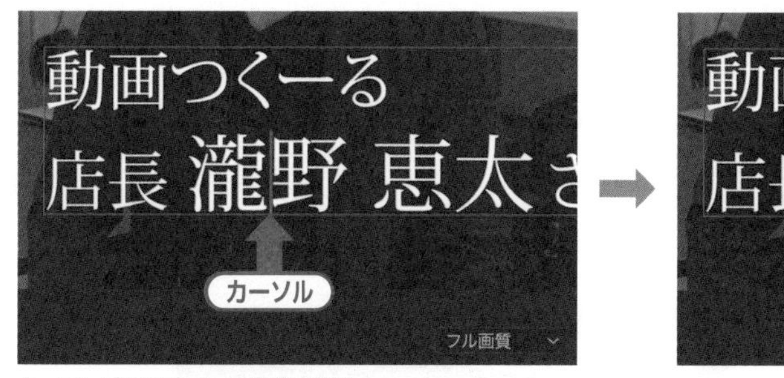

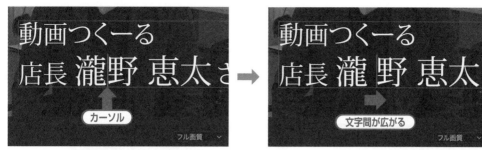

カーニングを50ユニット単位で増加

カーニングを50ユニット単位で減少

「カーニングを50ユニット単位で増加」と同じ要領で使用し、こちらはカーニングを狭めるのに使います。筆者はよく、「増加」のショートカットと併用して連打しながら調整に使用します。「50ユニット」というのは動かす幅の大きさを意味していて、ほかにも「1ユニット」や「5ユニット」など種類があるので、好みに合わせて選択してください。

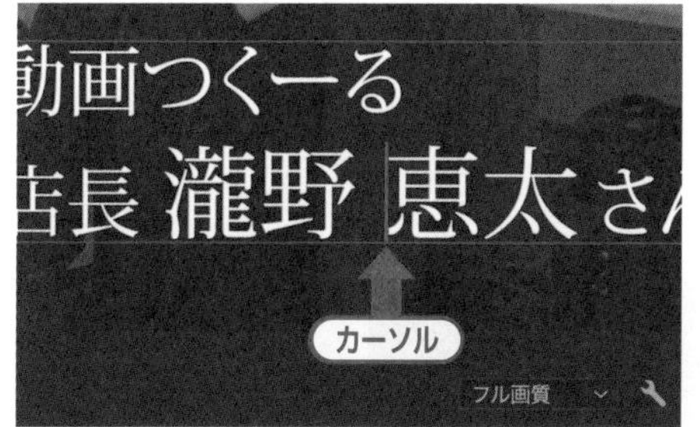

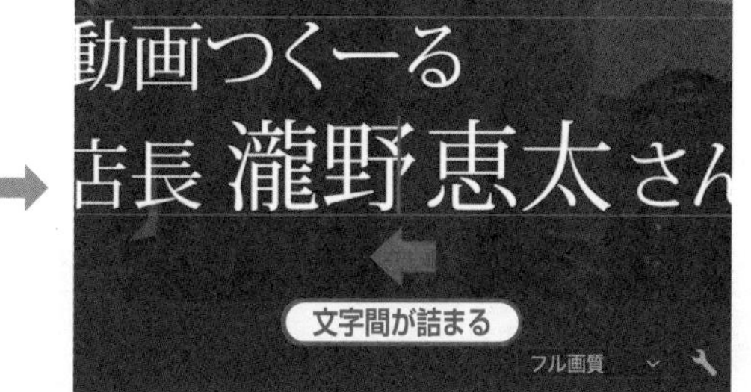

カーニングを50ユニット単位で減少

フォントのサイズを5単位大きくする

こちらもエッセンシャルグラフィックスのテキストに使用するショートカットです。テキストの一部だけを選択してフォントサイズを大きくすることができるので、一文になっている1つのテキストレーヤーの中で、大小差をつけたい時にとても便利です。

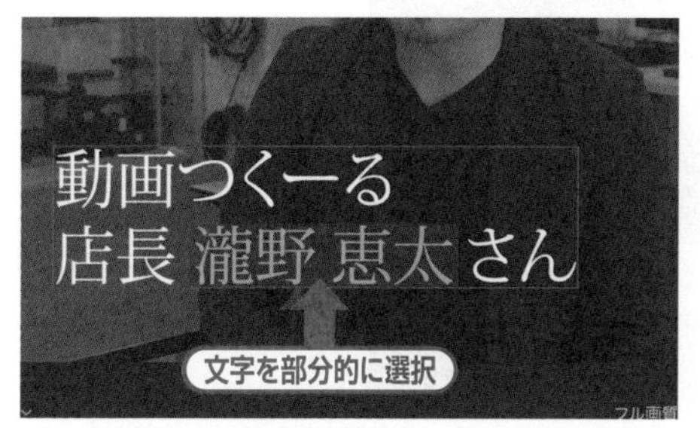

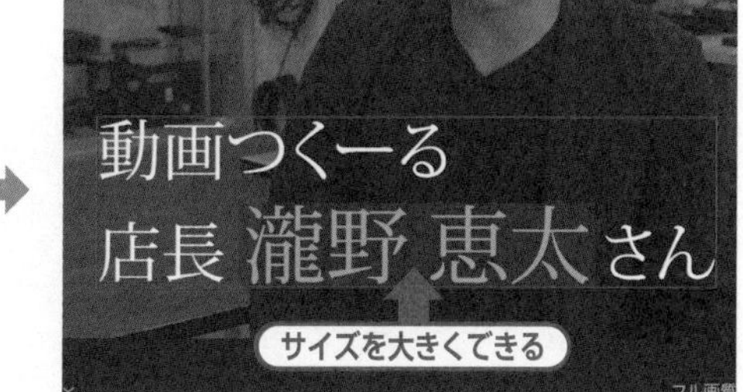

フォントのサイズを5単位大きくする

フォントのサイズを5単位小さくする

「フォントのサイズを5単位大きくする」と同じく一部の文字を選択してフォントサイズを小さくできます。2つのショートカットを組み合わせて上手に使いこなしましょう。

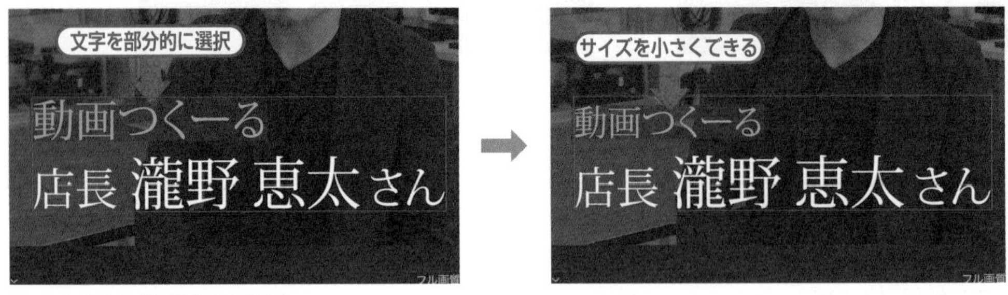

フォントのサイズを5単位小さくする

フレームを書き出し

動画内のあるフレームを「1枚の静止画ファイル」として書き出す機能です。ショートカットを実行すると、再生ヘッドにあるフレームをJPEGなどに変換して書き出しができます。Photoshopなどでの静止画加工やサムネイル作成などに使用できます。

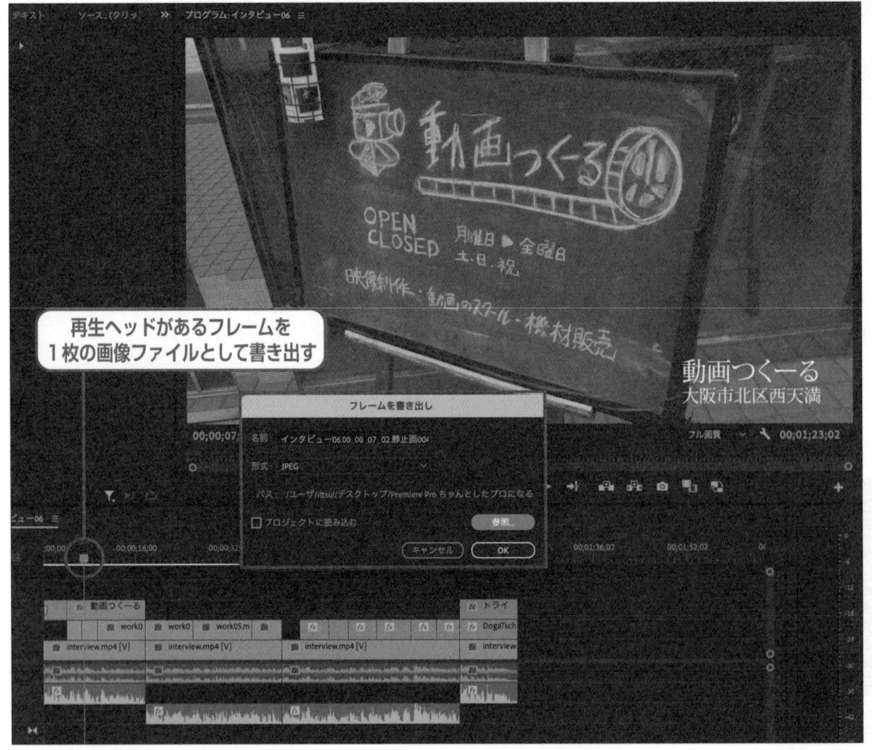

フレームを書き出し

水平方向中央に配置

エッセンシャルグラフィックスなどのオブジェクトの位置を、水平方向中央（左右の幅を均等）に移動させます。テキストを素早くワンタッチで中央に整列させたい時にとても便利です。

水平方向中央に配置

ギャップを詰める

タイムラインにあるギャップ（クリップがない隙間部分）を一気に詰めることができます。また、クリップを複数選択して実行すると、選択したクリップ間にあるギャップだけを詰めることができます。

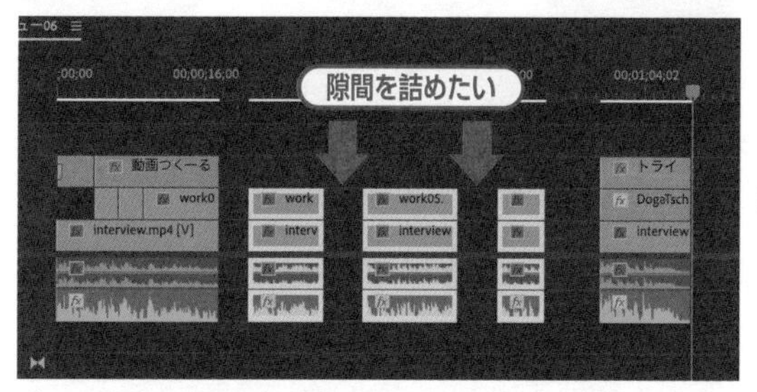

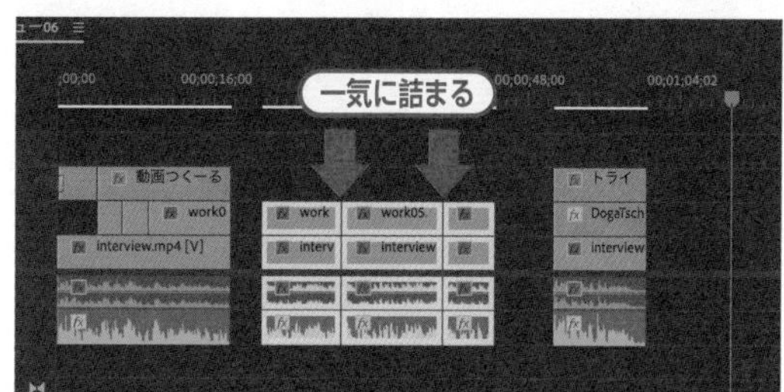

ギャップを詰める

プログラムモニターで直接操作を有効にする

タイムライン上のクリップを選択してショートカットを実行するだけで、プログラムモニター上でオブジェクトの位置移動、スケール変更をマウス操作で行うモードに切り替わります（エフェクトコントロールパネルで「モーション」を選択した状態になります）。複数のトラックに分かれてクリップが積み重なっている場合、「クリップ選択」→「エフェクトコントロールで「モーション」選択」という手順を踏まなければなりませんが、このショートカットであれば簡単に任意のクリップだけのコントロールが可能になり、とても便利です。活用してみてください。

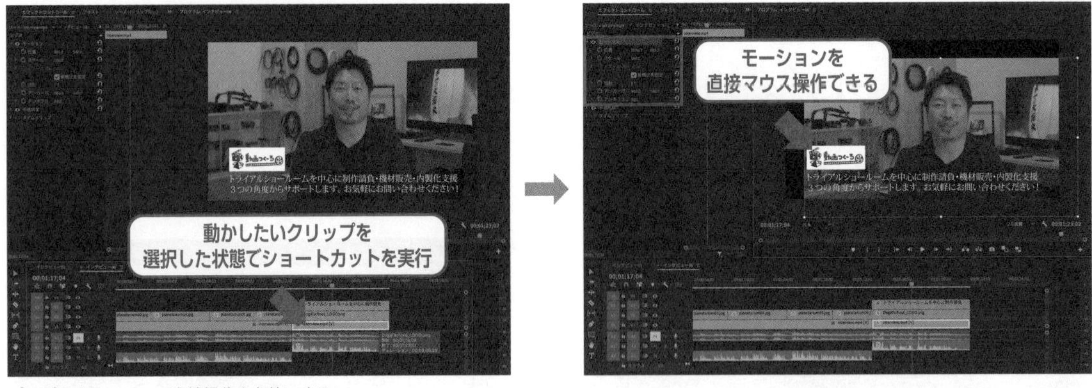

プログラムモニターで直接操作を有効にする

フレームサイズに合わせる

タイムラインに配置しているメディアが、シーケンスの解像度(フレームサイズ)に適合していない場合、シーケンスのサイズにフィットするように拡大／縮小します。

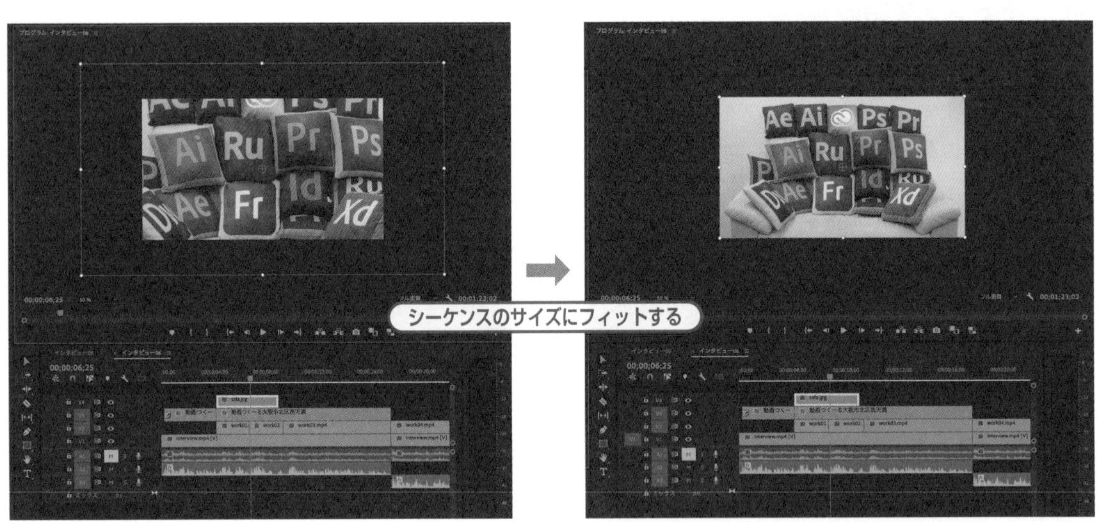

フレームサイズに合わせる

注意点として、このショートカットは「モーションのスケール値を100.0のまま」サイズを変更する機能なため、そこからさらに拡大した場合にはスケール値が「100.0」を超え、画質が悪くなります。スケールに表示されている数値を気にしながら編集するようにしましょう。

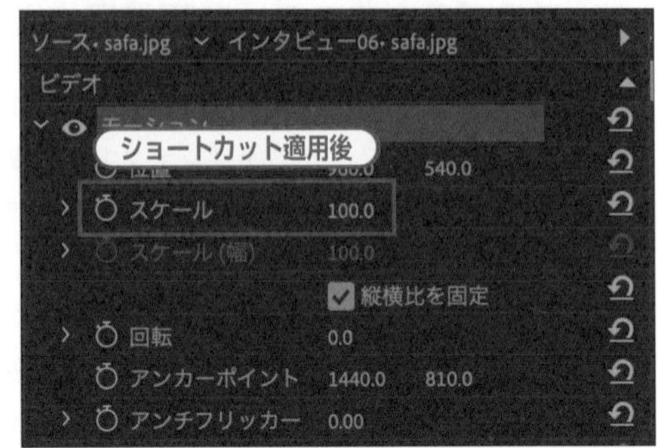

ショートカット適用後もスケール値は「100」のまま

フレームサイズに合わせてスケール

タイムラインに配置しているメディアが、シーケンスの解像度(フレームサイズ)に適合していない時、シーケンスのサイズにフィットするように「モーションのスケール値を変更して」拡大／縮小します。

「フレームサイズに合わせる」のショートカットと似ていますが、この機能でスケールが「100.0未満」の数値になった場合、「100.0」までの数値(超えない場合)であれば、拡大しても元の解像度を超えていないので、画質が担保されます(「100.0」を超えると画質は悪くなります)。ケースバイケースで使い分けてください。

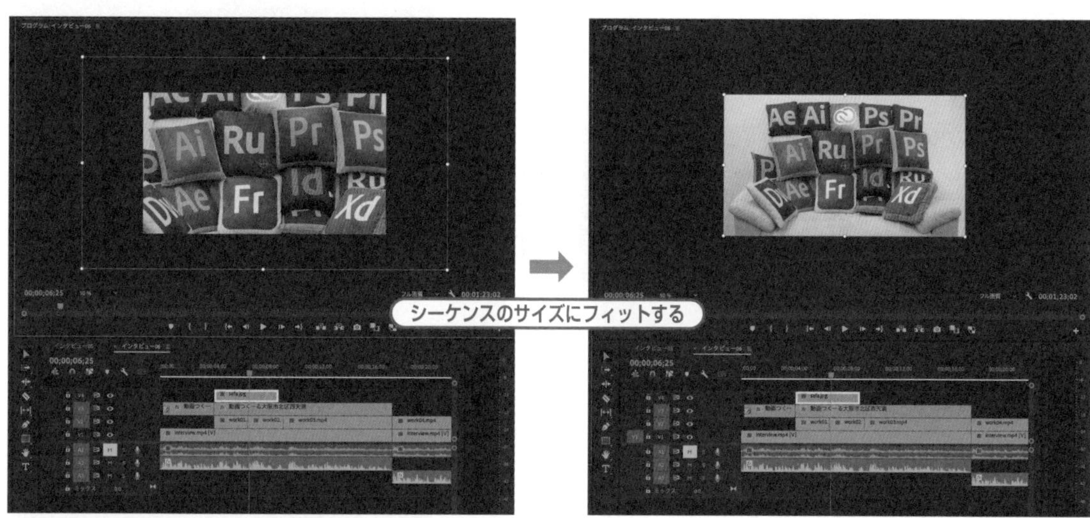

フレームサイズに合わせてスケール

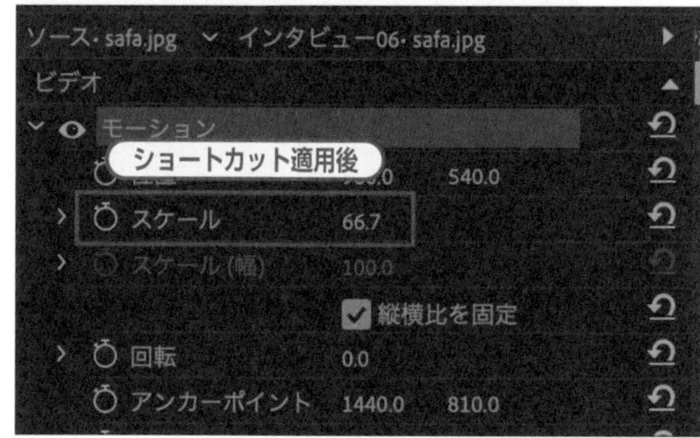

ショートカット適用後にスケール値が変化している

(色)マーカーを追加

通常の「マーカーを追加」のショートカットはデフォルトで用意されていますが、マーカーの色は常に同じ色にしかなりませんでした。そのため、以前までは「マーカーを追加」の後に、ひとつひとつ色の変更を行う必要がありましたが、数年前にこのショートカットが誕生し、ダイレクトに色を指定してマーカーが追加できるようになりました。現状では8種類の色に分けてショートカットが用意されているので、それぞれ使いやすいキーに割り当ててみてください。筆者は「option + 1」を赤マーカー、「option + 2」を白マーカー…というように、optionキーと数字を組み合わせて8色分設定しています。

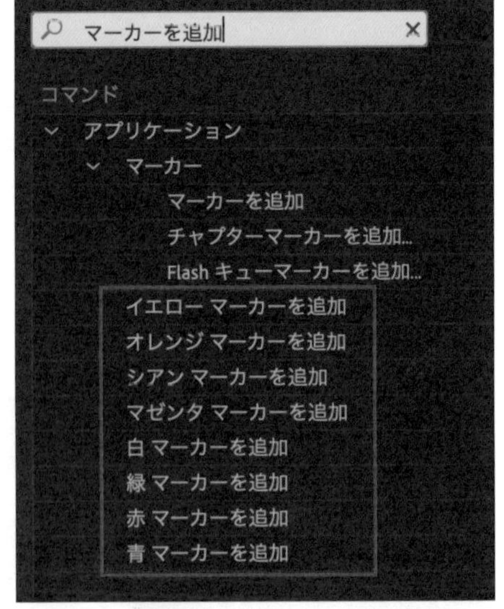

(色)マーカーを追加

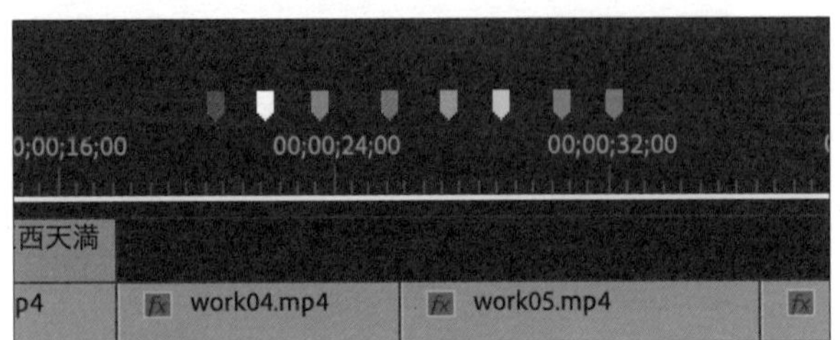

マーカー8種類の色

(色)にマーカーを設定

設定したマーカーを選択してショートカットを実行することで、「すでに設定されているマーカー」の色を「変更」できます。これも8色分用意されていて、それぞれを設定することができます。色の変更をしたいマーカーを選択し、ショートカットを実行してください。筆者は「shift + 1」を赤マーカーに変更、「shift + 2」を白マーカーに変更…というようにshiftキーと数字の組み合わせで8色分設定しています。

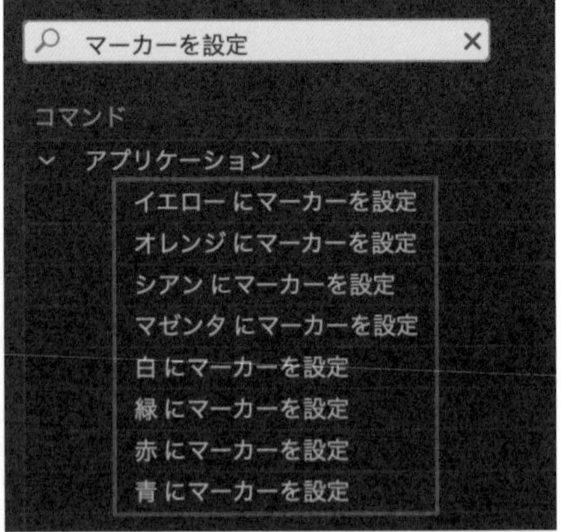

(色)にマーカーを設定

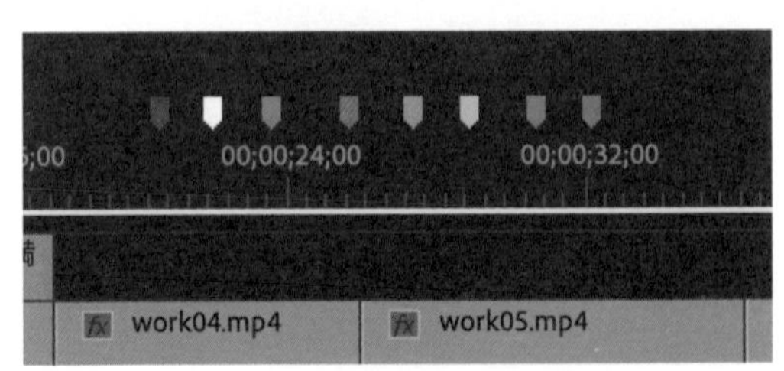

マーカーの色を変更(8種類)

選択範囲をレンダリング

選択したクリップのレンダリングバー（タイムライン上部のバー）が「赤色」の時、その部分だけレンダリングを実行します（緑・黄色の部分はレンダリングが行われません）。

選択範囲をレンダリング

ワークエリア全体をレンダリング

ワークエリアで示した範囲をレンダリングします。レンダリングバーが黄色でもレンダリングが実行されるので、強制的にレンダリングしたい時に便利です。また、ワークエリアを表示していない時は、イン点&アウト点で選択した範囲がレンダリングされます。

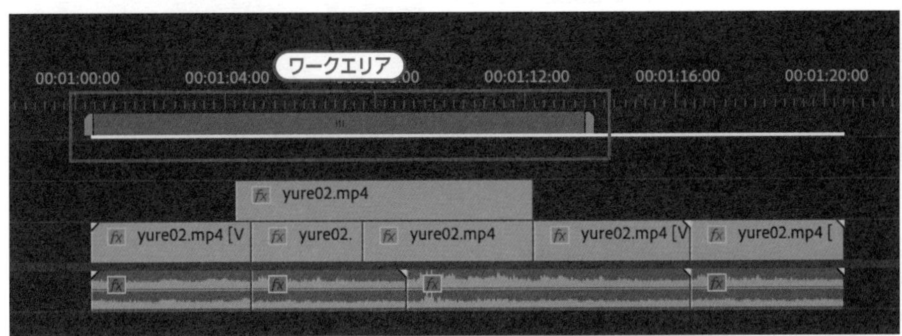

ワークエリア全体をレンダリング

ワークエリアを表示・非表示させるには、タイムラインのシーケンス名横にあるプルダウンメニューの「ワークエリアバー」で切り替えができます。

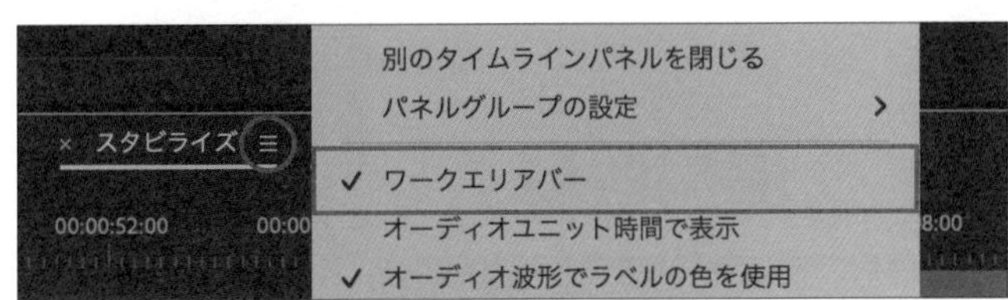

ワークエリアバーの表示切替

Adobe Photoshopで編集

タイムライン上の画像クリップを選択してこのショートカットを実行すると、Photoshopが自動で立ち上がり、すぐに画像編集に取りかかれます。また、Photoshopで編集した画像ファイルを保存すると、自動的にPremiere Pro側にも変更が反映されます。筆者はショートカットとして「P」に登録し、次のようなフローでよく編集を行います。

PSDファイルのままPremiere Proに読み込み、テロップとして使用し、変更がある場合は「P」を打鍵してPhotoshopで開く→すぐさま修正し、Photoshop上で保存→すぐにPremiere Proに切り替え、変更を確認する。

慣れるととてもシームレスな作業フローになるのでおすすめします。

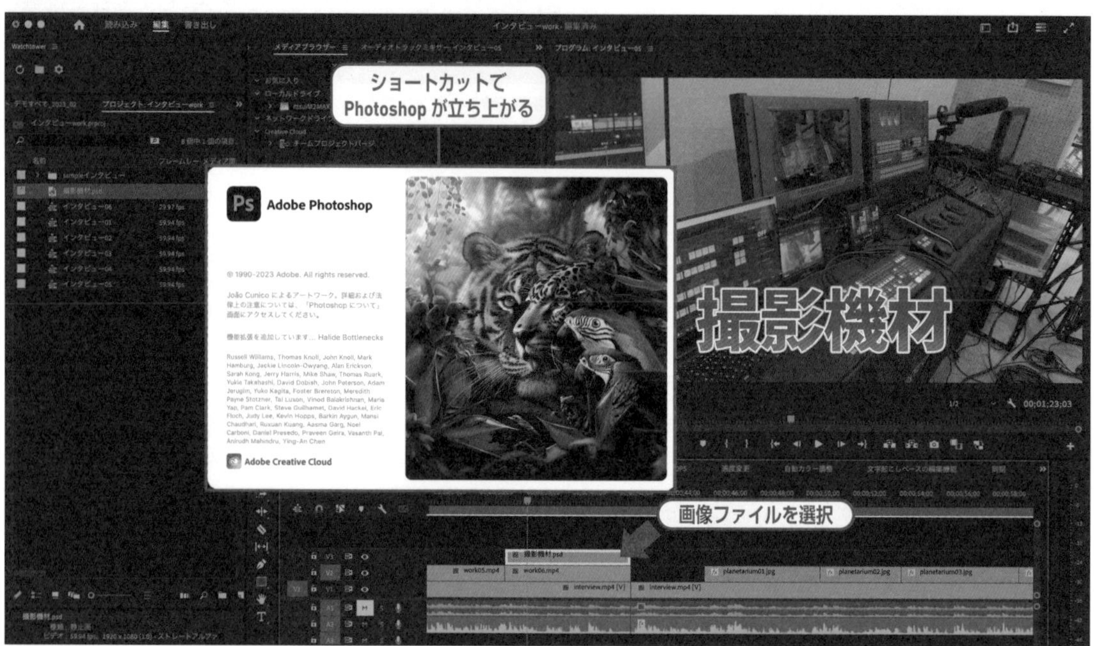

Adobe Photoshopで編集

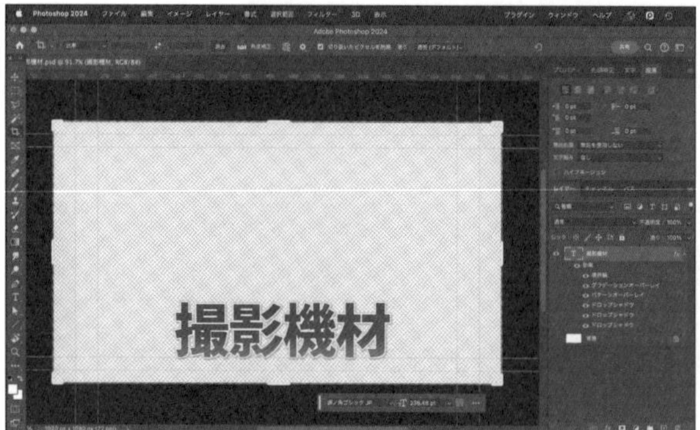

Photoshopで編集して保存する

オーディオゲイン

タイムライン上のオーディオクリップを選択してショートカットを実行すると、オーディオゲインのダイアログが開き、ゲインの調整が可能になります。ゲインの調整はボリュームの調整と違い、クリップに表示される波形そのものが変化します。その波形を視認しながら音を調整できるため、音の状態をしっかり把握しながら編集することができてとても便利です。筆者もこれをよく使用しています(このショートカットキーは、Macでは初期設定されていますが、Windowsでは未設定となっていますのでカスタム登録しておくことををおすすめします。)。

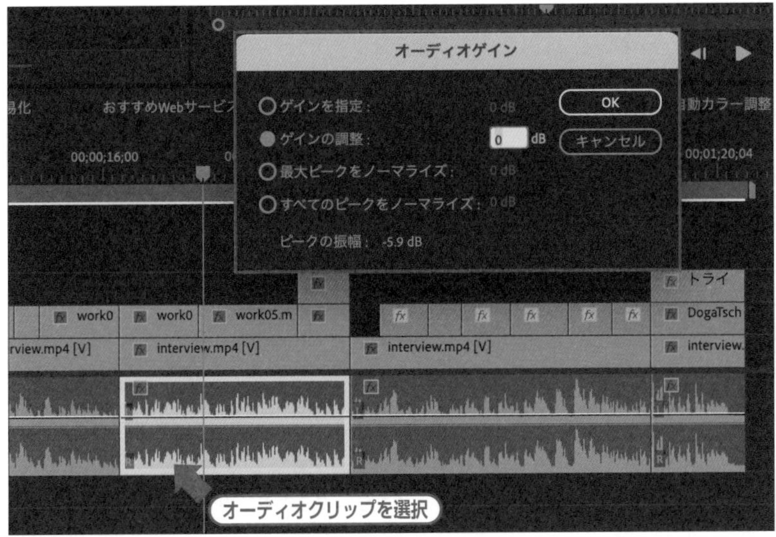

オーディオゲイン

まとめ

Premiere Proのショートカットキーはここで紹介した以外にもまだまだたくさんあります。また、バージョンが変わると増えたり変更されたりするので、常に細かく情報を得ることが大切です。自分がよく使うもの、使いやすいもの、を日々探りながらカスタムしていくとかなり効率化が図れると思いますので、ぜひチャレンジしてみてください。

memo

以前YouTube上で、筆者とPremiere Proの有識者が「ショートカットキーを1からカスタムして、自分だけのショートカット設定を作る！」という生配信企画を開催しました。Premiere Proのかなり深い知識満載の配信なのでマニアックですが、とても興味深い内容になっていると思います。長丁場の配信動画ですが、ショートカットキーひとつひとつのTipsを喋りながら濃い話をしているので、よろしければぜひご覧ください。

YouTube「PremierePro Online Meeting オレらPOM Vol.03 行こうぜ。ショートカットの向こうへ」
https://www.youtube.com/live/rxMJQ385gcg?si=a2zaBLRQBVtZRN32

Index 用語索引

記号・英数

あ行

か行

さ行

た行

な行

は行

Index　用語索引

ま行

や行

ら行

わ行

著者紹介

市井義彦（いちい・よしひこ）

映像作家、ディレクター。1979年生まれ、広島県三次市出身、大阪在住。2000年に関西の制作会社に入社し、テレビを中心に番組・CM・企業VPなどの映像制作に携わる。2014年に独立、「株式会社Command C」を設立。ディレクターのみならず、撮影・編集も手がける映像作家として活動中。
また、2015年よりFacebookでPremiere Proユーザーグループをスタートさせ（2023年10月現在、メンバー6,000人超）、第一線で活躍するエディター、ビデオグラファーたちとユーザーミーティングで情報交換を活発に行なっている。AdobeからPremiere Proの伝道者「Adobe Community Evangelist」として認定され、Youtube、Xでも情報を発信し、年に一度のクリエイターの祭典「Adobe MAX Japan」にも7年連続登壇。さらにPremiere Pro Betaのプレリリースプログラム（開発中バージョンの検証チーム）の統括を務め、日本ユーザーにとって使いやすいPremiere Proを目指し、Adobe開発チームにも直接提言している。
著書に『プロの手本でセンスよく！　Premiere Pro誰でも入門』、『Premiere Pro 仕事の教科書　ハイグレード動画編集＆演出テクニック』（以上エムディエヌコーポレーション）がある。

株式会社Command C
http://www.command-c.com

Facebook Premiere Proユーザーグループ
https://www.facebook.com/groups/379333852250377/

YouTubeチャンネル「プレミアノート Premiere Note」
https://www.youtube.com/ittsui2

X
@ittsui

●制作スタッフ

[装丁]　西垂水 敦(krran)
[カバーイラスト]　山内庸資
[本文デザイン]　加藤万琴
[編集、DTP]　氷室久美(株式会社ウイリング)

[制作協力]　瀧野恵太(動画つくーる)、奥本宏幸(株式会社のびしろラボ)、佐川 正弘

[編集長]　後藤憲司
[担当編集]　塩見治雄、田邊愛也奈

初心者からちゃんとしたプロになる

Premiere Pro基礎入門

2023年12月11日　初版第1刷発行

[著者]　市井義彦
[発行人]　山口康夫
[発行]　株式会社エムディエヌコーポレーション
〒101-0051　東京都千代田区神田神保町一丁目105番地
https://books.MdN.co.jp/
[発売]　株式会社インプレス
〒101-0051　東京都千代田区神田神保町一丁目105番地
[印刷・製本]　中央精版印刷株式会社

Printed in Japan

定価はカバーに表示してあります。

【カスタマーセンター】
造本には万全を期しておりますが、万一、落丁・乱丁などがございましたら、送料小社負担にてお取り替えいたします。お手数ですが、カスタマーセンターまでご返送ください。

落丁・乱丁本などのご返送先
〒101-0051　東京都千代田区神田神保町一丁目105番地
株式会社エムディエヌコーポレーション カスタマーセンター
TEL：03-4334-2915

書店・販売店のご注文受付
株式会社インプレス　受注センター
TEL：048-449-8040 ／ FAX：048-449-8041

【内容に関するお問い合わせ先】

株式会社エムディエヌコーポレーション
カスタマーセンター メール窓口

info@MdN.co.jp

本書の内容に関するご質問は、Eメールのみの受付となります。メールの件名は「Premiere Pro基礎入門　質問係」、本文にはお使いのマシン環境(OSとアプリの種類・バージョンなど)をお書き添えください。電話やFAX、郵便でのご質問にはお答えできません。ご質問の内容によりましては、しばらくお時間をいただく場合がございます。また、本書の範囲を超えるご質問に関しましてはお答えいたしかねますので、あらかじめご了承ください。

ISBN978-4-295-20498-5　C3055